제4판

알기쉬운

# 파이썬
## Python

시바타 아츠시 지음
이상구 · 송정영 · 이창훈 · 류정탁 공역

光文閣
www.kwangmoonkag.co.kr

## 파이썬 창시자의 메시지

I am happy to welcome the programmers of Japan to the worldwide community of Python users. Python is a wonderfully versatile language, and you will find new applications for it all the time. I hope that after reading this book you will create masterpieces of Python programming. Have fun!

여러분을 세계적인 파이썬 사용자 커뮤니티에 영입하게 되어 매우 기쁩니다. 파이썬은 매우 유용하며 용도가 넓은 언어입니다. 매일 파이썬을 이용한 새로운 애플리케이션을 찾을 수 있습니다. 이 책를 읽은 후, 독자 여러분이 파이썬 프로그래밍의 걸작을 만들어 주기를 희망합니다. 자, 즐기세요!

귀도 반 로섬(Guido van Rossum)

Original Japanese title: MINNA NO PYTHON 4th Edition
Copyright © 2016 Atsushi Shibata
Original Japanese edition published by SB Creative Corp.
Korean translation rights arranged with SB Creative Corp.
through The English Agency (Japan) Ltd.

# 시작하기

이 책은 객체 지향 스크립트 언어 파이썬에 대한 입문서입니다. 파이썬은 미국과 유럽, 일본을 포함한 아시아 등 각지에서 많은 사람이 이용하고 있는 프로그래밍 언어입니다.

파이썬은 간단하고 기억하기 쉬울 뿐만 아니라 보다 현실적으로 프로그래밍에 활용할 수 있는 언어입니다. 구글이나 마이크로소프트와 같은 유명한 기업에서도 파이썬을 사용하고 있습니다. 최근에는 기계학습과 딥러닝을 비롯한 인공지능의 기초가 되는 분야, 데이터 사이언스 분야에서 많이 사용되는 프로그래밍 언어로도 주목 받고 있습니다.

본서는 네 번째 개정판이며, 제1판이 나온지 10년이 흘렀습니다.

초판이 발매된 2006년 당시는 새로운 웹의 시작과 함께 스크립트 언어에 관심이 집중되던 시대였습니다. 유럽에서는 유명한 웹 서비스 개발에 파이썬을 사용하고 있는 예도 많이 있었습니다. 그러나 일본에서는 파이썬 프로그램은 아직 지명도가 없었습니다. 그런 시대에 처음 일본 서적으로 이 언어의 우수성을 널리 전한 것이 초판이었다고 생각합니다.

제2판이 발매된 시기는 클라우드가 퍼지기 시작한 시기였습니다. 가상화 기술인 Xen, 구글의 클라우드 서비스 AppEngine을 비롯해 클라우드 분야에서도 파이썬이 주목을 받고 있던 시대였습니다.

제3판에서는 몇 년 전에 출시된 파이썬 3를 중심으로 크게 수정했습니다. Linux 패키지 관리를 비롯하여 파이썬은 인프라로서 계속 사용되고 있습니다. 언어로서의 일관성을 더해 오랫동안 안심하고 계속 사용하는 언어로 탈피한 새로운 파이썬을 소개한 것이 이 버전이었습니다.

그리고 제4판에서는 최근 몇 년 주목을 받고 있는 데이터 사이언스 및 기계학습의 개요에 관한 장을 추가하였습니다. 또한, 최근 소프트웨어 개발을 전문으로 하지 않는 이른바 공학자가 아닌 사람이 파이썬을 사용하는 경우가 늘어나고 있습니다. 이 점을 고려하여 기본 기능 설명 부분을 보다 평이하게 읽을 수 있도록 수정하였습니다.

지난 10년을 되돌아보면, 파이썬은 항상 시대의 첨단에 대한 인도자였던 것 같습니다. 웹에서부터 클라우드 및 데이터 사이언스 및 인공지능 등 파이썬은 항상 기술의 최첨단에서 개척해 왔습니다. 그런 파이썬의 현재를 소개하는 것이 본서의 큰 미션이라고 생각합니다.

이 책을 통해 파이썬을 사랑하고 들여 쓰기(indent)를 소중히 여기는 사람이 더욱 늘어날 수 있기를 바랍니다.

# contents

**Chapter 02**

## 파이썬으로 프로그래밍을 시작하자

# 파이썬 기초 마스터하기

# 내장형의 구사

## Chapter 05 파이썬과 함수형 프로그래밍

# 클래스와 객체 지향 개발

# 클래스 상속과 고급 객체 지향 기능

# Chapter 08 모듈

# Chapter 09 스코프(scope)와 객체

## Chapter 10 예외 처리

## Chapter 11 표준 라이브러리 사용

**Chapter 12**

# 파이썬과 데이터 사이언스

**Chapter 13**

# 파이썬 2

# 프로그램 언어
# 파이썬

이 장에서는 프로그래밍 언어인 파이썬에 대해서 쉽게 설명합니다. 파이썬의 특징과 매력에 대해서 설명합니다. 또한, 파이썬의 설치 방법이나, 여러분이 학습에 사용할 환경의 구축 방법, 그리고 간단한 파이썬 프로그램을 만들어 실행시키는 방법에 대해서도 소개합니다.

# 01 파이썬의 매력

파이썬은 객체지향 프로그래밍 언어입니다. 쉽게 시작할 수 있으며 실질적인 프로그램 개발에도 사용할 수 있습니다. 다양한 분야의 프로그래밍에 활용할 수 있는 매우 매력적인 프로그래밍 언어입니다.

**Fig** 파이썬이 활용되고 있는 분야

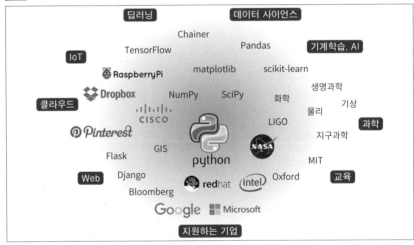

파이썬은 기억하기 쉬운 프로그래밍 언어입니다. MIT를 비롯한 많은 대학이 프로그래밍 입문 교재로 파이썬을 사용하고 있습니다. 국내외 많은 대학에서도 파이썬을 가르치고 있습니다. 프로그래밍의 입문으로 다양한 분야에서 파이썬이 활용되고 있습니다.

바로 업무에 적용하기 위하여 실질적인 개발을 시작할 때 사용할 수 있는 것도 파이썬의 매력입니다. 구글(Google)이나 마이크로소프트(Microsoft), Cisco Systems를 비롯한 많은 유명한 기업들도 파이썬을 사용하고 있습니다. 과학 분야, 데이터 사이언스 등의 분야에서도 파이썬이 적극 활용되고 있습니다. 기계학습(Machine Learning)과 딥러닝(Deep Learning) 등 최근 주목받고 있는 인공지능(AI)을 지원하는 기술 분야에서도 파이썬은 가장 많이 사용되는 프로그래밍 언어입니다.

예를 들어 소프트 뱅크의 로봇 'Pepper'를 움직이는 인공지능 기능에 파이썬이 사용되고 있습니다. 재미있는 점은 사물 인터넷이라 불리는 IoT에 사용하는 초소형 컴퓨터에서도 파이썬을 사용할 수 있습니다.

파이썬은 왜 이렇게 폭넓은 분야에서 응용되고 있는 것일까요? 본격적으로 배우기 전에, 파이썬이 많은 사람의 관심을 사로잡는 이유에 대해 소개하고자 합니다.

## 파이썬은 기억하기 쉽다

파이썬은 대학 등의 프로그래밍 교육에서 활약하고 있습니다. 파이썬이 사용되는 이유에는 여러 가지가 있지만 프로그래밍 언어로 간편하게 만들어져 있다는 것이 가장 큰 이유입니다.

프로그램은 정해진 규칙에 따라 만듭니다. 파이썬은 이 규칙이 적습니다. 규칙이 적으면 기억하기 위해 걸리는 시간도 적게 들기에 곧바로 프로그램을 시작할 수 있습니다. 프로그래밍 초보자에게 적합한 언어로 파이썬이 선택된 것은 그 때문입니다.

그럼 파이썬은 얼마나 간단할까요? 프로그래밍 언어로 단순함을 확인하기 위해 여기에서는 예약어의 수를 비교해 봅시다.

예약어는 프로그래밍 언어가 독자적으로 가지고 있는 단어의 목록입니다. if 또는 for 등 프로그램의 기본 기능에서 사용하는 단어가 예약어로 등록되어 있고 변수명이나 함수명처럼 프로그램에서 정의하는 식별자로 사용하지 못하게 되어 있습니다. 규칙이 복잡한 언어일수록 많은 예약어를 가지고 있을 것입니다.

Table 프로그래밍 언어의 예약어 수

| 언어 | 예약어 수 |
| --- | --- |
| Python 3.3 | 33 |
| Ruby 2.3 | 41 |
| Perl 5.22 | 약 220 |
| Java 8 | 50 |
| PHP 5.6 | 63 |
| JavaScript(ECMAScript 5.1) | 42 |

이 표를 보면 파이썬 예약어가 가장 적다는 것을 알 수 있습니다. Ruby나 JavaScript 와 같은 비교적 간단한 프로그래밍 언어보다 예약어가 적습니다.

예약어가 적은 것뿐만 아니라 파이썬은 비슷한 기능이 중복되지 않도록 만들어져 있습니다. 즉 어떤 작업을 수행하려고 할 때, 대부분 한 개의 방법만 기억하면 가능 하도록 되어 있습니다. 이렇듯 설계 구조로 되어 있기 때문에 파이썬은 간편하고 기 억하기 쉬운 프로그래밍 언어입니다.

지금까지의 프로그래밍 언어는 소프트웨어 전문가만 사용하는 도구였습니다. 그 러나 최근에는 소프트웨어 개발을 전문으로 하지 않는 많은 사람도 프로그래밍을 필 요로 하고 있습니다. 학생과 과학자, 많은 비즈니스 데이터를 다루는 데이터 사이언 스 아티스트 등 프로그램을 개발할 기회가 증가하고 있습니다. 파이썬은 소프트웨어 전문가는 물론 프로그래밍을 전문으로 하지 않는 사람들도 사용할 수 있는 언어입 니다.

## 파이썬은 사용하기 쉽다

폭넓은 분야에서 활용할 수 있는 것도 파이썬의 큰 매력 중 하나입니다.

Fig 파이썬을 사용하여 생성된 중력파 검출 이미지

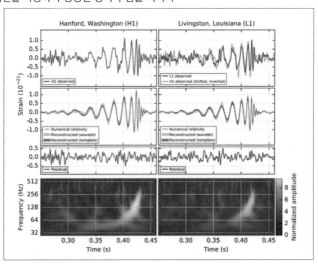

2016년 2월, 국립과학재단과 국제 연구팀이 세계 최초로 중력파를 검출했습니다. LIGO라는 특수한 망원경을 사용하여 2개의 블랙홀에 의해 만들어진 우주 공간의 왜곡을 관측하였습니다.

이때 방대한 데이터 분석에 활약한 것이 파이썬입니다. 연구팀은 분석뿐만 아니라, 계측기기의 제어와 데이터 관리 등 다양한 분야에서 파이썬을 활용하였습니다. 연구원은 파이썬을 사용함으로써 여러 가지 일들을 자동화할 수 있어 남는 시간을 다른 일에 사용할 수 있게 되었습니다. 파이썬이 최첨단의 과학 분야에 도움이 된 하나의 사례입니다.

연구자나 데이터 사이언티스트 등이 파이썬을 즐겨 사용하는 데는 기억하기 쉽다는 특징 외에도 이유가 있습니다. 과학기술 계산이나 통계 데이터 처리의 라이브러리 (파이썬의 기능을 확장하는 부품)가 충실하게 갖추어져 있기 때문입니다. 미리 준비된 부품을 사용할 수 있으므로, 필요한 소프트웨어를 더 짧은 시간에 만들어 낼 수 있습니다.

최근 주목받고 있는 인공지능 분야에서는 과학기술 계산 및 통계 처리 기법을 활용합니다. 과학 분야에서 축적된 파이썬 라이브러리가 기반이 되어 기계학습과 딥러닝 등의 분야에서도 파이썬을 사용하는 사람이 늘고 있습니다.

데이터 처리뿐만 아니라 언어 분석 및 이미지 처리, 데이터베이스와의 연계 등 파이썬은 많은 분야에 라이브러리를 사용할 수 있습니다. 관련 라이브러리가 풍부하고 언어도 다루기 쉽기 때문에 파이썬을 선호하고 있습니다.

또한, 파이썬은 구글이나 마이크로소프트를 비롯한 유명 IT 기업에서 사용되고 있습니다. 위와 같은 기업은 소프트웨어 전문가가 만드는 고급 시스템을 파이썬으로 개발하고 있습니다.

예를 들어 구글의 비디오 서비스 YouTube는 지금도 프런트엔드(front-end)와 API에 파이썬을 활용하고 있습니다. 사진 공유 서비스의 Pinterest도 파이썬을 적극적으로 사용하고 있는 것으로 유명합니다. 파일 공유 서비스 Dropbox는 서버에서 움직이는 소프트웨어뿐만 아니라 Windows 또는 MacOS(MacOS X)에서 움직이는 클라이언트(client) 응용 프로그램에도 파이썬을 사용하여 개발하고 있습니다.

이처럼 유명 IT 기업에서 파이썬을 사용하는 것도 라이브러리가 매우 충실하기 때문입니다. 파이썬은 온갖 종류의 라이브러리를 갖추고 있습니다. 파이썬과 라이브러리를 함께 사용하면 더 짧은 시간에 원하는 소프트웨어를 개발할 수 있습니다. 많은 라이브러리를 무료로 이용할 수 있는 것도 매력적입니다.

# 파이썬은 장래성이 있다

1989년 네덜란드의 Guido van Rossum가 크리스마스 휴가 기간 동안 개발을 시작해 파이썬이 생겨났습니다. 이후 공개된 파이썬은 순식간에 많은 개발자의 관심을 모았습니다. 2000년에 버전 2, 2008년에 버전 3로 진화하였고 응용 분야를 넓히면서 계속 사용되어 왔습니다. 파이썬은 20년 이상 사용되고 있는 역사를 가진 프로그래밍 언어입니다.

파이썬을 오랫동안 사용할 수 있었던 것은 이유가 있습니다. 파이썬으로 만든 프로그램은 오랫동안 사용하기 쉽기 때문입니다. 오래된 기능을 최대한 그대로 사용할 수 있도록 배려하면서 파이썬의 업그레이드가 진행되었기 때문입니다.

프로그래밍 언어는 새로운 기능을 추가할 때 기존 기능을 사용할 수 없게 되는 경우가 있습니다. 새 버전으로 바꿀 때, 못쓰게 된 오래된 기능을 포함한 프로그램은 어떻게 될까요? 그 프로그램을 수정하지 않으면 제대로 작동할 수 없게 됩니다. 여러분도 컴퓨터나 스마트폰의 OS 버전을 업그레이드하면 기존에 사용하던 앱(app)을 사용할 수 없게 된 적이 있을 것입니다. 그것과 비슷한 일이 프로그래밍에서도 일어난다는 것입니다. 새로운 기능이 추가되는 것은 좋은 것만은 아닙니다.

새로운 기능을 추가할 때 기존 기능을 그대로 계속 사용할 수 있도록 유지하는 것을 하위 호환(backward compatibility)이라 말합니다. 파이썬은 버전 업그레이드를 할 때 하위 호환을 최대한 고려합니다. 따라서 파이썬으로 만든 프로그램은 오랫동안 계속 사용될 수 있는 것입니다.

파이썬의 단순함도 오랫동안 계속 사용하는 프로그램을 만드는 데 도움이 됩니다. 파이썬은 루프를 만드는 조건 분기를 하는 등 프로그래밍 언어로서의 기본 기능이 간편하게 만들어져 있습니다. 따라서 누가 만들어도 비슷한 프로그램이도록 되어 있습니다. 또한, 파이썬에서는 블록(특정 조건에서 실행되는 프로그램의 구간)의 구조를 들여쓰기(indent)로 표현합니다. 따라서 프로그램의 구조를 쉽게 이해할 수 있습니다. 파이썬을 사용하면 처리 내용을 이해하기 쉽도록 프로그램을 만들 수 있습니다.

프로그램의 읽기 쉬움을 가독성이라 하며 파이썬을 사용하면 가독성이 높은 프로그램을 만들 수 있습니다. 다른 사람이 만든 프로그램이나 직접 만든 것, 시간이 지나 내용을 잊어버린 프로그램을 읽을 때도 가독성 높은 프로그램은 처리 내용을 쉽게 이해할 수 있습니다.

내용을 이해하기 쉽기 때문에, 기능 추가 및 수정도 간단하게 할 수 있습니다. 한 번 만든 프로그램을 재작업하면서 오래 사용하게 되는 입니다.

원래 개발자 Guido의 취미의 연장으로 탄생한 파이썬이지만, 현재는 PSF(Python Software Foundation)라는 단체가 중심이 되어 개발하고 있습니다. PSF는 파이썬을 만들고 있는 개발자를 도우는 일을 하고 있습니다.

파이썬 개발자의 대부분은 무료로 일하고 있지만, 프로그램 언어의 개발에는 개발 이외에도 돈이 필요합니다. PSF는 파이썬을 배부하기 위하여 서버 운영, 소스코드 관리, 프로모션이나 교류를 위한 이벤트 개최 등을 실시하고 있습니다.

PSF는 파이썬을 사용하고 있는 기업으로부터 기부금을 모금하여 파이썬을 위해 자금을 관리하고 있습니다.

파이썬은 오픈 소스 소프트웨어입니다. 취미, 직업을 불문하고 누구나 무료로 자유롭게 사용할 수 있습니다. 유료의 소프트웨어가 아니기 때문에 파이썬 자체에서 수익이 들어오는 것은 없습니다. 대신 기부금을 요청하는 형태로 개발에 필요한 비용을 조달하고 있습니다.

파이썬 자체는 무료 소프트웨어이지만 유상 소프트에 비해 품질이 떨어지지 않습니다. 개발 방법에 대해서도 유상 소프트웨어에 뒤지지 않는 체제가 갖추어져 있습니다. PSF는 구글이나 마이크로소프트 등 유명한 IT 기업의 백업을 받아 파이썬 개발을 계속 넓혀 나가기 위한 활동을 담당하고 있습니다. 이러한 것을 보았을 때 파이썬의 장래성을 간파할 수 있습니다.

간단하고 기억하기 쉽고, 초보자부터 과학자, 전문가까지 폭넓은 분야에서 활용가능합니다. 한 번 만든 프로그램은 오래 사용할 수 있어 저명한 IT 기업이 개발의 후원자가 되고 있습니다. 그것이 파이썬이라는 프로그래밍 언어입니다.

## **Column** MIT가 파이썬을 가르치는 이유

MIT는 세계에서 엘리트가 모이는 미국에서도 유명한 명문학교로 알려져 있습니다. 또한, MIT는 프로그래밍 교육에서 파이썬을 가르치고 있는 것으로도 유명합니다.

MIT의 컴퓨터학과에서는 이전 SICP(컴퓨터 프로그램의 구조와 해석)이라는 교과서를 사용하여 프로그래밍 교육을 하고 있었습니다. SICP는 컴퓨터의 작동 원리를 접하면서 컴퓨터 과학의 기초를 배우는 교재입니다. 그러나 최근 이 스타일이 구식이 된 것이 아닌가 하고 담당 강사가 생각하기 시작했습니다.

그래서 2000년대에 들어서면서, MIT는 SICP 대신 파이썬으로 구성된 교과서를 사용하였습니다. 현대의 프로그래밍은 컴퓨터를 직접 조작하는 대신, 기성 부품을 조합하여 성과물을 만드는 스타일로 바뀌었습니다. 파이썬은 라이브러리가 풍부하며 기억하기 쉽고 바로 현재 요구되는 프로그래밍 스타일에 맞는 프로그래밍 언어라는 게 이유입니다.

이 절에서는 파이썬이 다양한 장소에서 사랑받는 이유에 대해 설명했습니다. 세계에서 엘리트들이 모이는 대학에서도 똑같은 이유로 파이썬이 사용되고 있는 것입니다.

# 02 파이썬(Anaconda)의 설치

이제 실제로 파이썬을 설치하고 사용해 봅시다. 파이썬은 Windows, MacOS(MacOS X) 및 Linux 컴퓨터에서 무료로 사용할 수 있습니다. 설치도 매우 간단합니다. 설치 프로그램을 다운로드하여 몇 번의 버튼을 클릭하는 것만으로 끝납니다.

일반적으로 파이썬이라 하면 파이썬의 웹사이트(https://python.org)에서 무료로 다운로드할 수 있는 것을 말합니다. 이 책에서는 공식 버전 파이썬이라고 합시다.

공식 버전 파이썬 외에도 특정 사용 목적에 따라 기능을 추가한 파이썬이 존재합니다.

이 책에서는 Anaconda(아나콘다)라는 기능 강화 버전의 파이썬을 사용합니다.

공식 버전 파이썬을 포함하여 용도에 맞게 커스터마이즈 한 파이썬을 파이썬 배포판(distribution)이라고 합니다. Anaconda는 파이썬 배포판 프로그램의 일종입니다.

## Anaconda란?

Anaconda는 표준 파이썬에 수치 연산 및 데이터 사이언스, 기계학습 등 자주 사용하는 기능을 통합한 특별판의 파이썬입니다. 파이썬(구렁이)과 같은 뱀의 종류로, 남아프리카 공화국 등에 사는 큰 뱀에서 따온 이름입니다. 우리에게 조금 더 무섭게 다가옵니다. 더 강력한 파이썬이라는 점에서 큰 뱀의 이름이 붙어 있는 것 같습니다.

**Fig** Anaconda의 웹사이트

Anaconda를 사용하면 데이터의 고속 연산 및 통계 처리, 데이터 사이언스에서 자주 처리하거나 기계학습을 보다 간편하게 수행할 수 있습니다. 공식 버전 파이썬에는 들어 있지 않는 기능(라이브러리)들이 미리 설치되어 있습니다. Anaconda를 설치하면 편리한 기능을 바로 사용할 수 있도록 되어 있습니다. 또한, 그래프 그리기와 같은 데이터 시각화를 위한 기능도 내장되어 있습니다.

## 학습에 필요한 환경에 관하여

이 문서에서는 몇 가지 파이썬 버전 중 버전 3의 기능을 중심으로 배웁니다. 본 교재가 최신판이기에 물론 파이썬 3를 선택한 이유 중 하나입니다. 가장 큰 이유는 버전 3을 배우는 것이 지금 파이썬 학습에 최선의 방법이기 때문입니다.

사실 파이썬에서는 버전 2에서 3으로 업그레이드하는 단계에서 언어 설계를 더욱 깔끔하게 시키기 위해 큰 기능이 추가되고 변경되었습니다. 결과적으로 하위 호환성이 붕괴되어 버렸습니다. 따라서 파이썬 2용으로 작성된 프로그램은 파이썬 3에서 움직이지 않을 수 있습니다. 반대로, 버전 3용으로 작성된 프로그램도 버전 2에서 움직이지 않을 수 있습니다.

집필 시점에서는 바로 앞 버전의 파이썬 2도 여전히 사용되고 있는 실정입니다. 버전 2와 3 모두 배워야 하는가 하는 것은 괴로운 문제이기도 하지만, 버전 2는 앞으로 몇 년 후 지원이 중단될 것으로 예고되고 있습니다. 파이썬 2를 사용한 프로그램은 몇 년 사이에 3에서 움직이도록 버전 업을 해야 할 것입니다.

그런 이유에서 파이썬 2를 사용하여 프로그램을 쓰는 것이 있어도 파이썬 3의 기능을 알고 나서 2의 차이를 배우는 방법이 최선입니다. 그러면 파이썬 3에 버전 업하기 쉬운 프로그램을 만들 수 있습니다. 몇 년 후 다가올 파이썬 2 지원 종료에 대비할 수 있는 것입니다.

이 책은 P. 489의 13장에서 파이썬 2에 대해 다루고 있습니다. 파이썬 3과 비교하는 형태로 파이썬 2의 기능에 대해 설명하고 있습니다. 파이썬 2를 사용하고 싶은 사람은 책 마지막의 설명을 함께 읽어 주는 것으로, 파이썬 3으로의 전환에 대비하면서 2를 사용할 수 있도록 배려하고 있습니다.

또한, 본서에 언급된 프로그램은 Anaconda를 사용하여 작업을 하는 것을 전제로 하고 있습니다. 앞서 언급했듯이, Anaconda는 정식 버전의 파이썬과 자주 사용되는 파이썬 패키지(packages)를 일괄적으로 설치 가능하게 한 것입니다.

지난 몇 년 동안 화제가 되고 있는 데이터 사이언스 및 기계학습, 제3세대 인공지능 분야를 개척한 딥러닝 등을 파이썬으로 취급하는데 필요한 기능이 Anaconda는 대충 갖추어져 있습니다. 또한, Jupyter Notebook이라는 기능을 사용하면 웹 브라우저를 사용하여 파이썬을 제어하거나 그래프를 쉽게 볼 수 있습니다.

Anaconda는 새로운 라이브러리를 설치하는 conda라는 기능을 갖추고 있습니다. conda를 사용하면 공식 버전 파이썬에서 설치하기 어려운 추가 라이브러리도 보다 간편하게 설치할 수 있다는 큰 매력이 있습니다.

Anaconda에 탑재되어 있는 이러한 기능의 대부분은 원래 파이썬을 사용하고 있던 연구자들이 개발을 계속해 온 것입니다. 최근에는 데이터 사이언티스트나 인공지능 연구자 등이 Anaconda와 Jupyter Notebook을 활용하여 파이썬의 세계를 점점 넓혀 가고 있습니다. Anaconda는 공식 버전 파이썬을 넘어선 미래의 파이썬이라고 말할 수 있을지도 모릅니다. 파이썬에 관심을 갖는 많은 독자들이 이런 좋은 환경을 사용했으면 좋겠다고 생각하여 Anaconda를 이 책에서 사용하게 되었습니다.

Anaconda는 공식 버전 파이썬과 비교하면 크기가 크고 설치에 필요한 디스크 공간도 많이 필요하지만, 사용 가치가 있는 매우 잘 만들어진 파이썬 배포판입니다. 이 기회에 꼭 설치해서 사용해 봅시다.

하지만 Anaconda를 설치하지 않으려는 독자들도 있다고 생각합니다. 그것은 다음과 같은 이유가 될 것입니다.

- 이미 파이썬이 들어 있어 환경을 복잡하게 만들고 싶지 않다.
- PC의 디스크에 충분한 여유가 없거나 용량을 소비하고 싶지 않다.
- 스마트폰이나 태블릿에서 파이썬의 학습을 원한다.

그런 독자들은 나중에 설명하는 tmpnb라는 서비스를 사용해 봅시다. tmpnb을 사용하면 Anaconda가 가지고 있는 많은 기능을 웹 브라우저에서 사용할 수 있습니다. 즉 tmpnb와 웹 브라우저만 있으면 Anaconda를 설치하지 않아도 본서에서 설명하는 프로그램을 실행하면서 파이썬을 배울 수 있습니다.

그럼 Anaconda를 설치하는 방법에 대해 알아봅시다. 공식 버전 파이썬 설치 방법은 이 장의 마지막 부분에 소개합니다.

## Windows에서 Anaconda 설치하기

Windows에서 Anaconda를 설치하려면 웹 브라우저를 사용하여 아래의 웹사이트에서 설치 프로그램을 다운로드하고 실행합니다.

**Fig** Windows 버전 Anaconda 다운로드 페이지

**URL** https://www.continuum.io/downloads

27

"Download for Windows"라는 탭이 있습니다. 여기에서 "Python 3.x Version"으로 설치 프로그램을 다운로드합니다. 64비트 또는 32비트 버전인지는 사용자 환경에 맞게 선택합니다.

다운로드한 후 설치 프로그램을 실행합니다. "Next"버튼을 여러 번 누르면 설치가 완료됩니다. 중간에 관리자 권한(Administrator)으로 설치할까 하는 질문이 있지만, 그냥 지나쳐 사용자 권한으로 설치합니다.

**Fig** Windows 버전 인 Anaconda 설치

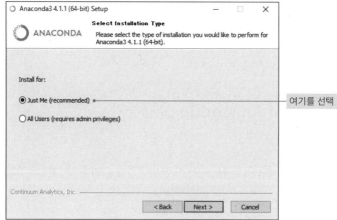

Anaconda를 설치하면 환경 변수 등을 자동으로 조정하고 명령 프롬프트(prompt)에서 Anaconda 파이썬을 시작할 수 있게 됩니다.

## MacOS(os x)에 Anaconda를 설치

MacOS용으로도 Anaconda 설치 프로그램이 준비되어 있습니다. Windows와 같은 웹사이트에 설치프로그램이 있으므로, 웹 브라우저를 사용하여 다운로드하면 됩니다.

**Fig** MacOS 버전 Anaconda 다운로드 페이지

**URL** https://www.continuum.io/downloads

"Download for OS X"이라는 탭이 있습니다. 여기에서 "Python 3.x Version" 아래의 "GRAPHICAL INSTALLER"를 다운로드하면 됩니다.

다운로드가 완료되면 설치 프로그램을 실행합니다. "계속" 버튼을 여러 번 눌러 설치를 실행합니다. "표준 설치"로 진행하거나, 설치 위치를 지정하는 선택 항목에서 아무것도 조작하지 않고 "사용자 본인 전용으로 설치"를 선택하면 됩니다.

**Fig** Anaconda의 MacOS 용 인스톨러(installer)

설치가 완료되면 환경 변수가 변경되고 쉘(Shell)에서 파이썬을 실행할 수 있습니다. 설치가 완료되면 터미널(→P. 36)에서 "python"이라 입력하고 파이썬을 실행시켜 봅시다. 그 후 나타나는 시작 메시지(message)에 "Anaconda 4.2.0"라는 표기가 있으면, Anaconda 설치가 성공적으로 진행되고 있다는 증거입니다.

## Linux에서 Anaconda를 설치

Linux에서 Anaconda를 설치하려면 쉘(Shell) 스크립트를 다운로드한 후 실행합니다. Windows, MacOS와 같은 웹사이트에 쉘 스크립트의 링크가 있으므로, 웹 브라우저 등을 사용하여 다운로드하면 됩니다.

**Fig** Linux 버전 Anaconda 다운로드 페이지

**URL** https://www.continuum.io/downloads

"Download for Linux"라는 탭이 있습니다. 여기에서 "Python 3.x Version"로 설치 프로그램을 다운로드합니다. 64비트 또는 32비트 버전인지 내용은 사용자 환경에 맞게 선택합니다.

다운로드가 완료되면 쉘 스크립트를 실행합니다. 쉘 스크립트를 실행하면 설치 등의 질문 사항이 표시됩니다. 필요에 따라 질문에 대한 답변하고 Anaconda를 설치합니다.

설치가 끝나면 MacOS의 경우와 마찬가지로 터미널에서 "python"을 입력하면 파이썬이 시작됩니다. 그 후 표시되는 시작 메시지에 "Anaconda 4.2.0"라는 표기가 있으면, 성공적으로 Anaconda가 설치되었다는 증거입니다. 설치하는 동안 배포판과 쉘을 변경하거나 환경 변수를 수동으로 변경하면 Anaconda 파이썬을 시작할 수 없을지도 모릅니다. 이런 경우 각자가 문제를 해결해야 합니다.

## 이미 파이썬이 설치되어 있는 경우

여기에서는 Anaconda를 설치하기 전에 파이썬이 설치되어 있는 경우의 대처에 대해서 간단히 설명하고자 합니다.

특히 MacOS 또는 Linux를 사용하는 경우, 파이썬 2가 설치되어 있을 것 같습니다. Windows 환경에서도 파이썬 3과 2를 수동으로 설치한 환경에서 문서의 프로그램을 시도하려는 사람들이 있을 것입니다. 이런 경우 여기에 소개되는 방법으로 Anaconda 설치해 보기 바랍니다. 먼저 일반적으로 프로그래밍에 파이썬을 사용하지 않는 사람은 거의 문제가 야기되지 않습니다. 안심하고 Anaconda를 설치하면 됩니다.

파이썬을 사용하고 있거나 사용한 적이 있는 사람의 경우는 조금 곤란한 일이 발생할 수 있습니다. 본서에서 언급한 방법을 사용하여 Anaconda 설치하고 터미널이나 명령 프롬프트와 같은 쉘에서 파이썬을 동작시키면 Anaconda의 파이썬 3가 나타나기 되기 때문입니다. 그 결과 이전 버전(파이썬 2)용으로 작성된 프로그램이 움직이지 않는 일이 발생할 수 있습니다. 이같은 일을 방지하기 위해 기존 파이썬을 그대로 남기고 싶은 독자는 P. 61에 등장하는 tmpnb는 환경을 사용하는 것이 가장 간단합니다.

이 책은 파이썬의 입문서입니다. 파이썬을 처음 시작하는 독자를 대상으로 설명하고 있습니다. 그런 사람들을 고려하여 Anaconda라는 강력한 버전의 파이썬을 사용하여 사용자의 PC 환경에 새로 설치하는 방법을 소개합니다. 조금이라도 파이썬을 사용한 적이 있는 초보자 이상의 독자 여러분은 환경 변수를 다시 작성하지 않고 Anaconda를 설치하고 부팅 시에는 Anaconda의 파이썬 경로(path)를 명시적으로 부여하는 등, 조금 고민을 하고 학습을 진행하면 됩니다.

> 여러 파이썬을 스마트하게 구분하기 위한 도구로써 pyenv 있습니다. pyenv을 사용하
> 면 기존 파이썬과 새로 설치한 Anaconda를 잘 구분할 수 있습니다. 자세한 소개는 이
> 책의 범위를 넘어서기 때문에, 여기에서는 URL을 소개하는 것으로 만족하려 합니다.
>
> **URL** https://github.com/yyuu/pyenv

## 공식 버전 파이썬 설치

이 책에서는 Anaconda를 사용하지만, 파이썬의 다른 추가 기능을 사용할 필요가
없는 경우에는 보다 간편한 공식 버전 파이썬을 설치하면 된다. 여기에서는 공식 버
전 파이썬 설치에 대하여 설명합니다. 불필요한 사람은 읽지 않아도 됩니다.

공식 버전의 파이썬도 Anaconda와 마찬가지로 설치 프로그램을 사용하여 설치할
수 있습니다. 설치 프로그램을 다운로드하려면 웹 브라우저를 사용하여 다음의 웹
사이트를 방문하면 됩니다.

**Fig** 파이썬의 웹사이트

URL ▶ https://www.python.org/

    화면 상단 메뉴 "Downloads"라는 탭이 있습니다. 여기를 클릭하면 다운로드 페이지로 이동합니다.

    다운로드 페이지에서 액세스할 수 있는 환경을 자동으로 판별하여 필요한 설치 프로그램을 표시하도록 되어 있습니다. "Python 3.5.x"와 "Python 2.7.x"같이 2가지 버전으로 다운로드할 수 있게 되어 있습니다. 이 중 파이썬 3부터 시작 버전의 링크를 클릭하면 설치 프로그램이 다운로드 됩니다.

Fig ▶ 공식 버전 파이썬의 Windows 용 설치

    Windows, MacOS에서는 Anaconda와 마찬가지로 설치 버튼을 여러 번 클릭하면 설치가 완료됩니다. Windows를 사용하는 경우, 설치 프로그램에 나타나는 "Add Python 3.x to PATH"라는 확인란을 선택합니다. 그러면 환경 변수가 자동으로 추가되어 명령 프롬프트에서 파이썬을 시작할 수 있게 됩니다.

# 03 대화형 쉘(Interactive Shell)을 사용

Anaconda를 설치한 후 실제로 파이썬을 사용해 봅시다. 간단한 파이썬 프로그램을 입력하여 실제로 프로그램을 실행시켜 봅시다.

프로그램을 소스 코드 혹은 코드라고 부릅니다. 이 절에서는 파이썬 코드 예제를 몇 가지 소개합니다. 실제로 키보드에서 입력하여 실행하고 시도해 봅시다. 또한, 파이썬의 기본 문법에 대해서도 쉽게 설명할 것입니다.

파이썬은 대화형 쉘이라는 기능이 있습니다. 대화형 쉘이라는 단어에서 의미한 것과 같이 파이썬과 이야기하는 듯한 감각으로 프로그램을 실행할 수 있다는 뜻입니다. 프로그램을 파일에 기록할 필요 없이 키보드에서 입력하는 것만으로도, 간편하게 파이썬의 기능을 사용할 수 있는 편리한 기능입니다.

**Fig** 파이썬의 대화형 쉘

```
● ● ●                    ⬆ ats — python3.5 — 80×24
Last login: Wed Apr 13 09:18:07 on ttys006
[ats ~]$ python
Python 3.5.1 |Anaconda 2.5.0 (x86_64)| (default, Dec  7 2015, 11:24:55)
[GCC 4.2.1 (Apple Inc. build 5577)] on darwin
Type "help", "copyright", "credits" or "license" for more information.
>>> def the_ultimate_calculator():
...     return 42
...
>>> the_ultimate_calculator()
42
>>> _
```

그럼 실제로 파이썬의 대화형 쉘을 시작하여 코드를 입력하고 움직여 봅시다. 대화형 쉘은 사용자 환경에 따라 다음과 같은 방법으로 시작할 수 있습니다.

# Windows에서 대화형 쉘을 실행

Windows에서 Anaconda를 설치한 상태에서 대화형 쉘을 시작하는 방법은 여러 종류가 있습니다. Windows 10이라면 왼쪽 하단의 Windows 표시를 마우스 오른쪽 버튼으로 클릭하고 [실행]을 선택합니다. 대화상자가 나타나면 "열기"란에 "python. exe"를 입력하고 "확인"을 클릭합니다.

**Fig** 시작 메뉴 등을 사용 python.exe를 실행

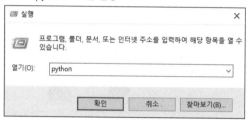

Windows 7이라면 시작 메뉴의 "프로그램 및 파일 검색"에 "python.exe"를 입력하고 검색 결과에서 "python.exe"를 시작하면 대화형 쉘이 나타납니다.

**Fig** Windows의 대화형 쉘

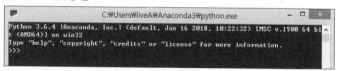

만약을 위해, 시작 메시지에 "Python 3" "Anaconda"라는 문자가 표시되고 있는지 확인해 봅시다. 만약 어느 한쪽이 표시되어 있지 않거나 "Python 2"라고 되어 있다면 올바른 환경으로 설치되어 있는지 여부를 다시 확인해야 합니다.

또한, 명령 프롬프트에 "python"을 입력해서 대화형 쉘을 시작할 수 있습니다. Anaconda 이외에 파이썬을 설치하는 환경에서는 이 방법을 사용해 봅시다.

# MacOS, Linux에서 대화형 쉘을 시작

MacOS에서는 터미널이라는 응용 프로그램을 사용하여 대화형 쉘을 시작합니다. 터미널을 사용하면 키보드로 쉘이라는 환경에 명령어를 입력하고 Mac을 제어할 수 있습니다. 터미널은 Mac의 "응용 프로그램" 폴더 내에 있는 '유틸리티' 폴더에 있습니다.

**Fig** Mac에서 대화형 쉘을 시작하려면 터미널을 사용하라.

Linux에서는 단말기 터미널 에뮬레이터 등 호칭은 다양하지만 MacOS 뿐만 아니라 쉘에 명령을 입력하여 대화형 쉘을 시작하는 점에서는 동일합니다.

응용 프로그램이 나타나면 키보드로 다음의 명령어을 입력합니다. 명령어로 "Python"을 입력하면 대화형 쉘이 시작됩니다.

```
$ python
```

**Fig** python 명령어를 입력하면 대화형 쉘이 시작됨

```
pi@raspberrypi:~ $ python
Python 3.5.2 |Anaconda 2.5.0 (x86_64)| (default, Jul  2 2016, 17:52:12)
[GCC 4.2.1 Compatible Apple LLVM 4.2 (clang-425.0.28)]
Type "help", "copyright", "credits" or "license" for more information.
>>>
```

대화형 쉘이 나타나면 간단한 시작 메시지가 표시되고 입력 대기 상태가 됩니다. Windows 버전과 같이 시작 메시지에 "Python 3" "Anaconda"라는 문자가 표시되어 있는지 확인해 봅시다. 만약 어느 하나가 표시되어 있지 않거나 "Python 2"라고 되어 있다면 올바른 환경으로 설치되어 있는지, 환경 변수의 설정이 잘못되지 않았는지 등 다시 확인해야 합니다.

## 파이썬 코드를 입력

대화형 쉘이 시작되면 파이썬 프로그램에서 입력을 해 봅시다. 부등호가 3개 나란히 ">>>"과 같이 화면에 표시될 것입니다. 이것은 입력 대기 상태를 나타내는 메시지 기호입니다.

> ! tmpnb(→P. 61)에서는 대화형 쉘은 사용하지 않지만 turtle(→P. 39)를 사용하지 않는 코드를 시도할 수 있습니다. tmpnb로 코드를 실행하려면 프롬프트 이후의 부분을 쉘에 입력하여 실행해야 합니다.

우선, 파이썬으로 간단한 계산을 시켜봅시다. 4종류의 한 자리 숫자를 사용하여 계산을 하여 10을 만들어 봅시다. 프롬프트(>>>)의 부분은 입력할 필요가 없습니다. 또한, 반드시 반각 숫자를 입력해야 합니다. 숫자뿐만 아니라 명령에 사용하는 영어도 반각 문자를 사용해야 합니다.

식의 입력이 끝나면 Enter 키 또는 Return 키를 누릅니다.

명령의 실행

```
>>> 1+2+3+4
10
```

계산 결과가 표시됩니다. 대화형 쉘에서는 계산 등 마지막으로 나오는 결과를 입력 행 다음에 표시하도록 되어 있습니다.

다른 숫자를 사용하여 10을 만들어 봅시다. 1, 1, 2, 3를 사용하여 10을 만드는 계산식 3개를 생각해 봅시다. 괄호를 잘 사용해 계산하지 않으면 10을 만들 수 없습니다. 3가지 예를 들어 보겠습니다. 식을 하나씩 입력하여 계산하고 결과가 10이 되는지 확인해 봅시다.

```
(1+1)*(2+3)
(1+1+3)*2
3*(2+1)+1
```

다음으로 변수를 사용해 봅시다. 큰따옴표("~")에서 문자를 둘러싸고 문자열을 정의하고 변수를 입력합니다. 숫자나 문자열을 변수에 넣는 것을 대입이라 부릅니다. 그후, red라는 변수명을 입력하고 Enter 키를 눌러서 변수의 내용이 표시되는지 확인해 봅시다.

변수의 사용
```
>>> red = "나의 사랑!!"
>>> red
'나의 사랑!!'
```

또 문자열을 대입하여 변수를 만들어 봅시다. 이번에는 문자열과 문자열의 덧셈을 해봅시다. 덧셈의 결과는 또 다른 변수에 대입하여 받도록 프로그램을 구성해 봅시다. 이번에는 print()라는 기능을 사용하여 연결된 문자열을 확인해 봅시다.

문자열의 결합
```
>>> yellow = "수현!!"
>>> pink = red+yellow
>>> print(pink)
나의 사랑!!수현!!
```

문자열을 표시하기 위해 사용한 print()는 함수라고 합니다. print() 함수는 괄호 안에 표시할 변수 등을 넣어 실행하면 화면에 결과를 표시하는 기능을 가지고 있습니다.

파이썬에서는 문자열을 사용하여 곱셈도 가능합니다. 방금 문자열의 덧셈에 사용한 변수를 이용하여 곱셈을 해봅시다. 어떤 결과가 나타나는지 다음 코드를 입력하여 실제로 시험해 봅시다. # 기호의 오른쪽은 주석(comment)입니다. 주석은 프로그램의 내용에 대한 메모와 같은 것으로, 실행 시에는 무시됩니다. 특별히 입력하지 않아도 좋습니다.

⌐ 문자열의 곱

```
>>> print(pink*3) ●───────────────────────── 문자열의 곱셈을 함
나의 사랑!!수현!!나의사랑!!수현!!나의 사랑!!수현!!
```

다음은 파이썬을 사용하여 간단한 그림을 그려 봅시다. 파이썬에 포함된 turtle라는 기능(모듈)을 사용합니다. turtle 명령어는 도형을 그리는 기능을 가지고 있습니다. 예를 들면 선을 긋기 위해서는 turtle의 기능을 사용하기 위한 선언을 하고 forward() 함수를 호출합니다. 다음 코드를 실행하면 "Python Turtle Graphics"라는 윈도우가 나타납니다. 거기에 선이 그려집니다.

⌐ turtle 모듈의 사용

```
>>> from turtle import * ●───────────── turtle를 사용하기 위한 선언문
>>> forward(100) ●───────────────────── turtle을 사용하여 선을 그린다
```

Fig  파이썬 도형 쓰기

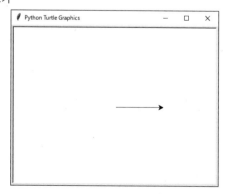

> turtle 기능을 사용한 코드는 tmpnb(→P. 61)에서 시험할 수 없습니다. 파이썬을 사용하여 프로그램을 만들 때 참고하기 바랍니다. 또한, Anaconda를 설치하고 turtle를 사용하여 도형을 그리면 경고가 나타날 수 있습니다. 특별히 문제가 없기 때문에 신경 쓰지 말고 프로그램을 실행합시다.

또한, 여러 종류의 함수를 사용하여 간단한 도형을 그려 봅시다. 여기에서는 정방 모양을 그려 봅시다.

프로그램의 기본은 실행하고 싶은 일을 단계로 나누어 컴퓨터가 알 수 있도록 지시하는 것입니다. 나눈 단계에 순서를 매기고 순서대로 코드를 작성하여 컴퓨터에 명령을 내려 작업을 수행하게 합니다.

사각형을 그리려면 다음 단계를 4회 반복하면 됩니다.

1) 커서를 90도 회전
2) 선 추가

이 절차를 수행하는 파이썬 코드는 어떻게 될까를 생각해 봅시다.

커서를 90도 왼쪽으로 회전하려면 left() 함수에 90이라는 수치를 넣습니다. 선을 그을 때는 방금 사용한 forward() 함수를 사용하면 됩니다. 이 동작을 4회 반복 처리하는 파이썬 코드로 만들어 봅시다.

방금 선을 그은 대화형 쉘에 계속해서 다음과 같은 코드를 입력합시다. 첫 번째 라인은 이미 그어져 있습니다. 90도 구부려 100 진행하라는 단계를 앞으로 3회 반복하여 총 네 번의 회전하는 선을 그으면 됩니다.

정방형 그리기

```
>>> left(90)          커서를 90도 왼쪽으로 회전
>>> forward(100)      100 진행
>>> left(90)
>>> forward(100)
>>> left(90)
>>> forward(100)
```

**Fig** 파이썬으로 사각형을 그리기

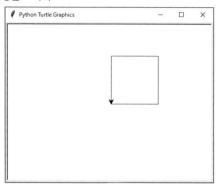

반복되는 횟수가 4회 정도라면 코드를 입력하는 것도 그리 어렵진 않습니다. 동일한 작업을 더 많은 횟수로 반복하고자 할 때 루프라는 기본 수법을 사용하면 편리합니다.

파이썬으로 루프를 처리하려면 for라는 명령을 사용합니다. for를 사용하여 조금 복잡한 도형을 그려봅시다. for를 쓴 행의 다음 행은 앞에 공백을 4개를 두고 들여쓰기하여 입력해야 합니다. 들여쓰기가 필요한 장소에 "..."라는 문자가 표시되지만, 이것도 프롬프트의 일종입니다. "..." 다음에 공백을 4개 입력하고 들여쓰기를 해야 합니다.

대화형 쉘에서 탭(Tab) 키가 다른 기능에 할당되어져 있어 사용할 수 없는 점에 유의해야 합니다. 에디터(editor)를 사용하여 파이썬 코드를 입력하려면 탭을 공백으로 변환 설정을 하면 좋을 것입니다. 실질적인 문제는 탭과 공간이 혼재하는 것으로 이것에 대해서는 P. 51의 칼럼(Column)에서 언급하고 있습니다.

원을 그리기

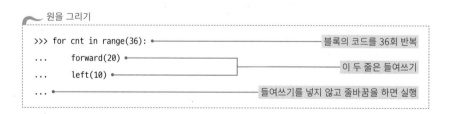

Fig 파이썬으로 동그라미 그리기

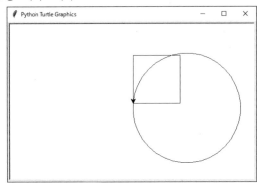

 이 프로그램에서는 20번 선을 긋고, 10도 좌회전하는 과정을 36회 반복합니다. 이렇게 하면 원형이 그려집니다.
 "여기에서 여기까지의 과정을 반복"과 같이 특정 조건에서 실행되는 코드 조각의 수를 블록이라고 합니다. 파이썬에서 블록을 나타내기 위해 들여쓰기를 사용합니다.
 다음 함수를 사용하여 더 복잡한 그림을 그려 봅시다.
 방금 동그라미를 그리는 처리를 circle() 함수로 정의하였습니다. 함수로 실행하는 처리도 파이썬에서는 들여쓰기 블록으로 처리 가능합니다. 함수 속에 for를 사용하여 루프를 짜고 있습니다. 여기서도 들여쓰기 블록이 있기 때문에 들여쓰기가 2단으로 되어 있습니다.

circle( ) 함수 작성

```
>>> def circle():                                          함수를 만듦
...     for cnt in range(36):                              36회 반복
...         forward(20)
...         left(10)
...
```

 이제 circle() 함수가 완성되었습니다. 이 함수를 10번 호출해 봅시다. 함수를 호출하여 1개의 동그라미를 그린 후 커서를 36도 왼쪽으로 회전합니다. 이렇게 조금씩 이동하면서 원형을 그리면 꽃과 같은 도형을 나타납니다.

circle 함수의 실행

```
>>> for i in range(10):          ──────────────────── 10 회 반복
...     circle()                 ──────────────────── 함수를 실행
...     left(36)
...
```

01

**Fig** 파이썬으로 복잡한 도형 그리기

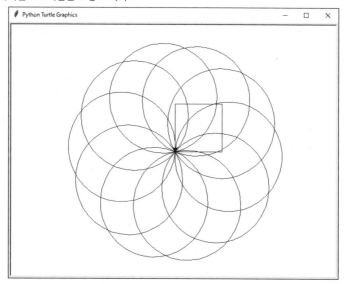

대화형 쉘을 사용하여 간단한 코드를 소개하면서 파이썬의 기능에 대해 배웠습니다. 이제 대화형 쉘을 사용하지 않을 때 종료(shutdown)하는 방법에 대해 설명합니다.

## 대화형 쉘을 종료

Windows에서 대화형 쉘을 종료하려면 Ctr+Z 키를 누르고 계속해서 Enter 키를 누르면 됩니다. 또한, MacOS 또는 Linux의 경우는 control+D를 누릅니다.(^D라고 입력).

# 04 파일에 파이썬 프로그램을 작성

대화형 쉘은 쉽게 파이썬 코드를 실행할 수 있어 편리합니다. 그러나 쉘을 종료해 버리면 입력한 코드가 사라집니다. 한 번 입력한 코드를 수정할 수 없습니다. 대화형 쉘은 프로그램을 만들거나 시도하거나 하는 곳에 적합하지만, 긴 프로그램을 만드는 데는 적합하지 않습니다.

긴 프로그램을 만들 때 파일에 파이썬 코드를 쓰도록 합니다. 파일에 프로그램을 쓰게 되면 같은 프로그램을 여러 번 실행할 수 있으며, 프로그램의 수정도 편리합니다.

 tmpnb(→P. 61)를 사용하는 사람은 이 절에 기록된 프로그램을 실행할 수 없습니다. 본문을 읽고 파일에 프로그램을 작성할 때 참고하기 바랍니다.

## 에디터(editor)를 사용하여 프로그램을 작성

프로그램을 작성하고 저장하려면 텍스트 파일을 편집할 수 있는 응용 프로그램(에디터)을 사용합니다. UTF-8 문자 코드를 보존하는 것이라면 뭐든지 상관없지만 워드 프로세서와 같은 응용 프로그램은 사용하지 않도록 하는 것이 좋습니다.

새로운 소프트웨어를 설치하지 않고 시작하고 싶다면 Windows에서는 파이썬에 부속되어 있는 IDLE을 사용하면 됩니다. IDLE을 시작하려면 대화형 쉘를 시작할 때처럼 시작 메뉴 등에서 "idle.exe"를 실행시키므로 사용할 수 있습니다.

IDLE은 쉘(Shell) 모드와 에디터(editor) 모드의 2 종류가 있으며, 시작 후 쉘 모드로 되어 있기 때문에, 메뉴에서 "File"→ "New File"을 선택하고 에디터 모드 윈도우를 열어야 합니다.

**Fig** Windows의 IDLE

MacOS의 경우 텍스트 편집기를 사용할 수 있습니다. 다만, "포맷" 메뉴에서 "일반 텍스트 만들기"를 선택하여 포맷을 변경한 후 코드를 입력해야 합니다.

**Fig** 텍스트 편집기에서 설정

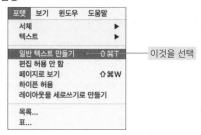

Linux는 GUI 환경과 쉘에서 사용할 수 있는 에디터 등을 사용하여 스크립트 파일을 편집합니다.

또한, 인터넷을 검색하면 무료로 이용할 수 있는 에디터 및 개발 환경을 많이 찾을 수 있습니다. 몇 가지 시험해 보고 좋아하는 에디터를 찾는 것도 재미있을 것입니다. 파이썬 프로그램을 작성하기 좋은 에디터와 IDE의 선택 방법에 대해서 이 장의 마지막 부분에서 합니다.

# 파이썬 프로그램을 저장하기

그럼 에디터를 실행하여 파이썬 프로그램을 만들어 봅시다. 파이썬의 프로그램 파일을 여기에 스크립트 파일이라고 부르기로 약속합니다.

에디터를 사용하여 다음과 같은 프로그래밍 코드를 작성해 봅시다. 아래의 소스 코드는 재귀라는 방법을 사용하여 나무 같은 도형을 그리는 프로그래밍 코드입니다. 대화형 쉘과 달리 스크립트 파일에 쓰는 코드는 메시지가 없습니다.

**List** draw_tree.py

```
#!/usr/bin/env python
# -*- coding: utf-8 -*-

from turtle import *                    ── turtle 기능을 읽어 들임

def tree(length):                        ── 나무를 그리는 함수
    if length > 5:
        forward(length)
        right(20)
        tree(length-15)
        left(40)
        tree(length-15)
        right(20)
        backward(length)

color("green")                           ── 커서의 색상을 녹색으로 만든다
left(90)                                 ── 왼쪽으로 90도 회전시켜 위를 향하게 한다
backward(150)                            ── 아래쪽으로 내리기
tree(120)                                ── 나무를 그리는 함수 호출

input('type to exit')                    ── 그리기 종료 후 입력 대기
```

처음 두 줄은 스크립트 파일에 자주 쓰는 선언문과 같은 것입니다. 이 시점에서는 자세한 내용을 몰라도 좋습니다.

이 코드를 쓴 파일을 "draw_tree.py"라는 이름으로 저장합니다.

파이썬 스크립트 파일은 반드시 ".py" 확장자를 가지게 됩니다. Windows 또는 MacOS에서는 파이썬 스크립트 파일에 특별한 아이콘이 붙어 있습니다. 파이썬을 설치할 때 ". py" 확장자가 파이썬에 연관되어 있기 때문입니다. 파일을 보면 한눈에 파이썬 스크립트 파일임을 알 수 있어서 편리합니다.

Fig 파이썬 스크립트 파일 아이콘

다음으로 저장된 파이썬 파일을 실행하는 방법을 소개하겠습니다. 파이썬 스크립트 파일을 실행하는 방법은 환경에 따라 다릅니다.

## Windows에서 파이썬 프로그램 파일을 실행

Windows에서 파이썬 스크립트 파일을 실행할 때 두 가지 방법을 사용합니다.

하나는 파이썬 스크립트 파일을 더블 클릭하는 방법입니다. 그러면 파이썬이 파일에 적혀 있는 코드를 자동으로 읽어 실행합니다. 파이썬을 설치했을 때, ".py" 확장자 및 파이썬 스크립트 파일과 연관되었기 때문에 이러한 동작을 합니다.

또 다른 방법은 명령 프롬프트에서 실행하는 방법입니다. 앞에 설명된 스크립트 파일이 저장한 폴더로 이동하여 같은 명령을 입력합니다. 설치할 때 환경 변수 PATH가 변경되어 있으면 파이썬을 명령어로 시작할 수 있습니다. 스크립트 파일 이름을 명령행 인수(argument)로 전달하여 프로그램을 실행하는 것입니다.

```
> python draw_tree.py
```

## MacOS, Linux에서 파이썬의 스크립트 파일을 실행

MacOS 및 Linux에서 파이썬 스크립트 파일을 실행하려면 터미널 또는 쉘을 사용합니다. 방금 스크립트 파일을 저장한 디렉터리(directory)로 이동하여 다음과 같은 명령을 입력해 주세요. 파이썬에서 인수로 파일 이름을 전달하여 실행합니다.

```
$ python draw_tree.py
```

raw_tree.py에 실행 권한을 할당하면 파일을 직접 실행할 수 있습니다. 파일의 첫 번째 줄에 "#!"로 시작하는 셔뱅(shebang)을 써 두는 것입니다. "/usr/bin/env python"이라는 환경 변수 PATH를 참조하여 파이썬을 실행한다는 의미입니다. 선언 문과 같은 것이므로, '이렇게 써 두면 좋은 것이다.' 이 정도로 기억해 둡시다.

파이썬 스크립트 파일의 실행 방법을 알게 되었다면 draw_tree.py을 실행해 봅시다. 커서가 움직이고, 나무와 같은 모양이 그려질 것입니다.

**Fig** 파이썬으로 그린 나무

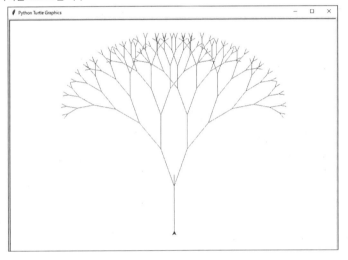

프로그램을 실행되었다면 코드를 다시 작성하고 개조해 봐도 즐거울 것입니다.

함수의 괄호에 따를 수 있는 수치를 변경하면 나무의 크기와 모양이 바뀝니다. 또한, color() 함수 앞에 speed(0) 행을 추가하면 나무를 그리는 속도가 빨라집니다.

# 추천 에디터 및 선택 방법

파이썬을 본격적으로 사용하고 싶다면, 프로그래밍 전용의 에디터를 사용하는 것이 좋습니다. 능력이 있는 사람일수록 도구에 집착합니다. 더 나은 에디터를 선택하여 사용하면 프로그래밍의 효율이 높아지고 프로그램이 더 짧은 시간에 만들 수 있게 되기 때문입니다.

이 책의 집필 시점에서 무료로 이용할 수 있는 추천 에디터를 2개 소개합니다.

## Atom Editor

소셜 코딩 서비스 깃허브(GitHub)가 개발하고 있는 에디터입니다.
Windows와 MacOS, Linux 등 다양한 환경에서 무료로 사용할 수 있습니다.

**Fig** Atom Editor

**URL** http://atom.io/

코드의 중요한 부분을 눈에 띄게 표시해 주는 구문 강조와 블록이 되는 부분을 자동으로 들여쓰기해 주는 등 파이썬 코드를 작성하는데 편리한 기능이 갖추어져 있습니다. 또 플러그인(plugin)으로 불리는 확장 기능과 색상, 아이콘 등을 원하는 디자인으로 변경할 수 있는 테마 등이 많이 준비되어 있는 것도 매력적입니다.

## ⎍⎍⎍ PyCharm

Atom가 가지고 있는 기본 기능 외에 더 많은 고급 기능을 가지고 있는 것이 PyCharm입니다. Windows 또는 MacOS, Linux에서 사용할 수 있습니다. 두 Edition 중 Community Edition은 무료로 이용할 수 있습니다.

**Fig** PyCharm

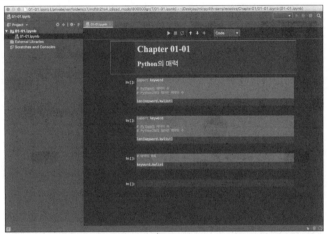

**URL** https://www.jetbrains.com/pycharm/

PyCharm는 단순한 텍스트 에디터가 아니라 IDE(통합 개발 환경)입니다. 프로그래밍 그룹의 에디터로서의 기본 기능 외에도 다음 입력할 코드를 추측해 주는 코드 보완과 같은 고급 기능을 가지고 있습니다. 또한, 소스 코드를 쫓아 프로그램의 흐름을 확인하면서 디버깅 가능한 소스 코드 디버거도 탑재하고 있습니다.

## Column 에디터 선택 조언

"파이썬 에디터"와 같은 키워드를 사용하여 인터넷을 검색하면 또 다른 많은 에디터를 찾을 수 있습니다. 마지막으로, 직접 에디터를 찾을 때 주의해야 할 사항에 대해 잠시 짚어 보겠습니다. 직접 에디터를 선택할 때는 다음과 같은 기능을 가진 것을 골라야 합니다.

- 자동 들여쓰기 기능이 가능할 것
- 들여쓰기 탭이 아닌 공백(space)을 사용하도록 설정할 수 있을 것
- 한국어를 제대로 취급

파이썬은 들여쓰기로 블록을 표현합니다. 그래서 들여쓰기를 자동으로 수행해 주는 에디터가 아니면 일일이 직접 들여쓰기를 해야 하므로 코드 입력이 복잡하게 되어 버립니다.

파이썬용의 에디터에 요구되는 자동 들여쓰기에는 2개의 레벨(level)이 있습니다. 하나는 코드를 줄 때, 이전 행의 들여쓰기를 유지하면서 행의 선두에 공백을 자동 입력하는 기능입니다. 두 번째는 들여쓰기가 필요한 부분을 자동으로 판별하여 행 선두를 들여쓰기 하는 기능입니다. 일반적으로 자동 들여쓰기라고 하면 첫 번째 기능을 가리키지만, 두 번째 기능도 있으면 더 편리합니다.

깨끗하고 올바른 파이썬의 들여쓰기는 공백 4문자로 정해져 있습니다. 들여쓰기를 할 때 공백을 하나씩 입력하는 대신 탭 키를 사용 있지만, 이때 탭 문자가 입력되는 에디터는 파이썬용이 아닙니다. 에디터에 따라서 설정에서 공백을 대체할 수 있는 기능이 있다면 문제없습니다.

왜 탭 문자는 들여쓰기가 적합하지 않은 것일까요? 예를 들어 탭 문자의 폭은 환경에 따라 다릅니다. 탭 문자로 들여쓰기를 하면 환경에 따라 코드가 달리 보입니다. 탭과 공백이 혼재하면 더 복잡해집니다. 들여쓰기의 폭이 어긋나 블록의 범위를 알 수 없게 되어 버립니다. 공간 4개의 들여쓰기를 쉽게 입력할 수 있는 에디터를 선택하는 것이 좋습니다.

최근에는 별로 보이지 않지만, 한글의 입력이 불가능한 에디터가 있습니다. 파이썬의 명령어는 영문과 숫자로 쓰지만 프로그램에 쓰인 설명 주석(comment) 등은 한국어를 사용합니다. 한글의 입력 및 검색이 불가능한 에디터는 피하는 것이 좋습니다.

에디터는 프로그래밍에서 사용하는 펜이나 노트 같은 것입니다. 에디터 선택은 문방구를 찾을 때처럼 재미있습니다. 여러분도 꼭 자신의 손에 맞는 에디터를 찾아보기 바랍니다.

## 05 Jupyter Notebook을 사용

    지금까지 파이썬의 대화형 쉘을 이용하여 코드를 작성하는 방법과 파일에 프로그램을 작성하는 방법을 배웠습니다. 두 가지 방법에는 각각 장점과 단점이 있습니다. 대화형 쉘은 간편하지만, 코드를 남길 수 없으며 수정도 어렵습니다. 한편, 파일은 코드를 남겨 수정하면서 개발하는 데 적합하지만 실행 방법이 조금 복잡합니다.

    두 가지 방법의 장점을 함께 가진 훌륭한 기능이 Anaconda에는 내장되어 있습니다. 그것은 여기에 소개하는 Jupyter Notebook입니다.

**Fig** Jupyter Notebook 화면

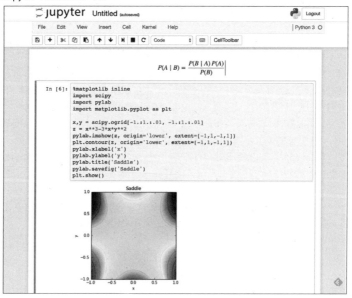

    Jupyter Notebook을 사용하면 웹 브라우저를 사용하여 파이썬 코드를 입력하고 수행할 수 있습니다. 대화형 쉘처럼 간편하게 파이썬의 코드를 쓸 수 있고, 한 번 작

01

성한 코드를 고치는 것도 간단합니다. 작성한 코드를 파이썬의 스크립트 파일로 저장할 수도 있습니다.

작성한 코드를 몇 분마다 자동 저장해 주는 것도 좋은 기능입니다. 자동 들여쓰기와 구문 강조와 같은 에디터가 가지고 있는 기능은 대부분 사용할 수 있습니다. 웹 브라우저 상에 에디터와 파이썬의 실행 환경이 탑재되어 있는 것입니다.

또한, tmpnb(→P. 61)라는 서비스를 사용하면 스마트폰에서도 파이썬을 실행할 수 있습니다. Anaconda와 파이썬을 설치하지 않아도 인터넷 접속과 웹 브라우저만 있으면 파이썬을 수행할 수 있습니다. tmpnb 사용법에 대해서는 이 장의 마지막 부분에서 설명합니다.

이 책에서는 샘플 코드 대부분을 Jupyter Notebook을 사용하여 실행했습니다. 여기에서는 파이썬에 대해 더 깊게 배우기 전에 Jupyter Notebook의 사용법을 설명합니다.

Jupyter Notebook을 사용하려면 먼저 커널이라는 파이썬 프로그램을 시작합니다. Jupyter Notebook는 웹 브라우저와 커널이 통신을 하므로 동작하게 되어 있습니다.

**Fig** ▶ 커널과 웹 브라우저가 통신하는 것으로 Jupyter Notebook이 움직인다.

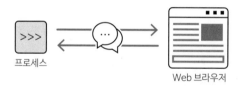

프로세스

Web 브라우저

Jupyter Notebook 커널을 시작하기 위해 다음과 같이 진행합니다. 이용하고 있는 환경별로 설명을 따르면 됩니다.

# Windows 또는 MacOS에서 커널을 시작

Windows에서 커널을 시작하려면 시작 메뉴에서 "Anaconda3" → "Anaconda Navigator"를 실행합니다. 메뉴 이름이 버전에 따라 약간 다를지도 모릅니다. MacOS의 경우는 "응용 프로그램" 폴더에서 "Anaconda-Navigator.app"를 실행합니다.

앱을 실행하면 화면에 Jupyter Notebook 항목이 표시되어 있을 것입니다. Launch 버튼을 누르면 커널이 시작됩니다.

**Fig** Anaconda Navigator 화면

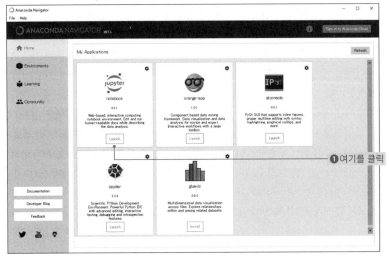

❶ 여기를 클릭

## Linux에서 커널 실행

Linux에서 쉘을 사용하여 커널을 시작합니다. 다음 명령어를 입력하여 커널을 시작해 봅시다.

```
$ jupyter notebook
```

## 대시보드(Dashboard)를 사용

Jupyter Notebook 커널을 부팅하면 웹 브라우저가 나타나며 윈도우(또는 탭)가 열립니다. 먼저 열린 윈도우에는 대시보드라는 화면이 표시됩니다.

　대시보드는 Jupyter Notebook을 실행시키기 위한 출발점입니다. Windows 탐색기와 MacOS의 Finder는 독자들이 더 잘 사용하고 있다고 생각합니다. 대시보드를 사용하면 파일 시스템의 계층 구조를 이동하거나 파일을 시작하는 등을 수행할 수 있습니다.

　Windows의 경우, Jupyter Notebook 응용 프로그램이 있는 폴더와 동일한 계층에 있는 파일과 폴더가 나열됩니다. MacOS 및 Linux에서 Jupyter Notebook 시작할 때 현재 디렉터리의 파일이 나열되어 있을 것입니다. 또한, 화면 상단에 "Files", "Running"이라고 적힌 탭과 "New"라고 쓰여진 메뉴와 현재의 계층 구조를 보여주는 문자가 나타납니다. 파일 또는 폴더 목록, 탭이나 메뉴를 사용하여 대시보드를 조작합니다.

**Fig** 대시보드 화면

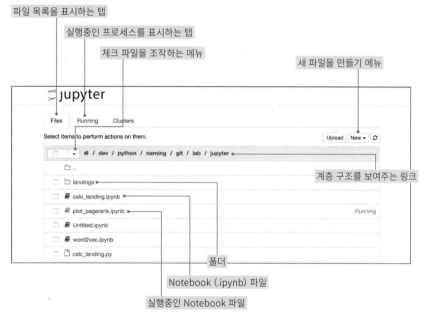

55

# Notebook을 작성

Jupyter Notebook을 사용하여 파이썬의 코드를 실행하려면 Notebook을 사용해야 합니다. Notebook의 실체는 ".ipynb"라는 확장자를 가진 파일입니다. 대시보드에서는 아래의 아이콘으로 표시되어 있습니다.

**Fig** Notebook 아이콘

그러면 실제로 Notebook을 사용하여 파이썬 코드를 움직여 봅시다. 첫째, 대시보드가 표시되어 있는 웹 브라우저의 "New" 메뉴에서 "Python [Root]"을 선택합니다. 또한, 이 메뉴 항목의 표시는 환경에 따라 "Python [conda root]"나 "Python 3" 등으로 바뀌게 됩니다.

**Fig** New 메뉴를 선택 Notebook 만들기

그러면 새로운 Notebook이 만들어집니다. 만들어진 Notebook은 웹 브라우저의 새 윈도우나 탭에 표시됩니다.

**Fig** Notebook 화면

메뉴          셀                                                    Toolbar

Notebook 화면 상단에 메뉴와 도구 모음이 표시되어 있고, Notebook을 사용할 수 있습니다. 파이썬 코드는 그 아래 셀(Cell)이라고 부르는 입력 윈도우가 표시되어 있습니다. 여기에 파이썬 코드를 작성합니다.

**Fig** Toolbar의 기능

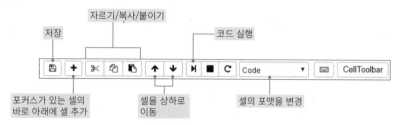

또한, Notebook 만들 때 파일 이름은 "Untitled"이지만 이것은 메뉴에서 "File" → "Rename"을 선택하여 변경할 수 있습니다.

# Notebook으로 프로그램을 실행

Notebook 화면에서 메뉴나 아이콘 아래에 "In [1] : "라고 쓰여진 셀이 표시되어 있습니다. 여기에 파이썬 코드를 입력해 봅시다. print() 함수(명령)를 사용하여 문자를 표시하려고 합니다.

```
print("스팸 맛있는!")
```

코드를 입력한 후 실행해 봅시다. 셀에 작성한 코드를 실행하려면 여러 가지가 있습니다. 여기에서는 자주 사용하는 두 가지 방법을 소개합니다. 스마트폰에서 Notebook을 사용하는 경우 첫 번째 방법을 사용하여 보십시오.

1 : 도구(tool) 바의 Run 아이콘을 클릭합니다
2 : Shift 키를 누른 상태에서 Enter / Return 키를 누릅니다.

실행 결과는 셀 아래에 "Out [1] : " 라고 쓰여진 셀에 표시됩니다. "스팸 맛있는!" 라는 문자가 표시됩니까?

Fig 코드 실행

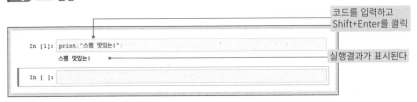

코드를 실행하면 새로운 셀이 표시되고, 계속하여 코드를 쓸 수 있습니다.

Enter / Return 키를 사용하여 여러 줄의 코드를 작성할 수 있습니다. 들여쓰기가 필요한 부분은 자동으로 들여쓰기 됩니다. 자동 들여쓰기가 적용되는 것입니다.

다음은 Anaconda에 포함된 Numpy와 matplotlib라는 라이브러리(확장 기능)를 사용해 봅시다. Numpy는 데이터 처리를 위한 라이브러리입니다. matplotlib는 데이터 분석, 시각화를 위한 라이브러리입니다. 두 라이브러리를 사용하여 간단한 그래프를 그려 봅시다.

그래프 표시

```
%matplotlib inline
import matplotlib.pyplot as plt          matplotlib를 읽어 들임
import numpy as np                        numpy를 읽어 들임
x = np.linspace(0, 3*np.pi, 500)          배열을 만듦
plt.plot(x, np.sin(x**2))                 그래프 작성
```

코드의 첫 번째 줄은 그래프를 그리기 위한 선언문입니다. 필요한 라이브러리를 import하여 그래프를 그리는 명령어를 호출합니다. 코드를 입력하면 다음과 같이 그래프가 그려집니다.

**Fig** Jupyter Notebook을 사용하여 그래프를 그립니다.

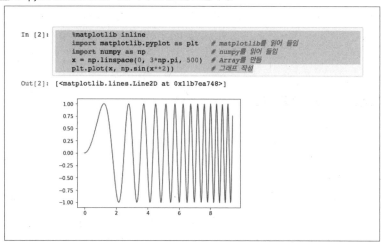

## Column  Notebook에서 수식이나 문장을 포함

Jupyter Notebook에는 파이썬의 코드를 실행하는 것 외에도 다양한 기능이 갖추어져 있습니다. 그중에서도 재미있는 기능은 셀에 수식을 삽입할 수 있습니다. 예를 들어 셀 유형 선택 메뉴("Code"로 표시되어있는 부분)에서 Markdown을 선택하고 다음 문자를 입력합니다. 그러면 셀에 수식이 포함됩니다. Mac 또는 Linux에서 ₩[백슬래시(\)]을 입력해 보십시오.

```
$$F(k) = ₩int_{-₩infty}^{₩infty} f(x) e^{2₩pi i k} dx$$
```

**Fig** Notebook에는 수식을 포함할 수 있습니다.

❶ "Markdown"을 선택

❷ 수식을 입력하고
Shift + Enter

LaTex 기능을 사용하여 수식을 이미지로 내보내기 셀에 표시하고 있습니다. 간편하고 깨끗한 수식을 끼워넣는 꽤 편리한 기능입니다. Markdown은 위키(wiki) 등에 사용되는 것과 같은 간단한 마크업의 일종입니다.

Markdown 형식 셀에는 수식 외에도 Markdown 마크업을 사용한 문장을 쓸 수 있습니다. 이
기능을 사용하면 파이썬 코드 설명 등이 포함된 Notebook을 만들 수 있어 매우 편리합니다.

# Notebook을 저장

Notebook은 몇 분마다 자동으로 저장됩니다. 수동으로 저장하고 작업 종료 전에
상태를 안정적으로 저장하고 싶을 때는 메뉴에서 "File" → "Save and Checkpoint"를
선택하십시오. 또한, "File" → "Download as"에서 "Python(.py)"를 선택하면 Notebook
에 작성된 코드를 파이썬 스크립트 파일로 다운로드할 수 있습니다.

그럼 Notebook을 저장하고 작업을 종료하기 위해 Notebook이 표시되는 웹 브라
우저 윈도우나 탭을 닫으면 어떻게 될까요. Notebook을 닫으려고 하면 다음과 같은
대화상자가 나타납니다. 고민하지 말고 "이 페이지를 종료(나가기)"라는 버튼을 누릅니
다. 그러면 Notebook 윈도우나 탭이 닫힙니다.

**Fig** Notebook 창을 닫으려고 하면 대화상자가 표시

그러면 대시보드로 돌아갑니다. 방금 열려 있던 Notebook이 "Untitled. ipynb"라
는 이름으로 보일 것입니다. Notebook 아이콘이 녹색으로 바뀌고 오른쪽 옆에
"Running(실행 중)"이라고 쓰여 있습니다.

**Fig** 강제로 닫힌 Notebook 아이콘

이것은 Notebook 화면만 닫히고 디스플레이에 붙어 있던 프로세스가 남아 있는 상태입니다. 이러한 과정은 이른바 Notebook에 부가되지 않은 좀비(zombie) 프로세스와 같은 것입니다. 좀비 프로세스가 증가하는 것은 그다지 좋은 일이 아닙니다. 예를 들어 Notebook의 실행이 늦어져 버리거나 메모리 부족을 일으켜 새로운 Notebook을 열 수 없게 되어버립니다.

## Notebook을 종료

웹 브라우저의 윈도우를 강제 종료하는 방법은 Notebook을 종료하기 위한 올바른 방법이 아닙니다. Notebook을 닫으려면 "File" 메뉴에서 "Close and Halt"(닫고 종료)를 선택합니다. 방금처럼 탭을 닫아 버린 경우는 P. 63의 컬럼(Column)에서 설명하는 방법으로 프로세스를 종료하십시오.

일단 저장하고 닫은 Notebook에는 셀의 내용이 저장되어 있습니다. Notebook을 다시 열면 입력한 파이썬 코드와 출력의 일부가 복원됩니다.

또한, 저장된 Notebook을 다시 열 때 셀을 클릭하는 등 셀에 초점을 맞추고, Shift + Enter / Return 키를 누르면 파이썬 코드도 한 번 더 수행할 수 있습니다. 셀의 코드를 다시 작성하여 다시 실행할 수도 있습니다.

## tmpnb에서 Jupyter Notebook을 사용

다음은 인터넷을 사용하여 Jupyter Notebook을 사용할 수 있는 tmpnb에 대해 설명합니다. tmpnb라는 서비스를 사용하면 웹 브라우저만으로 파이썬 프로그램을 실행할 수 있습니다.

Fig tmpnb을 사용하면 스마트폰에서도 파이썬의 코드를 실행할 수 있습니다.

tmpnb은 Anaconda를 설치하지 않아도 사용할 수 있습니다. 파이썬의 학습에 사용하는 PC에 Anaconda 설치를 원하지 않았거나, 할 수 없는 경우, 그리고 스마트폰 또는 태블릿에서 파이썬을 배우고 싶은 독자는 꼭 tmpnb를 사용해 보십시오.

tmpnb을 사용하려면, 웹 브라우저를 사용하여 다음의 웹사이트를 방문하십시오. 그러면 인터넷에서 액세스할 수 Jupyter Notebook 환경이 자동으로 만들어집니다.

URL https://tmpnb.org/

tmpnb 대시보드에서는 Jupyter Notebook과 거의 동일하게 작업을 수행할 수 있습니다. 파이썬 코드를 이동하거나 차트를 표시하는 등의 것은 물론 Anaconda에 포함된 추가 확장도 사용할 수 있습니다.

조작 방법도 Jupyter Notebook과 같습니다. 스마트폰 등으로 책의 내용을 시도하고 싶은 분은 꼭 사용해 보십시오.

 여기에 게재되어 있는 일부 코드는 tmpnb에서는 실행되지 않습니다. tmpnb에서 실행할 수 없는 코드는 주의 사항을 무시하고 있습니다.

# 샘플 코드의 사용 방법

01

이 문서에서는 샘플 코드 대부분을 Jupyter Notebook을 사용하여 실행합니다. 샘플 코드의 일부는 실행 시 데이터를 기록한 파일을 필요로 하는 것도 있습니다.

이 책의 샘플 코드 및 관련 파일은 다음 URL에서 다운로드할 수 있습니다.[1]

**URL** http://coreblog.org/ats/stuff/minpy_support/

샘플 코드는 장(Chapter)별로 디렉터리로 나누어 저장하고 있습니다. 각 장의 디렉터리 안에는 절마다 Notebook 파일(ipynb 파일)이 저장되어 있습니다. 이 파일을 Jupyter Notebook에서 열어 샘플 코드을 실행할 수 있습니다. 샘플 코드의 계층을 대시보드에 표시하여 장별로 계층을 따라가면 쉽게 실행할 수 있을 것입니다.

샘플 코드의 계층을 대시보드에 표시하려면 MacOS 및 Linux에서 샘플 코드를 다운로드한 디렉터리에서 Jupyter Notebook을 시작하십시오. Windows의 경우, Jupyter Notebook 응용 프로그램이 있는 계층에 샘플 코드 폴더를 이동한 다음 커널을 시작하십시오. tmpnb를 사용하는 경우, 샘플 코드 및 필요한 파일을 업로드하고 나서 샘플 코드를 실행하세요.

---

**Column** **Jupyter Notebook이 움직이는 구조**

방금 Notebook 윈도우를 강제로 닫으면 좀비 프로세스가 남아 버린다고 했었습니다. 제대로 Notebook을 닫지 않으면 프로세스가 잔해로 남아 버립니다.

윈도우를 강제로 닫자마자 대시보드에서 "Running"이라는 탭을 클릭하여 보십시오. 여기에는 실행 중인 Jupyter Notebook 프로세스 목록이 표시되어 있습니다.

**Fig** 대시보드의 [Running 탭]

---

1) 역주: 한국어판 샘플 코드 및 관련 파일은 출판사 홈페이지 자료실(http://www.kwangmoonkag.co.kr/)에서 다운로드할 수 있습니다.

프로세스는 Notebook에 열려 있는 웹 브라우저와 Jupyter Notebook 통신을 하기 위해 시작하는 프로그램입니다. 목록에는 하나만 실행 중인 프로세스가 표시되어 있을 것입니다. Notebook 윈도우를 억지로 닫을 때마다 사용할 수 없게 된 프로세스의 잔해가 증가해 버립니다.

**Fig** 브라우저를 강제 종료하면 좀비 프로세스가 증가한다.

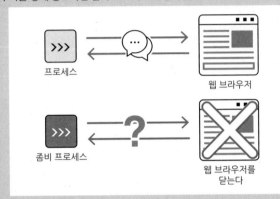

"Running" 탭을 눌러서 표시되는 프로세스의 목록에는 "Shutdown"(종료)라고 쓰여진 버튼이 표시되어 있습니다. 이 버튼을 누르면 사용하지 않는 프로세스를 강제 종료할 수 있습니다. 그러나 실행 중인 프로세스를 닫으면, 파이썬 코드의 실행과 코드를 저장을 할 수 없게 되어 버립니다. 항상 올바른 방법으로 Notebook을 닫게 하고 무심코 닫아버린 경우에만 프로세스의 강제 종료를 사용하도록 합시다.

# 파이썬으로
# 프로그래밍을 시작하자

이 장에서는 파이썬 프로그램 만들기의 기본적인 것에 대해 설명합니다. 수치나 문자열과 같은 기본적인 데이터의 처리 방법과 조건 분기나 루프 함수를 만드는 방법을 배우고, 파이썬을 사용하여 간단한 프로그램을 만들 수 있게 합시다.

# 01 수치 사용

자, 이제부터가 드디어 파이썬으로 프로그램을 만드는 방법에 대해 설명합니다.

프로그램에는 여러 가지 종류가 있습니다. 대화형 쉘에서 시도한 계산은 아주 간단한 프로그램입니다. 스마트폰 앱도 프로그램의 한 종류이며 PC에서 사용하는 워드프로세서나 스프레드 시트, 웹 브라우저는 규모가 큰 프로그램의 예입니다. 넓은 의미에서 말하면, 파이썬 자체도 프로그램의 일종입니다.

여러 종류의 프로그램이 있지만 공통적인 특징이 있습니다. 어떤 프로그램이건 입력을 받고 출력을 반환하는 기능을 가지고 있습니다. 입력이라는 것은 컴퓨터가 해석할 수 있는 데이터입니다. 출력은 입력에서 만든 데이터입니다. 이것을 감안하면 데이터를 받아 처리하고 가공하여 반환하는 것이 프로그램이라고 바꾸어 말할 수 있습니다.

데이터라는 것은 간단하게 말하면 수[1]입니다. 컴퓨터가 데이터를 다룰 때는 반드시 수로 변환됩니다. 수를 조합하여 계산하고 결과를 얻는 처리가 프로그램의 가장 기본적인 동작입니다. 그리고 아무리 복잡하고 거대한 프로그램도 단순한 처리를 쌓고 정해진 순서를 따름으로써 복잡한 기능을 실현할 수 있는 것입니다.

수(數)는 프로그램을 만드는 데 있어서 가장 기본적이고 중요한 항목입니다. 수를 처리하는 방법을 학습하면서 파이썬 프로그래밍의 세계로 들어가 봅시다.

수를 사용하면 세상의 여러 가지 물건, 사건이나 사실을 표현할 수 있습니다. 길이 100cm를 수치로 나타내면 물건의 크기를 표현할 수 있습니다. 무게도 400g처럼 수치로 나타낼 수 있습니다. CD의 판매량과 음악 다운로드, 콘서트 입장객 수를 사용하면 아이돌 그룹의 인기를 표현할 수 있습니다.

컴퓨터에서 수치를 사용하여 여러 가지 물건의 특징과 사건을 취급합니다. 수치를 정해진 절차에 따라 처리하는 것이 컴퓨터의 기본 동작입니다. 프로그램에서는 이 절차를 규칙에 따라 씁니다. 수치는 프로그램의 가장 기본적인 항목입니다.

파이썬 프로그램에서도 많은 수치를 사용합니다. 여기에서는 파이썬으로 수치를 사용하는 방법과 수를 사용한 계산 방법을 배웁니다.

---

1) 역주: 한국어에서 수와 숫자는 다른 의미를 가집니다. 수는 많고 적음을 비교하거나 잴 수 있는 크기의 정도인 양, 범위, 순서를 나타내는 것이고 숫자는 수를 표시하기 위한 기호 또는 문자입니다.

# 수치를 사용한 사칙 연산

앞 장에서 대화형 셸과 Jupyter Notebook에서 간단한 계산을 해보았습니다. 그 예로는 키보드로 숫자 그 자체를 입력하는 것입니다. 이것이 파이썬에서 수치를 사용하는 기본적인 방식입니다.

파이썬에서는 수치와 "+"와 "−" 등의 기호를 조합하여 계산할 수 있습니다. Jupyter Notebook을 사용하여 간단한 계산을 해 봅시다. 계산식을 입력하면 결과가 출력 셸에 표시됩니다.

1, 5, 5, 9의 4개의 숫자를 조합하여 10이 되는 계산식을 만드는 10퍼즐 게임을 해 봅시다. 정답이 많이 있기 때문에 5, 5, 1, 9라는 나열된 순서에 한해서 식을 만들어 봅니다. Jupyter Notebook 셸을 사용하여 몇 가지 생각해 보십시오. 2, 3종류는 쉽게 생각나겠죠.

예를 들어 이런 계산식에서 10을 만들 수 있습니다. 수식을 하나씩 입력하여 셸을 실행해 봅니다. 계산 결과가 수식을 입력한 셸 아래에 표시됩니다. Jupyter Notebook 에서는 셸에 입력한 수식의 결과나 변수(아래)의 내용을 자동으로 표시하게 되어 있는 것입니다.

```
5-5+1+9
5/5/1+9
5/5+1*9
```

"**"라는 연산자를 사용하여 제곱의 계산을 할 수 있습니다. 거듭제곱을 사용하여도 된다는 규칙을 정하면 다음과 같은 방법으로도 10을 만들 수 있습니다.

```
5/5**1+9
```

계산을 할 때 사용하는 '+'나 '*'와 같은 기호를 산술 연산자라고 합니다. 파이썬은 다음 표에 있는 산술 연산자를 자주 사용합니다.

**Table** 산술 연산자

| 연산자 | 설명 |
|:---:|:---|
| + | 더하는 것입니다 |
| - | 빼는 것입니다 |
| * | 곱하는 것입니다 |
| / | 나누는 것입니다 |
| % | 나누고 남은 나머지입니다 |
| ** | 거듭제곱하는 것입니다 |

## 사칙 연산과 우선순위

뺄셈과 덧셈, 곱셈과 나눗셈이 섞여 있는 복잡한 계산을 할 때 주의가 필요합니다. 곱셈과 나눗셈이 먼저 이루어지고, 덧셈과 뺄셈은 그 후에 이루어지기 때문입니다. 거듭제곱은 곱셈이나 나눗셈보다 먼저 계산됩니다. 학교 공부나 테스트에서 배운 것과 마찬가지로 사칙 연산에는 우선순위가 있습니다.

앞서 소개한 4개의 숫자를 사용하여 10을 만드는 계산식 중 "5/5+1*9"라는 식을 생각해 보십시오. 이 수식은 왼쪽에서 오른쪽으로 계산하는 것이 아니라 덧셈 기호의 양변 근처에 있는 나눗셈과 곱셈이 먼저 계산됩니다. 그 결과 "1+9"가 되고, 결과 값이 10이 됩니다.

이것도 학교에서 배운 것과 동일하지만 괄호 "()"를 사용하여 계산 순서를 제어할 수 있습니다. 괄호를 사용하면 10을 계산하는 여러 종류의 수식을 만들 수 있습니다.

```
5/5*(1+9)
5/(5/(1+9))
```

# 02 변수의 사용

이전 절에서 설명한 '10'이라는 수치처럼 데이터 자체의 표기를 정수(literal)[2]라고 합니다. 리터럴은 영어로 literal라고 씁니다. "말 그대로"라는 뜻의 영어 단어입니다.

프로그램은 많은 데이터를 처리합니다. 그러나 수치 자체, 즉 리터럴로 프로그램에 들어가는 데이터는 많지 않습니다. 데이터 대부분은 변수에 넣어 프로그램 속으로 흘러갑니다.

변수는 한마디로 설명하면 데이터가 들어 있는 용기입니다. 다만 상자 같은 것이라고 생각합니다. 상자 안에 데이터를 넣고 프로그램에서 데이터를 주고받습니다.

또한, 변수는 이름이 적힌 라벨이 붙어 있습니다. 변수에 붙인 이름을 축약하여 변수명이라고 합니다.

**Fig** 변수는 이름을 붙인 상자

Name ●──── 변수명

이름을 붙인 용기에 넣어 데이터를 관리함으로써 많은 데이터를 분류하고 데이터의 종류나 목적을 알기 쉽게 나타낼 수 있습니다. 변수는 이러한 목적으로 사용됩니다.

또한, 변수에 데이터를 넣는 것을 대입이라 부릅니다. 파이썬에서 변수에 데이터를 대입할 때는 변수와 데이터를 하나의 등호(=)로 연결합니다.

---

2) 역주: 리터럴이란 프로그램의 소스 코드에서 사용되는 수치나 문자열을 직접 기술한 정수입니다. 변수의 반대말이며, 변경되지 않는 것을 전제로 한 값입니다.

**Fig** 대입은 변수에 등호(=)로 데이터를 넣는 것

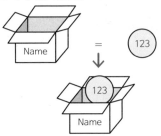

## 변수 정의

파이썬으로 변수를 만드는, 즉 변수를 정의하는 것은 매우 간단합니다. 이름(변수명)을 붙인 변수에 데이터를 대입하면 좋습니다.

**구문** 변수의 정의 방법

```
변수명 = 데이터
```

파이썬에서는 변수명을 만들고 대입하는 것만으로 변수를 자동으로 만들어집니다. 프로그래밍 언어에서는 변수를 만드는데 특별한 선언을 하지만, 파이썬은 변수를 사용하고 싶어지면 그 자리에서 만들 수 있습니다. 매우 간편하고 편리하네요.

그러면 실제로 변수를 정의해 봅시다.

```
champernowne = 0.12345678910
```

등호의 왼쪽에 보이는 것이 변수명입니다. 변수명은 반드시 소문자로 시작합니다. 다음과 같이 수, 밑줄(_, underscore) 등 기호의 일부를 결합할 수 있습니다.

```
champernowne_19 = 0.1234567891011121314
```

# 변수를 사용하여 계산하기

·변수에 값을 대입하면, 변수 및 수치를 조합하여 계산할 수 있습니다. 수치가 들어간 변수는 수치처럼 취급할 수 있습니다. 변수를 사용하여 계산을 해 봅시다.

먼저 2개의 변수에 값을 대입합니다. 세 번째 줄은 변수를 사용한 곱셈만 입력합니다. 이 셀을 Shift + Enter로 실행하면 마지막 계산 결과가 셀 아래에 표시됩니다.

Jupyter Notebook에는 아래 코드 중 위 3줄만 입력하십시오. 가장 아래에 있는 빨간색 음영 부분은 출력의 예입니다. 본서의 예제 코드에서는 같은 방법으로 코드와 출력이 함께 있습니다.

적도면에서 지구 둘레를 계산하다

```
pi = 3.141592                         원주율
diameter = 12756.274                  적도면에서의 지구의 지름(km)
pi*diameter                           적도면에서 지구 둘레를 계산
```
```
40075.008348208
```

계산한 결과를 변수로 받을 수 있습니다. 등호를 사용하여 계산 결과를 변수에 대입하는 것입니다. 셀의 마지막 행은 변수만 입력했습니다. 이렇게 하면 변수의 내용이 표시됩니다.

조깅에서 1kg 지방을 태우는 데 몇 시간 걸리는지를 계산

```
cal_per_1kg = 7200                            지방 1kg 연소에 필요한 열량
cal_per_1minjog = 7.76                        조깅 1 분에 의한 소비 칼로리
min_to_lose1kg = cal_per_1kg/cal_per_1minjog
                                              조깅에서 1kg 체중 감소하는데 몇 분이 필요할까?
hours_to_lose1kg = min_to_lose1kg/60          분을 시간으로 환산
hours_to_lose1kg                              변수의 내용을 표시
```
```
15.463917525773196
```

조깅해서 1kg의 지방을 태우는데 15시간 이상 걸린다는 사실을 보여줍니다.

결과를 변수에 대입해 두면 결과를 저장해 두었다가 다른 계산에 전달하는 것이 간편해집니다. 프로그램은 많은 변수를 사용하여 계산을 합니다.

## Column 변수명 붙이기

변수의 이름을 붙이기에는 간단한 규칙이 있습니다. 프로그래밍 언어로 결정되어 있는 규칙에 숫자로 시작하지 않는 어떤 문자열이라면 파이썬의 변수명으로 사용할 수 있게 되어 있습니다. 파이썬 3에서는 한글을 사용한 변수명도 붙일 수 있습니다. 외형은 재미있지만 어떤 프로그램인지 잘 모르기 때문에 이것은 나쁜 변수명의 예입니다.

```
그릇 = 1
없습니다 = 2
```

마음대로 변수명을 쓰면 프로그램을 보면서 해석하기에 어려워집니다. 따라서 파이썬에서는 프로그램을 만들 때 지켜야 할 규칙이 있습니다. 다음과 같은 규칙을 지키면 깔끔하고 보기 편한 프로그램을 만들 수 있습니다.

### 알파벳, 숫자, 밑줄(_)을 조합

기본적으로 알파벳 문자를 사용하여 변수명을 만듭니다. "name1" "name2"처럼 수를 보충하기보다 "firstname" "lastname"처럼 구체적인 영어 명사와 "hongGilDong" 같은 로마자를 사용하는 것이 좋은 변수명입니다.

여러 단어를 구분할 때 "some_word"처럼 밑줄을 사용하거나 "someWord"처럼 단어의 구분에 대문자를 사용합니다. 어느 쪽이 좋다는 규칙은 없습니다. 보기 쉽고 사용하기 쉬운 쪽을 선택하고 규칙을 통일하면 좋다고 생각합니다.

특별하게 취급하고자 하는 변수를 정의할 때 대문자를 사용합니다.

파이썬은 상수(내용을 변경할 수 없는 변수)가 없기 때문에 대문자 변수명을 가진 변수를 정의하여 상수처럼 취급할 수 있습니다.

### 처음 문자는 알파벳

변수명 앞에 수를 사용할 수 없습니다. 수치와 구별이 되지 않기 때문입니다.

파이썬에서 취급에 주의해야 할 특별한 변수임을 나타내기 위해 밑줄로 시작하는 변수명을 붙일 수 있습니다. 바꾸어 쓰기 곤란한 변수는 밑줄로 시작하는 일이 많은 것 같습니다.

### 알파벳의 대문자, 소문자는 구별

파이썬에서 "girlsundpanzer"와 "girlsUndPanzer"는 다른 변수로 처리됩니다. 대문자와 소문자를 구별하기 때문입니다.

**30개 정도 변수명에 사용할 수 없는 단어가 있다.**
예약어라는 단어는 변수명으로 사용할 수 없습니다. 변수로 사용하려고 하면 오류(SyntaxError 문법 오류)가 됩니다. 예를 들어 "and" "not" "if" 등은 예약어로 등록되어 있기 때문에 변수명으로 사용할 수 없습니다.

# 03 문자열을 사용

"태초에 말씀이 계시니라[3]". 문자는 인류 최대의 발명품으로 알려져 있습니다. 문자를 사용해 여러 가지 정보를 받고 전할 수 있습니다.

숫자나 기호를 조합하여 기술하는 수치도 문자의 일종입니다. 다만 수치는 대개 무엇을 나타내는 정보를 포함할 때 처음으로 의미를 가집니다. 그러기 위해서는 더 많은 종류의 문자를 사용해야 합니다.

예를 들어 "36"이라는 숫자만으로는 무엇을 표현하고 있는지 잘 모르겠습니다. "36℃"라고 문자를 더하는 것으로, 수치가 온도를 표현하고 있다는 것을 알 수 있습니다.

같은 온도라도 더 많은 문자가 붙음으로써 의미가 달라집니다. "체온이 36℃"이면 아무 문제없습니다만, "기온이 36℃"라면 대부분의 사람이 짜증을 냅니다. 문자를 사용하여 보다 명확하고 자세한 정보를 전달할 수 있는 것입니다.

프로그램에서는 문자 모음을 문자열로 취급합니다. "Python", "VI호 중전차 티거 I" 같은 단어나 고유명사는 문자열의 일종입니다. "세상에 있는 모든 것은 변화하고 어느 것도 같지 않다."라는 문장도 문자열이며, 소설이나 논문처럼 긴 문장도 문자열로 처리할 수 있습니다.

---

3) 역주: 성경의 요한복음 1장 1절에 있는 문장입니다.

Fig 문자의 모음을 문자열로 취급

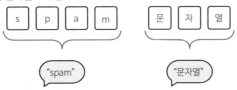

# 문자열 정의

파이썬으로 문자열을 정의하고 변수에 넣어 봅시다. 문자열을 정의하기 위해서는 큰따옴표("~") 또는 작은따옴표('~')를 사용하며 이들을 인용부호라고 말합니다. 첫 번째 따옴표를 마지막 따옴표로 닫힌(둘러싸인) 범위가 문자열입니다.

구문 문자열을 정의하는 방법

```
"문자열"
```

따옴표는 반드시 쌍으로 되어 있어야 합니다. 하나만이라도 닫는 것을 잊어버리면, 어디까지가 문자열인지 알 수 없어 오류(SyntaxError 문법 오류)가 되어 버립니다.

Jupyter Notebook을 사용하여 하나 따옴표('또는")를 입력하면 커서 앞에 다른 1개의 따옴표가 자동으로 입력됩니다. 이것은 문자열의 입력 보조 기능입니다. 한쪽 따옴표를 입력한 후 그대로 문자열을 입력하면 됩니다. 무심코 따옴표를 삭제하지 않는 한 오류를 일으킬 염려가 없기 때문에 편리합니다.

그러나 웹 브라우저에서는 이 기능이 제대로 작동하지 않을 수 있습니다. 예를 들어 구글 크롬에서는 문제없지만, Safari는 적절한 보완이 이루어지지 않습니다. 잘 작동하지 않으면 기본 웹 브라우저를 변경하십시오.

문자열을 정의하여 변수에 대입해 봅시다.

```
spam = "spam"
```

파이썬에서 변수를 다룰 때도 문자 집합을 사용합니다. 문자열은 따옴표 안에 둘러싸여 있지만, 변수명이 노출된 상태로 프로그램에 적습니다. 이렇게 해서 변수명과 문자열 데이터 (문자열 리터럴)를 구별하는 것입니다.

Jupyter Notebook을 사용하면 따옴표로 둘러싸인 문자열 부분은 채색되어 표시됩니다. 구문 색상 표시는 입력 보조 기능이 작동하고 있기 때문에 표시됩니다. 프로그래밍 에디터도 이 같은 기능을 많이 가지고 있습니다.

알파벳뿐만 아니라 한글도 문자열로 취급합니다. 앞의 예처럼 한글 문자를 따옴표로 묶으면 됩니다.

```
psy = "오빠 강남스타일 "
```

## 문자열 연결

문자열과 문자열의 덧셈을 하면 문자열끼리 연결할 수 있습니다.

**Fig** 문자열과 문자열 덧셈하면 연결할 수 있다

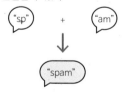

앞서 정의한 psy라는 변수를 사용하여 실제로 시험해 봅시다.

```
psy = psy+"오, 강남스타일"
```

이 예제에서는 변수 속에 있는 문자열을 다른 문자열을 더하고 있습니다. 2개의 문자열을 더한 결과를 등호를 사용하여 원래의 변수에 할당하고 있습니다. 결과적으로 원래의 변수의 내용이 두 개의 문자열을 연결한 새로운 문자열로 대체됩니다. 셀의 마지막 행에서 변수명만 입력하고 변수의 내용을 표시하여 변수의 내용이 변화하고 있는지 확인하여 봅시다.

문자열을 연결

```
psy = "오빠 강남스타일 "
psy = psy+"오, 강남스타일"
psy
```
```
'오빠 강남스타일 오, 강남스타일'
```

문자열을 연결한 결과를 변수에 대입한다는 점이 포인트입니다.

셀 아래에 표시되는 문자열은 작은따옴표(')로 묶여 있는 것이 보입니까? 표시된 데이터는 문자열이라는 것을 알 수 있도록 이렇게 표시되어 있습니다.

또한, 코드에서는 큰따옴표(")를 사용하여 문자를 둘러싸고 있습니다만, 표시된 문자열은 작은따옴표로 바뀌고 있습니다. 앞에서 서술한 것처럼 파이썬은 두 따옴표로 문자열을 정의할 수 있지만 작은따옴표는 악센트 부호(`)로 오인하기 쉬우므로 샘플 코드에서는 큰따옴표를 사용하고 있습니다.

## 복합 연산자

변수를 사용하여 문자열에 다른 문자열을 연결하는 코드를 프로그램에서 자주 사용합니다. 방금 본 예에서 변수에 다른 문자열을 더해 결과를 만들고 그 결과를 변수에 할당하는 코드를 썼습니다.

이 코드를 더 단순하게 쓰는 방법이 있습니다. +=라는 연산자, 즉 + 연산자와 = 등호를 연결한 연산자를 사용합니다. 이 연산자를 사용하면 더하는(연결하다) 작업과 대입 작업을 한 번에 실행할 수 있습니다. 보이는 그대로의 기능을 가지고 있습니다.

**Fig** 복합 연산자의 기능

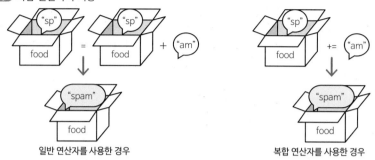

일반 연산자를 사용한 경우        복합 연산자를 사용한 경우

이 연산자를 사용하여 문자열을 연결하는 코드를 작성해 봅시다.

＞ 복합 연산자를 사용해 보자

```
psy2 = "아름다워 사랑스러워 "
psy2 += "그래 너, 그래 바로 너"
psy2
'아름다워 사랑스러워 그래 너, 그래 바로 너'
```

이 연산자는 연산과 대입 2종류의 처리를 가지고 있기 때문에 복합 연산자라고 합니다. 복합 연산자는 문자열뿐만 아니라 수치 등 다른 데이터로도 사용할 수 있습니다.

문자열의 연산에는 "+ ="이 자주 사용됩니다. 수치형에서 마이너스과 등호기호를 합친 복합 연산자가 사용됩니다. 파이썬에서 다음과 같은 복합 연산자를 사용할 수 있습니다.

**Table** 복합 연산자

| 연산자 | 설명 |
|---|---|
| += | 덧셈, 연결을 해서 대입 |
| -= | 빼기 대입하는 |
| *= | 곱셈을 대입하는 |
| /= | 나눗셈을 대입하는 |

복합 연산자를 사용하는데 있어서 주의해야 할 점이 있습니다. 정의되지 않은 변수에 대해 복합 연산자를 사용할 수 없습니다. 파이썬에서 대입하면 변수가 정의됩니다. 즉 복합 연산자를 사용하기 전에 변수에 값을 대입해 둘 필요가 있습니다.

복합 연산자를 사용하면 파이썬은 대입하기 전에 계산을 하려고 합니다. 연산을 하려면 왼쪽에 둔 변수에 포함된 데이터 값을 확인할 필요가 있지만, 정의되지 않은 변수이며 데이터를 꺼낼 수 없습니다. 따라서 정의되지 않은 변수에 대해 복합 연산자를 사용하면 오류가 발생합니다.

또한, 다른 프로그래밍 언어 중에는 ++나 -- 와 같은 연산자를 가지고 있는 것이 있습니다. 각 변수에 1을 더하거나 1을 빼는 기능을 가진 연산자이지만, 파이썬은 이러한 연산자는 없습니다.

---

**Column** 문자열 정의의 응용

파이썬에서 " . " 처럼 하나의 따옴표를 쌍으로 문자열을 정의할 수 있습니다.
또한, 따옴표를 세 개 겹친 삼중 따옴표를 쌍으로 사용하면 줄바꿈을 포함하는 문자열을 정의할 수 있습니다.

```
psy = """낮에는 따사로운 인간적인 여자
커피 한 잔의 여유를 아는 품격 있는 여자
밤이 오면 심장이 뜨거워지는 여자 그런 반전 있는 여자"""
```

---

# 형태를 갖추는 파이썬의 방식

수치나 문자열같이 프로그램에서는 여러 가지 데이터를 처리합니다. 데이터는 목적과 성격에 따라 나눌 수 있습니다. 데이터 종류를 유형(type)이라고 부릅니다. "수치"와 "문자열" 같은 데이터 종류에 "유형"이라는 말을 보충하여 수치형, 문자열형이라는 호칭을 사용합니다. 데이터의 종류를 한꺼번에 자료형이라고 부를 수 있습니다.

방금 문자열과 문자열을 더해 연결하는 예를 보였습니다. 그렇다면 문자열과 숫자를 덧셈하면, 즉 형태가 다른 데이터끼리 덧셈을 하면 어떻게 될까요.

변수에 날짜가 들어 있고, 거기에 "일"이라는 문자열을 더해 "24일"과 같은 문자열을 만드는 것을 생각해 봅시다. 다음과 같은 코드를 파이썬으로 작성해 보았습니다. 이 코드를 실행해 봅시다.

다른 데이터 유형을 덧셈 한 경우의 오류

```
day = 24
date = day+"일"

TypeError                           Traceback (most recent call last)
<ipython-input-2-c8d90539af15> in <module>()
      1 day = 24
----> 2 date = day+"일"


TypeError: unsupported operand type(s) for +: 'int' and 'str'
```

Jupyter Notebook의 출력 부분에 오류 메시지가 나타납니다. 오류의 내용이 영어 문장으로 쓰여 있습니다. 쉽게 번역하면 수치와 문자열을 +로 계산할 수 없음을 알리는 내용의 오류 메시지입니다.

수치에 문자열을 연결하려고 하는 것이기 때문에, 수치를 자동으로 문자열로 변환해 주어도 좋다는 생각이 듭니다. 사실, 다른 형태의 데이터를 어떻게든 잘 다루어 주는 JavaScript와 PHP와 같은 프로그래밍 언어도 존재합니다. 그러나 그렇게 되지 않는 것이 파이썬의 방식입니다.

파이썬에서는 기본적으로 수치라면 수치만, 문자열이면 문자열만 계산할 수 있도록 되어 있습니다. 즉 형태를 갖추고 작업을 하는 것이 파이썬의 방식입니다. 왜 그렇게 되어 있는가 하면 장점이 많기 때문입니다.

여기에 100과 8924 두 수가 있다고 가정합시다. 이 두 수는 상황에 따라 다른 취급 방법을 사용합니다.

예를 들어 길이와 무게 같은 단위를 가진 수량일 수도 있습니다. 이 경우에 수치로 계산합니다.

또는 우편번호와 같이 2개의 번호를 그대로 표기하고 의미를 나타내는 수일지 모릅니다. 이 경우는 문자열로 취급합니다. "065-79"는 국립중앙도서관 우편번호입니다. 이것을 수치식으로 취급해 버리면, 뺄셈 수식이 되어 버립니다. 우편번호를 뺄셈으로 마이너스 수치로 하면 의미가 없어져 버립니다.

프로그램에서 무엇을 하고 싶은지, 또한, 데이터가 어떤 성질을 가지고 있고, 어떻게 취급 할 것인가 하는 것은 상황에 따라 다릅니다. 프로그래밍 언어 측이 데이터를 처리하는 방법을 마음대로 결정하는 것이 아니라 프로그램을 쓰는 사람이 명확하게 결정하는 것이 파이썬의 방식입니다.

## 문자열과 수치의 변환(형 변환)

앞의 예와 같이 수치를 문자열로 취급하고 다른 문자열과 연결하려는 경우는 파이썬에서는 어떻게 될까요. 이 경우 수치를 문자열로 변환합니다. 데이터의 종류를 준비하고, 문자열과 문자열의 연결을 하고 싶다는 것을 명확하게 하고 프로그램을 작성합니다.

데이터 형식을 변환하는 것을 형(type) 변환이라고 합니다. 수치를 문자열로 변환하는 것도 형 변환입니다.

파이썬으로 형 변환을 하려면 함수를 사용합니다. 함수를 사용하여 데이터를 가공하는 작업을 수행할 수 있습니다.

**Fig** 함수를 사용하면 데이터를 가공하는 처리를 수행할 수 있습니다.

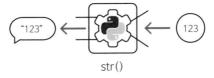

str()

Jupyter Notebook에서 사용한 print() 함수는 데이터의 내용을 표시한다는 기능을 가진 함수입니다. **print("스팸 맛있는")**과 같이 괄호 사이에 데이터를 넣는 것으로, 함수에서 데이터를 처리할 수 있습니다.

수치를 문자열로 변환하려면 str() 함수를 사용해야 합니다. 함수의 괄호 안에 문자열로 변환하고자 하는 데이터를 넣으면 결과로서 문자열이 되돌아옵니다. 다음 예는 수치가 든 변수 day를 넣고 있습니다.

## str( ) 함수를 사용

```
day = 24                        날짜의 수치
str_day = str(day)              수치를 문자열로 변환하여 변수에 할당
date = str_day+"일"             수치로 변환한 날짜와 문자열을 연결
date
'24일'
```

02

str()와 같은 함수는 내장 함수라고 합니다. 내장은 사전 준비 등을 할 필요 없이 사용할 수 있다는 뜻입니다. 편리하고 자주 사용되기 때문에 파이썬 프로그램이라면 어디서나 사용할 수 있도록 설계되어 있습니다.

반대로 문자열을 숫자로 변환하려면 어떻게 해야 할까요? 이 처리를 위해서도 내장 함수가 준비되어 있습니다. int()와 float()입니다. int()는 정수(소수를 포함되지 않은 수)에 해당하는 문자열을 변환하기 위한 내장 함수입니다. float()는 소수점을 포함한 숫자에 해당하는 문자열을 변환하는 내장 함수입니다.

실제로 int()를 사용해 봅시다. 괄호 안에 정수로 구성된 문자열을 전달합니다. 출력 셀에 문자열을 수치로 변환한 결과가 표시됩니다.

```
int("200")
```

다음 float()를 사용해 봅시다. float()는 수와 소수점으로 구성된 문자열을 전달합니다.

```
float("3.14159265358979")
```

# 04 리스트 사용

수치나 문자열은 프로그램을 만드는 데 있어서 가장 기본이 되는 데이터 형식입니다. 여기에 소개한 리스트도 수치 등과 같은 자료형의 한 종류입니다. 리스트는 여러 데이터를 나란히 관리하고 효율적으로 처리하기 위해 사용됩니다.

**Fig** 리스트는 데이터를 순서대로 정렬하여 관리

수치나 문자열을 입력하는 테이블(table)을 떠올리면 리스트를 이미지하기 쉽습니다. 직장에서 Excel과 같은 스프레드시트도 리스트 데이터로 처리할 수 있습니다. 여름방학 숙제로 쓰는 것과 같은 8월 1일부터 31일까지의 기온 리스트나 학생이나 사원등 이름 명단도 표의 일종입니다.

또한, 리스트의 목적과 종류에 따라 리스트를 작성하는 데이터의 종류(데이터 형)도 달라집니다. 앞의 예제에서는 기온표는 수치를 기입하기 때문에 수치 리스트입니다. 이름의 표는 문자열 리스트입니다.

리스트에서 수치나 문자열만 아닌 파이썬으로 취급하는 데이터라면 뭐든지 넣을수 있습니다. 이 성질을 이용하여 파이썬의 리스트는 표로써 뿐만 아니라 물건을 정리하는 선반이나 옷장 같은 쓰임새를 하기도 합니다.

파이썬의 리스트는 유연성이 높습니다.

## 리스트 정의

파이썬으로 리스트 형식을 정의하려면 대괄호([~])를 사용합니다. 대괄호 안에 리스트의 요소를 정렬(sort)하고 있습니다. 리스트의 요소는 쉼표(,)를 사용하여 구분합니다.

**구문** 리스트를 정의하는 방법

```
[요소 0, 요소 1, 요소 2, 요소 3, 요소 4, ...]
```

리스트를 정의하여 변수에 대입해 봅시다. 도쿄의 낮 평균 기온을 1950년에서 2000년까지 10년 주기로 수치의 리스트를 변수에 나타내겠습니다.

┌ 변수 리스트를 할당

```
tokyo_temps = [15.1, 15.4, 15.2, 15.4, 17.0, 16.9]
```

리스트를 입력하려고 첫 번째 대괄호([)를 입력하면 Jupyter Notebook에서 커서 직후에 괄호(])가 보충됩니다. 이것도 Jupyter Notebook 입력 보조 기능입니다. 자동으로 닫는 괄호가 나타나기 때문에 괄호를 닫는 것을 잊어버리는 문법 오류를 일으키지 않습니다. 문자열 따옴표를 입력할 때에도 유사한 동작이 됩니다.

시간(기간)당 수치(평균 기온)의 요소를 가진 리스트는 그래프로 하면 변천이 쉽게 이해할 수 있습니다. Jupyter Notebook을 사용하면 약간의 선언문을 덧붙이는 것만으로 간단하게 그래프를 볼 수 있습니다.

Jupyter Notebook 셀에 두 줄을 입력합니다. 그래프를 그리기 위한 기능(모듈)을 읽고 그래프를 출력 셀에 표시한다는 선언문입니다. 자세한 내용은 P. 442에서 설명합니다.

┌ 그래프의 표시 준비

```
%matplotlib inline
import matplotlib.pyplot as plt
```

평균 기온이 들어 있는 리스트를 plt.plot()라는 함수에 전달합니다. 그러면 Jupyter Notebook 셀에 그래프가 표시됩니다. 매우 간단하므로 실제로 해 봅시다.

┌ 그래프의 표시

```
plt.plot(tokyo_temps)
```

Fig 도쿄의 평균 기온 그래프

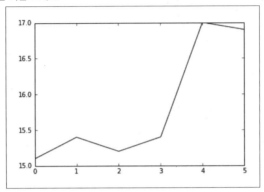

오른쪽으로 갈수록 값이 상승하는 그래프가 표시되었습니다. 도쿄의 평균 기온이 50년 동안 상승 추세에 있음을 잘 알 수 있습니다.

## 인덱스(index)를 사용하여 요소를 추출

리스트에는 여러 요소가 포함되어 있습니다. 리스트에서 요소는 인덱스라는 번호가 부여되어 있습니다.

리스트의 인덱스는 0부터 시작합니다. 앞서 정의한 도쿄 평균 기온 리스트에는 6개의 요소가 존재합니다. 이 리스트의 요소는 0에서 5까지의 인덱스가 부여되어 있습니다.

인덱스를 사용하면 리스트의 요소를 꺼낼 수 있습니다. 리스트에 대괄호를 더하고 그 중에 인덱스를 수치로 적어봅니다. 그러면 리스트의 특정 요소를 별도로 선택합니다.

Fig 인덱스를 사용하여 리스트의 요소를 추출

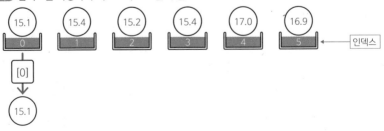

**구문** 리스트의 요소 추출 기법

> 리스트 이름 [요소의 인덱스]

tokyo_temps에 있는 리스트의 0번째에는 1950년의 평균 기온이 들어 있습니다. 이를 별도로 선택하기 위해서는 다음과 같이 합니다.

```
tokyo_temps[0]
```

리스트의 마지막, 인덱스의 5번째 요소는 2000년의 평균 기온입니다. 이 수치와 0번째 요소(1950년의 평균 기온)를 비교하면 약 50년의 평균 기온이 몇도 올랐는지 알 수 있습니다. 차이를 알아보기 위해 뺄셈을 하면 됩니다.

⌐ 리스트 요소의 뺄셈

```
tokyo_temps[5]-tokyo_temps[0]
1.799999999999999
```

도쿄의 평균 기온은 50년 사이에 약 1.8도 상승하고 있는 것으로 나타났습니다.
괄호 안에 요소 수보다 큰 인덱스를 넣으면 어떻게 될까요.
tokyo_temps에 있는 리스트는 0부터 5까지 6개의 요소를 가지고 있습니다. 이 리스트의 인덱스에 6을 선택하면 오류가 발생합니다. 리스트에 없는 일곱 번째 요소를 꺼내려고 하기 때문입니다.
또한, 인덱스는 마이너스 수를 줄 수 있습니다. 예를 들어 인덱스에 −1을 주면, 리스트의 맨 마지막 요소를 지정합니다.
방금 온도차를 계산하는 식에 인덱스 −1을 사용하여 바꾸어 봅시다.

⌐ 리스트의 마지막 요소를 지정

```
tokyo_temps[-1]-tokyo_temps[0]
1.799999999999999
```

　-1을 사용하면 리스트의 길이와 관계없이 가장 마지막 요소를 지정할 수 있습니다. 리스트의 길이를 셀 필요가 없으므로 편리합니다. -2는 마지막에서 세어서 2번째입니다. 마찬가지로 리스트의 길이까지 마이너스 수치를 지정할 수 있습니다. 리스트의 길이 이상의 마이너스의 수(tokyo_temps의 경우 -7)를 더하면 오류가 발생합니다.

## 리스트의 연결

　파이썬에서는 리스트를 덧셈할 수 있습니다. 리스트의 덧셈을 하면 2개의 리스트를 연결한 새로운 리스트를 만들 수 있습니다. 문자열의 덧셈과 비슷합니다.

**Fig** 리스트 덧셈하면 연결

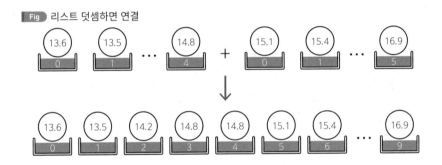

　실제로 리스트의 덧셈을 시도해 봅시다. 방금 전의 평균 기온의 리스트 전에 50년 거슬러 올라가 평균 기온을 추가하고자 한다면 다음과 같이 하면 됩니다.
　1900년에서 1940년의 도쿄의 평균 기온을 다른 리스트로 정의합니다. 그 리스트와 앞서 정의한 1950년에서 2000년의 평균 기온의 리스트에서 덧셈을 하여 두 리스트를 연결하여 봅시다.

리스트의 덧셈

```
e_tokyo_temps = [13.6, 13.5, 14.2, 14.8, 14.8]
tokyo_temps2 = e_tokyo_temps+tokyo_temps
```

리스트의 덧셈을 한 결과, 2개의 리스트를 연결한 새로운 리스트가 되돌아옵니다. 새로운 리스트를 받기 위해 다른 변수에 대입하는 것에 주의합시다. 문자열 덧셈의 경우에도 같은 코드를 작성합니다.

새로운 리스트를 사용하여 다시 그래프를 그려 봅시다. plt.plot()라는 함수에 tokyo_temps2라는 변수를 전달합니다.

그래프의 표시

```
plt.plot(tokyo_temps2)
```

**Fig** 도쿄의 평균 기온 그래프

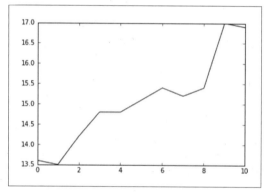

그래프를 보면, 도쿄의 평균 기온은 약 100년간 꾸준히 상승하고 있다는 것을 잘 알 수 있습니다.

## 요소의 변경 삭제

인덱스를 사용하면 리스트에 대하여 여러 작업을 할 수 있습니다. 예를 들어 인덱스 지정과 등호 기호를 사용하여 대입을 결합하면 리스트의 요소를 변경할 수 있습니다.

**Fig** 인덱스를 지정하여 대입하면 요소가 변경

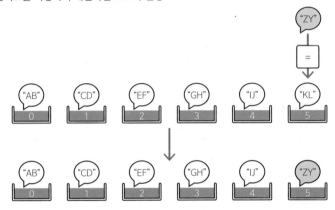

리스트 요소의 변경을 시도해 봅시다. 먼저 문자열의 리스트를 정의합니다.
그 후 리스트의 변수만 입력하고 내용을 셀에 표시하고 확인해 봅시다.

～ 리스트 "mcz" 만들기

```
mcz = ["AB", "CD", "EF", "GH", "IJ", "KL"]
mcz

['AB', 'CD', 'EF', 'GH', 'IJ', 'KL']
```

리스트의 마지막 요소(0부터 시작 6번째 = 5)의 문자열을 바꿉니다. 리스트에 들어간 변수
를 확인하면 마지막 요소가 옮겨져 있는 것을 알 수 있습니다.

～ 여섯 번째[5] 요소를 다시 작성

```
mcz[5] = 'ZY'
mcz

['AB', 'CD', 'EF', 'GH', 'IJ', 'ZY']
```

리스트의 요소를 수정하면 리스트의 요소가 변경된다는 것이 포인트입니다.
다음은 인덱스를 사용하여 리스트의 요소를 제거합시다. 같은 리스트를 사용하여

처음부터 세어 첫 번째 요소를 제거하려고 합니다. 리스트의 요소를 삭제할 때는 del문을 사용합니다.

**Fig** del문을 사용하여 요소를 제거 가능

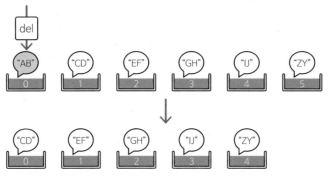

요소의 제거

```
del mcz[0]
mcz
```

```
['CD', 'EF', 'GH', 'IJ', 'ZY']
```

리스트를 표시한 셀을 봅시다. 리스트가 변경되어 첫 번째 요소가 삭제되는 것을 알 수 있습니다.

리스트의 첫 번째 요소를 제거하면 리스트의 길이가 요소 하나만큼 짧아집니다. 요소가 하나씩 어긋나기 때문에 삭제 이전의 요소는 인덱스가 변경됩니다. 예를 들어 "CD"는 삭제 전에는 0부터 시작하여 두 번째 요소입니다. "AB"를 삭제한 후 인덱스가 0이 되어 첫 번째 요소가 되었습니다.

## 슬라이스를 이용하여 여러 요소를 추출

파이썬의 리스트에는 슬라이스라는 재미있는 기능이 있습니다. 슬라이스는 리스트에 들어 있는 요소 중 연속적인 여러 요소를 지정하는 기법입니다.

Fig 슬라이스를 사용하여 리스트의 일부를 분리

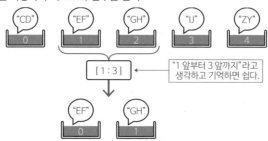

슬라이스는 인덱스를 사용한 요소 지정 표기법을 확장한 것입니다. 리스트 요소를 지정할 때 괄호를 사용합니다. 대괄호 안에 콜론(:)으로 구분한 인덱스를 작성합니다.

구문 슬라이스 기법

> 리스트 이름 [첫 번째 요소의 인덱스 : 마지막 요소의 인덱스 +1]

콜론의 오른쪽에 오는 인덱스는 제거하려는 요소의 인덱스에 1을 더해줄 필요가 있습니다. [1:3]이라는 슬라이스는 그림과 같이 "첫 번째 요소와 세 번째 요소의 앞을 둘러싼 요소를 지정합니다."라고 이미지화하면 기억하기 쉬울 것 같습니다.

실제로 슬라이스 기능을 사용해 봅시다. 방금 사용한 문자열 리스트 중, 0에서 세어 첫 번째와 두 번째 요소를 제거하고 새 변수에 대입하고자 합니다. 슬라이스를 사용하면 다음과 같이 쓸 수 있습니다.

슬라이스의 사용 예

```
momotamai = mcz[1:3]
momotamai

['EF', 'GH']
```

슬라이스에서 꺼낸 요소의 복사본을 돌려줍니다. 따라서 원래의 리스트는 변경되지 않고 원래 그대로 남아 있습니다. 또한, 슬라이스는 반환 리스트입니다. 슬라이스 결과 되돌아오는 요소가 하나뿐이라도 결과로서 리스트가 되돌아옵니다.

슬라이스는 콜론의 좌우에 있는 인덱스를 생략할 수 있습니다. 왼쪽을 생략하면 첫 번째 요소에서 시작합니다. 오른쪽을 생략하면 마지막 요소까지가 슬라이스 대상이 됩니다.

▬ 슬라이스의 사용 예

```
mcz[:2]
```
```
['CD', 'EF']
```
```
mcz[1:]
```
```
['EF', 'GH', 'IJ', 'ZY']
```

# 리스트의 리스트 — 2차원 배열

방금 예로 불러 올린 리스트처럼 수가 나란히 있고, 하나의 수치만 나타낼 수 있는 표를 일차원 배열이라고 합니다. 반면 Excel 표처럼 종횡으로 요소가 줄지어 있을 때 요소를 가리키기 위해서는 두 개의 수치(세로축, 가로축)가 필요한 표를 2차원 배열이라고 합니다.

파이썬에서 Excel 표와 같은 2차원 배열을 처리하려면 어떻게 해야 할까요?

리스트에는 어떤 종류의 데이터도 등록할 수 있습니다. 리스트의 리스트를 만드는 것으로 2차원 배열을 표현할 수 있습니다.

그럼 파이썬으로 2차원 배열을 다루어 봅시다. 1930년부터 2000년까지의 평균 기온이 다른 두 도시에 대해 알아봅시다. 결과를 표로 보여줍니다.

Table 도쿄 · 아키타 · 구마모토의 평균 기온

| 도시 이름 / 년 | 1930 | 1940 | 1950 | 1960 | 1970 | 1980 | 1990 | 2000 |
|---|---|---|---|---|---|---|---|---|
| 도쿄도 | 14.8 | 14.8 | 15.1 | 15.4 | 15.2 | 15.4 | 17.0 | 16.9 |
| 아키타시 | 10.0 | 10.4 | 11.5 | 11.2 | 10.9 | 10.6 | 11.8 | 12.2 |
| 구마모토시 | 16.0 | 15.5 | 15.9 | 16.4 | 15.9 | 15.6 | 17.5 | 17.1 |

가로축에 년(서기), 세로축에 도시를 가지고 테이블을 만들었습니다. 이를 파이썬에 입력하고 싶습니다. 2차원 배열이므로 리스트 중에 리스트를 정의하는 방법으로 표기합니다.

city_temps라는 변수 리스트의 리스트를 정의해 봅시다.

각 도시의 평균 기온 리스트

```
city_temps = [
[14.8, 14.8, 15.1, 15.4, 15.2, 15.4, 17.0, 16.9],  ●——————————— 도쿄도
[10.0, 10.4, 11.5, 11.2, 10.9, 10.6, 11.8, 12.2],  ●——————————— 아키타시
[16.0, 15.5, 15.9, 16.4, 15.9, 15.6, 17.5, 17.1]  ●——————————— 구마모토시
]
```

리스트의 리스트라고 하면 조금 복잡해 보이지만 정리하면 간단하게 이해할 수 있습니다. 예를 들어 아키타시의 장기 평균 기온은 city_temps의 0부터 세어 첫 번째 리스트로 저장되어 있습니다. 다음과 같이 하면 꺼낼 수 있습니다.

아키타시의 평균 기온 리스트 보기

```
city_temps[1]

[10.0, 10.4, 11.5, 11.2, 10.9, 10.6, 11.8, 12.2]
```

다음으로 구마모토시의 평균 기온에서 1920년과 2000년에 비교하여 봅시다. 리스트에 리스트가 들어 있다는 것을 기억합시다. 우선 구마모토시의 평균 기온 리스트 "city_temps[2]"로서 꺼냅니다. 그런 다음 이 리스트 중에서 1920년(0번째), 2000년(7번째)의 온도를 꺼낼 것이기 때문에 인덱스 지정을 두 개 연속하여 적어야 합니다.

평균 기온 비교

```
city_temps[2][7]- city_temps[2][0]

1.1000000000000014
```

도쿄와 아키타시의 기온 차이를 살펴보면 각각 2.1과 2.2입니다. 차이가 있지만 일본의 기온은 전반적으로 상승 추세에 있습니다.

많은 수치를 파이썬에 프로그램에 적었으니 이 기회에 이를 그래프로 만들어 봅시다. 방금 그래프를 그릴 때 사용한 plt.plot() 함수를 다음과 같이 3번 호출하면 색이 다른 그래프를 3개 겹쳐서 표시할 수 있습니다. 리스트의 인덱스 지정을 사용하여 도시의 평균 기온 리스트를 하나씩 함수에 전달되는 것입니다. 실제로 해 봅시다.

3개 도시의 평균 기온 그래프 그리기

```
plt.plot(city_temps[0])   도쿄도의 그래프 그리기
plt.plot(city_temps[1])   아키타시의 그래프 그리기
plt.plot(city_temps[2])   구마모토시의 그래프 그리기
```

Fig 3개 도시의 평균 기온 그래프

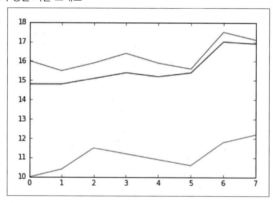

화면에서는 도쿄도가 파랑, 아키타시가 녹색, 구마모토시는 빨간 선으로 표시될 것입니다. 그래프의 선이 자동으로 색상되도록 되어 있고, 매우 보기 쉽습니다. 또 그래프를 보면 평균 기온이 상승 추세에 있는 것을 확인할 수 있습니다.

# 리스트의 합계 최댓값, 최솟값

수치만을 요소로 가진 리스트에서는 쉽게 합계, 최댓값, 최솟값을 계산할 수 있습니다. 각각 내장 함수를 사용하여 계산하면 됩니다.

리스트의 합계를 얻기 위해서는 내장 함수 sum()을 사용합니다. sum은 수나 양의 합계라는 뜻의 영어 단어입니다. 이 단어 그대로가 함수 이름이 되었습니다.

리스트를 정의하여 실제로 합계를 계산해 봅시다. 이바라키현의 한 고등학교에 재학한 학생들의 신장을 예로 가져왔습니다. 신장에 대한 리스트를 정의하여 변수에 대입합니다.

그 리스트를 내장 함수 sum()의 인수(argument)로 전달하여 불러 낸 결과를 셀에 표시해 봅시다.

리스트의 합계를 계산

```
monk_fish_team = [158, 157, 163, 157, 145]
sum(monk_fish_team)
```

```
780
```

다음으로 리스트의 최댓값과 최솟값을 계산해 봅시다. 최댓값을 계산하려면 내장 함수 max()를 사용합니다. 최솟값을 계산하려면 내장 함수 min()를 사용합니다. 최대의 영어는 Maximum 최소는 Minimum입니다. max도 min도 각각의 약어로 자주 사용됩니다.

방금 전의 신장 리스트에서 최댓값과 최솟값을 계산해 봅시다. 결과를 셀에 표시해 봅시다.

최댓값과 최솟값을 출력

```
max(monk_fish_team)
```

```
163
```

```
min(monk_fish_team)
```

```
145
```

# 리스트의 요소 수(혹은 리스트의 길이)를 측정

리스트에는 몇 개의 요소가 들어 있는지, 즉 리스트의 요소 수를 확인하려면 내장 함수 len()를 사용합니다. 길이의 영어, length의 약어가 함수 이름이 되었습니다.

방금 전의 신장 리스트를 사용하여 리스트의 요소 수를 알아봅시다. 결과를 셀로 표시해 봅시다.

len( ) 함수의 사용 예

```
len(monk_fish_team)
```
```
5
```

리스트의 요소 수와 합계치를 파악하면 평균을 계산할 수 있습니다. 합계를 요소 수로 나누면 됩니다. 계산한 결과를 변수에 대입하여 값을 표시합니다.

평균값을 출력

```
monk_sum = sum(monk_fish_team)        합계를 계산
monk_len = len(monk_fish_team)        길이를 측정
monk_mean = monk_sum/monk_len         평균을 계산
monk_mean
```
```
156.0
```

각 신장이 평균에서 얼마나 차이가 있는지 그래프로 확인해 봅시다. plt.bar() 함수를 사용하여 막대그래프를 그려 봅니다. 두 번째 줄은 plt.plot()를 사용하여 꺾은선 그래프를 그려, 막대 그래프와 겹쳐 평균 선을 그어 봅니다.

그래프 표현하기

```
plt.bar([0, 1, 2, 3, 4], monk_fish_team)
plt.plot([0, len(monk_fish_team)], [monk_mean, monk_mean], color='red')
```

Fig monk fish 팀의 신장 그래프

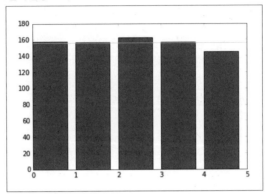

# 05 for문에서 루프를 사용

리스트와 같이 여러 요소를 가진 자료형을 시퀀스라고 부릅니다. 시퀀스(Sequence)는 연속적인 것, 순서가 있는 것이라는 의미를 가진 영단어입니다. 리스트는 시퀀스이며, 여러 문자로 구성된 문자열도 시퀀스입니다.

리스트같은 시퀀스를 프로그램에서 작업할 때 루프라는 구조를 자주 사용합니다. 루프는 간단히 말하면 처리의 반복입니다. 여러 데이터에 대해 동일한 작업을 반복하고자 할 때 루프를 사용합니다.

공장의 컨베이어 벨트를 떠올리면, 파이썬의 루프 처리가 쉽게 이해됩니다. 벨트 위에 처리할 데이터가 타고 있습니다. 벨트 컨베이어가 지나가고 벨트 위에 데이터를 하나씩 가공해 나가는 것이 파이썬의 루프 처리의 대략적인 흐름입니다.

**Fig** for문을 사용하면 루프를 실행

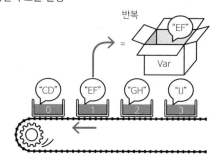

파이썬에서는 루프의 처리에 for문을 사용합니다. for문은 시퀀스(리스트 등)를 함께 씁니다. for와 시퀀스 사이에는 반복 변수라는 변수를 사용합니다. 반복 변수와 시퀀스 사이에는 in 키워드를 놓습니다. 시퀀스의 요소가 하나씩 반복 변수에 대입되어 루프 처리가 실행됩니다.

루프에서 수행할 작업은 for문 뒤에 들여쓰기하여 작성합니다. 루프에서 처리하는 코드의 범위를 들여쓰기하여 나타낸 것입니다. 특정 조건에서 실행하는 코드의 범위를 블록이라고 합니다. 파이썬에서는 블록이 한 단 오른쪽으로 어긋나 작성되기 때문에 외형에서 처리 내용을 구별하기 쉽습니다.

**Fig** 루프에서 실행하는 코드 블록 들여쓰기

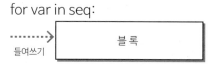

for로 시작하는 행 마지막에는 콜론(:)을 하나 사용합니다. 파이썬에서는 블록 같은 들여쓰기를 요구하는 곳은 바로 앞에 반드시 콜론을 쓰게 되어 있습니다.

**구문** for문 표기법

```
for 반복 변수 in 순서 :
    루프에서 실행하는 블록
```

for문을 사용하여 간단한 루프를 만들어 봅시다. 리스트의 요소를 print( ) 함수를 사용하여 하나씩 나타내 봅시다.

들여쓰기 된 블록에서 반복 변수(member)를 표시하고 있습니다. 루프가 돌 때마다 반복 변수는 리스트의 요소가 하나씩 대입됩니다. 반복 변수를 표시하는 처리를, 리스트의 요소만큼 반복하여 그 결과 리스트의 요소가 하나씩 화면에 표시되어 가는 것입니다.

for문의 사용예

```
mcz = ['AB', 'CD', 'EF', 'GH', 'IJ']
for member in mcz:
    print(member)

AB
CD
EF
GH
IJ
```

루프가 끝난 뒤 for문에 첨가한 리스트는 어떻게 되어 있을까요? 리스트의 내용을 표시하고 확인하고 봅시다.

리스트의 내용을 확인

```
mcz
['AB', 'CD', 'EF', 'GH', 'IJ']
```

for문에 첨가한 명단에는 특히 변화는 없는 것 같습니다. 루프에서는 리스트의 요소를 1개씩 빼내는 것처럼 보입니다. 그러나 실제로는 요소를 1개씩 반복 변수에 대입하고 있을 뿐입니다. 그래서 for문에 곁들인 리스트의 내용은 변화하지 않습니다.

좀 더 실질적인 for문의 예를 봅시다. 리스트의 절에서 마지막으로 사용한 신장 데이터를 사용합니다. 신장 차이를 알아내기 위해서 통계로 자주 사용하는 분산과 표준 편차라는 값을 계산해 봅시다.

통계 공식에 따르면 표준 편차는 분산의 제곱근을 얻으면 구해집니다. 분산을 알면 표준 편차가 구해집니다. 공식에 따르면 분산을 구하려면 다음과 같은 순서를 밟습니다.

1. 리스트의 값과 평균과의 차이를 제곱하여 더합니다.
2. 모든 값에 대해서 1을 반복합니다.
3. 2에서 얻은 합계를 요소 수로 나눕니다.

2의 처리 과정에 루프를 씁니다.
분산을 계산하기 위한 절차를 파이썬의 코드로 써 보면 다음과 같습니다.

분산을 계산하다

```
monk_fish_team = [158, 157, 163, 157, 145]

total = sum(monk_fish_team)          리스트의 합계
length = len(monk_fish_team)         리스트의 요소 수(길이)
mean = total/length                  평균을 구함
variance = 0                         분산을 계산하기 위한 변수

for height in monk_fish_team:
    variance += (height-mean)**2     키에서 평균을 끌고 제곱한 수를 더함

variance = variance/length           더한 수치를 요소 수로 나누어 분산을 구함
variance
```
```
35.2
```

우선 평균을 미리 계산하고 변수 mean에 대입해 둡니다. 그 뒤 루프 안에서 계산 값을 더하는 변수를 0으로 초기화합니다. 루프 속에서는 "리스트의 값과 평균의 차이를 제곱하여 더합니다."라는 작업을 반복합니다. 마지막으로 루프에서 얻은 결과를 요소 수(리스트의 길이)로 나눕니다. 계산 결과를 표시하면 35.2가 됩니다.

Jupyter Notebook에서 for행을 입력하고 줄바꿈하면 다음 행이 자동적으로 들여쓰기가 됩니다. 이것도 파이썬 코드를 입력하기 쉽도록 도와주는 기능입니다.

분산에서 표준 편차를 계산하여 신장 차이가 얼마나 되는지 봅시다. 분산에서 표준 편차를 구하려면 제곱근 계산이 필요합니다. 제곱근을 계산하려면 수치를 0.5로 거듭제곱하면 좋습니다.

표준 편차 계산

```
variance**0.5
```
```
5.932958789676531
```

이 신장 리스트에는 5.9㎝ 차이가 나타났습니다.
같은 고등학교의 다른 팀의 신장 리스트에서도 분산과 표준 편차를 계산해 봅시다.

다른 리스트의 표준 편차를 계산하다

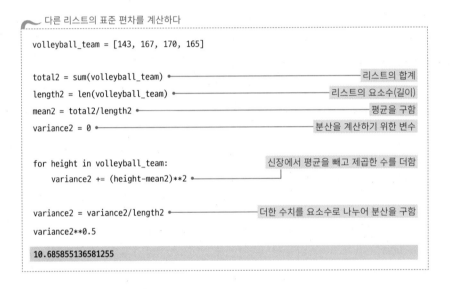

```
volleyball_team = [143, 167, 170, 165]

total2 = sum(volleyball_team)                    ── 리스트의 합계
length2 = len(volleyball_team)                   ── 리스트의 요소수(길이)
mean2 = total2/length2                           ── 평균을 구함
variance2 = 0                                    ── 분산을 계산하기 위한 변수

for height in volleyball_team:            신장에서 평균을 빼고 제곱한 수를 더함
    variance2 += (height-mean2)**2

variance2 = variance2/length2            ── 더한 수치를 요소수로 나누어 분산을 구함
variance2**0.5
```
```
10.685855136581255
```

배구팀 쪽이 신장의 차이가 큰 것으로 나타났습니다.

# range( ) 함수

프로그램에서는 정해진 횟수만큼 루프를 실행하고 싶을 때가 있습니다. 이와 같을 때
에는 range()라는 내장 함수를 사용하면 편리합니다.

range() 함수는 인수로서 수치를 전달해 줍니다. 그러면 주어진 횟수만큼 반복 for 루프를 간편하게 만들 수 있습니다.

간단한 예를 시험해 봅시다. range()에 10을 주고 for문의 시퀀스로 지정합니다. 그러면 10회 반복하는 루프를 만들 수 있습니다. 루프의 블록 내에서 반복 변수 cnt를 표시하면 range(10)에서 0부터 시작 9로 끝나는 시퀀스가 만들어졌다는 사실을 알 수 있습니다. 0부터 시작하는 것은 리스트의 인덱스와 비슷합니다.

🔖 range( ) 함수의 이용 사례

```
for cnt in range(10):
    print(cnt)

0
1
 ⋮
9
```

또 range() 함수에 2개의 인수를 주면 특정 범위에서 수치를 반복 루프를 만들 수 있습니다. 예를 들면 range(2, 10)처럼 하면 2에서 9까지 반복하는 시퀀스를 만들 수 있습니다.

좀 더 구체적인 예를 봅시다. 예금이나 저축형 보험을 사용하여 15년 후에 어느 정도 돈이 늘어나는지를 계산해 봅시다. 원금에 대해서 일정한 이율을 곱하는 처리를 15회 반복하면 됩니다. 이러한 계산을 복리 계산이라고 합니다.

100만 원의 돈을 연간 이율 5%의 투자 상품에 맡기려 합니다. 5%를 소수로 표현하면 0.05입니다. 이 수치를 원금에 곱한 금액을 원금에 더하는 반복 작업을 하면 됩니다. 이를 15년 반복하면 15년 후의 금액이 계산됩니다. 이 처리를 파이썬에서 실행해 봅시다.

🔖 복리 계산의 예

```
savings = 100                                        ──── 원금
for i in range(15):                                  ──── 15년 반복 루프
    savings += savings*0.05
savings
207.89281794113666
```

그룹의 블록에서는 반복 변수를 쓰지 않는 것에 주의하세요. 일정한 횟수 반복하는 것이 목적 루프이어서 반복 변수를 사용할 필요는 없는 것입니다. 거듭제곱을 사용해도 같은 계산이 되지만 여기에서는 연습때문에 루프를 사용합니다.

5%의 금리이지만 의외로 크게 늘고 있다는 것을 알 수 있습니다. 늘어난 만큼 더 금리가 걸리므로 15년이 지나면 원금의 약 2배로 늘어나는 것입니다.

# 06 if문에서 조건 분기

우리는 일기 예보의 강수 확률이 50% 이상이면 우산을 들고나가거나, 월급 날 전에 생활 자금이 적어지면 지출을 줄이고 적군의 전차가 포를 쏘며 다가오면 지그재그 주행을 하거나, 좋아하는 연예인이 출연하는 프로그램은 꼭 보는 것처럼 일상생활 속에서 여러 가지 조건에 따라 행동하고 있습니다.

우리는 미리 정한 조건에 의해서 행동을 분기시킴으로써, 지적이고 문화적 생활을 합니다. 프로그램도 마찬가지입니다. 어떤 조건에서 특정한 일들을 실행하거나 하지 않거나 하는 처리를 프로그램에 포함시키므로 보다 편리하고 영리한 프로그램을 만들 수 있습니다.

프로그램에서 조건에 따른 처리 내용을 나누는 것을 조건 분기라고 부릅니다. 지금부터 파이썬의 조건 분기를 하는 방법에 대해서 설명합니다.

Fig  조건에 따라서 처리를 나누는 것을 조건 분기라고 부른다.

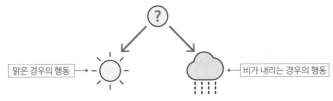

맑은 경우의 행동 →  ← 비가 내리는 경우의 행동

if문에서는 프로그램의 실행을 나누는 조건을 식에 곁들이고 프로그램의 흐름을 제어합니다. 조건을 나타내는 식을 조건식이라고 합니다. 또 if문에서는 조건에 의해서 실행하는 코드를 들여쓰기한 블록에 기술합니다. if문 끝에는 콜론(:)을 기입합니다. 같이 블록을 요구하는 for문과 같습니다.

**Fig** 조건에 의해서 실행하는 블록은 들여쓰기한다.

**구문** if문의 기법

```
if 조건식:
    조건에 의해서 실행하는 블록
```

파이썬뿐만 아니라 프로그램은 소스 문장의 위에서 아래로 차례로 실행합니다. 이 흐름을 바꾸는 처리를 흐름 제어(flow control)라고 부릅니다. 파이썬의 for문 같은 루프는 흐름 제어의 예입니다. 특정 블록을 반복하는 처리에 프로그램의 흐름을 바꿉니다. if문도 흐름 제어의 일종입니다. 특정의 조건에 의해서 블록을 실행하지 않는 동작을 합니다.

**Fig** if문에서는 조건에 따라 프로그램의 흐름이 변경된다.

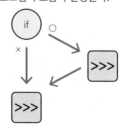

작업 내용을 분할하고 순서대로 처리하는 흐름을 만드는 것으로 프로그램을 만듭니다. 그러나 프로그램이 길어지면 필요 이상으로 흐름이 복잡하게 되어 버리기 쉽습니다.

그룹이나 조건 분기와 같은 흐름 제어를 잘 사용하면 프로그램의 흐름을 잘 정리하고 간략하게 할 수 있습니다. 간편하고 읽기 쉽고, 누가 봐도 처리 내용을 이해하기 쉬운 코드를 쓰도록 유의하면 좋은 프로그램을 만들 수 있습니다.

그럼 실제로 if문을 사용한 프로그램을 만들어 봅시다. 아래의 프로그램은 if문에 주어진 조건이 성립될 때만 블럭 안의 print( ) 함수가 실행되어 문자가 표시됩니다. ==는 우변과 좌변이 같은지 확인하는 것이며 첫 번째 if문은 2*2*2+2의 계산 결과와 10이 동일한지 여부를 조건으로 하고 있습니다. 어떤 블록이 실행될 것인지 예상하면 서 코드를 입력해 봅시다.

~ if문의 예(4개의 2로 10을 만들자)

```
if 2*2*2+2 == 10:
    print("2*2*2+2는 10")
if 2+2*2+2 == 10:
    print("2+2*2+2는 10")
if (2+2)*2+2 == 10:
    print("(2+2)*2+2는 10")
```

이처럼 if문 뒤에는 2개 겹친 등호(==), 부등호(> 또는 <) 같은 기호를 사용합니다. 이러 한 기호를 비교 연산자(→P. 155)라고 부릅니다. if문에서는 비교 연산자를 사용하고, 수 치 같은 데이터를 비교합니다. 그 결과 조건에 맞는지, 맞지 않는지에 따라서 처리를 선택합니다.

## 수치를 비교

if문을 사용한 조건 분기에서 가장 잘 쓰는 코드는 수치의 비교입니다. 계산의 결 과를 변수에 넣어 비교합니다. 함수가 수행 결과로써 돌려주는 수치를 비교한다는 것과 같습니다.

if문을 사용해 비교하는 간단한 예를 봅시다. 몇 가지 if문이 있는데 조건이 성립되 는 경우에만 if문 블록이 실행되며 그 결과로 "~번째는 True"라고 화면에 표시합니 다. True는 "참(조건식이 성립)"이라는 뜻의 영어 단어입니다. 코드를 실행하기 전에 어떤 if 문의 블록이 실행될지 예측하여 봅시다.

◟ 수치를 비교하는 조건식의 예

```
if 1 == 1:
    print("첫째는 True")
if 5^(4-4)+9 == 10:
    print("2번째는 True")
if 2 < len([0, 1, 2]):
    print("3번째는 True")
if sum([1, 2, 3, 4]) < 10:
    print("4번째는 True")
```

이 코드를 실행하면 "첫째는 True", "3번째는 True"와 같은 2개의 결과가 표시됩니다.

# 문자열을 비교

비교 연산자를 사용하면 수치뿐 아니라 문자열도 비교할 수 있습니다. 문자열의 비교에는 ==(같다), !=(다르다)와 같은 연산자를 사용합니다.

== 연산자를 사용한 문자열 비교에서는 좌우의 문자열이 완전히 일치할 때 조건이 성립됩니다. 문자열 비교를 사용한 if문의 간단한 예를 봅시다.

◟ 문자열을 비교하는 조건식의 예

```
if "AUG" == "AUG":
    print("첫째는 True")
if "AUG" == "aug":
    print("2번째는 True")
if "가나다" == "가나다":
    print("3번째는 True")
```

이 코드를 실행하면 "첫째는 True", "3번째는 True"와 같은 2개의 결과가 표시됩니다. 2번째는 영문 대문자와 소문자를 비교하고 있어 조건식이 성립되지 않습니다.

# 문자열을 검색

어떤 문자열 안에 특정 문자열이 포함되는지 알아보려면 in이라는 연산자를 사용합니다. in은 "~안에" 이란 뜻의 전치사입니다. 이 영어 단어가 문자열 검색에 사용되는 연산자입니다. 기억하기 쉽습니다.

in 연산자를 사용한 문자열 검색의 간단한 예를 봅시다. 예제에서 첫 번째와 3번째 블록만 실행됩니다. 실제로 프로그램을 적어 봅시다.

◝ in 연산자의 사용 사례

```
if "GAG" in "AUGACGGAGCUU":
    print("첫째는 True")
if "사랑과 전쟁은 모든 것이 정당화되어" in "정당화":
    print("2번째는 True")
if "stumble" in "A horse may stumble though he has four legs":
    print("3번째는 True")
```

# 리스트를 비교

파이썬에서는 if문으로 리스트의 요소를 쉽게 비교할 수 있습니다. 리스트에서는 비교를 위해 ==(등), !=(다른), in(요소 검색)의 3종류의 연산자를 사용합니다. 리스트와 마찬가지 여러 요소를 가진 문자열과 같이 취급합니다.

== 연산자를 써서 리스트를 비교할 경우 각각의 요소가 완전히 일치할 때만 조건이 성립됩니다.

리스트를 == 연산자로 비교하는 예를 몇 가지 들어 보겠습니다. 이 예제에서는 첫 번째 블록만 실행됩니다. 실제로 프로그램을 작성해 봅시다.

◝ 리스트를 비교하는 조건식의 예

```
if [1, 2, 3, 4] == [1, 2, 3, 4]:
    print("첫째는 True")
```

```
if [1, 2, 3] == [2, 3]:
    print("2번째는 True")
if [1, 2, 3] == ['1', '2', '3']:
    print("3번째는 True")
```

## 리스트의 요소를 검색

in 연산자를 사용하면, 리스트 중에 특정 요소의 유무를 알아볼 수 있습니다. in 연산자를 사용하여 리스트 요소를 비교하는 예를 몇 가지 들어 보겠습니다. 첫 번째 와 세 번째 블록만 실행됩니다. 실제로 테스트해 보세요.

리스트 내의 요소를 알아보는 조건식 사례 1

```
if 2 in [2, 3, 5, 7, 11]:
    print("첫째는 True")
if 21 in [13, 17, 19, 23, 29]:
    print("2번째는 True")
if '대구' in ['서울','대구','부산']:
    print("3번째는 True")
```

in 연산자를 사용하여 리스트에 복수의 요소가 포함되어 있는지 검사하는 것은 불가능합니다. 문자열의 경우는 "12" in "1234" 처럼 복수의 문자를 왼쪽에 두고 검색 을 할 수 있습니다. 그러나 리스트에서는 비슷한 처리가 없습니다.

리스트 속에는 어떠한 종류의 데이터도 넣을 수 있다는 사실을 알고 있습니다. in 에서 여러 요소를 검색할 수 있도록 배려해 버리면, 리스트 중에 리스트가 들어 있 음을 검색하는 방법이 없어집니다.

다음과 같은 코드를 실행해 봅시다. 첫 번째와 3번째 블록만 실행됩니다. 2번째 조 건식도 만족할 것이라고 생각할 수도 있지만 잘 보면 리스트에서 리스트를 찾으려 하 고 있습니다. 우변의 리스트는 수치뿐만 아니라 리스트가 존재하지 않으므로 두 번 째 조건식은 성립되지 않습니다.

리스트 내의 요소를 알아보는 조건식 사례 2

```python
if 1 in [0, 1, 2, 3, 4]:
    print("첫째는 True")
if [1, 2] in [0, 1, 2, 3, 4]:
    print("2번째는 True")
if [1, 2] in [0, 1, [1, 2], 3, 4]:
    print("3번째는 True")
```

# else문을 사용

조건이 성립되지 않는 경우에 실행하고자 하는 블록을 만들고자 할 때 else문을 사용합니다. 영어 단어 else란 "~ 아니면"이란 뜻의 부사입니다.

else문을 사용하면, if문에 2개의 블록을 가질 수 있습니다. if 블록은 조건이 성립될 때 실행합니다. else 블록은 조건이 성립되지 않을 때 실행합니다. "A 아니면 B, 아니면 C"와 같은 조건에서 코드가 실행됩니다.

**구문** else문이 있는 if문의 기법

```python
if 조건식:
    조건이 성립될 때에 실행하는 블록
else:
    조건이 성립되지 않았을 때에 실행하는 블록
```

**Fig** else문 다음의 블록은 조건이 성립되지 않을 때 실행한다.

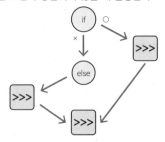

else문을 사용한 간단한 예를 봅시다. else문 다음에도 블록을 만들기 때문에, else문의 마지막을 콜론으로 끝냅니다. 2, 2, 3, 4를 사용하여 2개의 식 중에서 어떤 것이 10이 될까요? 실제로 코드를 실행하여 테스트해 봅시다.

else문 사용 사례

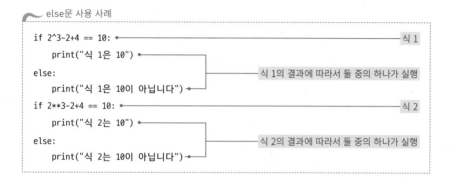

```
if 2^3-2+4 == 10:                                              식 1
    print("식 1은 10")
else:                                    식 1의 결과에 따라서 둘 중의 하나가 실행
    print("식 1은 10이 아닙니다")
if 2**3-2+4 == 10:                                             식 2
    print("식 2는 10")
else:                                    식 2의 결과에 따라서 둘 중의 하나가 실행
    print("식 2는 10이 아닙니다")
```

실제로 실행해 보면 알겠지만 2번째 식이 10이 됩니다.

## elif문의 사용

조건에 의해서 처리를 맡길 때 "A의 경우 이러한 처리, B의 경우 저러한 처리"와 같이 조건을 몇 가지 제시하고 싶을 때가 있습니다.

이런 경우 프로그래밍 언어에 따라서는 switch라는 구문을 사용합니다. switch문이 없는 파이썬에서는 어떻게 쓰면 좋을까요?

else문 안에 또 1개 if 블록을 사용하면 가능합니다. 이 방법으로 여러 조건을 사용하여 조건문을 조합하면 됩니다.

예를 들면 한 여성의 나이를 계산하는 프로그램을 쓰고 싶다고 합시다. 변수에 연도를 대입하여 출생년과의 차이를 구하면 나이를 계산할 수 있게 됩니다. 또 출생년도의 경우는 특별한 메시지를 표시하도록 합니다. 출생년도보다 이전의 년도가 대입된 경우에는 아무것도 결과가 나타나지 않습니다.

 2중 if문을 사용한 사례

```
a_year = 2080
if a_year >= 1993:                                          식 1
    if a_year == 1993:                                      식 2
        print(a_year, "년에 태어남")          식 1, 식 2 모두 참일 때 실행
    else:
        print(a_year, "년은 ", a_year-1993, "세")
                                        식 1은 참이지만 식 2가 거짓을 때 실행
```

위에서 사용하고 있는 >=는, 좌변의 수치가 우변의 수치 이상일까 아닐까에 대한 것을 판단하기 위한 부분입니다. 수학에서 ≧와 같은 뜻이 됩니다.

또 print() 함수에서는 쉼표(,)로 구분함으로써 수치와 문자열을 전달하고 있습니다. 이렇게 함으로써 전달된 수치나 문자열을 모두 연결시키고 표시할 수도 있습니다. 연결되는 순서는 전달된 순서와 같습니다.

그런데 상기의 코드를 살펴보면 if문 안에 if문이 포함(중첩)되어 있어 들여쓰기가 깊어지고 있습니다. 이러게 되면 프로그램을 보기 어렵고 바로 눈으로 처리 내용을 파악하기 힘듭니다.

파이썬에서 복수의 조건을 처리하려면 elif문을 사용하면 편리합니다. elif은 "else if"의 단축형입니다. 마치 else문과 if문을 합친 것 같은 기능을 합니다. 비교하고 싶은 조건이 많을 때 elif를 여러 개 사용하면 됩니다.

**구문** elif문 있는 if문의 기법

```
if 조건식 1:
    조건식 1이 성립될 때에 실행하는 블록
elif 조건식 2:
    조건식 2가 성립될 때에 실행하는 블록
```

**Fig** elif문을 사용하면 여러 조건을 평가할 수 있다.

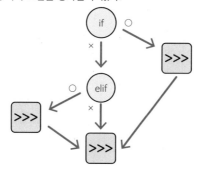

조금 전의 코드를 elif문으로 다시 적어 봅시다. 코드가 깔끔해지고 처리 내용이 쉽게 예측할 수 있습니다.

⌐ elif문 사용 사례

```
a_year = 2080
if a_year == 1993:
    print(a_year, "년에 태어남")
elif a_year > 1993:
    print(a_year, "년은 ", a_year-1993, "세")
```

if문 사용 방법은 충분히 이해되었다고 생각합니다. 다음에 if문을 사용하는 구체적인 예를 봅시다. 루프와 if문을 조합해서 사용하고 변수에 대입하는 수가 소수일까 아닐까에 대한 판단을 해 봅시다.

소수란 2, 3, 5, 7이나 11, 13처럼 "양(+)의 약수가 1과 자기 자신뿐인 자연수"를 의미합니다. 바꾸어 말하면 "자기 자신보다 작은 수(다만 1이외)로는 나누어떨어지지 않는 수"입니다.

a_num 변수에 소수인지를 조사하고 싶은 정수를 대입하고 이 변수에 들어 있는 수가 소수인지를 판정하려면 어떡해야 좋을지를 생각해 봅시다.

소수의 정의를 생각하면 2부터 a_num의 1개 앞까지 수 각각을 사용하여 a_num을 나누면 됩니다. 나누어떨어진다는 것은 나눗셈의 나머지가 0이 된다는 의미로 바꿀 수 있습니다. %라고 하는 연산자(→P. 68)을 사용하여, 나머지가 0이 되는지 확인하면 됩니다.

그럼 실제로 코드를 적어 봅시다. 소수가 아닐 때 메시지를 표시하는 코드입니다.

for문으로 if문을 조합한 사례

```
a_num = 57                            소수인지 알아보는 수
for num in range(2, a_num):           2부터 a_num-1까지 반복
    if a_num % num == 0:              a_num을 num으로 나누어지는지 확인
        print(a_num, "은(는) 소수가 아닙니다")
        break
```

range() 함수를 사용하여 2부터 a_num의 1개 앞의 수까지 생성합니다. 시퀀스(for 문)의 반환값은 루프에서 반복 변수 num에 대입됩니다.

루프 블록에 있는 if문이 이 코드의 핵심 부분입니다. 조건식에 % 연산자를 사용하고 소수인지를 알고 싶은 수치(a_num)를 num로 나눈 나머지를 구합니다. 이 과정에서 나머지가 0이면 떨어지는 수가 발견되었다는 것입니다. 나누어떨어지는 수가 발견되면 "소수가 아니다"라는 메시지를 표시합니다.

if문 블록에 있어 break는 루프에서 벗어나는 특별한 명령어입니다. 한 번 나누어떨어지는(소수가 아닌) 수가 발견되면 그 이후는 알아볼 필요가 없어지므로 if문 블록에서 for 루프를 벗어나게 되어 있습니다. 자세한 것은 P. 161 이후 설명합니다.

Jupyter Notebook 셀에 코드를 입력하고 실제로 이뤄지는지 봅시다. a_num에 대입하는 수를 바꾸면 여러 가지 수를 소수인지 아닌지에 대하여 판단하는 것이 가능합니다.

# 07 함수를 사용

이 책에서는 그동안 함수를 몇 가지 사용하여 왔습니다. 내장 함수나 도형, 그래프를 그리는 함수 등 여러 가지 함수가 있습니다.

예를 들면 내장 함수의 int()는 수치로 사용하고자 하는 문자열을 수치로 변환하고 싶을 때에 사용했습니다. 문자열을 인수로서 함수에 전달하면, 결과적으로 수치가 돌아옵니다. turtle을 사용하여 도형을 그릴 때도 함수를 사용했습니다. 또 Jupyter

Notebook에서 그래프를 그리고 싶을 때 사용한 plt.plot(), plt.bar()도 함수입니다. 이처럼 수치나 문자열과 같은 간편한 데이터만을 돌려주는 것이 아니라 복잡한 처리를 하는 함수도 있습니다.

# 함수란

함수를 쉽게 설명하면 입력에 대해서 출력을 갖는 구조입니다. 함수를 영어로 function(기능)이라고 합니다. 특정의 목적을 실현하는 기능을 제공하는 구조를 함수라고 할 수 있습니다.

**Fig** 함수는 입력을 받고 출력을 반환한다.

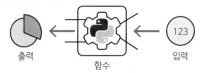

출력　　　　함수　　　　입력

프로그램에서는 자주 실행하는 절차, 정해진 형태의 처리가 있습니다. 이와 같은 처리를 언제든지 사용할 수 있는 부품과 같은 형태로 모아 두고 프로그램을 보다 효율적으로 만들기 위하여 함수를 이용합니다.

예를 들면 수치 리스트의 합계를 계산하고 싶을 때, 그동안 배운 것을 활용하면 리스트의 값을 합계하는 프로그램을 만드는 것은 그리 어렵지 않을 것입니다. 변수와 for문의 루프를 조합하여 간단한 프로그램을 만들어 봅시다.

리스트의 값을 합하는 프로그램

```
the_list = [101, 123, 152, 123]
summary = 0 ●────────────────────── 합계를 위한 변수를 만듦
for item in the_list: ●──────────────── 리스트로 루프를 적용
    summary = summary+item ●──────────── 리스트의 요소를 합계


summary ●─────────────────────────── 합계를 표시
499
```

수치 리스트의 합계를 계산할 때마다 이런 코드를 쓴다는 것은 귀찮은 일입니다. 이보다는 파이썬에 마련된 조립 함수의 sum()을 사용하는 것이 간단합니다. 또 sum()의 기능을 알고 있으면 코드에 적힌 함수 이름을 봐도 어떤 처리를 하는지 이해할 수 있습니다. 앞의 예처럼 긴 코드보다 "sum(the_list)"라고만 쓰는 것이 깔끔하고 우수한 프로그램을 만드는 것이 가능합니다.

또 손으로 쓰는 코드에는 일정 확률로 실수가 포함되어 있습니다. 이미 만들어진 잘 동작하는 보증된 함수를 사용하는 것이 문제를 일으킬 확률이 낮고 보다 품질 높은 프로그램을 만들 수 있습니다.

파이썬에는 sum() 같은 내장 함수 외에 나중에 소개하는 모듈이라는 구조를 사용하고 불러낼 수 있으며 여기에는 많은 함수가 준비되어 있습니다. 이러한 함수를 사용하면 프로그램을 더 빠르게 만들 수 있습니다.

또한, 함수에는 기능을 연상하기 쉬운 이름이 붙어 있습니다. 이 함수의 이름을 함수명이라고 부릅니다.

## 함수를 호출

파이썬에서 함수를 호출할 때는 함수 이름에 둥근 괄호((~))를 곁붙여서 사용합니다.

**구문** 함수를 호출하는 기법

```
함수 이름(인수 1, 인수 2 ...)
```

내장 함수 abs()를 불러내어 봅시다. abs()는 수치의 절대치를 구하는 데 이용하는 함수입니다. 함수를 호출할 때 쓰는 둥근 괄호 안에 수치를 주고 호출합니다. 그러면 플러스 수치로 변환한 결과가 돌아옵니다.

**Fig** abs( )는 수치의 절댓값을 되돌리는 함수이다.

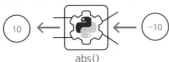

abs()

abs( ) 함수의 실행 사례

```
abs(10)
10
abs(-200)
200
```

## 함수의 인수

함수를 호출할 때 둥근 괄호 안에 수치나 문자열 같은 데이터를 넣습니다. 괄호 안에 넣는 데이터를 인수(매개변수)라고 부릅니다.

어떤 종류의 데이터를 인수로 전달할지는 함수별로 결정되어 있습니다. 또한, 함수에 몇 개의 인수를 줄지도, 함수에 의해서 결정되었습니다. 함수에 따라서는 인수를 전달할 필요가 없는 것도 있습니다. 함수가 어떤 처리를 하느냐에 따라서 인수의 수나 종류가 결정됩니다.

앞서 예로 든 함수 abs()를 생각해 봅시다. abs()에는 인수로서 반드시 수치를 주게 되어 있습니다. 문자열을 abs()의 인수로서 전달하면 오류가 발생합니다. 문자열을 주어 수치로 변환하고 다시 양의 수로 변환하여 전달받으면 편리할 거라고 생각할지 모릅니다. 그러나 그런 동작은 파이썬의 방식에 위배됩니다.

또한, 함수의 인수에 대해서 생각해 봅시다. 문자열을 수치로 형 변환을 할 때 사용한 int()라는 함수는 문자열 이외에 수치를 인수로서 전달합니다. 소수점이 수치(부동소수점)를 정수로 변환할 경우에도 int()를 사용하기 때문입니다.

또 int()는 사실은 2번째의 인수가 있습니다. 제1인수로 문자열을 전달할 때, 2번째의 인수로는 기수를 주면 2진수나 16진수의 문자열을 정수로 변환하는 기능이 있습니다.

~ int( ) 함수의 실행 사례

```
int("100")                                              ● 문자열을 10진수의 수치로 변환

100

int("100", 2)                                           ● 문자열을 2진수의 수치에 만들어 변환

4

int("100", 16)                                          ● 문자열을 16진수의 수치에 만들어 변환

256
```

이처럼 함수에 인수를 전달함으로써, 처리 내용을 제어할 수 있습니다.

**Fig** 인수를 사용하면 함수를 제어할 수 있다.

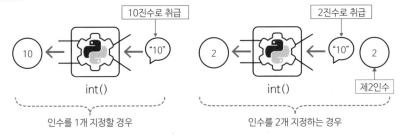

## 함수의 반환값

함수가 처리한 결과를 함수에서 출력하는 데이터를 반환값이라고 부릅니다. 어떤 종류의 데이터가 돌아올지는 함수별로 결정되어 있습니다.

예를 들면 abs() 함수는 결과로 (양의 값) 수치를 돌려줍니다. int()는 수치(정수)를 돌려줍니다. 이렇게 돌아갈 값은 함수가 어떤 일을 하는지에 의해서 정해집니다.

**Fig** 반환값은 함수가 반환하는 결과이다.

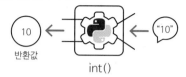

함수 중에는 수치나 문자열과 같은 간편한 데이터가 아니고 더 복잡한 데이터 정보를 되돌려 주는 경우도 있습니다. for문 절에서 소개한 range() 함수 등은 그 예입니다. range() 함수에서 돌아주는 값은 리스트 같은 순서입니다. for문에 덧붙인 시퀀스로 range() 함수의 반환값을 사용하는 방법을 이용합니다. 그러므로 일정 횟수 반복 루프를 간편하게 짤 수 있습니다.

함수 중에는 반환값을 갖지 않는 것도 있습니다. print() 함수는 그 같은 함수의 대표적인 예입니다. print() 함수는 화면에 인수의 내용을 표시한다는 기능을 가지고 있습니다. 결과는 화면에 표시하므로 반환값을 돌려줄 필요가 없습니다.

## 함수의 정의

여기까지는 함수의 사용법을 배웠습니다. 이제 함수를 만드는 방식에 대해서 설명합니다. 파이썬을 비롯한 프로그래밍 언어에서는 함수를 만드는 것이 가능합니다.

함수를 만드는 것을 함수를 정의한다고 합니다. 프로그램에서 종종 실행하는 처리를 함수로 정의함으로써 같은 처리를 행하는 코드를 몇 번이나 쓸 필요가 없어집니다. 함수 정의를 잘 쓰면 깔끔하고 우수한 좋은 프로그램을 만들 수 있습니다.

파이썬에서 함수를 정의하려면 def문을 사용합니다. 그 뒤에 함수의 이름을 쓰고 둥근 괄호 ()를 적으므로 함수를 정의합니다. 함수에서 실행하는 코드는 들여쓰기 한 블록에 정리합니다. def문 다음에는 블록이 오기 때문에 콜론으로 마칩니다. for문이나 if문과 같은 방법입니다.

**구문** 함수를 정의하는 기법

```
def 함수 이름():
    함수 블록
```

**Fig** 함수에서 실행하는 코드는 블록으로 마무리

def my_func(param):

들여쓰기 → 함수 블록

함수에 붙이는 이름을 함수명이라고 합니다. 함수 이름을 붙일 때는 변수명을 붙일 때와 같은 규칙을 사용합니다. 알파벳부터 시작하고 도중에 숫자나 기호 등을 섞습니다. 함수명에 사용하는 알파벳이 특별한 이유가 없는 한 소문자를 사용합니다. 변수명의 때처럼 단어의 구분에는 밑줄(_)이나 대문자를 사용하는 것이 좋습니다.

그럼 간단한 함수를 정의해 봅시다. 숫자를 입력하면 운명의 전차를 표시하는 행운의 함수를 정의해 보려 합니다.

destiny_tank( ) 함수의 정의

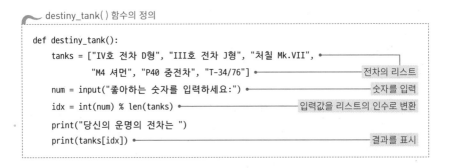

```
def destiny_tank():
    tanks = ["IV호 전차 D형", "III호 전차 J형", "처칠 Mk.VII",       ← 전차의 리스트
            "M4 셔먼", "P40 중전차", "T-34/76"]
    num = input("좋아하는 숫자를 입력하세요:")                      ← 숫자를 입력
    idx = int(num) % len(tanks)                              ← 입력값을 리스트의 인수로 변환
    print("당신의 운명의 전차는 ")
    print(tanks[idx])                                       ← 결과를 표시
```

함수 중 input()이라는 내장 함수를 호출합니다. 이 내장 함수는 키보드로부터 입력을 받아 문자열로 되돌려 주는 함수입니다. Jupyter Notebook에서는 셀 밑에 윈도우가 표시됩니다. 윈도우에 입력한 문자열이 변수 num에 대입됩니다.

윈도우에 입력된 문자열은 함수 중 int()를 사용하여 정수로 변환하고 있습니다. 입력 문자열을 수치로 변환하고 % 연산자로 탱크의 리스트의 수로 나눈 나머지를 계산하고 있습니다. 이렇게 함으로써, 어떤 수치가 입력되더라도 리스트의 요소 수에 들

어갈 수 있는 인수를 얻게 됩니다.

셀에 코드를 입력하고 함수를 정의해 보세요. 그 뒤 다른 셀로 destiny_tank()처럼 함수를 호출해 보세요. 그러면 함수를 호출한 셀 밑에 그림 같은 입력 원도우가 표시됩니다.

**Fig** 함수를 실행하면 윈도우가 표시된다.

여기에 수를 입력하고 Return 키 또는 Enter 키를 누릅니다. 그러면 당신의 운명의 전차가 출력 셀에 표시됩니다.

## Column 함수 이름을 붙이는 요령

함수 이름을 붙이는 일은 의외로 어렵습니다. 필자도 가끔 함수에 어떤 이름을 붙일까 고민합니다. 함수의 좋은 이름을 붙이는 요령이 있기에 여기서 몇 가지 소개합니다.

가장 간단한 것은 기능을 표현하는 영어 단어를 사용하는 것입니다. 함수 기능을 뜻하는 영어 단어의 동사나 명사를 1개 또는 do_something과 같이 영어 동사와 명사(목적어)를 조합하여 함수명을 하면 알기 쉬운 함수명이 됩니다. 무엇보다 기능에 맞는 영어 단어나 수를 선택하는 것은 꽤 어렵다고 생각합니다. 알기 쉬운, 생각나기 쉬운 함수명 등을 우선으로 하고 부분적으로 로마자가 섞여 있어도 상관 없다고 생각합니다.

## 인수를 정의

인수(매개변수)는 함수 이름 뒤에 오는 둥근 괄호 안에 정의합니다. 인수에는 반드시 인수 이름을 붙입니다. 복수의 인수를 전달할 때는 쉼표(,)로 구분하여 열거합니다.

**구문** 함수에 매개변수를 정의하는 기법

```
def 함수 이름(인수 1, 인수 2...):
    함수 블록
```

함수 정의의 인수로서 기술한 문자열은 함수 블록 내에서 그대로 변수로 이용할 수 있습니다. 이 변수가 함수 실행 시 인수로 전달한 데이터가 대입됩니다. 이에 대해서는 나중에 설명합니다.

**Fig** 인수는 함수 정의의 괄호 안에 진열

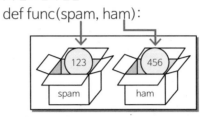

조금 전에 만든 행운의 함수를 변경하고 인수를 추가해 봅시다. 여기 이 행운의 함수에서는 수치를 얻는 코드가 함수의 내부에 있습니다. 이와 같은 구성으로 되어 있고 사용하는 숫자의 출처를 변경하고 싶을 때는 함수 자체를 다시 써야 합니다.

함수에서 사용하는 숫자를, 예를 들어 날짜에서 꺼내면 매일 다른 전차가 표시될 것입니다. 난수로 할 때도 매번 다른 답변이 돌아옵니다. 함수에서 사용하는 숫자를 인수로 건네도록 한다면 함수를 이용하는 변형이 늘어납니다.

그럼 실제로 함수를 다시 적어 봅시다. 함수에 num이라는 인수를 추가하고, 내장 함수 input()을 사용한 행을 제거합니다. 인수는 정수로 건네는 것을 전제로서 int()를 사용한 부분도 다시 씁니다.

인수를 갖는 함수의 정의

```
def destiny_tank2(num):
    tanks = ["IV호 전차 D형","III호 전차 J형","처칠 Mk.VII",     ← 전차의 리스트
             "M4 셔먼","P40 중전차","T-34/76"]
    idx = num % len(tanks)     ← 입력값을 리스트의 인수로 변환
    print("당신의 운명의 전차는 ")
    print(tanks[idx])     ← 결과를 표시
```

그럼 destiny_tank2()라는 함수를 사용해 봅시다. 전과 똑같이 input()에서 받은 수를 써서 행운을 알아보는 코드를 적어 봅시다.

━ destiny_tank2( ) 함수의 실행 사례

```
num_str = input("좋아하는 숫자를 입력하세요:")    ← 입력 윈도우를 표시
num = int(num_str)                              ← 문자열을 수치로 변환
destiny_tank2(num)                              ← 수치를 함수에 전달
```

코드를 실행하면 앞의 예처럼 입력 윈도우가 표시될 것입니다. 입력 윈도우에 숫자를 입력하면, 행운의 결과가 표시됩니다.

다음으로 난수를 주고 매번 다른 여러 결과를 표시하는 함수를 만들어 봅시다. 난수를 발생하기 때문에, random이라는 모듈에 정의되고 있는 randint()라는 함수를 읽어 주는 선언문을 사용합니다.

━ 랜덤한 결과를 되돌려 줌

```
from random import randint
num = randint(0, 10)       ← 난수를 생성
destiny_tank2(num)         ← 생성한 난수를 함수에 전달
```

**당신의 운명의 전차는**
**M4 서먼**

이번에는 입력 윈도우가 표시되지 않고 결과만 표시되었습니다. 셀을 실행할 때마다 매번 다른 결과가 표시될 것입니다.

이처럼 인수를 사용한 함수의 기능을 추상화하면 여러 가지 장면에서 함수를 이용할 수 있게 됩니다.

# 함수의 반환

지금까지 본 내장 함수를 비롯한 많은 함수들은 처리 결과를 반환값으로 돌려줍니다. def문에서 정의한 함수로부터 반환값을 되돌려 줄 때는 return문을 사용합니다.

**Fig** return문을 사용하면 반환값을 되돌려 준다.

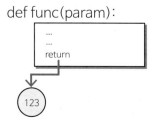

함수의 끝에 return문을 두고 함수의 외부에 주고 싶은 변수 등을 계속해서 씁니다. 그러면 함수의 반환값을 지정할 수 있습니다. return 뒤에는 둥근 괄호가 필요 없습니다.

조금 전의 행운의 함수를 다시 개조하고 봅시다. 행운의 함수에서는 결과 출력을 함수 속에서 실행됩니다. 예를 들면 결과 표시 방법을 바꾸고 싶은 경우나, 결과를 문자열로 받고 싶은 경우 등에는 함수 자체를 쓸 필요가 있습니다.

행운의 함수를 더 쉽게 사용하기 위해서 결과를 반환값으로 되돌려 주도록 합니다. 결과의 전차 이름을 문자열로서 되돌려 주는 것입니다. 그러면 반환값을 받은 측에서는 결과를 여러 가지 방법으로 이용할 수 있게 됩니다.

바로 함수를 다시 써 봅시다. print() 함수를 사용한 부분을 다시 적고 결과를 표시한 행은 return문으로 대체합니다.

 반환값을 갖는 함수의 정의

```
def destiny_tank3(num):
    tanks = ["IV호 전차 D형", "III호 전차 J형", "처칠 Mk.VII",     ← 전차의 리스트
            "M4 셔먼", "P40 중전차", "T-34/76"]
    idx = num % len(tanks)     ← 입력값을 리스트의 인수로 변환
    return tanks[idx]     ← 결과를 반환값으로 되돌려 줌
```

전차를 행운을 알아보는 부분만 함수로서 빼낼 수 있습니다. 이렇게 두면 어떤 수를 바탕으로 행운을 알아보는지, 행운의 결과를 어떻게 표시하는지를 자유롭게 바꿀 수 있게 됩니다.

destiny_tank3( ) 함수의 실행 사례

```
from random import randint
num = randint(0, 10)
tank = destiny_tank3(num)
print("오늘 당신이 타야 할 행운의 전차는 ", tank,"입니다.")
```
**오늘 당신이 타야 할 행운의 전차는 III호 전차 J형입니다.**

## 지역 변수

함수의 인수는 변수와 같습니다. 다만 인수는 함수에서만 변수와 같이 사용할 수 있습니다. 함수가 아닌 곳에서 인수를 사용하면 오류(error)가 되어 버립니다.

또한, 함수 중에서 정의한 변수도 함수에서만 사용할 수 있습니다. 파이썬에서 변수를 정의하려면 대입이라는 것을 기억해야 합니다. 함수에서 대입한 변수는 함수의 밖에서 쓸 수 없다는 것입니다. 이처럼 정해진 장소에서만 쓸 수 있는 변수를 지역 변수라고 합니다.

파이썬에서는 함수 블록의 안과 밖에는 별개의 세계로 취급합니다. 함수에 전달된 인수, 안에서 대입된 변수는 함수 내 세계에 새로운 지역 변수로 정의합니다. 함수의 밖에 나가면, 함수 내 세계는 사라집니다. 함수 내 세계가 사라진 뒤에는 지역 변수도 함께 사라지고 못쓰게 됩니다.

Fig 함수 내에서 정의된 변수는 지역 변수로 행동한다.

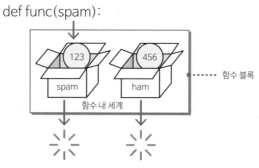

def func(spam):

함수 블록

함수 내 세계

간단한 함수를 만들어 살펴봅시다. 함수에서 대입한 변수를 함수의 밖에서 print() 함수로 표시해 보면 변수가 존재하지 않는다는 오류(NameError)가 되는 것을 알 수 있습니다.

지역 변수를 함수의 밖에서 쓰는 경우

```
def test_func(arg1):          ←———— 수치의 인수에 100을 더하고 표시하는 함수

    inner_var = 100

    print(arg1+inner_var)


test_func(10)                 ←———— 함수를 호출 -110으로 표시
inner_var                     ←———— 함수 내에서 정의한 변수를 표시(오류가 됨)
```

```
110
----------------------------------------------------------------
NameError                       Traceback (most recent call last)
<ipython-input-28-a98e391074f0> in <module>()
      4
      5 test_func(10)
----> 6 inner_var
      7


NameError: name 'inner_var' is not defined
```

함수를 만드는 방식에 대해서 이해하였을 것입니다. 다음으로 어떤 장면에서 함수를 만들면 되는지 조금 구체적으로 설명합니다.

긴 프로그램을 만들고 있을 때, 여러 장소에 비슷한 코드를 자주 쓰게 됩니다. P. 98로 2개의 신장 리스트의 표준 편차를 조사했습니다. 이때 아래 코드가 바로 그 예입니다.

표준 편차를 요구하기 전 단계로 분산을 계산했던 부분만 빼내고 엮어 보면 잘 알수 있습니다.

**지역 변수를 함수의 밖에서 쓰는 경우**

```
monk_fish_team = [158, 157, 163, 157, 145]

total = sum(monk_fish_team)                    리스트의 합계
length = len(monk_fish_team)                    리스트의 요소 수(길이)
mean = total/length                             평균을 계산
variance = 0                                    분산을 계산하기 위한 변수

for height in monk_fish_team:
    variance += (height-mean)**2                신장에서 평균을 빼고 제곱을 더함

variance = variance/length                      더한 수치를 요소 수로 나누어 분산을 구함


volleyball_team = [143, 167, 170, 165]

total2 = sum(volleyball_team)                   리스트의 합계
length2 = len(volleyball_team)                  리스트의 요소 수(길이)
mean2 = total2/length2                          평균을 구함
variance2 = 0                                   분산을 계산하기 위한 변수

for height in volleyball_team:                  신장에서 평균을 빼고 제곱을 더함
    variance2 += (height-mean2)**2

variance2 = variance2/length2                   더한 수치를 요소 수로 나누어 분산을 구함
```

이 코드를 살펴보면 변수명이 다를 뿐 처리 내용은 같습니다. 분산을 계산하는 함수를 사용하고, 2개의 루프를 정리하여 1개로 해 봅시다.

〜 calc_variance( ) 함수의 정의

```
def calc_variance(a_list):          ───────── 분산을 요구하는 함수
    total = sum(a_list)             ───────── 리스트의 합계
    length = len(a_list)            ───────── 리스트의 요소 수(길이)
    mean = total/length             ───────── 평균을 구함
    variance = 0                    ───────── 분산을 계산하기 위한 변수


    for height in a_list:
        variance += (height-mean)**2    ───── 신장에서 평균을 빼고 제곱을 더함
    variance = variance/len(a_list)     ───── 더한 수치를 요소 수로
                                             나누어 분산을 구함

    return variance                 ───────── 요구 분산을 반환값으로 돌려줌
```

분산을 계산하는 calc_variance()이라는 함수를 정의했습니다. 이 함수에서는 인수로서 리스트를 받습니다. 리스트에 수치가 있는 것이 전제로서 분산을 계산하고 있습니다.

기본적인 코드는 for문에서 소개한 샘플 코드와 같습니다. 함수 안에서는 인수의 리스트(a_list)를 대상으로 길이(length)와 평균(mean)을 구하거나 그룹을 돌리고 있습니다. 함수 블록 안에 for문의 루프 블록이 있으므로 들여쓰기가 2단으로 되어 있습니다.

함수의 끝에 return으로 시작되는 행이 있습니다. 이는 함수에서 반환값을 되돌려 주는 부분입니다. 루프에서 계산한 결과의 변수를 return문 후에 쓰고, 함수의 밖에 반환값으로 돌려주고 있습니다.

그럼 실제로 함수를 사용하여 신장 리스트의 분산을 계산해 봅시다. 분산의 제곱근을 취하면 표준 편차를 구할 수 있습니다. 함수를 정의하므로 계산이 쉽게 되어졌으므로 러시아의 어떤 고교 신장 리스트(pravda_team)을 추가하고, 표준 편차를 비교하여 봅시다. 3팀을 비교하면 pravda_team 학생들의 신장 차가 월등히 있음을 알 수 있습니다.

calc_variance( ) 함수의 실행 사례

```
monk_fish_team = [158, 157, 163, 157, 145]
volleyball_team = [143, 167, 170, 165]
pravda_team = [127, 172, 140, 160, 174]
monk_team_variance = calc_variance(monk_fish_team)
volley_team_variance = calc_variance(volleyball_team)
pravda_team_variance = calc_variance(pravda_team)

print(monk_team_variance**0.5)
print(volley_team_variance**0.5)
print(pravda_team_variance**0.5)
```

리스트를 정의

분산을 계산

표준 편차를 계산

```
5.932958789676531
9.557719393244394
18.347751905887545
```

02

# 08  모듈 사용

파이썬은 함수 같은 기능을 마련하고 필요한 때에 읽고 쓸 수 있는 모듈이라는 구조를 가지고 있습니다. 모듈을 열면 파이썬에 다양한 기능을 추가하며 파이썬을 성능을 더할 수 있습니다.

Fig 모듈을 사용하면 파이썬의 기능을 더 강화할 수 있다.

모듈

프로그램에서 자주 사용하는 데이터나 함수 등은 파이썬에 내장되어 있어 언제든지 쓸 수 있습니다. 언제든지 쓸 수 있게 들어 있다는 뜻으로 내장형, 내장 함수 등으로 부릅니다. 여기서 말하는 내장은 "Builtin"의 뜻입니다.

한편, 제한된 용도로 사용하는 규칙적인 처리는 모듈에서 가져와 사용합니다. 파이썬에는 여러 가지 용도로 활용할 수 있는 편리한 모듈이 많이 부속되어 있습니다. 파이썬에 부속된 모듈의 집합체를 표준 라이브러리라고 부릅니다. 라이브러리는 도서관이나 서고이라는 뜻의 영어 단어입니다. 큰 책장에서 필요한 전문서를 찾아서 사용함이라고 쓰면 편리함을 느낄 수 있을 것입니다. 이 책의 서두에서 대화형 쉘로 도형을 그렸을 때 turtle이라는 이름의 모듈을 활용했습니다. 이 turtle도 표준 라이브러리에 포함된 모듈의 1개입니다. 표준 라이브러리는 프로그램에서 이용할 수 있는 편리한 도구상자 같은 것입니다. 파이썬에 부속되는 모듈을 활용함으로써 프로그램을 쉽게 만들 수 있습니다.

## 모듈 import(가져 오기)

모듈을 사용하고 파이썬의 기능을 확장하려면, 사용할 모듈을 꼼꼼히 살펴봐야 합니다. 모듈을 가져 오는 것을 import라고 합니다. Import란 수입하다, 반입하다는 뜻의 영어 단어입니다.

모듈을 사용하기 위해서는 import문을 사용합니다. import문 직후 모듈 이름을 쓰는 것으로 지정한 모듈을 가져올 수 있습니다.

**구문** import문에서 모듈을 읽기 위한 기법

```
import 모듈 이름
```

실험 삼아 파이썬의 표준 라이브러리에 탑재된 모듈을 1개 사용해 봅시다. 난수에 관련된 처리를 모은 random이라는 모듈을 사용해 보겠습니다.

random 모듈을 사용하려면, import문에 모듈 이름(random)를 추가합니다. 그럼으로써 random 모듈이 불려 와져 프로그램에서 이용할 수 있습니다.

◠ random 모듈의 Import

```
import random ●────────────────────────────── 랜덤 모듈 읽기

print(random.random()) ●─────────────────── 0 < x < 1의 난수를 얻음
print(random.randint(0, 6)) ●────────────── 0 <= x <= 6의 난수를 얻음
a_list = [0, 1, 2, 3, 4, 5]
random.shuffle(a_list) ●─────────────────── 리스트를 임의로 교체
print(a_list)
print(random.choice(a_list)) ●───────────── 리스트의 요소를 1개 랜덤으로 선택
```
```
0.13877780577293497
4
[4, 2, 0, 1, 5, 3]
3
```

모듈에 포함되는 함수 등을 쓰려면 "모듈 이름 도트(.) 함수 이름" 순서로 적습니다. 코드를 보면 가져온 random 모듈의 함수를 "random.choice()" 등으로 호출하고 있습니다. 모듈과 함수처럼 뭔가의 구분에 도트(dot)를 사용하는 것도 파이썬의 방식입니다.

## import.as

리스트의 절에서 그래프를 그렸을 때 "import matplotlib.pyplot as plt"란 코드를 썼습니다. import의 직후 "matplotlib.pyplot"의 부분에 도트가 있습니다. 파이썬의 방식을 생각하면 뭔가 마무리인 것으로 유추됩니다. 이 부분은 matplotlib라는 그래프 기능을 모아놓은 곳에서 pyplot라는 모듈을 지정하고 있습니다. 이처럼 1개의 모듈에 여러 모듈이 나오고 있는 경우도 있고, 그런 때는 도트(.)로 구분하여 목적의 모듈을 지정합니다.

끝에 있는 "as plt"라는 부분은 "plt로서 읽는다"라는 의미입니다. 이처럼 as를 사용하면, 읽은 모듈의 모듈 이름을 일시적으로 변경할 수 있습니다. 즉 읽은 모듈을 사용할 때 matplotlib.pyplot와 코드에 쓸 것을 plt로 쓰게 됩니다. 적는 양이 줄어들어 코드를 쓰기 쉽게 만들어 줍니다.

영어 단어 as는 "~로"란 뜻의 부사입니다. 영어의 의미를 생각하면, 처리 내용이 이해하기가 쉽습니다.

**구문** 구문 as를 사용한 import문의 기법

```
import 모듈 이름 as 읽는 이름
```

matplotlib.pyplot를 가져올 때 as를 사용하고 일시적으로 plt라는 짧은 이름으로 변경한다는 것은 관례입니다. 파이썬으로 그래프를 그리는 방법을 인터넷으로 검색하면 대개 이런 import문이 코드에 쓰이고 있습니다. 이 책에서도 관례에 따라 as를 쓰고 있습니다.

## from을 사용한 import

from이라는 키워드를 조합하면, 모듈에 있는 함수 등을 직접 가져올 수 있습니다. P. 128의 예를 생각해 봅시다. import문만 사용한 경우에는 모듈 이름과 도트(.)에 이어 randint() 등의 함수를 호출했습니다. 모듈의 함수를 직접 가져오면 실행 시 모듈 이름을 쓸 필요가 없습니다.

**구문** from을 사용한 import문의 기법

```
from 모듈 이름 import 함수 이름 등
```

표준 라이브러리의 statistics이라는 모듈을 예로 들어 from을 사용한 import를 실행해 봅시다. 이 모듈에는 통계 처리에 사용할 수 있는 함수가 등록(포함)되어 있습니다. statistics 모듈의 median() 함수를 사용하면 수치 리스트에서 중앙값을 계산할 수 있습니다.

~ median( ) 함수의 import

```
from statistics import median

monk_fish_team = [158, 157, 163, 157, 145]
volleyball_team = [143, 167, 170, 165]
print(median(monk_fish_team))
print(median(volleyball_team))
```
함수 이름만 불러낼 수 있음

```
157
166.0
```

2팀의 신장의 중앙값을 받아 보면 역시 배구팀이 10㎝ 정도 높은 것을 알 수 있습니다.

from을 사용한 import의 장점은 코드를 쓸 때의 입력량(타이핑 양)이 적어진다는 것입니다. statistics.median()과 쓰는 것보다, median()과 같이 함수 이름만 쓰는 것이 편합니다. 입력량이 적은 편이 오타나 실수에 의한 오류(error) 확률도 낮아집니다.

또 from~import 뒤에 별표(*)를 사용하면, 모듈의 갖고 있는 함수 등을 정리하고 가져올 수 있습니다. 편리한 기능이지만, 부작용이 크므로 쓰지 않도록 합니다.

## 모듈의 찾는 방법

파이썬에서 약간의 프로그램을 쓸 때 우선 표준 라이브러리에 사용할 수 있는 모듈이 있는지 알아보도록 합시다. 목적을 100% 달성할 수 있고 자체, 찾고자 하는 목적에 딱 맞는 모듈은 없을 수도 있지만, 프로그램의 부품으로 사용할 수 있는 모듈은 대개 발견될 것입니다.

표준 라이브러리에는 정말 많은 모듈이 준비되어 있습니다. 모든 것을 이 책에서 소개할 수는 없지만 자주 사용되는 것을 중심으로 P. 371의 "표준 라이브러리 사용"에서 소개합니다. 꼭 읽어 주기 바랍니다.

파이썬의 표준 라이브러리의 전체를 알려면 번역 문서를 추천합니다. 표준 라이브러리에 포함되는 모듈 목록, 기능과 사용 방법이 다음 웹사이트에 정리되어 있습니다. 검색 기능도 있으므로 편리할 것입니다.

**URL** http://docs.python.jp/3/

이 사이트는 공식 사이트 도큐멘테이션(https://docs.python.org/3/)를 운영하는 사람들이 일본어로 번역한 것입니다. 일부 영어 그대로의 부분이 남아 있는데 자주 사용하는 모듈에 대해서는 번역되어 있습니다.

파이썬 숙달의 포인트는 두 가지입니다. 1번째는 파이썬의 기본 기능을 마스터하는 것입니다. 기본 기능이란 구체적으로 문자열이나 수치, 리스트 같은 내장 함수의 사용법, for문, if문 등 문법을 말합니다.

2번째는 표준 라이브러리를 사용할 수 있게 되는 것입니다. 표준 라이브러리를 사용하면, 어떤 기능을 실현할 수 있는지, 자신의 흥미나 목적의 범위만으로도 좋으니 잘 알아 두면 편합니다.

또 파이썬에는 표준 라이브러리에 포함되지 않은, 편리한 모듈이 많이 있습니다. 데이터 사이언스, 수치 통계 연산, 데이터의 시각화에 필요한 라이브러리는 Anaconda에도 포함되어 있지만, 그 외에도 많은 편리한 모듈이 있습니다. 이런 외부의 모듈을 다루는 방법에 대해서는 P. 329의 "서드 파티 모듈을 사용하기"에서 자세히 설명하겠습니다.

# 파이썬
# 기초 마스터하기

이 장에서는 앞 장에서 설명하지 않은 파이썬의 기본 기능에 대해 해설합니다. 딕셔너리나 set이라는 자료형이나 함수, 루프와 조건식의 분기의 편리한 기능 등을 소개합니다.

# 01 딕셔너리를 사용

2장에서 리스트라는 종류의 자료형을 소개하였습니다. 리스트를 사용하면 여러개의 요소를 순서대로 관리할 수 있습니다. 요소의 순서만 알고 있다면, 요소를 간단히 추출할 수 있어, 리스트는 상당히 편리한 자료형이라 할 수 있습니다. 리스트와 같이 순서를 매기는 자료형을 사용하면 세상에 있는 많은 정보의 표현이 가능합니다. 예로 출신지, 별명 등의 개인에 부여된 데이터를 관리하는 것을 생각해 볼 수 있습니다. 어느 사람의 별명, 출신, 이름을 문자열의 리스트로 관리한다고 해 봅시다. 요소에 정해진 인덱스를 나눠 리스트에 저장하는 것으로 해 봅시다.

0번 요소는 별명, 1번 요소는 출신지, 이런 식으로요.

```
purple = ["도깨비", "서울", "김영수"]
```

그런데 이 방법이 귀찮은 건 요소의 내용과 순서의 대응을 일일이 기억해 둘 필요가 있다는 점입니다. 요소가 3개라면 그래도 나은데 10개, 20개가 있다면 큰일이지요.

## 딕셔너리(Dictionary)란

앞에서 설명한 것처럼, 요소마다 정보의 성질이나 종류가 달라지는 자료형을 순서대로 관리하는 것보다 표제어로 관리하는 것이 편리합니다. 요소에 라벨을 붙이는 것입니다.

Fig 딕셔너리에서는 키와 값으로 요소를 관리함

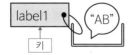

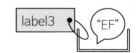

이와 같을 때, 파이썬의 딕셔너리 기능을 사용하면 편리합니다. 딕셔너리를 쓰면 정보의 키와 값의 대응으로 관리가 가능합니다. 일일이 "생일을 알고 싶은데, 생일은 리스트의 0번째이니까…"와 같이 머릿속으로 생각하기보다 1993년 6월 26일이라는 정보에 "생일"이라는 인덱스를 달아두는 것이 관리가 편합니다.

파이썬의 딕셔너리는 다음과 같이 정의합니다.

**구문** 딕셔너리의 정의 방법

```
{키-1:값-1, 키-2:값-2 ....}
```

파이썬에서는 딕셔너리의 표제어를 '키'라고 부릅니다. 키(key)와 값(value)을 콜론(:)으로 구분한 것이 하나의 요소가 됩니다. 여러 요소가 있을 때에는 쉼표(,)로 구분합니다. 리스트와 같습니다.

키에는 문자열이나 수치를 사용할 수 있습니다. 하지만 리스트를 키로 등록하는 것은 불가능합니다. 이유는 P. 150에 있는 "튜플(tuple)을 사용"이라는 절에 자세히 설명하겠습니다.

키에 대응하는 값은 문자열과 수치는 물론 기타 자료형도 사용 가능합니다. 예를 들어 리스트나 딕셔너리도 값으로 등록 가능합니다.

앞에서의 리스트를 딕셔너리로 정의하여 다시 표현해 봅시다.

딕셔너리의 정의

```
purple = {"별명": "도깨비",
          "출신지": "서울",
          "이름": "김영수"}
```

# 키를 사용하여 요소를 추출하기

purple이라는 변수에 들어간 딕셔너리의 요소를 추출하려면 키를 사용합니다. 딕셔너리에 대괄호를 첨가하고, 대괄호 안에 추출하고 싶은 요소의 키를 지정합니다.

구문 ▶ 딕셔너리의 요소를 추출하는 기법

딕셔너리명[요소의 키]

Fig 키를 사용하면 요소를 추출할 수 있다.

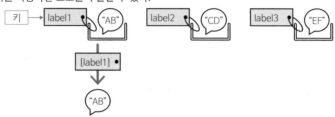

예를 들면 변수 purple에 들어 있는 딕셔너리로부터 출신지를 추출하고 싶을 때는 다음과 같이 합니다.

딕셔너리로부터 값을 추출

```
print(purple["출신지"])
서울
```

리스트의 요소를 추출할 때에는 대괄호 안에 정수의 인덱스를 첨가합니다. 이 기법과 닮아 있습니다. 딕셔너리는 인덱스 대신 키를 사용해 요소를 관리한다는 점을 기억해 둔다면 새롭게 기억할 필요가 없습니다.

자, 여기서 정의한 딕셔너리의 내용을 표시해 봅니다. Jupyter Notebook의 셀에 변수의 이름만을 입력해 셀을 실행시켜 봅니다. 출력 셀을 잘 보면 딕셔너리를 정의했을 때의 순번이 바뀌어 있습니다.

딕셔너리 purple의 내용을 확인

```
purple
{'이름': 김영수, '별명': '도깨비', '출신지': '서울'}
```

딕셔너리는 키로 요소를 관리하는 자료형입니다. 애초에 순서라는 개념이 없습니다.

참고로 딕셔너리를 표시했을 때에는 문자코드 순으로 정렬됩니다. 키가 영문자라면 알파벳 순으로 표시됩니다. 딕셔너리 전체를 표시하면, 정의했을 때와 다른 순서로 표시되는 것은 이 때문입니다.

또한, 본 책 집필 시점에선 아직 정식판이 릴리즈되지 않았지만, 파이썬 3.6부터는 딕셔너리 요소의 순서가 보존됩니다. 즉 딕셔너리를 표시했을 때도 추가한 시점 그대로의 순서로 정렬하는 것으로 되는 것입니다. P. 373에 해설되어 있는 OrderedDict와 같은 움직임이 됩니다. 또한, 이 변경에는 일본인 개발자인 와세다(methane)라는 분이 관련되어 있습니다.

## 키를 사용하여 요소를 치환하기

키를 사용해 지정한 대입을 행하면 딕셔너리의 값을 치환할 수 있습니다. 키에 매겨진 값을 별도의 값으로 변경 가능하다는 것입니다.

**Fig** 키 지정한 요소에 대입을 행하면 값을 변경 가능

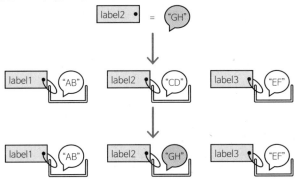

리스트에서는 대괄호에 인덱스를 첨가해 요소를 지정하여 **a_list[0] = 10**과 같이 대입하면 요소를 치환할 수 있었습니다. 딕셔너리에서는 요소의 지정에 키를 사용합니다. 요소를 치환한다는 것은 같은 동작에, 같은 기법이 사용된다는 것입니다. 그럼 실제로 키를 사용해 딕셔너리의 요소를 치환해 봅시다. 앞의 딕셔너리의 이름을 치환해 봅시다.

⌐ 값의 변경

```
purple["이름"] = "홍길동"
purple
```

```
{'이름': '홍길동', '별명': '도깨비', '출신지': '서울'}
```

값이 변경되어 있는 것을 확인하기 위해, 딕셔너리 내용을 표시해 봅시다. 결과를 보면, '이름'에 부여된 값이 바뀐 것을 알 수 있습니다.

## 새로운 키와 값을 추가하기

딕셔너리에 존재하지 않는 키를 추출하고자 하면 오류(error)가 발생합니다. 하지만 존재하지 않는 키를 사용해 대입을 하면 오류가 나지 않습니다. 리스트에는 요소 수를 초과하는 인덱스를 사용해 대입을 하면 오류가 발생하지만, 딕셔너리에서는 다른 기능을 합니다.

딕셔너리에서 존재하지 않는 키를 사용해 대입을 행하면 새로운 요소의 추가가 이루어집니다. 딕셔너리에 새로운 키와 값을 추가하고 싶은 경우에는 대입을 행하면 되는 것입니다.

**Fig** 새로운 키를 사용한 대입을 하면 요소를 추가할 수 있음

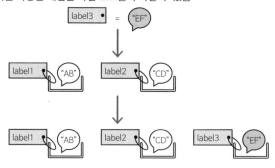

그렇다면 실제로, 딕셔너리에 요소를 추가해 봅시다. purple이라는 변수에 들어 있는 딕셔너리에 생년월일 요소를 추가해 봅니다.

##### 요소의 추가

```
purple["생년월일"] = "1993년 6월 21일"
purple
```

{'이름': '홍길동', '별명': '도깨비', '출신지': '서울', '생년월일': '1993년 6월 21일'}

요소를 추가한 후, 딕셔너리의 내용을 표시해 보았습니다. 생년월일이라는 요소가 추가된 것이 보입니다.

리스트에서는 가산법을 사용해 요소를 추가하는 것이 불가능했습니다. 리스트에 리스트를 더하면, 최초의 리스트에 그 후의 리스트를 더해 연결하는 것이 불가능하였죠. 리스트는 순번이 있기 때문에, (+) 연산자를 사용해 뒤쪽에 더한다는 처리가 명확하게 이미지될 수 있습니다.

하지만 딕셔너리에는 순서가 없습니다. 딕셔너리의 경우, 요소를 더한다는 것보다 삽입한다고 이미지화할 수 있습니다.

또 요소의 추가에는 키와 값을 짝으로 지정할 필요가 있습니다. 이렇게 딕셔너리의 성질을 생각한다면, 새로운 키에 값을 대입하는 것으로 요소를 추가하는 방법이 이해하기 쉬워 원리에 따르고 있다는 것을 알 수 있습니다.

# 키를 사용하여 요소를 삭제

딕셔너리로부터 요소를 삭제하려면, del문을 사용합니다. 리스트의 요소를 삭제하는 것과 비슷합니다. 리스트의 요소를 삭제할 때는 대괄호에 인덱스를 첨가했습니다. 딕셔너리는 키를 첨가합니다.

**Fig** del문으로 제거하고 싶은 요소의 키를 첨가하면 요소를 제거 가능

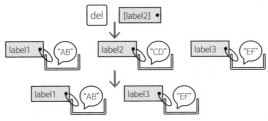

앞서 정의한 딕셔너리를 사용해 요소의 삭제를 실행해 봅시다. 요소를 삭제한 뒤 딕셔너리의 내용을 표시해 요소가 삭제되었는지 확인해 봅니다.

요소의 삭제
```
del purple["별명"]
purple
```
```
{'이름': '홍길동', '출신지': '서울', '생년월일': '1993년 6월 21일'}
```

자, 키를 사용해 딕셔너리의 값을 추출했을 때, 존재하지 않는 키를 사용하면 어떻게 될까요. 테스트해 보기 위해 앞서 딕셔너리에서 삭제한 키인 별명을 첨가해 참조해 봅니다.

존재하지 않는 키를 지정한 경우
```
purple["별명"]
```
```
KeyError                          Traceback (most recent call last)
<ipython-input-20-d5b1200b91c1> in <module>()
----> 1 purple["별명"]

KeyError: '별명'
```

딕셔너리에 존재하지 않는 키를 부여해 값을 추출하려고 하면 오류가 표시됩니다. 리스트에 요소의 수를 초과한 인덱스를 부여하면 오류가 났었죠. 딕셔너리에서도 존재하지 않는 키를 부여해 요소를 참조하려고 하면 오류가 납니다.

## 키의 존재 확인

P. 106에서 in 연산자에 대해 설명했습니다. in 연산자를 사용하면 문자열이나 리스트와 값이 복수의 요소를 가진 자료 중에서 특정의 요소가 포함됐는지 아닌지를 조사할 수 있습니다.

in 연산자와 딕셔너리를 한데 묶으면 어떻게 될까요. 딕셔너리에서는 키의 검색이 됩니다.

문자열이나 리스트와 같이 요소의 검색을 한다면, 키에 대응하는 값을 검색하는 것이 그대로의 방법일 것 같은 느낌이 듭니다. 하지만 프로그램에 딕셔너리를 사용할 때는 값보다 키를 검색하는 것이 압도적으로 많습니다.

그렇다면 키의 검색은 어떤 때에 사용하는 것일까요. 예를 들면 딕셔너리에 키를 부여해 값을 참조하는 것을 생각해 볼 수 있습니다. 키가 존재하지 않는 경우에는 오류가 납니다. 오류가 나면 처리가 멈춰버리므로, 키가 존재하는가 아닌가를 조사해 가면서 만약 존재하는 경우에는 값을 추출한다는 처리를 할 필요가 있습니다.

이와 같이 딕셔너리를 사용하는 프로그램에서는 빈번히 키의 존재 확인을 합니다. 키의 존재 확인을 용이하게 실행하기 위해 in 연산자로 딕셔너리의 키를 검색할 수 있습니다.

간단한 프로그램을 만들어 딕셔너리의 키를 검색하는 코드를 작성해 봅시다.

1이나 2와 같은 한 글자의 아라비아 숫자를 III나 IV와 같이 로마 숫자로 변환하는 프로그램을 생각해 봅시다. 수치(정수)를 인수(argument)로 받아, 로마 숫자에 대응하는 문자열을 리턴하는 함수를 만들어 봅시다.

if문을 사용하여 **if 인수 == 1:** 과 같이 판별해가면서, 아라비아숫자에 대응하는 로마숫자를 리턴하는 것이 간단한 방법입니다. 하지만 이 방법대로라면 아라비아숫자에 대응하는 로마숫자 전부에 대해 if문을 작성할 필요가 있어 귀찮습니다.

이럴 때에는 수치와 아라비아숫자의 대응을 딕셔너리로 만들어 놓으면 스마트하게 프로그램을 작성할 수 있습니다. 수치를 키로 하여 대응하는 아라비아숫자를 값으로 [4: "IV", 5: "V"]와 값이 요소를 가지는 딕셔너리를 정의하는 것이죠. 이렇게 딕셔너리를 정의해 두면, 수치를 키로 건네서 값을 참조하는 것으로 수치에 대응하는 아라비아숫자를 간단히 추출할 수 있습니다.

실제로 함수로 정의해 봅시다. 함수 안에서 아라비아숫자와 로마숫자의 대응표를 딕셔너리로 정의하고 있습니다. 그 후에 인수의 수치가 대응표의 키로 존재하는가 아닌가를 in 연산자를 사용해 조사합니다. 만약 키로 존재한다면 대응하는 값을 리턴하고, 존재하지 않는다면 "[변환 불가]"라는 문자열을 리턴하는 것으로 되어 있습니다.

~ convert_number( ) 함수의 정의

```python
def convert_number(num):
    # 아라비아 숫자와 로마 숫자의 대응표를 딕셔너리에 정의
    roman_nums = {1:"I", 2:"II", 3:"III", 4:"IV", 5:"V",
                  6:"VI", 7:"VII", 8:"VIII", 9:"IX"}
    # 딕셔너리의 키로 인수의 정수가 존재하고 있으면
    # 키에 대응하는 값을 리턴값으로 한다
    if num in roman_nums:
        return roman_nums[num]
    else:
        return "[변환 불가]"
```

자, 함수 안에 있는 if문이 없어 어떤 인수라도 딕셔너리의 키로 부여하는 함수라면 어떤 일이 일어날까요? 로마숫자에는 0의 표기가 없습니다. 함수를 **convert_number(0)** 처럼 부르면 존재하지 않을 키를 넘겨주는 것이 되어 오류가 되어 버립니다. if문에서 키의 존재를 확인하는 것과 동시에 인수의 체크를 하고 있는 것입니다. 그 덕분에 주어진 것 외의 인수를 받고도 함수가 오류를 표시하지 않는 것으로 되어 있습니다. 이처럼 딕셔너리를 다룰 때는 존재하지 않는 키가 주어지는 경우에 대해서 생각하게 하면 좋은 프로그램을 작성할 수 있습니다.

## 키를 사용한 루프

리스트를 for문의 시퀀스로 첨가하면, 리스트의 요소를 일일이 추출하면서 루프를 실행할 수 있었습니다. 딕셔너리도 for문의 시퀀스로서 사용할 수 있습니다. for문에 딕셔너리를 첨가하면, 키에 대응하는 루프를 작성할 수 있습니다. 반복되는 변수에 키를 1개씩 대입하면서 루프를 실행할 수 있습니다. 앞서 사용한 프로필 딕셔너리를 사용해 봅시다. for문을 사용해 딕셔너리의 키와 요소를 모두 표시하여 봅시다. 반복되는 변수에 키가 1개씩 대입되고, 루프 블록이 실행되어 갑니다. 루프 블록 안에서 딕셔너리의 키와 키에 대응하는 값을 print() 함수로 표시해 보겠습니다.

---

딕셔너리의 키를 사용한 루프

```
purple = {"별명": "도깨비",
        "출신지": "서울",
        "이름": "홍길동",
        "생년월일": "1993년 6월 21일")
for key in purple:                                    ——— 키를 전부 추출
    print(key, purple[key])                           ——— 키와 요소를 표시
```

**별명 도깨비**
**이름 홍길동**
**생년월일 1993년 6월 21일**
**출신지 서울**

---

딕셔너리를 정의했을 때와 for문에서 내용을 표시할 때는 키 및 순서가 바뀝니다. for문에서 딕셔너리의 키를 추출하면, 문자 코드 순서로 나열됩니다. 딕셔너리 자체를 표시했을 때와 같은 순서입니다.

# 02 set(집합)을 사용

파이썬에서 이용할 수 있는 자료형에는 시퀀스의 종류가 몇 가지 있습니다. 서술한 대로, 시퀀스는 여러 요소를 갖는 자료의 종류입니다. 리스트와 튜플이 그 예입니다. 문자열도 여러 문자를 요소로 가지고 있다는 의미에서는 시퀀스와 같은 종류입니다. 자료의 종류나 성질에 의해서, 여러 타입의 데이터를 쓰고 프로그램을 작성합니다.

이 장에서 소개할 set이라는 종류의 자료도 시퀀스와 유사한 자료형입니다. set을 사용하면 리스트처럼 여러 요소를 보관할 수 있습니다. 다만 set은 리스트와는 달리 내부의 요소가 중복되지 않도록 관리됩니다. 즉, 어느 set 안에 이미 존재하는 값을 등록하려고 해도 새로운 요소가 추가되지 않습니다. 또, 인덱스를 사용하여 요소를 꺼낼 수 없습니다.

Fig set을 사용해 파이썬으로 집합을 표현

Fig set을 사용해 파이썬으로 집합을 표현

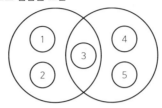

어떤 일에 쓰려고 이런 종류의 데이터가 준비되어 있을까요? set은 이른바 집합을 다루기 위해서 파이썬에 추가되었습니다. set을 사용하면 겹치지 않는 요소의 그룹을 간편하게 관리할 수 있습니다. 여러 개의 set을 더한 set을 만들기도 하고(합집합), 한 set에 포함되는 요소를 다른 set에서 제거하거나(차집합), 공통 요소만 빼내는(교집합) 등의 처리를 쉽게 실행할 수 있습니다. 또 어떤 set과 다른 set을 맞추어서, 2개의 set의 공통 요소만을 제거(대상차집합)하는 것도 가능합니다. 이러한 조작을 집합 연산이라고 부릅니다.

## set의 정의

set을 정의하려면 중괄호({~})를 사용합니다. 수학에서 사용하는 기호와 같은 기호를 쓰는 것입니다. 기억하기 쉽네요. 요소는 쉼표(,)로 구분합니다.

구문 set을 정의하는 기법

```
{요소, 요소, 요소}
```

그러면 실제로 set의 자료를 작성해 봅시다.

set의 정의

```
dice = {1, 2, 3, 4, 5, 6}
coin = {"앞면", "뒷면"}
```

set에는 수치나 문자열 등의 요소를 추가할 수 있습니다. 리스트나 딕셔너리를 요소로 추가하는 것은 불가능합니다. 왜냐하면, 리스트나 딕셔너리는 변경 가능하기 때문입니다.

예를 들면 2개의 리스트 A와 B가 set에 포함된 경우를 생각합시다. set에 추가했을 때에 A와 B가 다르다고 하더라도, 그 뒤에 A와 B가 같도록 다시 작성하는 것이 가능합니다. 그러면 같은 요소를 여러 개 가지지 않는다는 set의 성질을 간직할 수 없게 되어버립니다. 이 때문에 변경할 수 있는 리스트와 딕셔너리의 같은 데이터는 set에 추가할수 없습니다. 변경할 수 있는 데이터를 set에 등록하려고 하면 "TypeError: unhashable type: 'list'" 같은 오류가 발생하고, 등록할 수 없습니다. set도 변경이 가능하므로 set을 다른 set의 요소로 등록할 수 없습니다.

2개 이상의 set을 사용해 연산자로 계산하면 집합 연산을 쉽게 실행할 수 있습니다. set의 집합 연산에서는 수치 연산으로는 설명하지 않았던 새로운 연산자를 몇 가지 이용할 수 있습니다. set의 집합 연산에서는 수치에서 흔히 쓰는 연산자가 아니라, 비트연산이나 논리연산으로 사용되는 연산자가 이용됩니다.

## set의 합집합 구하기

set의 합집합을 얻으려면 | 연산자를 사용합니다. 2개의 set의 합집합을 취하면 각 set의 겹치지 않는 요소를 모두 포함한 집합을 얻을 수 있습니다. 합집합이므로 + 연산자를 사용하고 싶어집니다. 그러나 합집합에서 공통된 요소는 더하지 않고, 논리합(OR)에 가까운 조작이 됩니다. 그래서 이 연산자가 선택된 것 같습니다.

**Fig** | 연산자를 사용해 합집합을 얻을 수 있다.

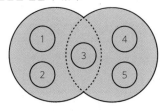

실제로 파이썬의 코드를 작성해 봅시다.

145

〰 합집합의 연산

```
prime = {2, 3, 5, 7, 13, 17} ●————————————————— 소수의 집합을 정의
fib = {1, 1, 2, 3, 5, 8, 13} ●————————————————— 피보나치수의 집합을 정의


prime_fib = prime | fib ●——————————————————————— 2개의 합집합
prime_fib ●————————————————————————————————————— 얻어진 합집합을 표시

{1, 2, 3, 5, 7, 8, 13, 17}
```

# set의 차집합 구하기

set의 차집합을 얻으려면 – 연산자를 사용합니다. A, B 2개의 set의 차집합을 구하면, A의 요소에서 B에 포함되는 요소를 제거할 수 있습니다.

Fig – 연산자를 사용하면 차집합을 얻을 수 있다.

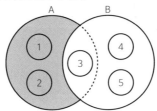

차집합을 구하는 파이썬 코드를 작성해 봅시다.

〰 차집합의 작성

```
dice = {1, 2, 3, 4, 5, 6} ●——————————————————————— 주사의 눈의 집합을 정의
even = {2, 4, 6, 8, 10} ●————————————————————————— 짝수의 집합을 정의


odd_dice = dice - even ●—————————————————————————— 주사위의 눈과 짝수의 차집합
odd_dice ●———————————————————————————————————————— 홀수번째만 표시

{1, 3, 5}
```

# set의 교집합 구하기

set의 교집합을 얻으려면 & 연산자를 사용합니다. 2개의 set의 교집합을 취하면 양쪽의 set에 공통적으로 포함되는 요소만 빼낼 수 있습니다. 논리곱(AND)와 같은 연산자가 사용되고 있습니다.

**Fig** & 연산자를 사용하면 교집합을 얻을 수 있다.

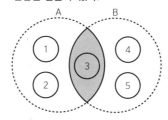

교집합을 구하는 파이썬 코드를 작성해 봅시다.

교집합 구하기

```
prefs = {"부산", "충청남도", "전라남도", "경상남도"}          지방명의 set을 정의
capitals = {"부산", "천안", "나주", "창원"}                 도청소재지의 set을 정의

pref_cap = prefs & capitals                              2개의 교집합
pref_cap                                                 교집합의 표시
{'부산'}
```

# set의 대상차집합 구하기

set의 대상차집합을 구하려면 ^ 연산자를 사용합니다. 2개의 set의 대상차집합을 취하면 양쪽 set에 공통되어 포함되어 있는 요소만 제거한 요소의 집합을 얻게 됩니다. 논리연산의 배타적 논리합(XOR) 같은 조작입니다.

**Fig** ^ 연산자를 사용하면 대상차집합을 얻을 수 있다

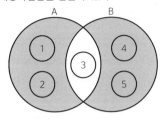

파이썬으로 작성해 봅시다.

대상차집합의 작성

```
prefs = {"부산", "충청남도", "전라남도", "경상남도"}        ── 지방명의 set을 정의
capitals = {"부산", "천안", "나주", "창원"}              ── 도청소재지의 set을 정의

pref_cap2 = prefs ^ capitals                        ── 2개의 대상차집합을 구함
pref_cap2                                           ── 대상차집합을 표시

{'충청남도', '전라남도', '경상남도', '천안', '나주', '창원'}
```

## set과 리스트

set은 리스트와 닮은 성질을 가지고 있습니다. 서로 여러 개의 요소를 가질 수 있고, 요소를 추가하고 제거할 수 있습니다. 다음과 같은 점에서 set은 리스트와 같은 것처럼 취급할 수 있습니다.

- set도 길이가 있어 len()으로 길이(개수)를 셀 수 있다.
- set을 인수로 max()(최댓값), min()(최솟값), sum()(합계) 등의 함수를 호출할 수 있다.
- set은 for문에 시퀀스로 첨가할 수 있다.

P. 80에서 수치와 문자열의 형 변환에 대해서 언급했습니다. 이와 비슷한 방법을 사용해 리스트로부터 set을 만들 수 있습니다. 리스트 같은 시퀀스에서 set을 만들려면 내장 함수 set()을 사용합니다. 그렇다면 실제로 명단을 set으로 변환하여 봅시다. 문

자열을 요소에 포함한 리스트가 있습니다. 리스트를 set으로 변환하면 이 리스트 안에 몇 가지 문자열이 포함되어 있음을 쉽게 알 수 있습니다.

set은 중복을 허용하지 않도록 요소를 관리한다는 성질을 이용하면 한 가지의 글자 종류 행렬만 빼냅니다. 다음에는 set의 길이를 재면 몇 종류 있는지 알 것입니다.

리스트를 set에 변환하기

```
codon = ['ATG', 'GGC', 'TCC', 'AAG', 'TTC', 'TGG',
         'GAC', 'TCC']                              문자열의 리스트를 정의
s_codon = set(codon)                                리스트를 set으로 변환
print(len(codon), len(s_codon))                     리스트와 set의 길이를 표시

8 7
```

위의 예에는 최초의 리스트 안에 'TCC'가 중복되어 있습니다. 이것을 set으로 변환하면 중복 요소가 1개가 되어 변환 후의 set의 길이는 7이 되는 것입니다

## set과 비교

리스트에서 in 연산자를 사용하여 요소를 검색할 수 있었습니다. set에서도 3 in {3, 5, 7}처럼 in 연산자를 사용함으로써 요소를 검색할 수 있습니다. 또 if문 안에서 등호와 부등호를 조합한 비교 연산자 <=를 사용하면, 어느 set이 다른 set의 부분 집합인지 여부를 조사할 수 있습니다. "A ⊆ B"를 파이썬에서는 "A <= B"로 쓰는 것입니다. >=를 사용하면 상위 집합인지 여부를 조사할 수 있습니다.

set을 사용한 예를 파이썬에서 작성해 봅시다.

요소의 검색과 set의 비교

```
prime = {2, 3, 5, 7, 13, 17}                        ● ─────── 소수의 set을 정의
fib = {1, 1, 2, 3, 5, 8, 13}                        ● ─────── 피보나치수의 set을 정의

prime_fib = prime & fib                             ● ─────── 2개의 교집합을 연산
if 13 in prime_fib:
    print("13은 소수이고, 피보나치 수이기도 하다")
if {2, 3} <= prime_fib:
    print("2, 3은 소수이고, 피보나치 수이기도 하다")
```

**13은 소수이고, 피보나치 수이기도 하다**
**2, 3은 소수이고, 피보나치 수이기도 하다**

# 03 튜플(tuple)을 사용

튜플은 리스트와 아주 비슷한 성질을 가지고 있습니다. 튜플도 리스트와 같이 여러 요소를 가질 수 있으며 인덱스를 사용하여 요소에 접근할 수 있습니다. 기능적으로 리스트와 다른 것은 요소의 변경이 불가능하다는 것뿐입니다.

**Fig** 튜플은 요소를 변경할 수 없는 시퀀스

튜플을 정의하려면, 소괄호를 사용해 요소를 쉼표로 구분합니다.

**구문** 튜플의 정의 방법

```
(요소, 요소, ...)
```

실제로 튜플을 정의해 봅시다. 1월부터 7월까지의 영단어를 튜플로 정의해 봅시다.

튜플의 정의

```
month_names = ("January", "February", "March", "April",
               "May", "June", "July")
```

소괄호를 사용해 인덱스를 부여하는 것으로 튜플의 요소를 추출할 수 있습니다.

튜플에서 요소를 추출

```
month_names[1]                                        2월의 이름을 표시
'February'
```

튜플은 리스트와 달리 요소의 변경이 불가합니다. 그래서 인덱스를 사용하여 요소를 대입하고 교체하면 오류가 나 버립니다. del문을 사용하여 요소를 삭제하더라도 마찬가지로 오류가 납니다.

튜플은 요소의 변경이 불가능

```
month_names[0] = "오월"

TypeError                            Traceback (most recent call last)
<ipython-input-29-8367b5aaf84b> in <module>()
----> 1 month_names[0] = "오월"

TypeError: 'tuple' object does not support item assignment
```

튜플은 변경 불가능하지만, 튜플끼리 연결하는 것은 가능합니다. 리스트와 같이 튜플과 튜플을 합해 새로운 튜플을 작성할 수 있습니다.

튜플의 연결

```
month_names = month_names + ("August", "September", "October",
                             "November", "December")
month_names[11]
'December'
```

또한, 리스트와 같이 len()으로 튜플의 길이를 조사하거나 in 연산자로 튜플의 요소를 검색할 수 있습니다. 슬라이스를 사용할 수 있는 것도 리스트와 같습니다.

> ! 요소가 1개뿐인 튜플을 정의하려면 조금 요령이 필요합니다. "(10,)"처럼 요소 뒤에 쉼표를 보충하도록 합니다. "(10)"처럼 하면 파이썬이 괄호가 붙은 수치로 해석해서 튜플이 되지 않습니다.

## 튜플의 이점

튜플은 한마디로 말하면 요소의 변경이 불가능한 시퀀스입니다. 튜플을 한 번 만들면 변경도 삭제도 못 합니다. 이것이 어떻게 도움이 되는가 하면, 딕셔너리의 키나 set의 요소로서 사용할 수 있습니다.

set의 장에서 리스트는 요소로 등록할 수 없다는 것을 설명했습니다. 리스트는 변경할 수 있어 요소로 등록하면 다른 요소와 같게 된다면, 요소가 중복되지 않는다는 요건을 충족하지 않게 되기 때문입니다. 튜플은 변경이 불가능하니 그래서 이 제한을 받지 않아도 됩니다.

같은 이유로 리스트를 딕셔너리의 키로서 등록할 수 없습니다. 리스트는 변경할 수 있으므로, 중복된 키가 여러 개 등록되어 버릴지도 모르니까요. 하지만 변경할 수 없는 튜플이라면 딕셔너리의 키로서 등록할 수 있습니다.

튜플을 딕셔너리의 키로 사용한 사례를 1개 봅시다. 예를 들어 위도, 경도와 시/도청 소재지의 대응을 프로그램에서 사용할 수 있습니다. 그 데이터를 사용해서 어느 지점의 위도, 경도에 있는 시/도청 소재지를 조사하는 프로그램을 만들어 보도록 하겠습니다.

위도, 경도는 2개의 수치로 표현할 수 있습니다. 시/도청 소재지는 문자열로 표현할 수 있습니다. 거기에서 위도, 경도를 키에 시/도청 소재지의 이름을 값으로 딕셔너리를 만들어 보기로 합니다.

키에 2개의 수치를 딕셔너리로 정의하려면 어떻게 해야 할까요? 리스트는 딕셔너리의 키로서 등록할 수 없으므로, 튜플을 사용하도록 하겠습니다. 모든 시/도청 소재지를 망라하는 것은 힘들기 때문에 다음의 3개의 시/도만 딕셔너리에 등록합니다.

튜플을 키로 사용한 딕셔너리의 작성

```
pref_capitals = {(37.27479, 127.00962):"경기도(수원시)",
                 (37.88565, 127.73):"강원도(춘천시)",
                 (36.48008, 127.28921):"세종특별자치시(보람동)"
}
```

어느 지점에 있는 시/도청 소재지를 찾기 위해 주어진 위도, 경도를 딕셔너리의 키와 비교해 보도록 하겠습니다. for문에 딕셔너리를 첨가하면, 루프에서 키를 1개씩 추출할 수 있습니다. 주어진 지점과 키를 비교함으로써 시/도청 소재지를 특정 지울 수 있을 것입니다.

이 프로그램은 loc라는 변수에 위도, 경도를 튜플에서 주면 시/도청 소재지를 찾고 표시합니다. 딕셔너리에 키로서 등록된 지점의 위치 튜플과 조사하고 싶은 위치를 비교해서 같다면 출력하는 프로그램입니다.

지정한 위도, 경도에 맞는 시/도청 소재지를 조사

```
loc = (36.48008, 127.28921)          조사하고 싶은 지점의 위도, 경도
for key in pref_capitals:            키로 루프
    if loc == key:                   조사하고 싶은 지점과 딕셔너리의 키가 같은가
        print(pref_capitals[key])
        break                        루프를 빠져나옴
```

**세종특별자치시(보람동)**

다음으로 주어진 지점에서 가장 가까운 시/도청 소재지를 조사하는 프로그램을 작성해 봅시다. 두 점 간의 거리는 위도와 경도의 차이를 제곱하여 더하고, 루트를 씌우면 간단하게 구해집니다. 이번에는 거리의 비교를 할 뿐이므로, 루트를 취하지 않고 제곱한 숫자 값을 비교하도록 하겠습니다.

근처 지점을 알아보려면 모든 데이터를 조사할 필요가 있습니다. 지점 데이터의 등록된 딕셔너리를 for문의 시퀀스로 주고, 키를 1개씩 꺼내면서 처리한다면 모든 지점에 대해서 거리를 비교할 수 있을 것입니다.

지정한 위도, 경도에 가장 가까운 시/도청 소재지를 조사

```
loc = (36.35016, 127.38571)         ← 조사하고 싶은 지점의 위도, 경도

nearest_cap = ''                     ← 가장 가까운 시/도청 소재지명을 보존하는 변수

nearest_dist = 10000                 ← 가장 가까운 지점까지의 거리를 보존하는 변수

for key in pref_capitals:            ← 키로 루프

    dist = (loc[0]-key[0])**2+(loc[1]-key[1])**2   ← 위도, 경도의
                                                      차를 제곱하여
                                                      거리를 계산
    if nearest_dist > dist:

        nearest_dist = dist          ← 보다 가까운 지점이
                                        발견됐으므로 변수
        nearest_cap = pref_capitals[key]   를 대입

print(nearest_cap)
```

**세종특별자치시(보람동)**

루프 블럭 안에서는 지점의 위도, 경도가 튜플로 들어온 키를 취하면서 처리를 합니다. 우선은 반복 변수의 데이터와 loc이라는 튜플의 데이터를 쓰고 거리를 계산합니다. 계산한 거리가 기존 데이터보다 가까우면, 가장 가까운 지점을 보존하는 변수를 갱신하는 것을 반복하면서 루프를 돌립니다. 루프에서 빠지나오면 nearest_cap와 nearest_dist에 가장 가까운 지점의 거리(의 제곱)과 이름이 들었을 것입니다. 이 결과를 표시하고 프로그램의 실행은 종료됩니다.

---

**Column** 튜플은 어떤 경우에 쓰면 좋은가

프로그래밍을 시작한 초기에는 튜플을 의식적으로 사용하는 것은 별로 없을지도 모르겠습니다. 튜플에서 할 수 있는 것은 대개 리스트에서도 할 수 있기 때문입니다. 여러 요소를 나란히 하고 관리하고 싶을 때는 대개 리스트를 사용하면 좋겠죠. P. 205에서 해설한 언팩 대입처럼 파이썬이 내부적으로 튜플의 구조를 쓰는 것은 있습니다. 아직 초보자일 때에는 의식하지 않고 튜플을 사용하는 것이 대부분이라고 생각합니다.

이 컬럼을 읽는 독자에게는 아직 어렵겠지만 굳이 튜플의 활용 사례를 꼽는다면 다음과 같이 될까요? 튜플은 성질이 다른 데이터를 나열할 때 사용됩니다.

성질이 다른 데이터는 어떠한 데이터죠? 방금 딕셔너리의 키로서 튜플을 사용한 위도와 경도 같은 좌표가 좋은 예입니다. 위도도 경도도 같은 수치지만 다른 쓰임새를 합니다. 또 길이는 항상 2에서 변화하지 않습니다. 이런 데이터를 표현할 때 튜플은 좋습니다.

반의 키와 기온처럼 같은 데이터를 여러 일반적으로 관리하고 싶을 때에는 리스트를 사용합니다. 이름 같은 데이터의 경우는 상황에 의존합니다.

"["홍길동", "이순신"]"과 같이 문자열을 늘어놓고 싶다면 리스트를 사용하면 좋겠죠. 성과 이름을 구분하고 싶다면 "[("홍", "이")("길동", "순신")]"처럼 튜플의 리스트를 사용하면 좋다고 생각합니다.

파이썬에는 간편함을 유지하기 위해서 비슷한 기능을 배제한다는 정책이 있습니다. 리스트와 튜플의 기능은 아주 비슷해서 이 이념에 어긋나는 것처럼 보입니다. 하지만 튜플에는 리스트에는 없는 이점이 많이 존재하는 것도 사실입니다. 파이썬에 튜플이 존재하는 데는 제대로 된 이유가 있는 것입니다.

03

# 04 if문의 응용

P. 102에서 파이썬의 if문을 사용하는 방법에 대해 설명했습니다. 여기서는 조금 어려운 화제에 대해 설명하겠습니다.

## 비교 연산자

if문에는 조건문을 첨가합니다. 조건이 성립되나 안 되나에 따라 블록 실행을 나눕니다. 여기서는 조건문에 사용되는 비교 연산자에 대해 모아서 설명하겠습니다.

**Fig** 비교 연산자를 사용한 비교는 True/False를 반환한다.

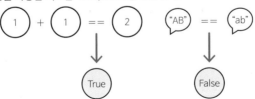

if문에서 사용되는 비교 연산자에는 다음 표와 같은 종류가 있습니다. 2개의 값 등을 조사하는 비교 연산자는 "=="처럼 등호를 2번 쓰는 것이 포인트입니다. in이라는 비교 연산자는 문자열이나 리스트 요소의 검색처럼 시퀀스의 요소를 조사할 때 사용합니다.

Table 파이썬의 비교 연산자

| 연산자 | 예 | 블록을 실행하는 조건 |
|---|---|---|
| == | x == y | x와 y가 같다 |
| != | x != y | x와 y가 다르다 |
| > | x > y | x가 y보다 크다 |
| < | x < y | x가 y보다 작다 |
| >= | x >= y | x가 y보다 크거나 같다 |
| <= | x <= y | x가 y보다 작거나 같다 |
| in | x in y | x라는 요소가 y에 존재한다 |

# 비교 연산자와 True(참), False(거짓)

비교 연산자를 포함하는 "x == y"와 같은 부분은 조건식이라고 불립니다. 조건식은 결과로서 True, False라는 2종류의 값을 리턴합니다. 이 값을 불로 부르고 있습니다. 조건식이 성립된다(True, 참)거나 성립되지 않는(False, 거짓) 것이라는 결과가 돌아옵니다. if문은 조건식의 결과가 True 또는 False이냐에 따라 프로그램의 실행이 나누어지고 있습니다. 조건식만 몇 가지 예로 들어 보겠습니다. 1줄씩, Jupyter Notebook 셀에 입력하여 봅시다. 어떤 예도 조건이 성립되는 경우에는 True가, 조건이 만족되지 않을 경우에는 False가 돌아옵니다. True나 False 어느 쪽이 리턴될지 예상하면서 입력하여 보세요.

```
1+1 == 2
5**(4-4)+9 == 10
5 > 2
100 == 100.0
"길동" != "홍길동"
[1, 2, 3] == [1, 2, 3]
```

이 예에서는 모든 조건식에서 True가 리턴됩니다.

## 비교에 관한 메모

파이썬 3에서는 다른 자료형의 비교를 할 수 없습니다. 예를 들어 수치와 문자열을 비교하면 오류가 납니다.

무엇을 해야 할지, 코드를 사용하여 최대한 구체적이고 명확히 쓴다는 파이썬의 방식을 생각하세요. "100" > 200 같은 비교를 쓰고, 자동적으로 문자열을 수치로 변환하여 준다고 하는 일은 없습니다. 문자열을 숫자 값으로 바꿔서 비교를 하고 싶다면 int("100") < 200 처럼 명시적으로 변환할 필요가 있습니다.

하지만 숫자로만 구성된 문자열에 크기 비교를 하면 그럴듯한 결과를 얻는 것이 있습니다. "100" < "200" 처럼 문자열과 문자열에 부등호의 비교를 하면 True가 돌아오는 것입니다.

이것은 우연히 그렇게 되고 있을 뿐, 문자열을 수치로 보이게 해서 비교하는 것은 아닙니다. 그 증거로, "120" < "23"은 True입니다. 수치를 비교하고 120 < 23으로 하면 False가 되는 것은 여러분 아시겠죠.

이런 일이 일어나는 것은 다음과 같은 이유가 있습니다. 문자열을 부등호에서 비교할 때 파이썬이 문자열을 내부에서 문자 코드로 옮겨서 비교하고 있어요. 그래서 반드시 기대한 결과를 얻는 것은 아닙니다.

## 복잡한 비교 – 논리연산

if문에서 "~이상 ~미만"이라는 조건문을 작성하려면 어떻게 하는 것이 좋을까요.

if문의 블록 안에 if문을 작성해도 좋지만, 이런 경우는 논리 연산자를 사용하면 여러 개의 비교식을 하나로 모을 수 있습니다.

**Fig** and 나 or를 사용하면 조건의 논리 연산이 가능

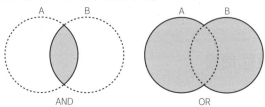

여러 조건을 하나로 나타내기 위해서는 and와 or 같은 논리 연산자를 사용합니다. and를 사용하면, "A이고 B"라는 조건식을 만들 수 있습니다. or를 사용하면 "A 또는 B"라는 조건식을 만들 수 있습니다. set으로 집합 연산을 했는데, and는 교집합, or은 합집합과 비슷한 결과가 됩니다.

논리 연산자 and를 사용한 간단한 프로그램을 만들어 봅시다. 지구상에서 수평으로 쏘아올린 물체가 속도에 의해서 어떤 행동을 할지를 알아보는 프로그램입니다. v라고 하는 변수에 속도(km/h)을 대입하여 실행합니다. 2번째와 3번째 if문에서 비교식을 2개의 and로 이어 속도가 일정 구간에 들어 있는지 판정하고 있습니다.

~ 조건식에 논리 연산자를 사용한 예

```
v = 30000 ●━━━━━━━━━━━━━━━━━━━━━ 쏘아 올리는 속도(km/h)
if v < 28400: ●━━━━━━━━━━━━━━━━━━ 제1 우주속도 이하
    print("지구에 낙하합니다")
if v >= 28400 and v < 40300: ●━━━━ 제1 우주속도 이상이며 제2 우주속도 미만
    print("달과 친구입니다")
if v >= 40300 and v < 60100: ●━━━━ 제2 우주속도 이상이며 제3 우주속도 미만
    print("혹성과 같은 부류입니다")
if v >= 60100: ●━━━━━━━━━━━━━━━━ 제3 우주속도 이상
    print("알파켄타우리를 지향")
```
**달과 친구입니다**

또한, "v >= 28400 and v < 40300"이라는 조건식은 and를 사용하지 않고 쓸 수도 있습니다. 부등호를 2개 사용하여 변수를 사이에 두고 "28400 <= v < 40300"이라고 써도 같은 조건이 됩니다. 조건의 내용을 들여다보면 후자가 알기 쉬운 작성이라 할 수 있습니다.

# 05 루프의 응용

P. 96쪽에서 for문을 사용하여 루프를 작성하는 법에 대해 설명했습니다. 여기서는 파이썬에 있는 또 하나의 루프인 while문에 대해 설명합니다. 또한, for문을 포함한 루프를 보다 편리하게 활용할 수 있는 기법에 대해서도 설명합니다.

## while문으로 루프를 작성

while문을 사용하면 루프를 만들 수 있습니다. for문과 다른 것은 루프에 시퀀스를 곁들이지 않는다는 것입니다. while문에는 반복 변수 없이 단순한 루프를 만드는 것이 가능합니다. 시퀀스나 반복 변수가 없는 대신 while문에는 조건식을 첨부합니다. 이 조건식이 True인 동안 루프를 반복합니다.

**Fig** while문을 사용하면 조건이 True일 때 반복 루프를 만들 수 있다.

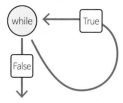

**구문** while문의 기법

```
while 조건문:
    루프 내에서 실행할 블록
```

for문으로 작성한 루프는 시퀀스의 요소 수만큼 반복합니다. 한편, while문으로 작성한 루프는 조건식을 첨가해 루프가 끝나는 조건을 지정하는 것으로 되어 있습니다.

while문을 사용하여 간단한 프로그램을 작성해 봅시다. 영어권의 말장난으로부터 만들어진 프로그램 문제 "Fizz Buzz 문제"를 풀어 봅시다. Fizz Buzz 문제란 다음과 같은 규칙을 가진 프로그램을 만드는 문제입니다.

"1부터 100까지의 수를 프린트하는 프로그램을 작성하라. 단 3의 배수일 때에는 수 대신 'Fizz'를, 5의 배수 때는 'Buzz'라고 프린트하고 3과 5의 공배수의 경우에는 'FizzBuzz'라고 프린트하라."

1에서 100까지의 수를 프린트(화면에 표시)하려면 어떻게 해야 할까요?

for문이면 range(1, 101)을 시퀀스에 첨가한 루프를 만들면 좋을 것입니다. while문에는 시퀀스가 붙지 않으므로 루프 카운터로 불리는 변수를 사용하기로 합시다. 1로 초기화한 변수를 정의하고, 루프의 블록 안에서 1씩 더하는 것입니다. while문에 첨가한 조건식에는 카운터의 값이 100 이하라는 조건을 써 줍니다.

카운터가 어떤 수의 배수임을 알아보려면, % 연산자를 사용하여 나눗셈의 나머지를 구하면 됩니다. 어떤 수의 나머지가 0인 경우에는 그 수로 나누어진다는 것입니다. 또 "3과 5 양쪽의 배수의 경우에는" 이라는 조건에는 P. 157에서 소개한 논리 연산자를 쓸 필요가 있습니다.

그럼 실제로 프로그램을 만들어 봅시다.

Fizz Buzz 문제를 푸는 프로그램

```
cnt = 1 ●────────────────────────── 루프 카운터를 초기화
while cnt <= 100: ●───────────────── 1부터 100까지 반복
    if cnt%3 == 0 and cnt%5 == 0:
        print("FizzBuzz") ●────────── 3으로도 나누어지고 5로도 나누어 지는 것
    elif cnt%3 == 0:
        print("Fizz") ●───────────── 3으로 나누어지는 것
    elif cnt%5 == 0:
        print("Buzz") ●───────────── 5로 나누어지는 것
    else:
        print(cnt) ●──────────────── 값의 표시
    cnt = cnt+1 ●─────────────────── 카운터를 1씩 증가
```

```
1
2
Fizz
...
```

```
98
Fizz
Buzz
```

**Column** 파이썬에 do while이 없는 이유

다른 언어에서는 "do~while"이라는 구문을 본 적이 있습니다. while은 블록을 실행하기 전에 판정의 조건식을 평가합니다. 그래서 조건식이 False인 경우 블록은 한 번도 실행되지 않습니다. do~while의 경우는 식이 평가되기 전에 블록이 실행된다는 차이가 있습니다.

파이썬에는 이 do~while에 해당하는 기능이 없습니다. 아직도 추가 요구가 끊이지 않지만, 파이썬의 문법을 만든 Guido는 완고하게 거부하고 있습니다.

이유는 크게 2가지 있습니다. 첫 번째는 do~while의 기능은 while로 대체할 수 있기 때문입니다. 루프 블록 앞에서 처리를 실행하면 됩니다.

두 번째는 하위 호환성을 크게 깨트린다는 이유입니다. do~while을 추가하려면 do라는 예약어를 추가할 필요가 있습니다. 이 두 글자의 잘 쓰이는 영어 단어는 변수와 함수의 이름으로 자주 쓰입니다. do를 예약어로 하면 기존 코드의 대부분을 바꾸지 않으면 못 움직이게 된다는 점은 쉽게 상상할 수 있습니다.

파이썬의 언어 사양은 이처럼 여러 가지 조건을 생각하며 만들고 있는 것입니다.

# break문과 continue문을 사용한 루프의 제어

루프 블록 내에서 사용할 수 있는 기능으로서 break문과 continue문이 있습니다. 어느 쪽도 루프의 흐름을 바꿀 목적으로 이용합니다.

break문은 루프에 한정하지 않고 블록에서 벗어나기 위해서 사용합니다. 특별한 조건에서 루프를 마치고 싶을 때 등에 사용하면 편리합니다.

continue문을 사용하면 그 이후 루프 블록을 실행하지 않고 블록의 처음으로 돌아갈 수 있습니다. 특정 조건에 있을 때 블록의 일부를 실행하지 않고 루프로 돌아가고 싶을 때에 사용하면 편리합니다.

**Fig** break문, continue문을 이용하면 루프의 흐름을 제어할 수 있다.

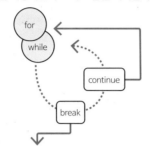

실제로 break문과 continue문을 사용한 프로그램을 만들어 봅시다. 간단한 가위, 바위, 보 게임을 만들어 봅니다. 사용자는 숫자를 입력하고 가위, 바위, 보를 지정합니다. 컴퓨터 측은 가위, 바위, 보를 난수로 발생합니다. 또, 사용자가 명시적으로 "마지막" 명령을 입력할 때까지 가위, 바위, 보를 수행하도록 합시다.

가위, 바위, 보 프로그램

```python
from random import randint                              ● 난수를 발생하는 함수를 가지고 옴
hands = {0:"가위", 1:"바위", 2:"보"}                    ● 가위, 바위, 보의 수
rules = {(0, 0):"비김", (0, 1):"승",   (0, 2):"패",
        (1, 0):"패",   (1, 1):"비김", (1, 2):"승",      ● 승패의 규칙
        (2, 0):"승",   (2, 1):"패",   (2, 2):"비김"}

while True:                                             ● 가위, 바위, 보의 루프
    pc_hand = randint(0, 2)                             ● 난수로 수를 결정
    user_hand_str = input("0:가위 1:바위 2:보 3:종료")
    if user_hand_str == "3":                            ● 종료값이 입력되면 루프를
        break                                             빠져나감
    if user_hand_str not in ("0", "1", "2"):           ● 부정한 입력의 경우 루
        continue                                          프의 앞으로 되돌아감
    user_hand = int(user_hand_str)                     ● 사용자의 수를 값으로 변환
    print("당신:"+hands[user_hand]+", 컴퓨터:"+hands[pc_hand])  ●
                                                          수의 표시
    print(rules[(user_hand, pc_hand)])                 ● 승패의 표시
```

프로그램에 대해 간단히 설명합시다. 프로그램의 첫머리에서 가위, 바위, 보의 손의 종류와 승패의 규칙을 딕셔너리에 정의하고 있습니다. 승부의 규칙이 튜플을 키로 사용하여 손의 조합을 표현하고 있습니다.

while문 블록에서 가위, 바위, 보를 실행하고 있습니다. while문에 덧붙인 조건식이 "True"로 되어 있습니다. 이렇게 하면 조건식이 항상 True가 되어 언제까지나 계속되는 루프를 만들 수 있습니다. 루프 블록의 앞부분에 난수로 컴퓨터의 가위, 바위, 보를 결정해, 사용자로부터의 입력으로 무엇을 낼 것인지 정하고 있습니다.

그 뒤 if문에서 입력이 문자열의 3인지 아닌지 알아보고 있습니다. 3이 입력되면 break문에서 루프를 빠져나와 가위, 바위, 보를 종료합니다.

다음의 if문에서는 입력된 문자열이 정확한지를 체크하고 있습니다. 조건식 "not in"은 "입력된 문자열이 튜플의 요소 속에 없다"라는 조건을, 즉 부정 입력이 있었을 경우를 판정하고 있습니다. if 블록에서 continue문을 쓰고 있기 때문에 부정 입력이 있을 경우 그 후의 블록을 실행하지 않고 루프의 앞까지 되돌아감으로써 재입력을 요구하는 동작이 됩니다.

continue문을 포함하는 if문의 뒤에 루프 블록의 마지막 4행이 가위, 바위, 보의 결과를 표시하는 부분입니다. 무엇을 낼 것인지와 승부의 규칙이 미리 정의되어 있으므로, 딕셔너리의 내용을 표시할 뿐인 간단한 코드로 되어 있습니다.

이 프로그램에서는 continue문, break문을 사용하여 루프의 흐름을 바꾸는 것이 프로그램 전체의 흐름을 이루고 있습니다. if문을 사용해도 같은 코드를 쓸 수 있지만 그 경우 들여쓰기가 깊어지고 프로그램이 알기 어려워집니다. continue와 break를 사용하면 코드의 들여쓰기가 깊어지는 것을 피하고, 코드의 가독성이 향상됩니다.

## 루프의 else

if문을 해설한 절에서 else문에 대해서 설명했습니다. else를 사용하면, if에 첨가한 조건식이 성립되지 않은 경우에 실행할 블록을 만들 수 있습니다.

파이썬에서는 재미있는 것이 for문이나 while문에서도 else문을 사용할 수 있습니다. for문에 else를 덧붙이면, 루프 실행이 끝난 후 실행되는 블록을 정의할 수 있습니다. 하지만 for문 블록에서 break문이 실행되었을 때는 else 이후의 블록은 실행되지 않습니다.

if문을 설명한 절에서 만든 소수 판정 프로그램을 생각해 봅시다. 이 프로그램에서는 숫자가 소수가 아닐 때만 결과를 표시하고 있었습니다. else문을 사용하면 소수였을 때에도 결과를 표시하도록 개량할 수 있습니다.

for문과 else문의 조합

```
a_num = 59                                          소수인지 아닌지를 조사할 수
for num in range(2, a_num):                         2부터 num-1까지 반복
    if a_num % num == 0:                            a_num이 num으로 나누어지는가
        print(a_num, "은(는) 소수가 아닙니다")
        break
else:
    print(a_num, "은(는) 소수가 아닙니다")          break문을 한 번도 거치지 않고 루프가 종료
```

이 프로그램에 있는 else문 이하의 블록은 break문이 실행되지 못하고 루프를 빠져나올 때에만 실행됩니다. break문이 실행되지 않는다는 것은 어떤 정수보다 작은 어떤 정수로도 나누어떨어지지 않았다는 것입니다. else 블록이 실행되었다는 것은 그 숫자가 소수라는 것입니다.

# 06 함수의 응용

P. 112에서는 파이썬의 함수에 대해 설명했습니다. 여기서는 함수의 좀 더 고도의 기능을 설명합니다.

지금까지 소개한 파이썬의 내장 함수 중에서 인수를 추가할 수 있는 것이 있었습니다. 문자열을 수치로 변환하는 함수 int()가 그 예입니다. int()는 수치로 변환할 문자열을 인수로서 전달합니다. 그 후에 정수의 값을 넘겨줄 수 있습니다. int()를 다음과 같이 호출하면 2진수의 문자열을 수치로 변환할 수 있습니다.

int( ) 함수의 예

```
int("101010", 2)                                    2진수의 문자열을 수치로 치환
42
```

함수에 전달 인수를 생략할 수 있다는 것에 대해서 생각해 봅시다. "int("101010")" 처럼 2번째 인수를 생략하고 함수를 호출할 때는 문자열을 10진수로 간주하고 정수로 변환합니다. 즉 제2 인수를 생략한다는 것은 묵시적으로 10이라는 인수를 주고 있는 것과 동일하게 됩니다.

이처럼 특별히 지정하지 않을 때 묵시적으로 지정되는 인수를 디폴트(default) 인수라고 부릅니다. 또, 생략시에 인수로 전달되는 값을 디폴트 값이라고 부릅니다.

## 함수에 디폴트 인수를 정의

파이썬에서는 자신이 만든 함수에 디폴트 인수를 정의할 수 있습니다. 디폴트 인수를 정의하려면 함수를 정의할 때와 같이 계속하여 값을 기입합니다. 인수에 값을 대입하는 것과 같습니다.

**구문** 함수에 디폴트 인수를 정의하는 기법

```
def 함수명(인수1=디폴트 값, 인수2=디폴트 값):
    함수위 블럭
```

디폴트 값을 가지는 인수의 뒤에 디폴트 값을 갖지 않는 인수를 정의하는 것은 불가능합니다. 이 때문에 디폴트 인수는 인수 리스트의 뒤에 모아지는 것이 됩니다. 그러면 실제로 디폴트 인수를 가지는 함수를 작성해 봅시다.

FizzBuzz를 푸는 함수

```
def fizzbuzz(count=100, fizzmod=3, buzzmod=5):
    for cnt in range(1, count+1):                          ──── 카운트 반복
        if cnt%fizzmod == 0 and cnt%buzzmod == 0:          ──── fizzmod라도 buzzmod라도
            print("FizzBuzz")                                      딱 나누어 떨어짐
        elif cnt%fizzmod == 0:                             ──── fizzmod로 딱 나누어 떨어짐
            print("Fizz")
        elif cnt%buzzmod == 0:                             ──── buzzmod로 딱 나누어 떨어짐
            print("Buzz")
        else:
            print(cnt)                                     ──── 값을 표시
```

상기 함수에서는 인수를 부여하지 않고 호출하면 원래 문제의 조건으로 FizzBuzz를 풀고, 인수를 부여하면 반복 횟수, Fizz/Buzz를 표시하는 조건으로 변경할 수 있습니다.

## 인수의 키워드 지정

함수를 정의할 때 인수는 쉼표로 구별해 여러 개를 지정할 수 있습니다. 이 순서에는 중요한 의미가 있습니다. 함수를 호출할 때, 여러 개의 인수를 지정하면 이 순서대로 인수가 건네지는 것입니다.

**Fig** 키워드 지정하지 않은 인수는 순서대로 전해진다.

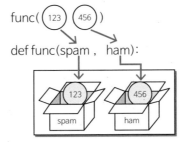

인수에는 각각 의미가 있으며, 데이터의 종류(자료형)도 정해진 경우가 대부분입니다. 그래서 순서를 바꾸면 함수가 제대로 움직이지 않거나 오류가 나기도 합니다.

예를 들어 정수의 문자열을 수치로 변환하는 함수 int()을 예로 들어 봅시다. 인수로서 건네줄 한자리 정수와 문자열을 변환해 "int(2, "1010")"과 같이 호출하면 오류가 되어 버립니다. 문자열이 올 것으로 기대되는 곳에 수치가 대입되는 것이니까 오류가 나는 것도 당연합니다.

순서를 바꿔서 호출하는 방법이 있긴 있습니다. 함수에 인수를 넘길 때, 인수의 이름을 명시하는 것입니다. 즉 "base=2"처럼 대입을 하는 기법을 사용해 인수를 줍니다. 그러면 인수를 지정하여 데이터를 넘길 수 있습니다. 이처럼 인수 이름을 지정하고 인수를 넘겨주는 것을 인수의 키워드 지정이라고 부릅니다.

int() 함수의 인수는 제1 인수가 "x", 제2 인수가 "base"라는 키워드로 되어 있습니다. 이런 정보는 표준 라이브러리의 문서(→P. 131)에서 알아볼 수 있습니다.

**Fig** 키워드 지정하면 직접 인수명을 지정할 수 있다.

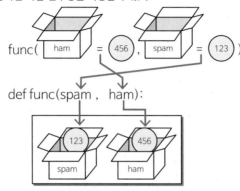

int() 함수의 예로 테스트해 봅시다.

인수의 키워드 지정

```
int(base=2, x="1010")
```
```
10
```

이 예처럼 일부러 순서를 바꿀 목적으로 인수의 키워드 지정을 사용하는 것은 일단 없습니다. 디폴트 인수가 몇 가지 정의된 함수가 있고, 한 개만 디폴트 값 이외의 인수를 지정하고 싶을 때 등에 인수의 키워드 지정을 사용할 때가 있습니다. 또한, 키워드 지정한 인수의 뒤에 키워드 지정하지 않은 인수를 전달할 수 없습니다.

## 함수와 지역 변수

P. 123에서 함수와 지역 변수에 대해서 쉽게 설명했습니다. 함수 내부에서 정의된 변수나 인수는 지역 변수로서 행동합니다. 여기에서는 지역 변수에 대해서 좀 더 자세하게 설명합니다. 파이썬의 함수에서 변수를 사용할 때 해야 하는 것이 있습니다. 함수의 밖에서 정의한 변수를 함수 내부에서 고치려고 하면 안 된다는 것입니다.

간단한 함수를 작성해 테스트해 봅시다. 인수를 한 개만 가지는 함수를 정의합니다. 인수를 함수의 밖에서 정의한 변수(local_var)에 대입해 봅시다.

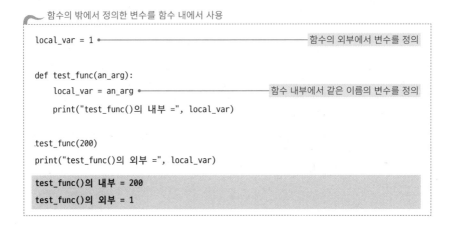

함수의 밖에서 정의한 변수를 함수 내에서 사용

```
local_var = 1 ●───────────────────── 함수의 외부에서 변수를 정의

def test_func(an_arg):
    local_var = an_arg ●───────────── 함수 내부에서 같은 이름의 변수를 정의
    print("test_func()의 내부 =", local_var)

test_func(200)
print("test_func()의 외부 =", local_var)
```
```
test_func()의 내부 = 200
test_func()의 외부 = 1
```

이 코드를 실행하고, 함수에서 호출된 print()문 결과를 보면, local_var에 인수의 200이 대입되는 것을 알 수 있습니다. 하지만 test_func()를 호출하고 local_var를 표시하면 코드의 처음에 대입한 값(1)으로 돌아가 있습니다. 왜 이런 일이 일어나는 걸까요?

함수 안을 보면 =을 사용해 변수 local_var에 인수의 내용을 대입하고 있습니다. 파이썬에서 대입은 변수 정의 함수의 안과 밖은 다른 세계라는 것을 떠올려 주세요. 즉 함수 블록 1행째에 local_var라는 똑같은 이름의 새로운 지역 변수가 정의되고 있는 것입니다.

**Fig** 함수의 내부와 밖에서 같은 이름의 변수를 지정하면 다른 변수로 취급된다.

def func(spam):

이렇게 설명하면 지역 변수는 불편하게 보일지도 모릅니다. 그러나 사실 지역 변수가 만약 없다면 번거로운 것이 많습니다. 함수 내부와 밖에서 세계가 나뉘어 있지 않은 경우, 예를 들자면 이런 일이 일어납니다. 함수 밖에서 정의한 변수와 같은 이름의 변수를 함수 내부에서 썼다고 합시다. 그러면 변수가 갑자기 바뀌어져 버립니다. 데이터가 뒤바뀌어 버리니 프로그램이 잘 가동되지 못하게 됩니다.

함수 내부에서 세계가 나뉘어 있지 않으면 함수의 안과 밖에 같은 이름의 변수를 사용하지 않도록 조심할 필요가 있습니다. 이것으로 함수가 만들기 어렵게 되어 버렸습니다. 원래 함수의 밖에서 어떤 이름의 변수가 사용되고 있는지를 완전히 예측하는 것은 불가능하므로 변수명의 충돌을 완전히 피할 수 없습니다. 함수 안을 다른 세계로 취급하는 것이 더 쉽게 프로그램을 만들 수 있습니다.

파이썬에서 지역 변수가 정의되는 것은 기본적으로 함수 내부뿐입니다. 다른 프로그래밍 언어, 특히 변수 정의에 선언이 필요한 언어에서는 if, for 같은 블록 속에서 정의된 변수를 지역 변수로서 다루는 것이 있습니다. 그런 언어에 비하면 파이썬의 지역 변수의 규칙은 간단하고 외우기 쉽다고 말할 수 있습니다.

함수 내부의 세계는 한 가지 특징이 더 있습니다. 함수의 밖에서 함수 내부의 세계를 들여다보지는 못하지만, 함수 내부에서 함수의 밖을 엿볼 수 있습니다. 즉 함수 내부에서 함수 외부에 있는 변수와 함수 등을 참조할 수 있습니다. 반대로 함수 외부로부터는 함수 내의 변수 등을 참조할 수 없습니다.

한쪽에서는 거울로 보이고 반대 측에서는 유리로 보이는 매직 미러라는 특수한 거울을 알고 있나요? 이와 같이 함수 내부 세계가 매직 미러로 둘러싸이고 밖에서 내부가 보이지 않고 안쪽에서 바깥쪽을 볼 수 있게 되어 있다고 생각하세요.

**Fig** 함수 내부에서는 밖의 변수를 볼 수 있지만, 밖에서 내부는 볼 수 없다.

def func(spam):

엄밀히 말하면, 함수 내에서 함수 밖의 변수 등을 쓸 수 있습니다. 그러나 특별한 이유가 없는 한, 그와 같은 함수는 만들지 않아야 합니다. 교육적인 이유로는 이 시점에서 "함수 내부에서는 바깥 세상이 보일 뿐"이라고 기억해 두세요. 함수 내부에서 바깥쪽 세계에 있는 변수 등을 바꾸려는 것은 그다지 좋은 방법은 아닙니다. 함수의 처리에 필요한 데이터는 인수로서 전달하고 결과를 리턴 값으로 넘기도록 하면 좋은 함수를 만들 수 있습니다. 만약 함수에서 바깥 세상을 바꾸고 싶다면, 무언가 큰 실수나 착각을 하고 있다는 증거로 생각하는 편이 좋을지도 모르겠습니다.

또한, 이 함수 내부 세계 같은 기능을 전문 용어로 네임스페이스(name space) 또는 이름 공간이라고 부르기도 합니다. 네임스페이스에 대해서는 P. 338에서 자세히 해설합니다.

---

## Column 　주석(comment)과 닥스트링(docstring)

코드는 컴퓨터에 실행시키고 싶은 일의 내용을 전하기 위해, 즉 컴퓨터가 읽기 위해서 만드는 겁니다. 그러나 실제로는 코드를 읽는 것은 컴퓨터만이 아닙니다. 프로그램을 수정할 때나 다른 사람이 작성한 프로그램을 다룰 때 등 인간도 상당한 빈도로 코드를 읽는 것입니다. 읽기 쉬운 코드로 되어 있으면, 처리 내용을 파악하기 쉽고 수정 및 기능 확장도 편하게 됩니다. 인간이 읽기 쉬운 코드라는 것은 좋은 코드이기 위한 큰 조건입니다.

인간이 코드를 읽을 때, 프로그램에 약간의 메모가 곁들여서 있으면 프로그램의 흐름과 목적을 파악하기 쉽게 됩니다. "이 변수는 이러한 목적으로 사용합니다.", "이 루프에서는 이러한 처리를 하고 있습니다."라는 식으로 프로그램의 흐름을 파악할 수 있는 힌트가 될 수 있는 메모를 프로그램 속에 남겨두는 것입니다. 파이썬에서는 "#"라는 기호의 오른쪽에 있는 문자를 주석으로 다룹니다. 지금까지 보아온 샘플 프로그램 속에도 "#"을 쓴 적이 여러 번 있었습니다.

파이썬에는 한 가지 더, 주석으로 자주 쓰이는 기법이 있습니다. 주석을 3중의 따옴표(' 또는 ")로 둘러싸는 기법입니다. #을 쓴 주석은 1줄만 쓸 수 있지만, 3중 따옴표이면 줄 바꿈을 포함할 수 있습니다. 긴 주석을 쓸 때 이 기법이 쓰입니다.

깃허브 같은 소스 코드 공유 서비스에 있는 파이썬 코드를 보면 함수 정의의 바로 밑에 3중 인용 부호로 둘러싸여 쓰여진 것이 있습니다. 이는 닥스트링이라 불리고 있는 것입니다. 닥스트링에는 함수의 기능이나 인수의 종류, 함수에 관한 도큐멘테이션(documentation)을 쓰도록 되어 있습니다.

# 내장형의 구사

이 장에서는 파이썬의 내장형의 객체 지향 기능에 대해서 설명합니다. 객체 지향에 대해 알고 있으면 내장형을 보다 편리하게 구사할 수 있게 됩니다.

# 01 객체로서의 내장형

앞의 2장에서 수치와 문자열, 리스트, 딕셔너리와 같은 파이썬의 내장형에 대해서 설명하였습니다. 단 지금까지의 해설에서는 많은 독자가 기능을 이해하기 쉬운 부분에만 범위를 의도적으로 제한했습니다. 구체적으로는 + 와 같은 연산자를 사용한 내장형의 계산과 비교만을 사용하여 가능한 것으로 그 목적을 제한했습니다.

왜 제한을 두었냐고 하면 그렇게 하는 편이 프로그래밍의 기초를 이해하기 쉽기 때문입니다. 데이터를 더하고 빼고 또는 비교하는 것과 같은 처리는 학교에서의 공부와 일상의 경험을 기반으로 많은 사람이 상식을 가지고 있습니다. 이러한 상식이 있기 때문에 처리 내용을 쉽게 이해할 수 있습니다.

덧셈과 뺄셈과 같은 연산, 비교만을 사용하여 기술된 프로그램은 보는 것만으로도 처리의 내용을 이해할 수 있습니다. 눈으로 보면 이해하기 쉽다고 하는 것은 뒤집어 생각해 보면 프로그램을 작성하기 쉽다고 할 수 있습니다.

내장형을 사용하면 기본적인 조작만으로도 그 나름대로 여러 가지 프로그램을 작성할 수 있습니다. 단 보다 고급의 프로그램을 스마트하게 작성하는 데에는 내장형의 보다 상세한 기능을 배워야 합니다.

따라서 내장형의 기능에 대해서 보다 깊게 아는 것이야말로 파이썬 프로그래밍의 실력 향상의 첫걸음입니다. 이번 장에서는 내장형이 갖는 또 하나의 모습에 대하여 풀어나가 보려고 합니다.

## 메쏘드란?

짧은 프로그램, 단순한 일을 실행하는 프로그램이라면, 내장형의 기본적인 기능만을 사용하여 작성할 수 있습니다. 그러나 조금 복잡한 기능을 갖는 프로그램을 작성하는 경우에는 그렇지 않습니다. 기본적인 기능만으로 어느 정도 복잡한 프로그램을 작성하려고 하면, 코드를 간략히 쓸 수 없어 반대로 읽기가 어려워지는 면이 있습니다.

구체적인 예를 들어 설명해 봅시다. 어떤 요소가 리스트 안에 몇 번째에 있는지, 즉 요소의 인덱스를 조사해 보고 싶다고 합시다. 요소가 있느냐 없느냐 만을 조사한다면, in 연산자를 사용하면 좋지만, 인덱스까지는 조사할 수가 없습니다. 지금까지 배운 방법만을 사용한다고 하면 괜찮은 프로그램을 작성할 필요가 있습니다.

요소의 인덱스를 조사하는 데에는 for 루프를 사용하여 요소를 한 개씩 조사해 보면 좋을 것입니다. 파이썬으로 리스트의 요소를 조사하여 인덱스를 반환하는 함수를 만들어 봅시다.

리스트의 인덱스를 반환하는 함수 find_index의 정의

```
def find_index(the_list, target):          the_list에서 target의 인덱스를 조사하는 함수
    idx = 0                                인덱스용의 카운터를 초기화
    for item in the_list:                  리스트의 요소를 1개씩 조사
        if target == item:                 조사하고 싶은 요소가 발견되면
            return idx                     인덱스를 반환
        idx = idx+1                        인덱스를 1 증가
```

그렇다면 이 함수를 사용하여 요소의 인덱스를 조사해 봅시다. 함수에 조사하려고 하는 요소와 리스트를 전달해 주면 2라고 하는 결과가 반환됩니다.

find_index( )를 사용한 예

```
mcz=["영희", "길동", "순철", "철희", "지영"]          리스트를 정의
find_index(mcz, "순철")
2
```

그런데 일부러 함수까지 만들어 두는 어려움이 있긴 하지만, 리스트는 메쏘드를 갖고 있다고 하는 것을 알고 있으면, 이 함수는 1행의 코드로 치환할 수 있습니다.

~ index( ) 메쏘드를 사용한 예

```
mcz.index("순철")
```

```
2
```

2개의 코드를 비교해 봅시다. 먼저 첫 번째 코드에서는 find_index()에는 2개의 인수(argument)를 넘겨주고 있습니다. 이에 비해 두 번째의 코드에서는 인수가 1개로 찾으려고 하는 문자열밖에 없습니다.

두 번째의 코드에서는 조사하려는 대상의 리스트에 도트(.)가 붙어 있습니다 그 후 함수와 같은 표기가 있고 조사하고자 하는 요소를 인수로서 전달해 줍니다. 이렇게 본다면, 첫 번째와 두 번째의 코드는 요소의 순서가 바뀐 것뿐이지 코드의 내용은 큰 차이가 없습니다.

**Fig** 메쏘드와 함수 호출은 거의 같음

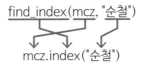

find_index(mcz, "순철")

mcz.index("순철")

이렇게 데이터에 조건을 붙여 데이터에 대한 처리와 조작을 하는 함수를 메쏘드라고 부릅니다. 메쏘드(method)는 방법, 방식이란 의미의 영어 단어입니다. 특정 데이터에 조건을 붙여 데이터를 조작하는 방법을 제공하는 것이라는 의미로 이렇게 부릅니다.

파이썬의 내장형에는 메쏘드가 많이 등록되어 있습니다. 예를 들면 리스트형에는 index() 메쏘드 외에도 많은 메쏘드가 있습니다. 리스트형이 갖고 있는 메쏘드의 일부를 보면 다음과 같습니다.

**Table** 리스트의 메쏘드

| 메쏘드 | 설명 |
|---|---|
| count() | 어떤 요소가 리스트에 몇 개 포함되어 있는지를 세어본다. |
| reverse() | 리스트 요소의 순서를 반대로 한다. |
| sort() | 리스트 요소를 정렬한다. |

이와 같이 메쏘드를 사용하면, 데이터에 대해서 여러 가지 종류의 조작을 실행할 수 있습니다. + 연산자와 같은 기호는 종류가 제한되어 있습니다. 이 때문에 제한된 조작밖에는 실행할 수 없습니다. 함수와 마찬가지로 처리는 영숫자를 사용한 이름을 가진 방법이라면 여러 가지 종류의 메쏘드를 작성할 수 있습니다.

**Fig** 메쏘드를 사용하면 데이터에 대해 여러 가지 조작을 할 수 있다.(리스트의 예)

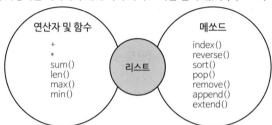

리스트형뿐만 아니라 파이썬의 내장형에는 이와 같은 메쏘드가 많이 등록되어 있습니다. 메쏘드를 잘 구사하면 파이썬 프로그램을 보다 손쉽고 간단하게 작성할 수 있게 됩니다.

## 객체로서의 내장형

본 책에서 지금까지 보아 왔던 방법을 사용하여 프로그램을 작성하는 방법을 명령형 프로그래밍이라고 합니다. 데이터를 연산하기도 하고 함수에 전달하기도 하여 처리를 진행하는 방법을 사용하면 간단하고 명료한 프로그램을 작성할 수 있습니다. 반면에 할 수 있는 것이 적어서 여러 가지 종류의 함수를 준비할 필요가 있어 프로그램이 쓸데없이 길게 되어 버린다던가, 생각하기 힘들게 되어 버립니다. 특히 복잡한 프로그램이나 방대한 규모의 프로그램을 작성하기가 어려워지는 단점이 있습니다.

오늘날에는 컴퓨터의 성능이 증가되어 프로그램으로 대량의 데이터를 취급하고 있습니다. 복잡하고 대규모의 프로그램을 보다 간단하게 작성할 필요가 요구되고 있습니다. 그래서 제안된 것이 객체 지향이라고 불리는 방법입니다.

명령형 프로그래밍에서는 데이터와 명령은 따로따로 취급됩니다. 그러나 실제에는 함수와 같은 명령은 데이터에 비해서 무언가의 처리를 행하도록 사용됩니다. 여기서 데이터와 명령을 한꺼번에 처리하도록 하는 것이 객체 지향의 기본적인 개념입니다.

그래서 데이터와 명령(메쏘드)이 함께 되어 있는 것을 객체라고 합니다. 너무 짧게 설명 하였지만 현 시점에서는 데이터와 명령을 함께 취급하여 객체로서 취급하는 방법을 객체 지향이라고 한다는 것을 알아둡시다.

어떠한 처리를 필요로 하는가는 객체가 알고 있다고 생각하는 것이 객체 지향입니다. 파이썬은 메쏘드를 호출할 때에 변수 등의 뒤에 도트를 표시하고 메쏘드 이름을 붙입니다. 이후에 필요로 하는 인수를 전달해 줍니다.

**구문** ▶ 메쏘드 호출의 기법

---

데이터.메쏘드 이름(인수 1, 인수 2, ...)

---

이 기법을 보면 데이터에 대해서 이떤 일을 원하고 있는지를 보여줍니다. 메쏘드를 사용한 기법도, 함수를 사용한 기법도, 표면상으로는 처리 대상이 쓰여져 있는 장소만이 다르므로 하려고 하는 것에는 차이가 없습니다. 전에 리스트 요소의 인덱스를 조사하는 처리를 예로 설명한 것을 떠올려 볼까요.

이렇게 보면 객체 지향도 명령형 프로그래밍도 같은 일을 시점을 바꿔서 본 것이라고 할 수 있습니다. 객체 지향은 써 보면 결코 어려운 사고방식이 아닙니다.

파이썬은 명령형 프로그래밍과 객체 지향 프로그램의 좋은 점을 골라낸 프로그램 언어입니다. 기본적인 처리는 명령형 프로그래밍의 방법으로 작성할 수 있습니다. 조금 복잡하고 고급의 프로그램을 작성할 때에는 객체 지향 방법을 사용하면 됩니다.

내장형은 파이썬이 목표로 하는 객체 지향의 핵심을 응축해 놓은 것입니다. 내장형의 객체 지향 기능을 배우면 프로그램을 보다 스마트하게 작성할 수 있습니다.

객체 지향 기능의 설명을 하기 전에, 내장형에 대해 복습해 보도록 합시다.

# 내장 자료형의 요약

본 책에서는 지금까지 6종류의 내장 자료형을 소개하였습니다. 파이썬에서는 이 외에도 내장형을 가지고 있습니다. 새로운 자료형을 포함하여 주로 사용되는 내장형을 간단히 소개하겠습니다.

## 수치형

수치를 취급하기 위한 자료형입니다. 연산자를 사용한 계산 및 비교가 가능합니다. 정수만을 취급하는 int형(정수형)과 소수점을 포함하는 수를 취급하는 float형(부동소수점형)이 있습니다.

파이썬에는 복소수를 취급하는 complex형(복소수형)도 있지만, 본 책에서는 상세하게 다루지는 않겠습니다.

## 문자열형

문자열을 취급하기 위한 자료형입니다. str형이라고도 합니다. 연산자를 사용한 계산이나 비교가 가능합니다. 또한, 메쏘드를 사용하여 문자열에 대한 조작이 가능합니다. 파이썬의 문자열형은 리스트 등과 같이 여러 개의 요소(문자)를 모은 데이터입니다. 인덱스를 사용하여 요소를 끄집어 낼 수 있습니다. 단 리스트와 같이 요소의 교체를 할 수는 없습니다.

## 리스트형

여러 개의 요소를 나열하여 관리하기 위한 자료형입니다. 인덱스를 사용하여 요소를 추출하거나 교체할 수 있습니다.

또한, 메쏘드나 문자에 의한 요소의 추가나 삭제, 정렬을 수행하는 것 외에도 요소의 검색 및 특정 요소의 개수를 구하는 것도 가능합니다.

## 튜플형

리스트와 비슷한 기능을 갖는 자료형입니다. 리스트와 비슷한 조작이 가능하지만 요소의 변경은 할 수 없습니다. 주로 이질적인 여러 개의 요소를 관리하기 위해 사용합니다. 메쏘드를 사용하여 튜플에 대한 처리를 실행할 수 있습니다.

## 딕셔너리형

키와 값을 쌍으로 하여 여러 개의 요소를 관리하기 위한 데이터입니다. 리스트와 같이 여러 개의 요소를 모은 데이터이지만 순서의 개념은 없습니다. 키나 문장, 메쏘드를 사용하여 딕셔너리 내의 요소를 조작할 수 있습니다.

## set형

집합형입니다. 중복되지 않는 여러 개의 요소를 관리하기 위한 자료형입니다. 리스트와 같이 여러 개의 요소를 모아 놓은 데이터이지만 순서의 개념은 없고, 인덱스로 요소에 접근하는 것도 불가능합니다. 메쏘드를 사용하여 요소를 접근할 수도 있고, 연산자에 의해 여러 개의 set을 사용한 집합 연산이 가능하기도 합니다. set형은 요소의 변경이 가능합니다. 요소를 추가하기도 하고 제외할 수도 있습니다. 또한, set과 거의 같은 기능을 갖고 있고, 변경할 수 없는 frozenset형이라는 자료형도 있습니다. 이 자료형에 대해서는 본 책에서는 자세하게 다루지는 않겠습니다.

## bytes형

문자열형의 일종입니다. 문자열형(set형)과 같이 여러 개의 문자를 모은 데이터입니다. 인덱스를 사용하여 문자를 끄집어낼 수 있지만, 변경이 가능하지 않은 것도 문자열형과 같습니다.

문자열형은 인코드(encode)된 문자열 데이터를 다루지만 bytes형이 취급하는 것은 인코드 되어 있지 않은 문자열 데이터입니다. 이 때문에 파일과 인터넷으로부터 받아들인 문자열은 bytes형으로 받습니다. 문자열 인코드의 취급과 bytes형의 사용 방법에 대해서는 P. 228에서 설명합니다.

## ⑷⑾ bool형

if문에 따라 붙는 비교식에서 반환하는 자료형입니다. True 또는 False의 두 가지
값만이 사용되는 특별한 자료형입니다.

## 자료형의 분류

파이썬의 자료형은 수치형 또는 문자열형, 리스트형과 같이 어떠한 종류의 데이터
를 다루는가에 따라 나뉘어 있습니다. 또한, 데이터의 종류만이 아니라 성질에 주목
하여 분류하는 것도 있습니다.

데이터의 형태만이 아니라 성질에 주목하면, 다른 관점에서 내장형을 볼 수 있습니
다. 같은 성질을 갖는 내장형을 같은 부류로서 한데 모아서 볼 수 있습니다. 예를 들
면 리스트도 문자열도 여러 개의 요소를 갖는 자료형입니다. 인덱스를 사용하여 요
소에 접근하기도 하고, 슬라이스를 사용하여 여러 개의 요소를 한 번에 추출할 수도
있습니다. 또한, for문에 첨가하여 루프를 만들 수도 있습니다.

파이썬의 내장형은 데이터의 종류가 달라도 같은 성질을 갖는 무리라면 같이 다
룰 수 있습니다. 내장형이 갖는 메쏘드도 같습니다. 같은 성질을 갖는 내장형에는 같
은 이름의 메쏘드가 할당될 수 있고, 같은 방법으로 사용할 수 있습니다. 이와 같이
객체(데이터)의 성질에 주목하여 조작이 같으면 같게 취급할 수 있다는 것은 객체 지향
의 중요한 특징 중 한 가지입니다.

객체 지향에서는 데이터와 명령(메쏘드)을 함께 하여 객체로서 취급합니다. 프로그램
을 작성할 때에는 객체를 부품으로써 조합시켜서 사용하지만, 복잡한 프로그램에는
많은 종류의 객체를 취급하게 됩니다.

많은 종류의 객체를 각각 다른 방법으로 취급하는 것은 프로그램을 작성하는 데
에 어려움이 있습니다. 그래서 성질이 비슷한 무리를 그룹으로 쪼개고 잘 정리해 두
어야 합니다. 이렇게 하면 객체의 종류가 많더라도 프로그램을 가능한 간단하게 유
지할 수 있고 개발도 편해집니다.

내장형의 분류를 아는 것은 내장형이 어떠한 성질을 갖고 있느냐를 아는 것과 다
를 바 없습니다. 이 후에서는 파이썬의 내장형에서 자주 사용되는 분류 방법을 살펴
보면서 내장형을 그룹으로 분리하여 살펴봅니다.

# 시퀀스

for문의 P. 96의 절에서 시퀀스라고 하는 단어를 소개했었습니다. 리스트형과 같이 여러 개의 요소를 순서대로 나열한 자료형을 시퀀스라고 분류합니다.

앞에서 나열한 내장형이라면 리스트, 튜플이 시퀀스의 부류입니다. 문자열형(str형, bytes형) 역시 시퀀스의 부류입니다.

시퀀스에는 다음과 같은 특징이 있습니다.

■ 인덱스로 요소에 접근할 수 있다.
■ 슬라이스로 여러 개의 요소에 접근할 수 있다.
■ for문에 첨가하여 루프를 만들 수 있다.
■ len() 함수로 요소 수(길이)를 계산할 수 있다.
■ + 연산자로 연결할 수 있다.
■ in 연산자로 요소의 검색이 가능하다.
■ index() 메쏘드로 요소의 인덱스를, count() 메쏘드로 요소의 개수를 조사할 수 있다.

수치는 물론 시퀀스가 아닙니다. 딕셔너리형과 set형은 여러 개의 요소를 가질 수 있지만, 순서의 개념이 없으므로 시퀀스로 분류되지 않습니다.

# 변경 가능과 변경 불가능

파이썬에서는 객체 자체를 변경할 수 있는지의 여부로 분류되는 것도 있습니다. 리스트형과 같이 요소를 대체하기도 하고 삭제하기도 하는 자료형을 변경 가능이라고 하고, 튜플과 문자열처럼 요소의 변경이 불가능한 자료형을 변경 불가능이라고 부릅니다. 각각 영어로는 mutable(불변 객체), immutable(가변 객체)이라고 부릅니다.

리스트형, 딕셔너리형은 변경 가능한 내장형의 부류입니다. 요소를 추가하기도 하고 인덱스나 키를 사용하여 요소의 치환, 삭제를 할 수 있습니다. 모든 조작으로 객체 자체를 변경할 수 있습니다.

set형도 변경 가능한 객체의 부류입니다. set형에서는 연산자를 사용하여 집합 연산을 수행할 수 있으나, 연산의 결과는 복사해서 되돌려 옵니다. set형의 메쏘드를 사용하면 객체 자체를 변경해서 저장할 수 있습니다.

마찬가지로 리스트나 딕셔너리의 메쏘드에서도 결과로서 자기자신을 변경해서 저장할 수 있습니다. 리스트의 정렬을 수행하는 sort() 메쏘드 등은 그런 예입니다. 이처럼 객체 자체를 변경하는 조작을 파괴적 조작이라고 부릅니다.

수치형이나 문자열형(str형, bytes형), 튜플형은 변경 불가능한 내장형의 부류입니다. 문자열형은 시퀀스의 부류이기도 하여, 인덱스를 사용하여 요소에 접근할 수 있지만, 요소를 삭제한다던가 교체하는 것은 불가능합니다.

리스트형과 튜플형은 정말 비슷한 자료형이지만, 변경 가능이 어떨까 하는 점이 가장 큰 차이입니다. 변경 가능한 튜플에서는 요소의 정렬을 수행하는 sort()나 정렬 순서를 바꾸는 reverse() 같은 메쏘드가 없습니다. 변경 가능한 튜플에서는 리스트에 있는 파괴적인 조작을 행하는 메쏘드가 살짝 없어졌습니다.

**04**

---

**Column  변경 가능한 문자열형 – bytearray형**

파이썬의 문자열형은 변경 가능한 자료형의 부류입니다. 그렇게 되어 있는 편이 메모리의 사용 효율이 높고 처리 속도도 높게 됩니다. 실리를 취하고 요소의 변경이 가능하지 않도록 되어 있습니다.

그러나 프로그램을 작성하고 있으면 문자열의 일부를 변경할 수 있는 것이 편리할 수 있습니다. 이러한 요구에 응하기 위해 파이썬 3에서는 bytearray형이라는 내장형이 추가되었습니다. bytearray형은 변경 가능한 bytes형입니다. bytes형을 사용하면 인코드를 고려하지 않은 문자열과 같은 8비트 데이터를 리스트와 같은 것처럼 취급합니다.

---

# set형과 딕셔너리형

set형, 딕셔너리형은 공통적으로 여러 개의 요소를 순서 없이 보존할 수 있는 자료형입니다. 이 외에도 공통된 특징을 갖고 있습니다. 그것은 변경 불가능한 자료형을 요소로 갖는다는 성질입니다. 감히 이름을 붙인다고 하면 변경 불가능한 데이터의 컬렉션형이 된다고나 할까요.

set형은 집합형이라고도 부릅니다. 중복이 없이 여러 개의 요소를 보존할 수 있습

니다. 요소가 중복되지 않는다는 요건을 만족하기 위해서, 변경 불가능한 자료형만
이 등록할 수 없다고 하는 제한이 설정되어 있습니다.

이와 같은 제한이 딕셔너리의 키에도 설정되어 있습니다. 딕셔너리는 인덱스 대신
키를 요소의 색인으로 사용합니다. 변경 가능한 자료형을 키에 등록해 두고 같은 키
가 여러 개 존재하는 상태가 되면 곤란하게 됩니다. 예를 들면 기존의 키를 지정하고
값을 대입하려고 할 때, 키가 여러 개 있으면 어느 키를 사용하면 좋을까 알 수 없게
되어 버립니다. 결국 딕셔너리의 키는 중복되지 않도록 유지할 필요가 있습니다.

파이썬의 내장형으로 말하면 수치형, 문자열형, 튜플형은 변경 불가능하기 때문에
set형의 요소가 되기도 하고 딕셔너리의 키로 할 수 있습니다. 리스트형은 변경 가능
하기 때문에 set형의 요소가 되기도 하고, 딕셔너리의 키가 되는 것은 불가능합니다.
마찬가지로 변경 가능한 딕셔너리형, set형도 키가 될 수 없습니다.

이 절에서는 내장형의 객체 지향 기능을 간단히 소개해 보았습니다. 또한, 지금까
지 배워온 내장형의 사용법을 다른 관점에서 정리해 보았습니다. 다음 절에서는 내장
형과 같은 편리한 사용법에 대해서 설명하려고 생각합니다.

# 02 수치형의 조작

파이썬에서는 수치도 객체이고 메쏘드를 갖고 있습니다. 그러나 수치의 메쏘드를
호출하는 것은 대부분 없습니다.

파이썬에서는 객체에 연속해서 도트(.)를 쓰고 메쏘드명을 기술합니다. 수치 리터럴
에 도트를 연속하면 소수점과 구별하기가 어렵게 됩니다.

프로그램에서 수치를 사용하여 하는 것을 말하자면 계산과 형(type) 변환 정도입니
다. 이러한 처리라면 연산자나 함수를 사용하면 좋을 것입니다. 소인배처럼 객체 지
향의 결정마다 고집을 부리는 것보다 실리를 취하고 간단한 것을 좋아하는 것이 파
이썬류의 모양입니다.

파이썬에서 수치를 취급할 때 객체 지향을 의식하는 것은 거의 없습니다. 여기서
는 10진수 이외의 수치 리터럴 표기 방법 등 수치에 대하여 응용적인 부분에 대해
설명하려고 합니다.

# 16진수의 표기

16진수를 리터럴로 표기하는 경우, 파이썬 3은 다음과 같은 형식으로 됩니다.

- 선두에 0을 붙인다.
- 그 뒤에 x를 기술한다.
- 연속하여 0에서 9까지, 및 a에서 f까지의 영문자를 입력한다.

x를 포함하고 영문자는 대문자, 소문자 어느 쪽도 괜찮습니다. Jupyter Notebook 을 사용하여 테스트해 봅시다.

**16진수의 리터럴의 입력**

```
0x1ff
511
```

16진수의 수치 리터럴을 키보드에서 타이핑해 보면 10진수로 변환된 값을 표시합니다. 파이썬에서는 16진수 리터럴을 수치형으로 취급합니다. 16진수의 리터럴을 10진수로 자동적으로 변환해 주는 것입니다.

수치에서 16진수 해당 문자열을 얻을 때는 hex()라는 내장 함수를 사용합니다. 인수에 수치를 부여하면 16진수 상당의 문자열을 반환합니다. hex라는 것은 영어로 16진수 표시를 의미하는 hexadecimal의 약자입니다.

**10진수의 값을 16진수의 문자열로 변환**

```
hex(1023)
'0x3ff'
```

16진수의 수치 리터럴뿐만 아니라 10진수에 해당하는 문자열을 값으로 변환하기 위해서는 내장 함수 int()를 사용합니다.

단 2번째 인수에 지수로 16을 넘겨 줍니다.

16진수의 문자열을 수치로 변환

```
int("0x100", 16)
```
```
256
```

## 2진수의 표기

2진수를 수치로 표기하는 경우 파이썬 3은 다음과 같은 형식을 사용합니다.

- 선두에 0을 붙인다.
- 그 뒤에 b를 기술한다.
- 0 또는 1의 수치를 넣는다.

16진수의 리터럴 표기와 같이 2진수의 리터럴도 10진수로 변환합니다. 파이썬 3에서는 0b1000으로 입력하면 8이라는 10진수로 됩니다.

2진수의 리터럴 입력

```
0b1000
```
```
8
```

10진수의 값을 2진수의 문자열로 변환하기 위해서는 내장 함수 bin()을 사용합니다. 함수명의 bin이라는 것은 영어로 2진수 표기를 의미하는 binary의 약자입니다.

10진수의 값을 2진수의 문자열로 변환

```
bin(1023)
```
```
'0b1111111111'
```

2진수의 문자열을 정수로 변환하기 위해서는 내장 함수 int()의 제2 인수에 2라고 하는 지수(base)를 넘겨서 호출합니다. 여기도 16진수일 때와 같습니다.

2진수의 문자열을 수치로 변환

```
int("0b1111111111", 2)
```
```
1023
```

## 8진수의 표기

8진수를 리터럴로 표기하는 경우 파이썬 3은 다음과 같은 형식을 사용합니다.

- 선두에 0을 붙인다.
- 그 뒤에 o를 기술한다.
- 0부터 7까지의 수치를 넣는다.

파이썬 2까지는 0123과 같은 0으로 시작하는 수치를 사용하여 8진수의 리터럴 표기를 하였습니다. 그렇다면 0123은 8진수, 123은 10진수가 되어 혼동이 되고, 또한 16진수나 2진수와 표기 방법이 다르게 되어 있어 파이썬 3에서는 표기가 통일되었습니다.

8진수의 리터럴 입력

```
0o1777
```
```
1023
```

수치를 8진수의 문자열로 변환하기 위해서는 내장 함수 oct()를 사용합니다.

10진수의 수치를 8진수의 문자열로 변환

```
oct(1023)
```
```
'0o1777'
```

8진수의 문자열을 정수로 변환하기 위해서는 내장 함수 int()의 제2 인수에 8이라고 하는 지수를 전달하여 호출합니다.

8진수의 문자열을 수치로 변환

```
int("0o1777", 8)
```
```
1023
```

다음의 표에 파이썬 3에서 16진수, 2진수, 8진수를 취급하는 방법을 간단히 정리해 놓았습니다.

**Table** 파이썬 3에서의 16, 2, 8진수의 취급

| 종류 | 리터럴 | 수치를 문자열로 변환 | 문자열을 수치로 변환 |
|------|--------|---------------------|---------------------|
| 16진수 | 0x1abf | hex(65535) | int("0x1abf",16) |
| 2진수 | 0b1011 | bin(1024) | int("0b101010",2) |
| 8진수 | 0o123 | oct(123) | int("0o123",8) |

# 비트 연산

비트 연산은 2진수를 각각의 비트열(1과 0으로 구성된 열)로 이루어져 실행하는 논리 연산입니다. 연산이라는 것은 덧셈이나 곱셈을 떠올릴지도 모르지만, 비트 연산은 + 또는 *을 사용한 산술 연산보다도 논리 연산에 가까운 조작입니다. 논리 연산은 == 등을 사용한 비교 연산을 and나 or로 조합하는 연산입니다.

비트 연산은 GUI 라이브러리와 같은 것을 사용하여 프로그램을 작성할 때라든가, C 언어로 써진 라이브러리를 이용할 때 사용되는 것입니다. 파이썬의 표준 라이브러리 안에서는 정규 표현 모듈(re)과 같이 인수로서 넘겨주는 플래그(flag)를 만들 때에 비트 연산이 이용됩니다.

파이썬에서는 특별한 연산자를 사용하여 정수를 대상으로 비트 연산을 수행할 수 있습니다.

0과 1로 구성된 문자열을 사용하여 비트 연산을 하고 싶은 경우는 내장 함수 int()를 사용하여 문자열을 정수로 변환하여 수행하면 좋습니다.

파이썬에서 이용할 수 있는 비트 연산자를 표에 정리해 놓았습니다.

**Table** 비트 연산자의 요약

| 비트 연산자 | 설명 |
|---|---|
| x \| y | x와 y의 논리합(OR)을 취함 |
| x & y | x와 y의 논리곱(AND)을 취함 |
| x ^ y | x와 y의 배타적 논리합(XOR)을 취함 |
| x << y, x >> y | 시프트 연산자, <<는 x를 y 비트 좌로 시프트, >>는 x를 y 비트 우로 시프트 |

04

# 03 문자열형을 구사하기

"문자열을 사용하기"의 절에서는 연산과 함수를 사용한 문자열 처리에 대해서 설명했습니다. 파이썬에서는 문자열을 객체로서 취급합니다. 문자열에는 많은 메쏘드가 등록되어 있고, 이들을 사용하면 문자열의 처리를 쉽게 할 수 있습니다. 여기에서는 문자열을 갖는 메쏘드 중에서 편리한 것들을 간단히 설명하겠습니다.

## 문자열의 치환과 삭제

프로그램에서 문자열을 취급할 때 문자열의 일부를 치환하는 처리를 잘 실행합니다. 문자열 객체가 갖는 replace() 메쏘드를 사용하면 문자열의 일부를 다른 문자열로 바꿔서 치환할 수 있습니다.

replace( ) 메쏘드의 예

```
orig_str = "abcdef"                        치환전의 문자열을 정의
orig_str.replace("c", "z")                 문자열 c를 z로 치환하고 결과를 표시

 'abzdef'
```

replace 메쏘드를 호출하면 문자열을 치환한 결과가 새로운 문자열이 되어 돌아옵니다. 메쏘드 호출에 사용한 문자열 객체는 변경되지 않습니다. 문자열은 변경불가능한 자료형입니다.

replace() 메쏘드는 치환뿐만 아니라 문자의 삭제에도 사용할 수 있습니다. 2번째의 인수에 빈(null) 문자열을 넘겨주는 것이지요. 그러면 지정된 문자열이 빈 문자열로 치환되어 결과적으로 삭제됩니다. 빈 문자열은 인용부호 사이에 들어갈 수 없고 " "와 같이 정의할 수 있습니다.

예를 들면 3자리마다 쉼표(,)가 들어가는 정수의 문자열을 수치로서 취급하는 것을 생각해 봅시다. 단순히 문자열을 수치로 변환한다면 내장 함수 int()를 사용할 수 있습니다. 그러나 쉼표와 같은 기호가 들어가 있으면 int() 함수가 오류를 발생하게 됩니다.

사전에 replace() 메쏘드를 사용하여 불필요한 문자열을 제거하도록 한다면 잘 될 것입니다. 그 후에 int() 함수를 사용하여 수치로 변환하면 좋습니다.

실제로 파이썬 코드를 작성해 봅시다.

문자열의 삭제와 수치로의 변환

```
str_num = "1,000,000"          ← 쉼표가 들어 있는 정수의 문자열
num = int(str_num.replace(",", ""))    ← 쉼표를 빼고 int()로 수치로 변환
num

1000000
```

# split() 메쏘드와 join() 메쏘드

split() 메쏘드를 사용하면 문자열을 특정의 문자를 기준으로 분할할 수 있습니다. 탭(tab)과 스페이스(space)와 같은 공백 문자열이나 쉼표로 분할된 긴 문자열을 작은 문자열로 분할하는데에 split() 메쏘드를 사용하면 편리합니다.

Excel과 같은 표 계산 소프트웨어에서는 표의 내용을 탭으로 구간을 나누는 형식으로 작성할 수 있습니다. 또한, 인터넷에서 다운로드할 수 있는 데이터도 비슷한 형식으로 배포되어 있는 것이 있습니다. 이러한 데이터를 파이썬에서 처리할 때 split() 메쏘드를 사용합니다.

split() 메쏘드는 분할에 이용하는 경계 문자열을 인수로 건네주고 결과를 문자열 리스트로 반환합니다.

숫자를 공백으로 구분된 긴 문자열과 split() 메쏘드를 사용하여 그래프를 그리는 프로그램을 작성해 봅시다. 전차의 속도, 철판의 두께를 비교하여 전차의 강도를 비교해 봅시다. 속도를 가로축에, 철판의 두께를 세로축으로 하여 점을 그려서 산포도를 그려 봅시다.

성능 데이터의 수치는 공백으로 분리된 문자열로 이루어져 있으므로 split() 메쏘드로 분할하고, 각 데이터를 수치로 변환할 필요가 있습니다. 그 후에 plt.scatter() 함수를 사용하여 점들을 그립니다. 어느 점이 어느 전차일까를 알 수 있도록 마크의 형태로 변환합니다.

문자열의 분할과 그래프 표시

```
%matplotlib inline
import matplotlib.pyplot as plt

str_speeds = "38 42 20 40 39"            ← 전차의 속도(km/h)
str_armor = "80 50 17 50 51"             ← 전차의 철판 두께(mm)
speeds = str_speeds.split(" ")           ← 속도를 공백 문자로 분할
armors = str_armor.split(" ")            ← 철판 두께를 공백 문자로 분할
markers = ["o", "v", "^", "<", ">"]      ← 그래프 상에 마크


for idx in range(len(speeds)):           ← 리스트의 길이만큼 루프
    x = int(speeds[idx])                 ← 문자열을 수치로 변환
    y = int(armors[idx])
    plt.scatter(x, y, marker=markers[idx])  ← 산포도 그림

# A형 전차(o), B형 전차(v), X형 전차(^), Y형 전차(<), Z형 전차(>)
```

그래프 상의 각 마크가 어느 전차를 나타내는가는 마지막 행의 주석을 봐주세요. 위의 리스트를 수행하면 다음 페이지와 같은 그래프가 Jupyter Notebook의 셀에 표시됩니다.

189

Fig 파이썬으로 그린 산포도

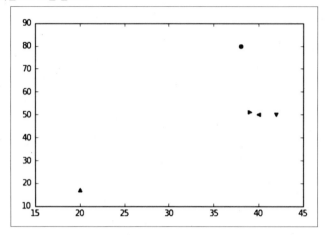

산포도를 보면 검은 원으로 표시된 A형 전차가 철판 두께로 돌출되어 있고, 상방향의 삼각형으로 표시된 X형 전차의 성능이 월등해서 낮은 것을 잘 알 수 있습니다.

또한, Excel 등의 표 계산 소프트웨어가 쓰는 CSV 형식의 파일은 포맷(format)이 복잡해서 split() 메쏘드로 다루기 어려울지도 모르겠습니다. 파이썬의 표준 라이브러리에는 CSV 형식의 텍스트를 잘 처리할 수 있는 csv 모듈이 있습니다. P. 423 이후에서 설명하고 있으므로 참조하길 바랍니다.

또한, join() 메쏘드를 사용하면 split() 메쏘드와 반대의 처리를 수행할 수 있습니다. join() 메쏘드는 문자열을 요소로서 갖는 리스트를 인수로 취하고, 리스트의 문자열을 연결한 문자열을 얻을 수가 있습니다. 연결할 때 사이를 끼워 주는 연결 문자열을 사용하여 join() 메쏘드를 호출합니다.

예를 들면 공백으로 나눠진 수치의 문자열을 쉼표로 구분하는 형식으로 변환하려고 합니다. split()와 join()을 조합하면 다음과 같이 쓸 수 있습니다. join() 메쏘드를 호출하고 있으면, ",".join(speeds)와 같은 문자열의 리터럴로부터 메쏘드를 호출하고 있는 것은 조금은 미묘하게 보일 수도 있습니다. 그러나 join() 메쏘드는 연결 문자열을 대상으로 한 조작이라는 것을 생각하면 바른 쓰기 방식을 알게 됩니다.

공백으로 구분된 것을 쉼표를 사용하여 구분

```
str_speeds = "38 42 20 40 39" ●───────────────── 공백으로 나눠진 수치
speeds = str_speeds.split() ●───────────────── 공백으로 분할
csep_speeds = ",".join(speeds) ●───────────────── 쉼표로 연결
csep_speeds ●───────────────── 결과 표시

'38,42,20,40,39'
```

또한, 공백을 쉼표로 치환만 한다면 문자열형의 replace() 메쏘드를 사용하여 **str_speeds.replace(" ",",")**와 같이 쓸 수 있습니다. split()와 join() 메쏘드를 조합시킨 방법에는 replace() 메쏘드가 갖고 있지 않는 이점이 있습니다.

split() 메쏘드는 분할하려고 하는 문자열의 앞뒤에 불필요한 공백이 있기도 하고, 사이에 공백 문자가 여러 개 있어도 요소를 잘 분할하여 줍니다. replace()를 사용한 경우와 비교하여 봅시다. 먼저 replace()를 사용하여 치환해 봅니다. 여분의 공백까지 쉼표로 변환되어 있습니다.

여분의 공백을 제거

```
str_speeds2 = " 38  42 20 40 39 " ●───────────── 여분의 공백이 들어간 문자열
str_speeds2.replace(" ", ",") ●───────────── replace()를 사용한 결과 표시

',38,,42,20,40,39,'
```

다음으로 split()와 join()을 사용하여 치환한 결과를 보겠습니다. 여분의 공백을 잘 피해가면서 처리가 되어 있음을 알 수 있습니다.

분할해서 여분의 공백을 제거

```
str_speeds2 = " 38  42 20 40 39 " ●───────────── 여분의 공백이 들어간 문자열
speeds2 = str_speeds2.split() ●───────────┐
csep_speeds2 = ",".join(speeds2) ●─────────── split(), join()을 사용하여 치환
csep_speeds2 ●───────────── 결과 표시

'38,42,20,40,39'
```

　손으로 입력한 데이터 등에서는 위의 예와 같이 여분의 공백 등이 들어옵니다. 이러한 데이터를 스마트하게 취급하려면 split()와 join()을 사용하면 편리합니다.

## 이스케이프 문자(Escape sequence)

　파이썬에서는 인용부호(" 또는 ')를 3번 연속해서 쓰면 줄 바꿈을 포함한 문자열을 정의할 수 있습니다. 그러나 들여쓰기 블록의 내부에 줄 바꿈을 포함한 문자열을 변수로서 정의하는 경우 등 다음과 같이 들여쓰기가 밀려서 보기가 어렵게 되어 버립니다.

▱ 함수 내에서 줄 바꿈을 포함한 문자열을 변수로서 정의하는 예

```
def func():                          ──── func() 함수 정의
    words = """abcdefghi             ──── 줄 바꿈을 포함하는 문자열을 변수로 함
jklmnop"""
    print(words)
func()                               ──── func() 함수 실행
```
```
abcdefghi
jklmnop
```

　앞의 경우 줄 바꿈 후의 문자의 선두에 들여쓰기를 집어넣으면, 그 부분도 문자열의 일부로 해석됩니다.
　이와 같은 때는 이스케이프 문자 \n을 사용하면 줄 바꿈을 포함한 문자열을 한 행으로 기술할 수 있고 들여쓰기가 무너지는 것을 방지할 수 있습니다.

▱ 이스케이프 문자 \n을 사용

```
def func():
    words = "abcdefghi\njklmnop"
    print(words)
func()
```

　이스케이프 문자는 줄 바꿈 또는 탭과 같은 제어 문자를 넣기 위해 사용하거나, 이중 인용부호(")로 둘러싸인 문자열에 "을 집어넣고 싶은 경우 또는 ASCII 문자나 유니

코드 문자를 수치로 넣는 경우 등에도 사용할 수 있습니다.

이스케이프 문자 중에서 많이 사용되는 것을 다음의 표에 보입니다.

**Table** 이스케이프 문자의 요약

| 이스케이프 문자 | 설명 |
| --- | --- |
| \n | 줄 바꿈 |
| \r | 줄 바꿈(CR, 캐리지 리턴) |
| \t | 수평 탭 |
| \f | 새로운 페이지 (form feed) |
| \' | 단일 인용 |
| \" | 이중 인용 |
| \\ | 백슬래시 |
| \x61 | 16진수 호환 8비트 문자 |
| \u3042 | 16비트 16진수 호환하는 유니코드 문자, 16진수 부분에 "0x"는 불필요 |
| \0 | null문자 |

Mac이나 Linux에서는 \로 치환해 주세요. 또한, 백슬래시 자체를 문자열로 표기하고 싶을 때는 \\와 같이 백슬래시를 두 번 씁니다.

# raw 문자열

Windows 환경에서 사용되는 파일 경로의 구분 문자 등 백슬래시 자체를 문자열로 정의하고 싶은 경우가 있습니다. 문자열 리터럴 내의 백슬래시는 이스케이프 문자로 취급되기 때문에 \\과 같이하여 2번 중복할 필요가 있고, 귀찮게 문자열 리터럴이 보기가 어렵게 됩니다.

백슬래시를 포함하여 문자를 그냥 리터럴로 취급하고 싶을 때는 raw 문자열을 사용하면 편리합니다. raw는 가공하지 않은 것이라는 의미의 형용사입니다. raw 문자열을 사용하면 입력한 문자 그대로의 문자열을 정의할 수 있습니다. 이스케이프 문자는 제어 문자 등으로 변환되지 않고 그냥 그대로 문자로서 취급됩니다.

raw 문자열을 정의하는 데는 인용부호의 앞에 r을 첨가합니다. 예를 들면 Windows

193

의 경로를 raw 문자열로 정의하기 위해서는 r"C:\path\to\file"과 같이 합니다.

└─ raw 문자열의 이용

```
raw = r"C:\path\to\file"
raw
'C:\\path\\to\\file'
```

# 문자열로 이용할 수 있는 메쏘드

이 절의 앞부분에는 문자열 메쏘드를 사용한 처리에 대하여 간단히 설명했습니다. 문자열 메쏘드에는 다른 데에도 여러 가지 종류가 있습니다. 많이 사용되는 문자열 메쏘드를 아래에 정리해 놓았으니 참조 바랍니다. 또한, 각 메쏘드의 기술예의 S는 문자열 객체를 나타냅니다. [ ] 내의 인수는 옵션입니다.

## find( ) 메쏘드    문자열을 검색

```
S.find(검색하고 싶은 문자열 [, 시작 인덱스 [, 종료 인덱스]])
```

문자열 S의 선두부터 '검색하고 싶은 문자열'을 탐색하고 최초에 발견된 위치를 0부터 시작하는 인덱스로서 반환합니다. 발견되지 않은 경우는 −1을 반환합니다. 옵션의 인수를 주고 검색하는 범위를 지정하는 것도 가능합니다. find()는 문자열의 선두로부터 검색을 수행하지만 rfind()라는 메쏘드를 사용하면 문자열의 말미(오른쪽)부터 검색합니다.

## index( ) 메쏘드    문자열을 검색

```
S.index(검색하고 싶은 문자열 [, 시작 인덱스 [, 종료 인덱스]])
```

find()와 같이 동작하지만 '검색하고 싶은 문자열'이 발견되지 않은 경우는 ValueError라는 예외를 발생합니다. rfind()에 해당되는 rindex()라는 메쏘드를 사용하면 문자열을 말미(오른쪽)부터 검색할 수 있습니다.

## endswith( ) 메쏘드　　최후의 문자열을 조사

```
S.endswith(검색하고 싶은 문자열 [, 시작 인덱스 [, 종료 인덱스]])
```

　문자열 S가 '검색하고 싶은 문자열'로 끝나는 경우에 True를 반환합니다. 그렇지 않은 경우는 False를 반환합니다. 옵션으로 주어진 인수에 따라 검색하는 범위를 지정할 수 있습니다.

## startswith( ) 메쏘드　　최후의 문자열을 조사

```
S.startswith(검색하고 싶은 문자열 [, 시작 인덱스 [, 종료 인덱스]])
```

　문자열 S가 '검색하고 싶은 문자열'로 끝나는 경우에 True를 반환합니다. 그렇지 않은 경우는 False를 반환합니다. 옵션으로 주어진 인수에 따라 검색하는 범위를 지정할 수 있습니다.

## split( ) 메쏘드　　문자열을 분할

```
S.split([구분 문자열 [, 분할수]])
```

　문자열 S를 '구분 문자열'로 구분하고 문자열의 리스트를 만들어 반환합니다. 리스트의 문자열부터는 구분 문자열을 제거합니다. 옵션의 분할 수를 지정하지 않으면 문자열의 말미까지 분할을 수행합니다. 지정하면 분할을 수행하는 횟수를 제한할 수 있습니다.

　split()의 분할 수는 문자열의 선두로부터 세지만 rsplit()라는 메쏘드를 사용하면 말미부터의 분할 수를 지정할 수 있습니다.

## join( ) 메쏘드　　문자열을 연결

```
S.join(시퀀스)
```

　시퀀스 중의 요소(문자열)를, 문자열 S를 사용하여 연결합니다. 결과로서 연결된 문자열을 반환합니다.

## strip( ) 메쏘드   문자열을 삭제

```
S.strip([삭제할 문자열])
```

문자열의 선두 및 말미로부터 문자열을 삭제합니다. 결과로서 삭제한 문자열을 반환합니다. 인수를 지정하지 않으면 스페이스, 탭 등을 포함하는 공백 문자를 삭제합니다. 인수를 지정하면 '삭제하는 문자열'을 대상으로 삭제를 수행합니다. 문자열의 선두만을 대상으로 같은 처리를 행하는 lstrip( ) 메쏘드나 말미만을 대상으로 하는 rstrip( ) 메쏘드도 있습니다.

## upper( ) 메쏘드   알파벳을 대문자로 변환

```
S.upper()
```

문자열 S의 영문 소문자를 대문자로 변환하고 복사본을 반환합니다.

## lower( ) 메쏘드   알파벳을 소문자로 변환

```
S.lower()
```

문자열 S의 영문 대문자를 소문자로 변환하고 복사본을 반환합니다.

## ljust( ) 메쏘드   문자의 폭을 맞춤

```
S.ljust(폭[, 채워넣기 문자열])
```

문자열 S를 폭(값)을 고려하여 '왼쪽 정렬'을 합니다. 문자열을 표시할 때 폭을 맞추기 위해 이용합니다. 문자열의 길이가 폭보다 작은 경우는 공백 문자를 집어넣고, 결과 문자열을 복사하여 반환합니다. 옵션의 인수에는 폭을 맞출 때에 이용하는 채워넣기 문자열을 지정할 수 있습니다.

마찬가지로 오른쪽 정렬을 행하는 rjust( )나 중앙으로 정렬(centering)을 수행하는 center( ) 메쏘드도 있습니다.

# 문자열의 형식

파이썬과 같은 스크립트 언어에서는 정형의 문장 내에 일부분의 임의의 문자열을 집어넣은 처리를 많이 실행합니다. 연하장 등을 인쇄할 때는 메시지 중의 이름만을 바꿔서 인쇄하는 것도 있지만, 플래그 처리라는 것은 그러한 처리를 하는 것을 가리킵니다. 파이썬에서는 플래그 처리를 간단히 하기 위해 format() 메쏘드가 준비되어 있습니다.

format() 메쏘드에서는 중괄호({ })로 둘러싸인 문자열을 사용하여 템플레이트 (template) 안에 문자열을 집어넣는 위치를 지정합니다. {0}이나 {1.attr_a}과 같은 포맷 문자열에 객체를 넘기면 중괄호로 둘러싸인 부분에 문자열을 끼워 넣은 상태의 문자열을 반환합니다. format() 메쏘드를 사용하면 웹 애플리케이션(application) 프레임워크 (framework) 등에서 이용하는 템플레이트 엔진에 가깝고, 고급 문자열 포맷 기능을 이용할 수 있습니다.

또한, 파이썬 2에서 사용하던 % 연산자를 사용한 문자열 포맷 기능은 머지않아 폐지된다고 예고되고 있는 기능입니다. 이 때문에 본서에서는 설명하지 않겠습니다. 파이썬 3.5까지의 버전은 아직 이용할 수 있지만, 전 버전을 생각하면 특별한 이유가 없는 한 format() 메쏘드를 사용하도록 합니다.

## 포맷에 요소를 채움

Jupyter Notebook을 사용하여 format() 메쏘드를 사용해 봅시다. format()은 문자열 메쏘드이므로 문자열의 리터럴이나 변수로부터 호출합니다.

포맷에 문자열을 채움

```
"{} loves Python !".format('Guido')

'Guido loves Python !'
```

큰따옴표로 둘러싸인 부분이 템플레이트 문자열이 됩니다. 중괄호({ })로 둘러싸인 부분에 format() 메쏘드에 인수로서 주어진 문자열을 삽입하여 결과를 반환합니다.

중괄호의 치환 부분은 여러 가지로 기술할 수 있습니다. format() 메쏘드와 리스트, for문을 조합해서 파이썬 관련 사이트의 링크를 만들어 봅시다.

04

```
linkstr = '<a href="{}">{}</a>'
for i in [ 'http://python.org',
           'http://pypy.org',
           'http://cython.org',]:
    print(linkstr.format(i, i.replace('http://', '')))
```

```
<a href="http://python.org">python.org</a>
<a href="http://pypy.org">pypy.org</a>
<a href="http://cython.org">cython.org</a>
```

최초의 요소에는 URL을, 다음 요소에는 http: //를 제거한 문자열을 지정하고 있습니다. 이와 같이 정형의 문자열을 간단히 작성할 수 있는 것은 format() 메쏘드의 매력입니다.

## 인수의 순서를 지정한 치환

{0}과 같이 중괄호의 안에 수치를 넣으면 format() 메쏘드에 주어진 인수를 수치로 바꾼 위치에 채워 넣을 수 있습니다. 번호는 인수의 순서이고 0부터 시작합니다. 포맷 문자열에 같은 번호를 여러 개 기술하면 각각의 장소에 채워집니다. 같은 요소를 여러 개 채울 수도 있습니다. 중괄호 내의 수치의 최댓값이 format() 메쏘드에 주어진 인수보다 큰 경우는 오류가 발생합니다.

```
"{0} {1} {0}".format('Spam', 'Ham')
```

```
'Spam Ham Spam'
```

## 키워드 인수를 지정한 치환

{foo}와 같이 중괄호 안에 영숫자를 쓰면, format() 메쏘드에 전달된 키워드 인수를 기반으로 치환합니다.

키로 삽입한 위치를 지정

```
"{food1} {food2} {food1}".format(food1='Spam',food2='Ham')
```

```
'Spam Ham Spam'
```

## 딕셔너리를 지정한 치환

{0[foo]}와 같이 하면 인수로서 전달한 딕셔너리의 키를 지정한 치환을 합니다. 대괄호의 안에 지정한 딕셔너리의 키에는 인용부호가 필요 없습니다. 대괄호의 내용이 문자열로 해석되어 딕셔너리의 키에 할당된 값을 빼와서 치환이 이루어집니다.

딕셔너리로 삽입 위치를 지정

```
d = {'name':'Guido', 'birthyear':1964}
"{0[birthyear]} is {0[name]}'s birthyear.".format(d)
```

```
'1964 is Guido's birthyear'
```

{0.foo}와 같이 중괄호 안에 수치와 도트로 구분된 이름을 넘겨 주면 객체의 속성 (attribute)을 지정하는 치환을 행합니다. 속성에 대해서는 P. 283에 설명합니다.

```
import sys                          sys 모듈을 임포트         sys 모듈의 버전 속성을 사용
"Python version: {0.version}".format(sys)                     하여 파이썬의 버전 표시
```

```
'Python version: 3.5.2 ¦Anaconda 4.1.1 (64-bit)¦ ···'
```

## 채워 넣는 문자열의 형식 지정

중괄호의 안에 콜론(:)을 넣으면 치환할 문자열의 형식을 제어할 수 있습니다. 다음의 예는 행 맞춤을 하기 위한 지정 방법입니다. 행 맞춤을 지정하기 위해서는 콜론 뒤에 값을 지정합니다.

📄 밀림을 지정하여 포매팅하기

```
tmpl = "{0:10} {1:>8}"  ●─────────────  첫 번째 요소를 왼쪽 밀림하고, 두 번째
                                        요소를 오른쪽 밀림으로 치환
tmpl.format('Spam', 300)
```

```
'Spam           300'
```

```
tmpl.format('Ham', 200)
```

```
'Ham            200'
```

다른 것에도 형식 지정의 예를 봐 봅시다. 먼저 퍼센트 표시를 행하기 위한 형식 지정의 예를 보입니다. 12708은 총인구, 6381은 취업자 수로 취업 인구 비율을 소수점 이하 2자리를 표시하고 퍼센트로 표시하고 있습니다. 2번째의 예에서는 1000단위로 쉼표를 붙이고 있습니다.

📄 표기 형식을 지정하여 포매팅하기

```
"{:.2%}".format(6381/12708)
```

```
'50.21%'
```

```
"{:,}".format(10000)
```

```
'10,000'
```

또한, 형식 지정부의 끝에 c, d와 같은 영문자를 넣으면 치환 문자열을 지정할 수 있습니다. c는 캐릭터로서, d는 10진수 정수로서 요소를 채워 넣습니다.

**Table** format()의 옵션 요약

| 옵션 | 설명 |
|---|---|
| < | 요소가 왼쪽 채움으로 표시되도록 공백 문자를 보충한다. {:<10}과 같이 사용한다. 옵션의 앞에 기호 등을 놓아 보충하는 문자를 지정할 수 있다. |
| > | 요소가 오른쪽 채움으로 표시되도록 공백 문자를 보충한다. {:>10}과 같이 사용한다. 옵션의 앞에 기호 등을 놓아 보충하는 문자를 지정할 수 있다. |
| ^ | 요소가 중앙에 오도록 공백 문자를 보충한다. {:^20}와 같이 사용한다. 옵션의 앞에 기호 등을 놓아 보충하는 문자를 지정할 수 있다. |
| + | 값에 부호를 붙인다. |

| 옵션 | 설명 |
|---|---|
| - | 값이 마이너스일 때 부호를 붙인다. "{:-}".format(10)은 10으로, "{:-}".format(-10)은 -10으로 된다. |
| 공백 | 값이 플러스일 때는 공백을, 마이너스일 때는 부호가 붙는다. "{: }".format(10)은 10으로, "{: }".format(-10)은 -10으로 된다. |
| c | 요소를 문자열로 채워 넣는다. |
| d | 요소를 10진 정수로 채워 넣는다. 치환할 요소가 소수점을 포함하는 값 또는 문자열의 경우는 오류가 발생한다. |
| f | 요소를 10진 정수로 채워 넣는다. 소수점을 포함하는 값을 취급한다. {:.2f}과 같이 하면 소수점 이하의 정밀도를 지정할 수 있다. |
| x | 요소를 1f4e와 같은 16진수 문자열로 채운다. 영자 부분은 소문자가 된다. x 대신에 대문자 X를 사용하면 영자 부분이 대문자가 된다. |
| b | 요소를 0110과 같이 2진수 문자열로 채운다. |
| % | 요소를 퍼센트로 채운다. {:.1%}처럼 하면 소수점 이하의 정밀도를 지정할 수 있다. |
| , | 값의 1000단위로 쉼표를 붙여 채운다. |

04

## f 문자열

파이썬 3.6에서는 f 문자열(f-string)이라는 기능이 추가되었습니다. 여기에서 설명하는 format() 메쏘드를 사용해 기능을 f" ~ " 라는 새로운 리터럴로 보다 간단히 표기할 수 있습니다. 치환할 요소는 변수로 정의해 포맷 문자열에 변수명을 덮어씁니다. f 문자열은 다음과 같이 사용합니다.

f 문자열을 사용한 예

```
name = "블라블라군" ●──────────────── 치환할 요소를 변수로 정의
f"먼저 {name}이 자리 잡음" ●──────────── {name} 부분의 변수 내용에 치환
'먼저 블라블라군이 자리 잡음'
```

# 04 리스트형, 튜플형 구사하기

"리스트를 사용"의 절(→P. 82)에서는 슬라이스의 간단한 사용법에 대해 배웠습니다. 슬라이스를 사용하면 리스트나 튜플, 문자열과 같은 시퀀스형에 포함되는 여러 요소를 간단히 추출할 수 있습니다. 첨자를 생략하는 것도 가능하고 시퀀스의 요소 수보다 큰 값을 부여해도 오류가 나지 않는 등 편리한 기능을 포함하고 있습니다. 슬라이스는 매우 편리한 기능입니다. 슬라이스는 이 외에도 여러 처리에 활용 가능합니다.

## 리스트를 정렬

파이썬의 리스트형에는 요소의 정렬 순서를 변경하는 sort를 간단히 수행합니다. 수치를 요소로서 가지는 리스트에 대해 sort() 메쏘드를 호출하면 요소를 오름차순으로 정렬할 수 있습니다.

리스트형은 변경 가능한 데이터라는 것을 떠올려 볼까요. sort() 메쏘드를 호출한 결과 리스트 객체 자체가 다시 써집니다. 리스트형의 설명을 했을 때 사용한 키의 리스트를 사용해 sort() 메쏘드를 테스트해 봅시다.

오름차순으로 정렬

```
monk_fish_team = [158, 157, 163, 157, 145]
monk_fish_team.sort() ●─────────────────────────── 정렬하기
monk_fish_team ●─────────────────────────── 리스트 내용 확인

[145, 157, 157, 158, 163]
```

sort() 메쏘드에는 어떠한 인수를 부여하지 않고 호출하는 디폴트 동작에는 수치를 오름차순으로 정렬합니다. 프로그램에는 이러한 처리를 하는 경우가 많기 때문입

니다. 하지만 인수를 부여하는 것으로 정렬 방법을 바꿀 수도 있습니다.

예를 들어 reverse라는 키워드 인수를 지정해 True를 건네면 정렬 순서를 내림차순(큰 순서대로)으로 할 수 있습니다. 같은 리스트를 사용해 내림차순 정렬을 테스트해 봅시다.

내림차순으로 정렬

```
monk_fish_team.sort(reverse=True)  ●────────────────────  정렬하기
monk_fish_team  ●──────────────────────────────  리스트 내용 확인

[163, 158, 157, 157, 145]
```

# 정렬 순서 커스터마이징(Customizing)

정렬이라는 조작은 데이터의 크기나 우열을 비교해 순서를 정하는 처리입니다. sort() 메쏘드는 순서를 정하기 위해 기준을 별도로 정해 주는 것으로 단순한 수치의 대소 이외에도 기본으로 정렬 순서를 다룰 수 있습니다.

sort() 메쏘드의 형식은 다음과 같습니다. S는 처리 대상인 리스트입니다.

sort( ) 메쏘드　　　　　리스트 정렬

```
S.sort(key, reverse)
```

sort() 메쏘드의 인수는 다른 메쏘드와는 다르게 인수의 키워드 지정이 필수적입니다.

key에는 순서를 정하는 기준을 반환하는 함수를 건네는 것으로 정렬 순서를 커스터마이징 할 수 있습니다. 또한, reverse 인수는 앞에서 등장하였지만, 정렬 순서를 내림차순으로 하는 경우에는 True를 지정합니다. 디폴트는 False로서 오름차순으로 정렬합니다.

구체적인 예를 사용하여 정렬 순서를 커스터마이즈 하는 방법에 대해서 설명하겠습니다. 문자열형 split() 메쏘드를 사용하여 어떤 기계화 부대가 가지고 있는 전차의 이름, 속도, 철판의 두께 등의 데이터를 바탕으로 전차를 강한 순으로 정렬하는 것을 생각해 봅시다.

우선 한 개의 전차에 대한 데이터를 표현하는 방법에 대해서 생각합니다. 이름이나 수치 등 이질적인 데이터를 나열하여 관리하는 것에 맞는 것은 튜플형입니다. 전차마다 이름, 속도, 철판의 두께, 주포의 구경 데이터를 튜플로서 ("X형 전차", 20, 17, 57)과 같이 서술합니다. 이 데이터는 5개를 나열합니다. 즉 튜플의 리스트를 작성하는 것입니다.

튜플의 리스트를 작성

```
tank_data = [("A형 전차", 38, 80, 75), ("B형 전차", 42, 50, 37),
             ("X형 전차", 20, 17, 57), ("Y형 전차", 40, 50, 75),
             ("Z형 전차", 39, 51, 75)]
```

이 데이터를 정렬하려면 무엇으로 강하다는 것을 나타낼지를 명확하게 정의할 필요가 있습니다. 엄밀한 정의는 어렵지만, 여기에서는 간단하게 "속도, 철판 두께, 주포의 구경을 더한 수치가 클수록 강하다."라는 원칙을 만들어 보겠습니다. 리스트의 요소를 수치로 반환하는 함수를 만듭니다. 이 경우는 리스트에 들어 있는 전차 데이터의 튜플을 건네면 제원을 더하는 함수를 만들면 좋습니다. 튜플의 첫 번째부터 앞의 수치를 더하는 함수를 만드는 것입니다.

전차의 제원을 더해 반환하는 함수

```
def evaluate_tankdata(tup):
    return tup[1]+tup[2]+tup[3]
```

위의 evaluate_tankdata() 함수를 사용하면 전차를 수치적으로 비교할 수 있습니다. 앞서 정의한 튜플의 리스트를 사용해 전차의 강함을 수치화해 봅시다.

각 전차의 강함을 표시

```
evaluate_tankdata(tank_data[0])
```
A형 전차(인덱스 0)

**193**

```
evaluate_tankdata(tank_data[4])
```
Z형 전차(인덱스 4)

**165**

이것은 리스트 안에 있는 데이터를 비교할 수 있도록 되어 있습니다. 이 함수를 sort() 메쏘드의 인수 key로 전달합니다. 함수를 인수로 전달하는 것이 묘하게 들릴지 모르겠지만, 함수 이름 그대로 인수로 하면 됩니다. 이렇게 하면 리스트의 요소를 함수에 전달하면서 비교하여 요소를 정렬해 줍니다.

자, 실제로 sort() 메쏘드를 사용해 데이터를 정렬해 봅시다. 그 뒤에 정렬한 리스트를 표시해 봅시다.

━ 전차의 강함으로 정렬하기

```
tank_data.sort(key=evaluate_tankdata, reverse=True)
tank_data
```

```
[('A형 전차', 38, 80, 75), ('Y형 전차', 40, 50, 75), ('Z형 전차', 39, 51, 75),
 ('B형 전차', 42, 50, 37), ('X형 전차', 20, 17, 57)]
```

sort() 메쏘드는 오름차순으로 정렬하는 것이 기본 동작입니다. reverse 인수에 True를 주고, 순서를 내림차순으로 강한 순서, 즉 evaluate_tankdata() 함수의 반환값이 큰 순서로 정렬하고 있습니다. A형 전차의 성능이 가장 좋은 것을 알 수 있습니다.

이처럼 리스트의 요소를 비교하는 함수를 만들어 인수로 주면 sort() 메쏘드 움직임을 세밀하게 커스터마이징 할 수 있습니다. 또 lambda식이라는 기능을 사용하면, 함수를 정의하지 않고 정렬 순서를 커스터마이즈 할 수도 있습니다. lambda식에 대해서는 P. 253에서 해설합니다.

## 언팩 대입

슬라이스를 사용한 대입과 비슷한 기능으로서 언팩 대입이 있습니다. 등호(=)의 좌우에 여러 요소를 기입하여, 한 번에 여러 요소에 대해서 대입을 행하는 기능입니다. 언팩 대입에서는 등호 좌우의 요소 수가 모두 없으면 오류가 되므로 주의하세요.

언팩 대입을 사용하면 다음과 같이 한 번에 변수의 교체(Swap)을 실행할 수 있습니다. 변수 등을 사용하여 요소를 저장할 필요가 없습니다.

언팩 대입 사용

```
a = 1
b = 2
b, a = a, b  ●──────────────────────────── 여러 개의 요소를 동시에 대입
print(a, b)

2 1
```

> ! 파이썬에는 여러 개의 요소를 쉼표(,)로 구별해 열거하면 튜플로 취급합니다. 이 기법을
> 사용하면 소괄호를 사용하지 않고 튜플을 작성할 수 있습니다. 언팩 대입은 튜플의 요
> 소로서 포함된 변수를 대상으로 대입을 행하는 것입니다.

## 슬라이스의 스텝 수

슬라이스에 부여하는 콜론(:)으로 구별되는 매개변수는 사실 3개를 줄 수 있습니
다. 3번째 수치는 스텝으로 취급됩니다. 슬라이스로 "n개씩 건너뛰면서 요소를 추출
한다"는 지정이 있는 것입니다. 실제로 시험해 봅시다.

리스트에서 슬라이스로 요소를 추출

```
a = [1, 2, 3, 4, 5]
a

[1, 2, 3, 4, 5]

a[1:4]  ●──────────────────────────────── [1:3]이 아닌 것에 주의

[2, 3, 4]

a[2:100]  ●─────────────────────────────── 오류가 나지 않음

[3, 4, 5]

a[::2]  ●──────────────────────── 리스트에서 짝수번째의 요소를 추출

[1, 3, 5]
```

# 슬라이스를 사용한 요소의 대입과 삭제

슬라이스와 대입을 조합하면 리스트의 여러 요소를 일괄적으로 바꿀 수 있습니다. 바꾸고 싶은 요소를 슬라이스로 지정하고 등호(=)의 왼쪽에 둡니다. 바꾸고 싶은 요소를 등호의 오른쪽에 둡니다. 오른쪽의 요소는 리스트나 튜플 등의 시퀀스이여야 합니다.

**요소의 추가**

```
a = [1, 2, 3, 4, 5]                              ─── 리스트를 작성
      └────────────────────────────── 리스트의 2 ～ 3번째 요소를 치환
a[2:4] = ['Three', 'Four', 'Five']
a ──────────────────────────────────── 결과의 표시

[1, 2, 'Three', 'Four', 'Five', 5]
```

등호 왼쪽에서는(0부터 세어서) 2번째와 3번째 요소를 슬라이스로 지정하고 있습니다. 오른쪽의 요소에서는 3개의 문자열을 가진 리스트를 지정하고 있습니다. 좌우로 요소 수가 다른 경우에도 자동적으로 정합성을 유지하도록 처리합니다. del문과 슬라이스를 섞으면 여러 요소를 한꺼번에 삭제할 수 있습니다.

**요소의 삭제**

```
a = [1, 2, 3, 4, 5]
del a[2:] ──────────────────────────── 3번째부터 마지막까지 삭제
a

[1, 2]
```

# 리스트에서 사용 가능한 메쏘드

리스트에는 sort() 외에도 편리한 메쏘드가 정의되어 있습니다. 자주 사용되는 메

쏘드에 대해서 간단히 설명하겠습니다. 또한, 각 메쏘드에 등장하는 사례의 L은 처리
대상 리스트(수정 가능한 시퀀스) 객체, [] 안의 인수는 옵션(생략 가능)입니다.

reverse( ) 메쏘드 　정렬 순서를 거꾸로 함

```
L.reverse()
```

리스트 L의 정렬 순서를 반전하며, S 자체는 다시 쓰입니다.

remove( ) 메쏘드 　요소를 삭제

```
L.remove(제거할 요소)
```

리스트 L에서 제거할 요소를 찾아내고 요소를 L 자체로부터 삭제합니다. 인수로 지
정된 요소가 발견되지 않는 경우는 예외(오류)가 발생합니다.

append( ) 메쏘드 　말미에 추가

```
L.append(추가하는 요소)
```

리스트 L의 말미에 추가할 요소를 추가하고 L 자체는 다시 쓰입니다.

extend( ) 메쏘드 　말미에 시퀀스를 추가

```
L.extend(추가할 시퀀스)
```

리스트 L의 말미에 추가할 시퀀스의 각 요소를 연결합니다. append() 메쏘드와 달
리 여러 요소를 추가하고 싶을 때에 이용합니다.

pop( ) 메쏘드 　삭제한 요소를 반환

```
L.pop([인덱스])
```

리스트 L의 요소를 1개만 제거하고 반환값으로 제거한 요소를 반환합니다. L자체
는 다시 쓰입니다. 인수로서 인덱스에 해당하는 수치를 지정하지 않으면 L의 말미를
대상으로 조작을 실시합니다.

## index( ) 메쏘드  요소를 검색

```
L.index(검색하고자 하는 요소[, 시작 인덱스[, 종료 인덱스]])
```

　문자열 메쏘드의 index()와 같은 처리를 합니다. 리스트 L에서 검색하고자 하는 요소를 찾아내고 인덱스를 반환합니다. 찾지 못한 경우는 "ValueError"라는 예외(오류)가 발생합니다.

# 05  set형 구사

　P. 143에서는 파이썬의 set형에 대해 간단히 설명했습니다. set형에는 여러 set형 객체와 연산자를 조합해 집합 연산을 할 수 있습니다.

　파이썬에는 set형도 객체이므로 메쏘드를 가집니다. 변경 가능형으로 분류되는 set형의 메쏘드를 사용하면 객체 자체를 변경해서 저장하는 조작을 행할 수 있습니다. 여기서는 set형 메쏘드에 대해 주로 설명합니다.

## set형 메쏘드를 활용

　문자열형이나 리스트형 등과 같이 set형에도 메쏘드가 있습니다. 잘 사용되는 것들을 나열해 보았습니다. S는 set형의 값을 나타내는 것으로 합시다.

## union( ) 메쏘드 　합집합 반환

```
S.union(S2)
```

　set형의 값 S와 S2에 포함되는 요소 중 중복되지 않는 요소를 가지는 집합(합집합)을 반환합니다. **S | S2**와 같이 연산자를 사용하는 조작과 같습니다.(→P. 145). S 자체는 변하지 않습니다.

## intersection( ) 메쏘드 · 교집합 반환

```
S.intersection(S2)
```

set형의 값 S와 S2에 포함되는 요소를 가지는 집합(교집합)을 반환합니다. **S & S2**와 같이 연산자를 사용하는 조작과 같습니다.(→P. 147). S 자체는 변하지 않습니다.

## difference( ) 메쏘드 · 차집합 반환

```
S.difference(S2)
```

set형의 값 S에는 포함되면서 S2에 포함되는 요소를 제거한 집합(차집합)을 반환합니다. **S - S2**와 같이 연산자를 사용하는 조작과 같습니다. (→P. 146)
S자체는 변하지 않습니다.

## symmetric_difference( ) 메쏘드 · 대상차집합을 반환

```
S.symmetric_difference(S2)
```

set형의 값 S 또는 S2의 한쪽에만 포함되는 요소를 모은 집합을 반환합니다. **S ^ S2**와 같이 연산자를 사용하는 조작과 같습니다.(→P. 147)
S자체는 변하지 않습니다.

## add( ) 메쏘드 · 요소를 추가

```
S.add(추가할 요소)
```

set형의 값 S에 인수를 추가합니다. S 자체가 다시 써집니다. 이미 인수로서 전달된 요소가 있는 경우 S는 변하지 않습니다.

## remove( ) 메쏘드 · 요소를 삭제

```
S.remove(삭제할 요소)
```

set형의 값 S로부터 인수를 제거합니다. S 자체가 다시 써집니다. 인수로서 전달된 요소가 등록되어 있는 경우, 예외(KeyError)가 발생합니다.

이와 같은 작동을 하는 discard( )라는 메쏘드를 사용하면 존재하지 않는 요소를 부여해도 예외가 발생하지 않습니다.

# 06 딕셔너리형 구사

딕셔너리 객체를 작성할 시, 대체로 중괄호(⦃⦄)로 묶은 리터럴을 써서 정의하여 사용합니다. 그 외에도 dict( )라고 하는 내장 함수를 사용해 딕셔너리를 작성하는 방법도 있습니다. dict( ) 함수를 사용하면 리스트나 튜플 등의 시퀀스를 사용해 딕셔너리를 작성할 수 있습니다.

## 시퀀스 등으로부터 딕셔너리를 작성

dict( )를 사용해 딕셔너리를 작성하는 방법에는 몇 가지 종류의 변형(variation)이 있습니다. 상황에 따라 구별해 사용하세요. 또한, 아래의 예시에는 모든 예시에 {'one': 1, 'two': 2} 라는 딕셔너리를 작성했습니다.

Table 내장 함수 dict( )를 사용해 딕셔너리를 작성하는 예시

| dict의 사용 방법 | 설명 |
|---|---|
| dict({'one':1, 'two':2}) | 딕셔너리로부터 딕셔너리를 작성합니다. (복사본) |
| dict([['one', 1],['two', 2]]) | 키와 값으로부터 하면 두 개의 요소를 가지는 시퀀스를 나열한 시퀀스로부터 딕셔너리를 만듭니다. 기존 시퀀스로부터 딕셔너리를 작성하는 경우에 사용하면 편리합니다. |
| dict(one=1, two=2) | 키워드 인수로부터 딕셔너리를 작성합니다. 키는 반드시 문자열입니다. 이 방법에는 "3=2"와 같이 수치를 사용한 키는 등록할 수 없습니다. |

# 두 개의 딕셔너리를 조합

update()라는 딕셔너리 메쏘드를 사용하면 두 개의 딕셔너리를 조합할 수 있습니다.

메쏘드의 인수로서 다른 딕셔너리를 전달하고 조합할 딕셔너리를 지정합니다. 메쏘드 호출에 사용한 딕셔너리 자체가 바뀌기도 하고, 중복된 키는 덮어씌워 집니다.

update() 메쏘드의 기능을 확인하여 봅시다. 샘플 코드의 서두는 딕셔너리의 정의를 리터럴로 서술하고 있습니다. 기호에 잘 주의해서 어디가 딕셔너리의 키이고 어디가 값인지 잘 구분해 주세요. 괄호 및 인용부호가 어디에서 시작되고 어디에서 끝나는지에 주목하세요. update() 메쏘드를 호출하고 있는 부분에서는 인수로서 파이썬의 딕셔너리가 정의되는 것을 알 수 있을 것입니다.

⌒ update( ) 메쏘드에 의한 딕셔너리의 연결

```
rssitem = {"title"  :"파이썬의 공부 전",
           "link"   :"http://host.to/blog/entry",
           "dc:date":"2016-05-16T13:24:04Z"}
rssitem.update({"title"   :"파이썬을 공부 중",
               "dc:creator":"someone"})
rssitem.keys() ●─────────────────────────── 키의 요약을 취득
 ┊
dict_keys['dc:creater', 'dc:date', 'link', 'title']

rssitem ●─────────────────────────────────── 딕셔너리를 표시

{'dc:date': '2016-05-16T13:24:04Z', 'dc:creator': 'someone', 'link': 'http://host.
to/blog/entry', 'title': '파이썬을 공부 중'}
```

샘플의 끝에서는 update()을 사용해 딕셔너리를 조합한 결과를 표시합니다. "title"라는 키는 전부터 있었으므로, 덮어쓰기하고 새로운 문자열로 되어 있습니다. "dc: creator"라는 키가 겹치면서 값이 등록된 것으로 나타납니다.

또 update() 메쏘드의 인수에는 "a=1" 같은 키워드를 지정할 수도 있습니다. dict() 함수와 같이 키워드를 문자열로 만들어 키로 등록하여 딕셔너리의 요소로 조합됩니다.

# 딕셔너리의 키를 스마트하게 다루기

딕셔너리를 다루는 처리에는 키의 존재 여부에 주의하여 처리해야 합니다. 키를 지정한 대입을 실행할 때, 키가 존재하지 않는 경우엔 새롭게 추가되므로 그다지 문제가 되지 않습니다. 주의해야 한다는 것은 키를 지정하여 딕셔너리의 요소를 참조(reference)하는 경우입니다. 존재하지 않는 키를 사용해 딕셔너리의 요소를 참조하려고 하면 예외(KeyError)가 발생합니다.

예를 들어 파일에 포함되는 영어 단어의 등장 횟수를 세는 처리를 작성하는 것을 생각합시다. 딕셔너리에서는 키로 같은 요소를 등록할 수 없습니다. 이 성질을 이용해 영어 단어를 키로 하고, 키에 대응하는 요소로서 등장 횟수(수치)를 등록한 딕셔너리를 만들면 쉽게 처리가 가능할 것입니다. "wordcount"라는 딕셔너리를 만들어 파일에서 읽은 영문을 포함하여 1개의 문자열 "line"을 처리하는 코드를 작성해 봅시다.

```
for word in line.split():
    if word in wordcount:
        wordcount[word] = wordcount[word]+1
    else:
        wordcount[word] = 1
```

1행의 루프에서는 파일에서 읽은 행(line)에 split() 메쏘드를 사용하여 시퀀스를 만들고 있습니다. 영문을 공백 문자열로 분할한 결과가 1개씩 반복 변수에 대입되어 갑니다. 영문의 행이 분할되고, 반복 변수에 영어 단어가 대입되어 그룹이 실행되는 것입니다.

2행에서는 반복 변수가 딕셔너리의 키로서 등록되어 있는지 조사하고 있습니다. 만약 키로 등록되어 있다면 단어의 카운트를 1개 증가합니다. 3행의 대입의 오른쪽에서는 키를 사용한 딕셔너리의 참조가 이루어지고 있습니다. 등록되지 않은 단어가 나타나면 존재하지 않는 키를 참조하게 됩니다. 그래서 in 연산자를 사용해 키가 존재하는지를 확인해야 합니다. 이 처리가 if문 블록에서 하고 있는 일입니다. 이처럼 딕셔너리의 키를 참조하는 경우는 키의 존재를 확인하는 처리가 늘 따라다닙니다.

딕셔너리의 get() 메쏘드를 사용하면, 이러한 처리를 더 간결하게 작성할 수 있습니다. get()은 인수에 키를 주고, 키에 대응하는 값을 꺼내는 메쏘드입니다. 옵션의 인수에 키가 존재하지 않을 경우 반환값(기본값)을 지정할 수 있습니다.

213

앞의 예와 같은 처리는 get() 메쏘드를 사용하면 훨씬 짧고 간결하게 작성할 수 있습니다. get()을 사용하면 키가 존재하지 않을 때 0을 반환하는 처리를 1행으로 쓸수 있습니다. 그래서 if문의 3개 블록을 쓰지 않아도 됩니다.

```
for word in line.split():
    wordcount[word] = wordcount.get(word, 0) + 1
```

## 딕셔너리의 메쏘드를 활용

update()와 get() 외에도 딕셔너리에서 이용할 수 있는 메쏘드는 여러 개 있습니다. 여기서는 흔히 쓰이는 메쏘드를 소개합니다. 각 메쏘드의 사용 사례의 D는 처리 대상이 되는 딕셔너리이고, [] 안의 인수는 옵션(생략 가능)입니다.

keys( ) 메쏘드　　　키의 요약을 반환

```
D.keys()
```

딕셔너리 D에 등록되어 있는 키의 요약을 반환합니다.

get( ) 메쏘드　　　값을 추출

```
D.get(키 [, 값])
```

딕셔너리 D에서 키에 할당된 값을 꺼냅니다. 옵션 인수로서 값을 부여하면 D에 키가 존재하지 않을 경우에 이 값을 반환합니다. 생략하면 None를 반환합니다. None은 아무것도 없음을 나타내는 특수한 값입니다.

setdefault( ) 메쏘드　　　값을 추출

```
D.setdefault(키 [, 값])
```

기본적으로 get() 메쏘드와 동일하게 제1 인수의 키에 할당된 값을 반환하지만, 키가 존재하지 않는 경우는 작동하는 것이 다릅니다. setdefault() 메쏘드에는 키가 발견되지 않을 경우, 제2 인수를 키로 하여 제1 인수를 키로 하는 요소를 D에 삽입합니다. 제2 인수를 생략하면 None를 사용합니다. 결과적으로 D를 바꿀 수 있는 가능성이 있다는 것에 주의하세요.

items( ) 메쏘드 ─ 키와 값을 추출

```
D.items()
```

딕셔너리 D에 등록되어 있는 키와 값을 짝으로 한 튜플을 리스트로서 반환합니다.

values( ) 메쏘드 ─ 값의 요약을 반환

```
D.values()
```

딕셔너리 D에 등록되어 있는 값의 요약을 반환합니다.

update( ) 메쏘드 ─ 요소를 추가

```
D.update([딕셔너리 등])
```

딕셔너리 D에 인수로 지정된 요소를 추가합니다. 같은 이름의 키가 있는 경우에는 덮어씁니다. 실제로는 딕셔너리 D 자체가 재작성되는 것이므로 요소의 순서는 보증되지 않습니다.

인수에는 딕셔너리 또는 "키와 값의 시퀀스를 나열한 시퀀스", "key=value와 같은 키워드" 중 하나를 취할 수 있습니다.

# 07 if문과 내장형

지금까지 내장형을 사용한 처리에 대해 보다 실질적인 예를 들면서 내장형의 활용 방법을 보아 왔습니다. 여기에서는 조금 방향을 바꿔서 if문과 내장형을 조합한 사용 방법에 대해 설명합니다.

## 내장형과 True(참), False(거짓)

기존 파이썬 코드를 보면 **if obj:** 와 같이 내장형의 객체만이 if문의 판별식으로 기재되어 있는 것을 볼 수 있었습니다. if문인데 비교 연산자가 없습니다. 이처럼 표기하는 데에는 의미가 있습니다.

길이가 0인 문자열이나 시퀀스를 bool형으로서 판별할 시, 파이썬은 False라고 간주합니다. 반대로 길이가 0이 아닌 시퀀스는 True로 간주합니다. 이 점을 사용하면 문자열 s가 비어 있는지를 조사하기 위해,

```
if len(s) != 0:
```

처럼 쓰는 대신

```
if s:
```

처럼 간단히 쓸 수 있는 것입니다. 함수 안에 인수로서 전달된 문자열의 길이를 확인할 때 등에 사용하면 편리합니다. 이 성질을 잘 사용하면 코드를 간소히 작성할 수 있습니다.

파이썬에서는 아래와 같이 내장형의 객체를 bool형으로서 판별할 때 True로 판별합니다.

- 0 이외의 수치
- 길이가 있는 문자열 (비어 있지 않은 문자열)
- 요소를 가지는 리스트나 튜플과 같은 시퀀스
- 요소를 가지는 딕셔너리

또한, 아래와 같은 내장형의 객체를 bool형으로서 판별할 때는 False가 됩니다.

- 0인 수치
- 빈 문자열 (빈 문자열은 "" 으로 정의할 수 있습니다.)
- 빈 리스트나 튜플 (빈 리스트는 []로 정의할 수 있습니다.)
- 빈 딕셔너리 (빈 딕셔너리는 {}로 정의할 수 있습니다.)

# 08 for문과 내장형

P. 100에서는 내장 함수 range()를 사용한 루프를 실행할 때에 대해 간단히 설명하였습니다. range()는 하나씩 순서대로 늘려가는 정수를 만들어 내는 함수입니다. 루프를 정하는 횟수를 실행하고 싶을 때는 range() 함수를 자주 사용합니다.

## range( ) 함수 구사하기

range() 함수에 정수를 한 개만 부여하면 0부터 시작해 인수의 하나 전의 값까지 순서를 늘려 값을 작성할 수 있습니다. range()에 부여한 인수에 따라, n번 반복하는 루프를 작성할 수 있는 것입니다.

range() 함수에 여러 인수를 부여하는 것으로 여러 종류의 수치를 작성할 수 있습니다. range()에 부여할 수 있는 인수는 다음과 같습니다.

range( ) 함수 　　수치의 시퀀스를 반환

```
range([시작할 수치,] 종료할 수치[, 스텝])
```

range() 함수에 2개의 인수를 부여하면 특정 구간의 연속된 수치를 작성할 수 있습니다. 처음 인수가 시작할 수치, 다음 인수가 종료할 수치가 됩니다. 예를 들어 10부터 20까지의 값을 기반으로 반복을 실행하고 싶은 경우는 아래와 같이 인수를 range() 함수에 전달합니다. 마지막 값에 1을 더한 값을 지정하는 것에 주의하세요.

10~20의 리스트를 작성

```
for i in range(10, 21):
    print(i, end=' ')                          ← 줄바꿈하지 않고 반복하는 변수를 표시
10 11 12 13 14 15 16 17 18 19 20
```

for문으로 range() 함수를 이렇게 사용하면 10부터 20까지의 수치를 반복 변수로 전달하면서 루프를 실행할 수 있습니다.

3번째의 인수에는 스텝 수를 부여할 수 있습니다. 스텝 수를 사용하면 range() 함수가 작성하는 수치가 증가하는 수를 제어할 수 있게 됩니다. 스텝 수에 마이너스를 붙이면 값이 줄어들어 갑니다. range()의 사용 예시를 몇 가지 봅시다.

```
range(10, 21, 2) ●──────────────────── 10부터 20까지, 2씩 증가
range(10, 21, 3) ●──────────────────── 10부터 19까지, 3씩 증가
range(20, 9, -1) ●──────────────────── 20부터 10까지, 1씩 감소
```

## 시퀀스와 루프 카운터

파이썬의 for문을 사용한 루프에는 시퀀스를 기반으로 하여 처리를 실행합니다. 루프 처리를 실행하는 요소를 리스트 등에 넣어 반복해 처리를 실행하는 것입니다. 루프의 내부에는 시퀀스의 몇 번째를 대상으로 루프를 실행하고 있는지 알기 위해 횟수를 기입한 루프 카운터를 사용할 때가 있습니다. 하지만 반복 변수로부터 간단히 루프 카운터에 해당하는 값을 얻을 수는 없습니다.

파이썬의 for문을 사용한 루프에서 루프 카운터를 사용하기 위해선 몇 가지 방법이 있습니다. 우선 가장 먼저 떠오르는 것이 루프의 밖에 변수를 정의해 값을 0 등으로 놓고, 루프 내부에 한 개씩 수치를 더해 나가는 방법이겠죠.

seq라는 변수에 리스트가 들어가 있다고 하고 간단한 코드를 작성해 봅시다.

```
counter = 0
for item in seq:
                                          루프 블록 내의 처리
    counter += 1
```

이와 같은 수법은 처리로서도 간단하고 코드 역시 간단해 이해하기 쉬운 것처럼 보입니다. 하지만 루프 밖에 변수를 정의하여 루프 내에서는 변수에 더하고 빼는 처리를 실행할 필요가 있어서 그다지 스마트한 방법은 아닙니다.

좀 더 스마트하게 처리를 하고 싶은 경우에는 어떻게 하면 될까요. range() 함수와 시퀀스의 길이를 취득하는 len() 함수를 조합한다면 보다 간단해 집니다.

반복 변수에 처리하고 싶은 시퀀스의 요소를 대입하는 것이 아니라 인덱스를 대입하는 것입니다. 이렇게 하면 루프 카운터의 초기화나 카운터를 더하고 빼는 처리를 하지 않아도 무방합니다. 시퀀스 안의 요소를 추출하기 위해 반복 변수를 시퀀스의 인덱스로서 부여합니다.

```
for cnt in range(len(seq)):
    print(seq[cnt])
```

처음의 예와 비교하여 보면 꽤나 간소히 작성할 수 있게 되었지만, 문제가 없는 것은 아닙니다. 예를 들어 코드를 수정할 때, 시퀀스가 대입되는 "seq"라는 변수명을 바꾸는 것으로 되어 있습니다. 시퀀스를 저장하고 있는 변수명은 루프를 실행하는 블록의 여러 곳에 흐트러져 있습니다. 이것을 전부 바꾸어 작성하는 것은 불가능합니다. 번거롭기도 하고 부분적으로 바꾸는 것을 잊는다면 오류가 날지도 모릅니다.

파이썬에서 루프 카운터를 사용하고 싶을 때는 enumerate()라는 내장 함수를 사용하면 편리합니다. 이 함수를 사용하면, 루프 카운터를 사용한 처리를 보다 스마트하게 작성할 수 있습니다.

```
for cnt, item in enumerate(seq):
    print(cnt,item)
```

지금까지 보아 왔던 for문을 사용한 루프와 달리 enumerate()는 2개의 요소를 튜플로 하여 차례차례 돌려줍니다. 최초의 요소는 루프 카운터에 해당하는 값으로 0에서 순서대로 증가해 갑니다. 2번째의 요소는 시퀀스 안의 요소입니다. for와 in 사이에는 2개의 요소를 받기 위한 반복 변수가 2개 기술되어 있습니다. 언팩 대입과 같은 구조를 사용하여 cnt와 item 각각의 변수에 대입됩니다.

# 2개의 시퀀스를 사용한 루프

요소 수가 같은 두 개의 시퀀스를 동시에 다루는 루프를 작성하고 싶을 때가 있습니다. 예를 들어 웹사이트 등의 회원 데이터를 처리하는 경우를 생각해 볼 수 있습니다. 사용자 명단과 메일 주소가 순서대로 정렬된 리스트가 한 개씩 있다고 합시다. 루프의 안에 명단이 기입된 메일 본문을 작성하면서 메일 주소를 사용해 메일을 전송하는 코드를 파이썬을 사용해 작성하여 봅시다.

range() 함수에서 사용하는 루프 카운터를 사용해도 좋지만, 여기서는 내장 함수 zip()를 사용하는 방법을 소개합니다.

zip() 함수에는 인수로서 2개의 시퀀스를 전달합니다. 2개의 시퀀스로부터 요소를 순서대로 추출하는 처리를 둘 중 어딘가의 시퀀스의 요소가 없어질 때까지 반복합니다.

zip( ) 함수 ～～～ 2개의 시퀀스로부터 요소를 추출

```
zip(시퀀스 1, 시퀀스 2)
```

간단히 테스트해 봅시다. 마치 지퍼의 좌우가 잠겨 들어가는 것과 같은 처리를 합니다. 영어로는 zipper라고 합니다. zip이라는 함수는 여기에서 온 것입니다.

zip( ) 함수의 사용

```
for n, w in zip([1, 2, 3, 4],['a', 'b', 'c', 'd']):
    print(n, w)

1 a
2 b
3 c
4 d
```

zip() 함수로 작성한 시퀀스를 for문으로 사용하면 2개의 요소를 가지는 튜플을 1개씩 추출해 나가면서 반복해 변수를 대입해 나갑니다. 반복 변수를 두 개 기술하면 2개의 요소를 각각 변수로 받을 수 있습니다.

# 09 함수와 내장형

파이썬의 함수에는 return문을 사용한 함수 외에도 값을 반환하는 것이 가능합니다. 수치나 문자열뿐만 아니라 리스트나 딕셔너리와 같은 복잡한 데이터를 함수의 반환으로 하는 것도 가능합니다. 함수로 실행하는 처리에 따라 여러 값을 반환하는 경우도 있습니다. 이때 리스트나 튜플을 반환하면 편리합니다.

리스트를 반환값으로 돌려주는 함수 foo()가 있다고 합시다. 그 안에는

```
return [valuea, valueb]
```

와 같이 하여 리스트를 작성해 반환값으로 돌려줍니다. 함수를 호출하는 쪽에서는 아래와 같이 리스트를 변수로 받는 게 가능합니다.

```
alist = foo()
```

반환값을 받은 변수에는 리스트가 대입되어 있습니다. 리스트의 안의 각가지의 값에는 인덱스를 사용해 **alist[0]**과 같이 접근할 수 있습니다.

## 반환값과 언팩 대입

리스트에 등록한 요소로부터 최댓값, 최솟값, 평균의 3개의 값을 반환하는 함수 bar()를 정의해 봅시다. 함수 맨 뒤에는 다음과 같이 3개의 값을 반환합니다.

```
return [minvalue, maxvalue, average]
```

함수의 반환값을 받는 측에서 alist 같은 변수에 리스트를 받으려고 합니다. 최솟값(minvalue)을 추출하려면 인덱스를 첨가해서 **alist[0]**와 같이 설정합니다. 최댓값(maxvalue)은 **alist[1]**입니다. 반환값 요소를 이렇게 참조해도 코드는 작동하지만, 코드

를 작성하거나 나중에 다시 읽을 때, "최댓값의 인덱스는 1"과 같이 일일이 머릿속에 기억할 필요가 있다는 것이 좀 귀찮습니다.

리스트 같은 순서를 반환하는 함수에서는 등호의 왼쪽에 여러 변수를 기술하고, 반환값으로 받을 수 있습니다. 3개의 값을 되돌리는 함수 bar()의 경우는 다음과 같이 쓸 수 있습니다.

```
minvalue, maxvalue, average = bar(seq)
```

이처럼 다른 변수로 반환값을 대입하면 변수명으로도 변수의 내용을 쉽게 판별할 수 있게 되기 때문에 더 쉬운 코드를 작성할 수 있습니다. 이 코드에서는 언팩 대입 (→P. 205)과 같은 구조를 이용하고 있습니다.

즉 return문으로 반환하는 시퀀스와 받은 요소의 수가 같을 필요가 있는 것입니다. 수가 맞지 않으면 예외(오류)가 발생합니다.

return 부분은 괄호가 없이 다음과 같이 씁니다. 파이썬에서는 쉼표(,)를 쓰고 여러 요소를 구분하면 소괄호 없이 튜플을 정의할 수 있습니다.

```
return min, max, average
```

## 함수로 인수 리스트를 받기

P. 119에서 언급했듯이 함수에 전달 인수는 변수의 대입과 같은 형태로 전달이 행해집니다. 함수를 정의한 def문에서는 함수로 받아 인수로 이름을 지어 정의합니다. 함수를 호출하는 측은 인수의 순서를 갖추고 값을 전달하거나 인수의 이름을 지정하고 키워드 인수(→P. 166)로 값을 건네줍니다.

함수에 넘길 수 있는 인수의 수나 종류는 함수에 정의된 인수에 의해서 결정됩니다. 함수에 정의된 인수보다 적은 수의 인수밖에 안 넘겨 주면 오류가 납니다. 많은 수의 인수를 넘기더라도 오류가 납니다.

함수에서 실행하는 처리 내용에 따라서는 인수로 넘겨 주는 값의 수에 제한을 두지 않도록 하고 싶은 경우가 있습니다. 파이썬에서는 함수의 정의에 특수한 인수를 지정함으로써 인수의 수와 종류를 자유롭게 바꿀 수 있습니다. C나 C++라는 프로그래밍 언어를 알고 있는 사람이라면, 가변 인수라는 말을 들은 적이 있을지도 모르겠네요. 파이썬에는 그에 해당하는 기능이 갖추어져 있습니다.

인수 이름 앞에 별표(*)를 쓰면 키워드 지정하지 않은 인수를 몇 개라도 받아들일 수 있게 됩니다. 추가 인수는 * 뒤에 지정한 변수에 튜플로 대입됩니다.

Jupyter Notebook을 사용해 테스트해 봅시다. 일반 인수를 2개, 별표(*) 1개가 붙은 인수를 1개 정의한 함수를 만들어 호출하여 봅시다. print() 함수로 a, b 및 vals라는 인수를 표시하는 간단한 함수를 만들어 봅니다.

⌐ 함수로 인수 리스트를 받기

```
def foo(a, b, *vals):  ●──────────── *인수를 갖는 함수를 정의
    print(a, b, vals)

foo(1, 2, 3, 4, 5)  ●──────────── 5개의 값을 인수로 지정하여 호출

1 2 (3, 4, 5)

foo(1, 2, c=3)  ●──────────── c라고 하는 미정의 키워드 인수를 지정

---------------------------------------------------------
TypeError                 Traceback (most recent call last)
<ipython-input-3-e6e596dcf88b> in <module>()
----> 1 foo(1, 2, c=3)

TypeError: foo() got an unexpected keyword argument 'c'
```

두 번째까지의 인수는 a, b라는 인수에 대입됩니다. 그다음의 인수는 *을 붙인 vals라는 변수에 튜플로서 대입됩니다. * 1개를 붙인 인수에는 "c=3"과 같이 "키워드 지정"된 추가 인수를 받는 것은 불가능합니다. 함수 호출 시 오류가 납니다.

## 함수로 키워드 인수 받기

*을 2개 붙인 인수를 정의하면 키워드 지정된 미정의 인수를 받게 됩니다. 다른 함수를 정의하여 테스트해 봅시다.

정의되지 않은 키워드 인수

```
def bar(a, b, **args): ●━━━━━━━━━━━━━━━━━ **인수를 갖는 함수를 정의
    print(a,b,args)


bar(1, 2, c=3, d=4) ●━━━━━━━━━━━━━━━━━━ 정의하지 않은 키워드 인수를 정의
1 2 {'c': 3, 'd': 4}
```

c=3, d=4와 같이 건네진 정의하지 않은 인수는 args라는 변수에 딕셔너리로 대입되는 것을 알 수 있습니다.

또한, "*val"이나 "**arg"와 같은 인수는 인수 리스트의 마지막에 두도록 합니다. 또한, 두 종류의 인수를 같은 함수로 정의하는 것도 가능합니다.

# 10 파이썬의 문자열과 한국어

파이썬 3에서는 파이썬 2에 비해서 한글과 같은 멀티 바이트 문자를 다루기 쉽게 되어 있습니다. 문자열의 형태가 통일되고 코드에서 문자열형 변환을 실시할 필요가 거의 없어진 것입니다. 프로그램에 한글을 쓰고 print() 함수 등으로 표시하는 것만으로 대부분의 경우는 문제없이 한글을 다룰 수 있습니다.

파이썬에서는 codecs라고 불리는 구조를 사용해 한글 같은 멀티 바이트 문자열을 여러 인코딩(encoding)으로 변환합니다. 유니코드(UTF-8)을 중심으로 다양한 인코딩에 대한 변환을 지원합니다. 한국어뿐만 아니라 일본어나 중국어 등도 다룰 수 있습니다.

파이썬 3에서는 멀티 바이트 문자열이 다루기 쉬워졌다고는 하나, 문자 코드나 인코딩 변환 같은 지식이 전혀 필요 없는 것은 아닙니다. 문자열을 파일이나 네트워크 등 외부에서 읽거나 출력할 때는 인코딩의 변환이 필요하게 됩니다.

여기에서는 파이썬에서 한글 같은 멀티 바이트 문자열을 다룰 때 조심해야 할 것, 핵심이 되는 기술 등에 대해서 설명합니다.

# 문자 코드에 관한 기본 지식

파이썬에서 한글을 다루는 기술에 대해서 설명하기 전에 문자 코드나 인코드 등 기본적인 지식에 대해서 설명하겠습니다. 컴퓨터는 문자를 수치로 옮겨서 기록합니다. 대문자 A는 65, 소문자의 a는 97과 같이 어느 문자에 어떤 수치를 할당하느냐를 결정하고 있습니다. 파이썬에서도 역시 내부에서는 문자를 1개씩 수치로 옮겨서 저장하고 있습니다. 파이썬의 내부에서는 문자열은 문자를 수치로 바꾸어 순서대로 늘어놓아 저장합니다. 영문자나 숫자 같은 글자를 모은 것을 문자 집합이라고 부릅니다. 문자 집합에 대해서 값을 배정한 것을 문자 코드라고 부릅니다. 또 ASCII처럼 글자와 숫자 값을 서로 변환하기 위한 규칙을 인코딩이라고 부릅니다.

**Fig** 컴퓨터 내부에서는 문자가 대응하는 값으로 치환되어 보존된다.

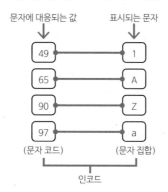

## ASCII 인코드

숫자나 알파벳, 흔히 쓰이는 기호 등을 모아 수치를 할당하고 ASCII(아스키)로 불리는 규칙을 정하였습니다. ASCII는 "American Standard Code for Information Interchange(정보 교환을 위한 미국 표준 코드)"의 앞글자를 딴 것입니다. 공백 문자나 줄 바꿈 같은 제어 문자를 포함하여 128종류의 문자에 대응하는 숫자가 결정되어 있습니다.

225

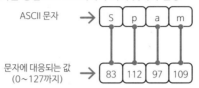

**Fig** ASCII에서는 영숫자를 중심으로 128개의 수치에 숫자가 할당

ASCII에 정해진 문자 집합(ASCII 문자)는 "0"과 "1"로 표기되는 2진수 7비트(7자릿수)로 표현할 수 있는 수치(0부터 127까지)를 사용해 모든 문자를 표기할 수 있습니다. ASCII는 컴퓨터에서 가장 자주 이용되는 인코딩 방식입니다.

그 후에, ASCII 문자 집합을 바탕으로 유럽 등에서 자주 이용되는 문자 중 ASCII가 가지지 않는 문자를 추가한 ISO 8859라는 인코딩이 만들어졌습니다. ISO 8859에서는 문자를 표기하기 위한 값의 범위를 ASCII의 7비트에서 8비트로 다루는 256까지 확장했습니다. 범위를 넓히고 새롭게 추가한 부분에, 파운드(£) 같은 통화 기호나 유럽에서 자주 이용되는 발음기호가 있는 문자를 추가했습니다.

8비트는 1바이트라고도 불립니다. 바이트는 컴퓨터가 수치를 다룰 때 자주 이용되는 단위이기도 합니다. ASCII와 ISO 8859 같은 인코딩에서 문자를 표현하면 한 문자가 1바이트입니다. 문자열의 문자 수를 세려면 문자열의 바이트 수를 헤아리면 컴퓨터에 있어서 다루기 쉬운 인코딩인 것입니다.

ISO 8859는 ASCII 문자 집합을 그대로 이용할 수 있어 유럽 등에서 자주 이용되는 인코딩입니다. ISO 8859에는 몇 가지 변형이 있지만 ISO 8859-1로 불리는 인코딩 방식이 가장 잘 사용되고 있습니다. ISO 8859-1은 Latin-1으로도 불립니다.

## ⫞⫞⫞ 멀티 바이트 문자

서양에서 사용되고 있는 ASCII와 ISO-8859-1 같은 인코딩에서는 8비트(1바이트)를 한 문자로 합니다. 이로는 256가지 문자밖에 다루지 못합니다. 한편, 한국어와 일본어, 중국어 같은 한자 문화권에 있는 나라에서는 수천에서 수만 종류의 너무 많은 문자를 사용합니다.

1바이트를 2개 조합하여, 2바이트를 1개의 값으로 취급하면 6만 5,536개 문자를 다룰 수 있습니다. 3바이트, 4바이트로 늘리면 다룰 수 있는 글자 수가 늘어납니다. 한국어와 같이 글자가 많은 언어를 컴퓨터로 다루기 위해서 여러 바이트를 조합해서 문자를 표현하는 인코딩이 사용되게 되었습니다. 한 문자를 여러 바이트로 표현하고 있기 때문에 이러한 인코딩으로 표현된 문자를 멀티 바이트 문자라고 부릅니다. 반면 ASCII와 ISO 8859처럼 1바이트로 표현할 수 있는 문자를 1바이트 문자라고 부르는 것입니다.

**Fig** 멀티 바이트 문자인 한글은 인코딩에 따라 문자마다 2~3바이트를 차지한다

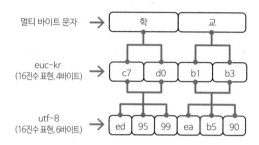

여러 바이트를 쓰면 한국어처럼 글자 수가 많은 언어를 다룰 수 있는 것을 알았습니다. 다만 "한국어에서는 어떤 수치를 어느 문자에 할당하나"라는 규칙(인코딩)에 여러 종류가 있습니다. 많은 경우 UTF-8이라는 인코드를 사용하는 일이 많아지고 있지만, 실제로는 경우나 상황에 의해서 여러 가지 인코드를 구사하고 있습니다.

다음 표에 한국어 문자를 프로그램에서 다룰 때 이용되는 주요 인코딩을 표시합니다.

**Table** 한국어 표기에 사용되는 주요 인코드

| 인코드 명 | 설명 |
|---|---|
| EUC-KR | UNIX나 Linux에서 표준적으로 이용하던 인코딩으로 ISO-2022를 기반으로 하고 있습니다. 특정 범위에 있는 수치를 이스케이프 문자에 해당하는 코드로 이용합니다. EUC-KR(한국어)나 EUC-CN(중국어), EUC-JP(일본어)처럼 같은 기법을 다른 문자 집합에 할당한 인코딩도 있습니다. |
| UTF-8 | 유니코드를 기본으로 한 인코드로 지금도 표준으로 사용합니다. 영문자나 한국어 등 넓은 범위의 문자를 통일적으로 다루는 인코딩입니다. ASCII 문자는 1바이트로 표기합니다. 그 이외의 문자는 종류에 따라서 2바이트 또는 3바이트나 그 이상의 바이트 수를 조합해 한 문자를 표현합니다. |

## 파이썬과 유니코드

1개 언어를 사용하는 인코딩이 여러 개 있고, 또 EUC-KR 대신에 EUC-CN, EUC-JP처럼 비슷한 인코딩을 사용해도 언어가 다르면 다른 문자가 표시되는 것은 매우 불편합니다. 다국어에 대응하는 프로그램을 만들려고 하면 나라마다 다른 처리를 해야 해서 프로그램을 잘 만들지 않으면 흔히 말하는 "문자 깨짐 현상"이 발생합니다.

그래서 모든 나라의 언어에서 공통적으로 이용 가능한 인코딩을 목표로 하여 유니코드(UNICODE)가 만들어졌습니다. 주요 언어 등에서 사용되는 문자(문자 집합)를 모아 각각에 유니코드 번호로 불리는 수치를 할당하고 기준화한 것이 유니코드입니다. UTF-8은 "유니코드 문자 집합을 컴퓨터로 다룰 때 이용되는 인코딩 방식"입니다. 엄밀한 정의는 이와 같이 조금 어렵지만 여기에서는 UTF-8 같은 인코딩 방법도 문자 집합으로서 유니코드도 모두를 아우르면서 "유니코드"라고 부르기로 합니다. 파이썬 3에서는 모든 문자열이 유니코드를 기반으로 하고 있습니다. 유니코드를 중심으로 다양한 인코딩의 문자열을 만들 수 있습니다. 예를 들어 파이썬의 문자열에서 EUC-KR 인코딩의 문자열을 만들 수 있습니다.

## bytes형

파이썬에서는 프로그램의 외부에 문자열을 출력할 때, 또 외부로부터 문자열을 받을 때 반드시 어떤 인코딩 변환이 이루어지고 있습니다. 파이썬의 내부에서는 한글은 유니코드 데이터로 저장되지만 Jupyter Notebook 등으로 표시할 때는 변환이 이루어집니다. 파이썬은 내부에서 표시용 인코딩에 관한 정보를 갖고 있어, 그 정보를 보며 변환을 실시합니다. 셀에 표시되는 인코딩은 어떤 OS를 사용하는지에 따라서 바뀝니다. Windows라면 UTF-8입니다. Linux, MacOS X라면 대부분 UTF-8입니다.

유니코드에서 인코딩 변환된 문자는 파이썬 3에서는 바이트(bytes)형이라는 특수한 문자열 객체입니다.

바이트형은 이미지나 음성 같은 문자열 이외의 바이너리 데이터를 다룰 때도 이용됩니다. 여기에서는 문자열을 바이트 형태로 다루는 방법에만 맞추어 해설합니다. 바이트형에서 바이너리 데이터를 다루는 방법에 대해서는 →P. 237 이후의 "파이썬의 파일 처리"에서 설명합니다. 문자열형과 바이트형의 차이는 멀티 바이트 문자열의 취급에 있습니다. 문자열 객체는 한글 같은 멀티 바이트 문자라도 "한 문자의 길이가 2 또는 3"이 됩니다. 바이트형의 경우 "1바이트의 길이가 1"이 됩니다. 코드를 작성해 확인하여 봅시다.

~ 멀티 바이트형의 사용

```
s = "대한민국"          ─── 한글을 포함하는 문자열형을 정의
len(s)                  ─── 길이를 조사
```
```
4
```
```
bs = s.encode("EUC-KR")   ─── 문자열형에서 EUC-KR 바이트형으로 변환
len(bs)                   ─── 길이를 조사
```
```
8
```
```
print(bs)                 ─── 바이트형으로 프린트
```
```
b'\xb4\xeb\xc7\xd1\xb9\xce\xb1\xb9'
```
```
bt = s.encode("UTF-8")    ─── 문자열형에서 UTF-8 바이트형으로 변환
len(bt)                   ─── 길이를 조사
```
```
12
```
```
print(bt)                 ─── 바이트형으로 프린트
```
```
b'\xeb\x8c\x80\xed\x95\x9c\xeb\xaf\xbc\xea\xb5\xad'
```
```
s[0]
```
```
'대'
```
```
bs[0]
```
```
180
```
```
bt[0]
```
```
235
```

EUC-KR에서 한글의 한 글자를 표현하기 위해서는 2바이트가 필요합니다. 그래서 len() 함수에서 bytes형 객체의 길이를 조사하면, "대한민국"라는 문자열은 8글자로 되어 있습니다. 또 bytes형 객체를 표시하면 이스케이프 문자가 표시되며 한글 문자열이 표시되지 않습니다. 인덱스를 지정한 요소를 표시하려는 경우 문자열에서는 한글의 첫 글자가 표시됩니다. bytes형 객체에서 byte열 최초의 데이터가 수치로 표시되었습니다.

bytes형의 문자열은 "b'...'"이라는 리터럴도 정의할 수 있습니다. 하지만 리터럴 속에 ASCII 문자 이외의 멀티 바이트 문자열을 쓸 수 없습니다. 이스케이프 문자를 사용하면 멀티 바이트에 해당하는 문자열을 포함시킬 수 있습니다.

## 문자열을 bytes형으로 변환

문자열 메쏘드의 encode()를 사용하면 문자열 객체를 bytes형으로 변환할 수 있습니다. 인수에는 변환하고 싶은 인코드 등을 지정합니다.

encode( ) 메쏘드 ━━━ 문자열을 bytes형으로 변환

```
encode([인코드 명[, 오류 처리 방법]])
```

인수 인코드에는 파이썬에서 이용 가능한 인코드를 문자열로 지정합니다.

아래과 같이 하면 변수 s에 들어 있는 문자열을 EUC-KR의 byte 문자열로 변환 가능합니다. 또한, 오류 처리 방법으로 지정되어 있듯이 변환 시 오류가 났을 경우는 예외(오류)를 반환해 변환을 중지합니다.

바이트형으로 변환

```
u = s.encode("euc-kr", "strict")  ━━━━━━━━ EUC-KR을 문자열로 변환
```

파이썬에서 이용 가능한 한국어 인코드에는 다음과 같은 것이 있습니다. 같은 인코드에 대해서 지정 방법이 몇 가지 있다는 걸 알 수 있습니다. "영문자로 표기, 구간 구별에 하이픈(−)을 사용"과 같이 기억하면 어떨까요. 또한, 하이픈 대신 밑줄(_)을 쓰는 것도 가능합니다.

**Table** 파이썬에서 사용 가능한 한국어 인코드명

| 인코드 명 | 파이썬의 인코드명 |
| --- | --- |
| EUC-KR | euc-kr |
| UTF-8 | utf-8 |

인코딩 변환 시에 부정확한 문자열이 들어 있으면 오류가 발생합니다. 오류 처리 방법을 인수로 지정(옵션)하면 인코딩을 변환할 때에 일어난 오류에 대한 대처 방법을 지정할 수 있습니다. 변환하려는 문자열에 변환 불가능한 문자열이 포함되어 있는 경우 등에 어떤 대처를 할지를 지정하는 경우에 이용합니다.

오류 처리 방법에는 다음과 같은 문자열을 지정할 수 있습니다.

**Table** 변환 오류의 대처를 지정하는 문자열

| 문자열 | 설명 |
| --- | --- |
| strict | 오류가 났을 때 오류(예외)를 발생하여 변환을 중지합니다. 옵션을 지정하지 않은 경우의 디폴트로도 사용됩니다. |
| replace | 인코드 변환할 수 없는 문자가 있을 시 "?" 등의 적절한 문자열로 치환해 반환합니다. 인코드 시 오류가 발생해도 변환을 계속합니다. |
| ignore | 인코드 변환으로 오류가 날 경우 그대로 변환을 계속합니다. 오류로 변환할 수 없는 문자열은 삭제합니다. |

# bytes형을 문자열형으로 변환하기

bytes형의 문자열을 문자열형으로 변환하려면 문자열 메쏘드 decode()을 사용합니다. 인코드 지정 방법, 오류가 났을 때의 대처 방법은 encode()와 같은 문자열을 사용합니다.

decode( ) 메쏘드     bytes형을 문자열형으로 변환하기

```
decode([인코딩 이름[, 오류 처리 방법]])
```

문자열이 든 변수와 문자열을 리터럴 등 문자열 객체에서 도트(.)로 구분하여 decode()
메쏘드를 호출합니다. 도트 앞의 문자열이 변환 대상이므로 인수로 문자열을 지정할 필
요는 없습니다(인수는 옵션으로 지정 가능합니다). 문자열 메쏘드의 decode()는 다음과 같이 불러냅
니다.

EUC-KR에 해당하는 바이트형을 문자열형으로 변환

```
u = s.decode("euc-kr", "ignore")
```
                                 bytes형을 문자열형으로 변환하기

> !   bytes형과 비슷한 문자열형으로 bytearray형이 있습니다. bytes형은 문자열형과 마
> 찬가지로 변경 불가능한 객체지만 bytearray형은 변경 가능한 객체입니다. bytearray
> 형은 리스트와 같이 요소를 변경할 수 있습니다.

## 스크립트 파일의 인코딩 지정

파이썬에는 스크립트 파일의 인코딩을 지정하는 기능이 있습니다. 파이썬 2까지는
명령이나 문자열 리터럴에 한글을 포함한 경우에 반드시 인코딩을 지정할 필요가 있
었습니다. 파이썬 3부터는 기본 인코딩으로 UTF-8이 지정되어 있습니다. UTF-8에서
파이썬 3의 소스 코드를 쓰고 있다면, 인코딩 지정을 할 필요는 없습니다. 인코드를
지정하면 EUC-KR 등의 다양한 인코딩에서 프로그램을 작성할 수 있습니다. 스크립
트 파일의 인코딩을 지정하려면 다음과 같이 기술합니다.

```
# coding: 인코딩 이름
```

또는

```
# coding=인코딩 이름
```

coding 전후에는 임의의 문자열을 둘 수 있습니다. 다음의 표기는 Emacs라는 에 디터를 사용한 표기입니다.

```
# -*- coding: 인코딩 이름 -*-
```

스크립트 파일의 인코딩 설정은 1행 또는 2행째에 기술합니다. 그것 이외의 행에 예와 같은 코드가 있어도 인코딩 지정이 아니고 명령으로 간주되어 버립니다.

또 Linux, MacOS X에서는 1행째에 **#!/usr/local/env python**과 셔뱅(shebang)을 쓰고 쉘(Shell)에서 파이썬을 호출하는 기법을 쓰는 것이 많을 것입니다. 그런 경우는 2행째에 인코딩을 지정합니다. 스크립트 파일의 인코딩에는 파일을 저장할 때에 인코드를 지정하도록 합니다. 예를 들어 파일을 UTF-8로 저장했을 때는, 인코드 이름 부분에 "utf-8"이라고 씁니다.

```
# coding: utf-8
```

## 인코드의 판정

파이썬에서는 bytes형 문자열을 가능한 대로 문자열형으로 변환해서 쓰도록 합니다. bytes형 문자열의 인코딩을 사전에 알고 있을 때는 좋지만 모르는 경우에는 좀 곤란합니다. bytes형 문자열이 어느 인코딩에 해당하는지 알아보고 변환하지 않으면 이른바 문자 깨짐 현상이 일어날 수 있습니다.

아래와 같은 함수를 사용하면, 멀티 바이트 문자 인코딩을 간단하게 판정할 수 있습니다.

Ⓛⓘⓢⓣ guess_encoding() 함수

```
def guess_encoding(s):
    """
    바이트형의 문자열을 인수로서 받고,
    인코딩을 간단하게 판정
    """
    # 판정을 실시하는 인코딩을 리스트에 저장
    encodings = ["ascii", "utf-8", "euc-kr"]
    for enc in encodings:
        try:
            s.decode(enc)        # 인코딩 변환을 시도
        except UnicodeDecodeError:
            continue             # 인코딩 변환에 실패했기 때문에 다음을 시도
        else:
            return enc
            # 오류가 발생하지 않으면 변환에 성공한 인코딩을 반환
    else:
        return ""                # 성공한 인코딩이 없으면 빈 문자열을 반환
```

이 함수는 아주 간단한 방법을 쓰고 있으므로, 특히 짧은 문자열을 준 경우 인코 딩의 판정에 실패하는 경우도 있습니다. 어느 인코드의 8비트 문자열이 다른 인코드 에서는 따로 문자열에 할당된 적이 있기 때문입니다. 충분한 길이를 가진 문자열이면 충분한 정밀도로 인코드의 판정이 될 겁니다.

## 인코드와 문자 깨짐 현상

여기서는 파이썬에서 한글과 같은 멀티 바이트 문자를 다룰 때 일어나기 쉬운 문 제에 대해서 설명합니다. 문제의 원인을 설명한 뒤 처리 방법에 대해서도 설명하겠습 니다.

한국어에는 문자 집합을 수치로 변환하는 인코드가 여럿 있습니다. 데이터로서는 똑같이 보여도 인코드가 다르다면 데이터가 별개의 문자로 취급되어 버립니다. 한글

의 문자열을 바르게 표시하기 위해서는 프로그램의 내부에 저장되어 있는 수치의 정보만으로는 불충분합니다. 정확한 인코드를 모른다면 전혀 다른 문자열로 변환되어 버립니다. 일반적으로 말하는 문자 깨짐이라는 현상은 간단히 말하자면 다음과 같은 구조에서 발생합니다.

컴퓨터에 저장되어 있는 문자를 나타내는 수치와 문자를 표시하려는 측에서 인코딩이 맞지 않으면 올바른 문자가 표시되지 않습니다. 예를 들면 쉘(Shell)과 명령 프롬프트 상에서 파이썬 같은 프로그래밍 언어를 쓴다면 문자를 표시하는 단말의 인코딩을 올바르게 설정하지 않으면 깨짐 현상이 일어납니다. 파이썬이 한글을 포함한 문자열을 표시한다고 하고 있을 때 단말기 측에 설정되어 있는 인코딩과 같은 인코딩 데이터를 보내지 않으면 문자가 올바르게 표시되지 않습니다.

print() 함수에서 한글을 포함한 문자열을 표시하려고 할 때 문자가 깨지는 현상은 단말기의 인코드가 맞게 설정되어 있는지 확인해 주세요. 만약 맞지 않게 설정되어 있는 경우에는 환경을 재설정하는 등 정확하게 표시할 수 있도록 조치합시다.

**Column** 묵시적으로 행해지는 인코딩 변환

파이썬 2에서는 문자열 포맷 등에서 묵시적으로 인코딩 변환을 하는 것이 있었습니다. 묵시적으로 실행되는 인코딩 변환에서는 파이썬이 멀티 바이트 문자열을 ASCII 인코드로 전환하려 하여 오류가 날 수 있습니다.
파이썬을 써본 적이 있는 사람이라면 "UnicodeDecodeError"라는 오류를 본 적이 있다고 생각합니다. 이 오류의 대부분은 여기에서 설명한 것과 같은 경우에서 발생하는 것입니다.
파이썬 3에서는 문자열이 유니코드 기반의 문자열형 1개로 되었습니다. 문자열 포맷 같은 문자열 조작을 하더라도 같은 유니코드 기반의 문자열을 처리하고 있으므로, 파이썬 2에서 벌어졌던 것과 같은 묵시적 인코딩 변환은 발생하지 않습니다. 또 외부에서 스캔한 데이터를 문자열로 할 때는 명시적으로 인코딩 변환을 하게 되어 있습니다. 파이썬 3에서도 이런 종류의 인코딩 변환 시에 오류가 나는 것은 있습니다. 그러나 파이썬 2때처럼 문자열 처리 중에 묵시적으로 인코드 변환이 이루어지고, 원인 불명의 오류가 발생한다는 것은 없었습니다.
단 파이썬 3에서도 파이썬 2와 같이 묵시적인 인코딩 변환을 하는 장소가 있습니다. 그것은 표준 입출력입니다.
예를 들어 쉘(Shell)을 사용해 파이썬을 대화형 모드로 실행합니다. 거기서 print() 함수를 사용하고 결과를 출력할 때 파이썬은 묵시적으로 인코딩 변환을 실시합니다. 환경 변수 등을 보며 결과를 출력할 때 쓰는 인코딩을 결정하는 것입니다. 이 경우에 예를 들면, 출력 시의 인코딩이 ASCII로 되어 있고, print() 함수를 사용해서 멀티 바이트 문자를 표시하려면 어떻게 될까요? 멀티 바이트 문자를 ASCII로 변환할 수 없으니 "UnicodeDecodeError"가 납니다. 파이썬 2든 파이썬 3이든 역시 오류가 일어납니다. 또한, 셀(Cell)의 출력 시에 일어나는 오류는 인코딩을

UTF-8 등으로 설정하면 해결됩니다.

파이썬 3에서 로그 등을 출력할 목적으로 print() 함수의 출력처를 파일로 만드는 경우에는 주의가 필요합니다. 여기서도 묵시적 인코딩 변환이 이루어지고 오류가 발생할 수 있습니다. 이러한 문제를 피하려면 명시적으로 파일 쓰기를 하는 것이 안전합니다.

## 멀티 바이트 문자와 문자의 경계

ASCII처럼 1바이트가 1문자에 대응하지 않는 것도 멀티 바이트 문자열의 특징입니다. 문자의 구분을 판별하기 위해서는 직전의 바이트를 조사하거나 문자열의 처음부터 이스케이프 문자를 조사하거나 특별한 처리를 실행할 필요가 있습니다.

예를 들어 파이썬의 바이트형 객체로 인코딩된 한글의 문자열을 취급하는 경우는 주의가 필요합니다. 파이썬에는 bytes형 문자열의 경계를 판별하는 기능이 내장되어 있지 않습니다. 직접 문자 경계를 판별하는 처리를 만드는 등의 작업이 필요합니다. 문자열을 분할하거나 치환할 때 문자의 경계를 적절하게 판별하지 않으면 문자열이 깨집니다.

멀티 바이트 문자를 제대로 다루기 위해서는 미주에서 이용되는 인코딩과는 달리, 더 많은 지식을 필요로 합니다. 한국인, 일본인, 중국인 등 한자 문화권의 개발자와 많은 언어를 사용하는 유럽의 개발자들은 이 사실을 뼈저리게 느끼는 것이 많기 때문에 멀티 바이트의 취급에 충분히 주의를 기울이는 경향이 있는 것 같습니다. 그러나 영어권역 개발자는 멀티 바이트의 취급에 무관심한 듯합니다. ASCII 문자를 사용하고 있는 한 거의 인코딩에서 문제가 생길 수 없어, 멀티바이트의 문자의 복잡성을 실감할 수 없을지도 모릅니다.

# 11 파이썬의 파일 처리

수치나 문자열, 리스트형 등의 내장형은 매우 편리합니다. 내장형을 사용한 처리는 매우 빨라 용량이 큰 데이터도 비교적 다루기 쉬우며, 사용 방법을 기억해 두면 매우 효율적으로 코드를 작성할 수 있습니다.

파이썬에서는 수치나 문자열 등의 데이터는 메모리 상에 놓입니다. 메모리 상의 데이터에 대해서는 매우 고속으로 참조 및 변경을 실행할 수 있습니다. 그 대신, 메모리 상에 놓인 데이터는 프로그램을 종료하면 사라져 버립니다. 예를 들면 Jupyter Notebook에 어떤 변수를 정의하고 일단 Jupyter Notebook을 종료하여 보세요. 다시 실행하더라도 이전에 정의한 변수는 쓸 수 없게 됩니다.

**Table** 메모리와 파일의 장점, 단점

|  | 메모리 | 파일 |
|---|---|---|
| 장점 | 처리가 빠르고 다루기 쉬움 | 프로그램을 종료하거나 전원이 꺼져도 사라지지 않는다. |
| 단점 | 파이썬과 같이 프로그램을 종료하거나 전원이 꺼지면 사라져 버린다. | 처리가 느리다. |

프로그램에서 처리한 결과를 저장해 두고 싶은 경우, 파일을 사용하면 편리합니다. 파일은 하드디스크와 같이 일단 기록하면 사라지지 않는 기억장치에 쓰여집니다. 파일에 작성된 데이터라면, 파이썬을 종료하더라도 파일을 삭제하지 않는 한 사라지지 않습니다. 파이썬을 재실행하였을 때, 파일을 읽어들이는 것으로 저장된 내용을 재현할 수 있습니다.

또한, 파일을 사용하여 외부로부터 파이썬에 데이터를 불러들일 수도 있습니다. 예를 들어 크기가 큰 텍스트 파일을 읽거나 표 계산 프로그램 같은 애플리케이션에서 작성한 파일을 이용할 수 있습니다.

파이썬에서는 파일을 조작하기 위해 내장형의 파일형을 사용합니다. 내장형으로서 파일을 다루기 위한 형태가 마련되어 있으므로 사전에 특별한 선언을 할 필요 없이 파일을 열어 파일을 읽고 쓸 수 있습니다.

파이썬에서 파일을 조작할 때에는 open()이라는 내장형을 이용합니다. 이 함수를 호출하면 파일을 조작하기 위한 파일 객체가 반환됩니다. 함수의 반환값으로 돌아온 파일 객체를 변수에 대입하는 등 파일을 읽고 쓸 때 사용합니다.

파일 객체는 몇 가지 메쏘드를 갖고 있습니다. 이 메쏘드를 호출함으로써 파일에 대한 조작을 할 수 있습니다. 문자열형 등의 메쏘드를 호출하는 것과 마찬가지로 파일 객체에 도트(.)를 기입하고 메쏘드 호출을 행합니다.

**Fig** 파일 객체를 사용하여 파일 조작을 수행

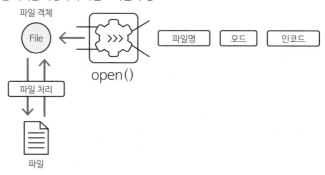

파일의 읽기를 할 때는 문자열, 리스트를 활용합니다. 파일의 내용을 내장형 데이터로 변환하거나 쓰려고 하는 데이터를 사전에 문자열형으로 변환하는 처리를 합니다.

C 언어 등의 프로그래밍 언어를 아는 사람은 파이썬의 파일 객체의 사용법에 익숙할 수도 있겠네요. 파일 객체를 만드는 open() 함수에 전달해 주는 인수 등은 C 언어의 fopen() 함수와 거의 똑같습니다.

> ! 파이썬에서는 디렉터리 조작이나 파일명의 변경과 같은 파일의 처리는 파일 객체로는 행할 수 없습니다. 이와 같은 고급의 파일 처리는 모듈이라는 형태로 따로 관리됩니다. 자세한 것은 8장을 참고해 주세요.

# 파일과 파일 객체

파이썬에서 파일을 열기 위해서는 open()이라는 함수를 사용합니다. open()은 내장 함수이므로 특별한 선언이 필요 없이 언제나 사용 가능합니다.

open() 함수는 파일을 열기 위해서 필요한 정보를 인수로서 주고 호출합니다. 처음의 인수로서 열고 싶은 파일에 경로(path)를 줍니다. 경로에는 완전한 경로(full path) 또는 상대적 경로를 줄 수 있습니다. 경로의 구분에 사용되는 기호는 사용하고 있는 OS 등의 환경에 따라 다릅니다. Windows라면 백슬래시(\), Linux나 MacOS X라면 슬래시(/)를 사용합니다.

첫 번째 인수로 파일 이름만 주는 경우에는 현재 디렉터리(current directory)에 있는 파일을 엽니다. 현재 디렉터리는 특별한 조작을 하지 않으면 파이썬을 실행했을 때의 디렉터리가 됩니다.

아래 예에서는 최초의 인수로서 "foo.txt"라는 파일명을 지정하고, 현재 디렉터리에 있는 파일을 엽니다. 3번째의 인수로서 인코딩 이름을 주고 파일에서 읽기 문자열의 인코딩을 지정하고 있습니다.

open() 함수를 호출한 결과 반환되는 것은 파일 객체로서, 다음의 예에서는 파일 객체를 변수에 대입하여 받고 있습니다. 변수에 대입함으로써 open() 함수에서 열린 파일을 이후의 처리에서 이용할 수 있는 것입니다.

파일의 열기

```
f = open("foo.txt", "r", encoding="utf-8")  ●────────── 파일 열기
s = f.read()  ●─────────────────── 파일의 내용을 문자열형 변수로 읽음
print(s)  ●─────────────────────── 파일의 내용을 표시
f.close()  ●────────────────────── 파일 닫기
```

실제로 테스트해 볼 경우에는 열 파일의 경로명을 지정합시다. 참고로 Jupyter Notebook의 현재 디렉터리는 Notebook을 작성한 디렉터리입니다.

open() 함수에는 다음과 같은 인수를 주는 것이 가능합니다. [ ] 안의 인수는 옵션 (생략 가능)입니다.

open( ) 함수　　　　　　　파일을 열기

```
open(열 파일명[, 모드[, 인코드[, 오류 처리]]])
```

제2 인수에는 파일을 어떤 상태로 실행할지를 지정하기 때문에 모드를 전달합니다. 예를 들어 파일을 읽기 전용으로 열고 싶을 때에는 "r"을 건네줍니다. 이미 존재하고 있는 파일에 덧붙이고 싶을 때에는 "a"를 건네줍니다. 파일을 연 후 파일 객체를 어떻 게 이용할 것인가에 따라서 적절한 모드를 건네도록 하는 것입니다. 모드를 생략한 경우는 "r"로 지정한 것으로 간주합니다.

**Table** 파일을 열 때 사용하는 모드

| 옵션 | 설명 |
|------|------|
| r | 파일을 읽기 전용으로 실행합니다.<br>쓰는 것은 불가능합니다.<br>존재하지 않는 파일을 이 모드로 열려고 하면 오류가 납니다. |
| w | 파일을 쓰기 전용으로 실행합니다. 읽는 것은 불가능합니다.<br>파일이 존재하지 않는 경우에는 오류가 나지 않고 새로 작성됩니다.<br>이미 존재하는 파일을 실행하면 파일 안의 내용을 초기화해 버립니다. |
| a | 파일의 마지막에 추가하기 위한 모드입니다.<br>w 모드와 같이 쓰기 전용 파일을 실행하지만 이미 존재하는 파일을 지정했을 때에는 원래 내용을 보존한 채로, 작성한 내용은 파일의 마지막 부분에 추가됩니다.<br>읽어 들이는 것은 불가능합니다. |
| + | r, w, a와 같이 "r+", "w+" 와 같이 사용하는 옵션입니다.<br>읽기와 쓰기 모두 가능합니다. |
| b | 파일을 바이너리 모드로 실행하는 옵션으로서, "rb", "wb" 와 같이 다른 옵션과 같이 사용합니다.<br>이 옵션을 지정해 실행한 파일은 bytes형을 사용해 읽고 쓸 수 있습니다. |

파일 모드는 조합해서 사용할 수 있습니다. 다음의 차트를 살펴보면 목적에 따른 조합이 나올 것입니다. 또한, 바이너리 모드로 열고 싶을 때에는 차트에서 도달한 모 드에 b를 추가하세요.

**Fig** 모드의 설정 방법

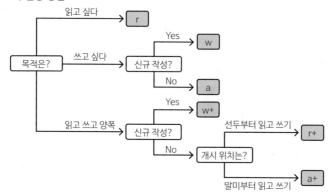

　open() 함수의 3번째 인수에는 파일의 인코딩을 건넵니다. 이 인코딩은 생략 가능합니다. 생략했을 때의 디폴트 인코딩은 "UTF-8"입니다.

　마지막 인수인 오류 처리에 대해서는 P. 231의 표를 참고해 주세요.

## 파일과 탐색 위치

　파일을 다룰 때는 탐색(seek) 위치를 대상으로 읽고 쓰기가 이루어진다는 것에 주의하세요. 탐색 위치란 문자열의 인덱스와 비슷한 기능을 합니다. 파일 객체는 파일 상의 인덱스에 해당하는 탐색 위치를 기억하고, 파일을 읽고 쓸 때 사용됩니다.

　탐색 위치가 파일의 선두에 있으면 파일의 선두에서 읽기를 실시합니다. 쓸 경우는 탐색 위치가 선두에 있고 파일 상에 뭔가 쓰여 있으면 덮어씁니다.

　탐색 위치가 파일의 말미에 있는 상태에서 쓰기를 하면 파일에 추가됩니다. 읽을 경우는 탐색 위치가 말미에 있는 상태에서는 아무것도 읽지 않습니다.

　(빈 문자열이 돌아옵니다). 일단 끝까지 읽기를 실시한 파일 객체를 사용하고, 다시 읽기를 하더라도 빈 문자열이 돌아오게 됩니다.

　파일 객체를 만들 때 지정하는 모드에 따라 파일을 열었을 때의 탐색 위치가 바뀝니다. 모드를 구분해 사용한다면 파일을 연 직후의 탐색 위치를 제어할 수 있는 것입니다.

**Fig** 파일의 읽기는 탐색 위치를 기준으로 행해진다.

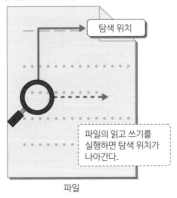

탐색 위치

파일의 읽고 쓰기를 실행하면 탐색 위치가 나아간다.

파일

## 파일 닫기

파일 객체에 대해 close() 메쏘드를 호출하면 파일을 닫을 수 있습니다. 닫힌 파일에 대해서는 읽고 쓰는 것이 불가능해지고, 읽고 쓰려고 하면 오류가 납니다.

close( ) 메쏘드　　　파일 닫기

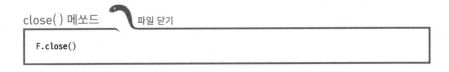

```
F.close()
```

메쏘드를 호출하고 명시적으로 파일을 닫지 않으면 프로그램을 종료하거나 가비지 컬렉션(불필요한 객체를 자동으로 삭제하는 기능)에 의해서, 파일 객체가 삭제될 때 자동적으로 파일을 닫습니다.

파일을 열어 처리를 즉시 종료하는 것과 같은 작은 스크립트라면 close() 메쏘드를 호출하지 않아도 별 문제가 일어나지 않을 것입니다.

# 파일로부터 읽어 들이기

파일을 읽으려면 open() 함수가 반환한 파일 객체를 사용합니다. 단 파일 객체를 만들 때(즉 파일을 열 때), 읽기가 가능한 모드를 지정해야 합니다. w(write) 모드로 열던 파일을 읽으려고 하면 오류가 납니다.

파일에 대한 조작은 파일 객체에 대응하는 메쏘드를 호출하고 실행합니다. 파일 객체에 이어서 도트(.)를 기술하고, 계속해서 메쏘드 이름을 지정하고 호출합니다.

파일을 읽기 위한 메쏘드에는 다음과 같은 종류가 있습니다. 처리 내용에 따라 인수와 반환값이 다릅니다. 각 메쏘드의 기술한 예의 "F"는 파일 객체, []으로 둘러싸인 인수는 옵션(생략 가능)입니다.

read( ) 메쏘드　파일의 내용을 연속적으로 읽어 들이기

```
F.read([정수의 사이즈])
```

파일로부터 읽어 들여 문자열을 반환합니다. open()으로 지정한 인코드로 변경을 실행하지만 변경 시 오류가 나면 오류를 반환합니다.

readline( ) 메쏘드　파일로부터 1행 읽어 들이기

```
F.readline([정수의 사이즈])
```

파일로부터 1행을 읽어 들여 문자열로서 반환합니다. 옵션의 인수를 지정하면 읽어 들이는 바이트 사이즈(size)를 지정할 수 있습니다.

readlines( ) 메쏘드　행 단위로 연속적으로 읽어 들이기

```
F.readlines([정수의 사이즈])
```

파일로부터 여러 행을 읽어 들입니다. 반환되는 값은 문자열의 요소로서 포함된 시퀀스입니다. 옵션의 인수를 지정하지 않으면 파일의 마지막까지 읽어 들여 행으로 분할해서 리스트로 반환합니다.

옵션의 인수를 지정하면 읽어 들일 바이트 사이즈의 상한을 지정할 수 있습니다.

### ‑∭ 파일로부터 1행씩 읽어 들여 처리하기

문자를 기술한 텍스트 파일을 프로그램에서 취급하는 경우는 1줄마다 읽어 들여 처리를 하는 경우가 많을 겁니다. 이러한 코드를 쓰고 싶을 때는 for문과 파일 객체를 조합해서 사용합니다. for 루프로 텍스트 파일에서 1줄마다 읽기, 루프 블록 안에 처리를 기술합니다.

텍스트 파일을 읽고 행으로 분할하려면 다음과 같이 for문에 파일 객체를 그대로 첨가합니다. 그러면 파일에서 문자열을 1줄씩 읽어 들여 반복 변수에 대입하면서 처리가 가능합니다.

텍스트 파일을 행으로 분할하기

```
f = open("test.txt", 'r', encoding='urf-8')    ━━━━━━━ 파일 열기
for line in f:                                  ━━━━━━━ 파일로부터 1행씩 읽어냄
    print(line, end=" ")                        ━━━━━━━ 1행씩 표시하기
```

for 블록 안에 있는 print() 함수는 end 인수를 주고 있습니다. 이는 앞에서 설명한 대로, print() 함수가 마지막에 부가한 줄 바꿈 문자를 치환하기 위한 인수입니다. 파일에서 1줄씩 읽어 오면 문자열 자체에 행을 다시 "줄 바꿈 문자열"이라고 불리는 특수한 문자열이 포함되어 있습니다. print() 함수도 마지막으로 줄 바꿈 문자 줄을 출력하므로, 아무것도 하지 않으면 줄 바꿈이 2개 겹쳐서 표시되어 버립니다. end 인수에 공백을 지정함으로써 줄 바꿈을 1개만 표시한 것입니다. 인수 end를 생략하고 코드를 실행한 결과를 비교하면, 인수 end의 효과를 잘 알 수 있습니다.

그 밖에 readlines() 메쏘드를 사용하는 방법도 생각할 수 있는데 큰 파일을 취급하는 경우 등에 문제가 발생할 수 있습니다. 특별한 이유가 없는 한 파일 객체 그대로 for문에 첨가하는 것이 좋습니다. 자세한 것은 "이터레이터(iterater, 반복자)를 사용한다"라는 절에서 설명합니다(→P. 261).

# 파일에 쓰기

파일 읽기와 마찬가지로 파일에 쓰는 경우에도 파일 객체를 사용합니다. 파일을 열 open() 함수를 호출할 때는 쓰기에 적절한 모드를 지정해야 합니다.

파일에 쓰기 위한 메쏘드에는 다음과 같은 종류가 있습니다. 각 메쏘드의 기술 사례의 "F"는 파일 객체를 나타냅니다.

write( ) 메쏘드 　　문자열을 파일로 쓰기

```
F.write(문자열)
```

문자열을 지정해서 파일에 대해 쓰기를 행합니다. open()으로 지정한 인코드에 문자열을 변환하면서 씁니다. 이 메쏘드에 반환되는 값은 없습니다.

아래 예시에서는 파일을 신규로 작성해 UTF-8 인코드로 파일을 쓰고 있습니다. 변수 s에는 파일에 쓰는 문자열을 미리 대입해 둡니다.

모드를 지정하여 파일을 열기

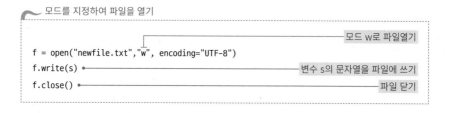

```
                                              모드 w로 파일열기
f = open("newfile.txt","w", encoding="UTF-8")
f.write(s) ●                          변수 s의 문자열을 파일에 쓰기
f.close() ●                                        파일 닫기
```

writelines( ) 메쏘드 　　시퀀스를 파일에 쓰기

```
F.writelines(시퀀스)
```

문자열을 요소에 포함하는 시퀀스(리스트 등)를 인수로 부여해 파일 쓰기를 합니다. 쓰기를 실행할 때 줄 바꿈 문자를 추가해 쓸 수 없습니다. 주의해 주세요.

# 바이너리 파일을 다루기

텍스트 파일이 아니라 이미지나 음성 같은 바이너리 파일을 다루고 싶을 때에는 open() 함수에 "b" 옵션을 부여하고 파일을 엽니다. 예를 들면 "rb" 옵션(r과 b모드의 조합)을 주고 연 파일은 바이너리를 읽게 준비된 파일 객체를 반환합니다. 바이너리 파일에는 인코딩이라는 개념이 없기 때문에 인코딩을 지정할 필요가 없습니다.

"rb"처럼 b 옵션을 지정해서 열린 파일 객체에서 read() 메쏘드를 사용하고 데이터를 가져오면 문자열형이 아닌 bytes형의 객체로 반환됩니다. "wb"와 "ab"의 옵션을 지정하여 열린 파일에 대해서 write() 메쏘드를 호출하고 쓰기를 실행할 때도 역시 bytes형 데이터를 반환합니다.

예를 들면 이미지 파일을 읽어 그 이미지가 PNG 파일인지 여부를 확인하고 싶다고 합시다. 이때는 아래와 같이 "rb" 모드로 파일을 열어 이미지 데이터의 특정 위치에 있는 데이터를 조사하면 PNG 파일인지 어떤지 알 수 있습니다.

> Jupyter Notebook에서 간단한 코드를 쓰고 테스트하여 봅시다

```
imgfile = open('someimage.png', 'rb')
imgsrc = imgfile.read()
if imgsrc[1:4] == b'PNG':
    print('image/png')
```

이 코드에서는 이미지 데이터의 0부터 세서, 첫 번째부터 세 번째까지의 데이터에 "PNG"라고 기록되어 있는가를 조사하여 이미지의 종류를 판별하고 있습니다. read() 메쏘드로 반환하는 bytes형도 시퀀스의 한 종류이기 때문에 슬라이스를 사용해 데이터를 추출할 수 있습니다.

3행에 **b'PNG'**와 bytes형의 리터럴을 사용해 비교하고 있는 것에 주의하세요. 파이썬에서는 다른 타입 간 비교는 반드시 False가 됩니다. 이 때문에 비교의 대상이 되는 리터럴도 imgsrc 변수형(bytes형)에 맞출 필요가 있습니다.

이렇게 바이너리 파일을 다룰 때에는 b옵션을 부여하여 파일을 열도록 합시다. 바이너리 파일을 대상으로 한 데이터의 읽기는 bytes형을 사용합니다.

# 파일명 다루기

파이썬은 멀티 바이트 문자열을 사용한 파일 이름도 사용 가능합니다. 파일 명에 문자열 형을 전달하면 파일명에 한글이 포함되어 있어도 맞게 다룰 수 있습니다.

원래 파일명이나 디렉터리명에 한글과 같이 멀티 바이트 문자열을 사용할 경우에는 주의가 필요합니다. OS나 OS의 버전에 따라 어떤 인코드를 파일명에 사용할지가 달라집니다. 파이썬에서 파일명을 다룰 때 문자열형을 사용한다면 적절한 인코드로 변환할 수 있도록 되어 있습니다.

파이썬을 설치하면 설치한 OS에 맞추어 멀티 바이트의 파일 이름을 취급할 때 이용하는 인코딩 정보를 자동적으로 설정하게 되어 있습니다. 파일명을 다루는 처리에 유니코드 문자열을 전달하면 설치 때 설정되는 정보를 사용하여 적절한 인코딩으로 변환해 주는 것입니다.

파이썬이 멀티 바이트 파일명에 어떠한 인코딩을 이용하려 할지는 sys 모듈의(→P. 399) getfilesystemencoding() 함수를 사용해 조사할 수 있습니다. 다음 예에서는 MacOS에 설치한 파이썬 3을 사용하여 시스템이 사용하고 있는 파일명의 인코딩을 알아보고 있습니다.

인코드 확인하기

```
>>> import sys ●─────────────────────────────────── sys 모듈을 임포트
>>> sys.getfilesystemencoding()
'utf-8'
```

## Column ▶ Jupyter Notebook의 매직(magic) 명령어

Jupyter Notebook에는 매직 명령어라고 불리는 기능이 갖추어져 있습니다. 매직 명령어를 사용하면 Jupyter Notebook에 명령을 줄 수 있습니다.

매직 명령에는 퍼센트(%) 1개로 시작되는 것과 "%%"와 같이 퍼센트를 2개 쓰는 것이 있습니다. %가 1개일 경우에는 이 행만 명령으로 다룹니다. 퍼센트가 2개일 경우에는 셀(Cell) 전체를 명령으로 전달할 수 있습니다.

Jupyter Notebook에서 사용할 수 있는 매직 명령어 중 자주 쓰이는 것에는 다음과 같은 종

류가 있습니다.

%matplotlib inline
그래프를 Notebook을 통해 표시하기 위한 명령입니다. 이 책에서는 "주문"으로서 몇 번 등장하고 있습니다.

%%time
셀 내의 코드를 실행할 때 필요한 시간을 표시합니다.

%run 파이썬의 스크립트 파일명
스크립트 파일을 실행하고 결과를 출력 셀에 표시합니다.

%%file 파일명
셀의 내용을 파일에 씁니다.

# 파이썬과 함수형 프로그래밍

파이썬은 객체 지향 프로그래밍 언어입니다만, 다른(함수형) 프로그래밍 패러다임도 절묘하게 도입하고 있습니다. 이 장에서는 파이썬에서 함수형 프로그래밍하기 위한 방법을 다루면서, 프로그램을 깔끔하게 작성하기 위한 방법을 소개하려고 합니다.

# 01 함수형 프로그래밍이란 무엇인가

앞 장에서 프로그래밍에는 명령형, 객체 지향처럼 몇 가지 방법이 있다고 했습니다. 이러한 방법을 프로그래밍의 패러다임(paradigm)이라 부릅니다. 파이썬은 여러 패러다임을 아우르는 언어입니다. 그래서 멀티 패러다임 프로그래밍 언어라고 알려져 있습니다.

이 절에서 소개하는 함수형 프로그래밍도 프로그래밍 패러다임의 1가지입니다. 함수형 프로그래밍을 간단히 설명하면, 모든 것을 함수로 표현하려는 방법입니다. 데이터와 명령(메쏘드)을 일체로 한 부품을 사용해서 프로그래밍하는 객체 지향과 비교해서, 함수형은 이와 짝을 이루는 패러다임으로 알려져 있습니다.

파이썬은 객체 지향 기능을 가지면서 함수형 프로그래밍의 장점을 도입하고 있습니다. 파이썬은 실용적인 것을 추구하는 프로그래밍 언어입니다. 어느 쪽이든 이점이 있기 때문에 경우에 따라서 구별해서 사용할 수 있게 되어 있습니다. 이 장에서는 파이썬의 함수형 프로그래밍 기능에 대해 설명합니다.

함수형 프로그램의 본질을 알고 파이썬으로 함수형 언어 기능을 접해 보는 것이 지름길입니다. 시퀀스를 뒤집는(반대로 나열하는) 예를 들어서 파이썬 함수형 언어 기능을 살펴봅시다. 파이썬에서 반대로 해도 같은 단어가 되는 '회문(palindrome, 거꾸로 해도 똑같은 단어나 문장)'을 판정하는 방법에 대해 생각해 봅시다.

어떤 문자열을 뒤집으려면 어떻게 해야 할까요. 리스트라면 reverse() 메쏘드가 있습니다만, 문자열에는 이에 대응하는 메쏘드가 없습니다.

리스트의 reverse() 메쏘드를 사용해서 문자열을 뒤집는 것이 간단해 보이므로 문자열을 일단 리스트로 변환해서, 뒤집은 결과를 join()으로 문자열로 바꿔 원래의 문자열과 비교해서 뒤집어졌는지 판정해 봅시다.

리스트의 메쏘드를 사용한 처리

```
orig_str = "아좋다좋아"
str_list = list(orig_str)           ──────────── 문자열을 리스트로 변환
str_list.reverse()                  ──────────── 리스트를 뒤집음(반전)
"".join(str_list) == orig_str       ──────── 리스트를 문자열로 바꾸어 회문 판정

True
```

코드에서 "".join() 부분은 문자열의 정의(리터럴, literal)로부터 메쏘드가 생긴 것처럼 보여 조금 이상하게 보일지도 모르겠습니다만, 문자열 리터럴 자체도 객체이므로, 이와 같이 메쏘드를 호출할 수 있는 것입니다. 이 부분은 리스트로 변환되어 반전된 요소인 1문자로 된 문자열을 빈 문자열로 연결함으로써 하나의 문자열 객체로 바꾸는 처리를 하고 있습니다.

문자열을 일단 리스트로 변환하는 것이 번거롭기 때문에 좀 더 간략히 해보려고 합니다. 리스트의 reverse() 메쏘드와 비슷한 기능을 가진 reversed()라는 내장 함수를 사용하면 판정 부분이 1행으로 줄어 코드가 간단해집니다.

⌒ 함수를 사용한 처리

```
orig_str = "음식이 많이 식음"
"".join(reversed(orig_str)) == orig_str
```
```
True
```

첫 번째 예는 객체 지향적인 스타일로, 두 번째 예는 함수형 스타일로 표현된 것입니다. 특정 문제에 대해서는 함수형 스타일을 사용하는 편이 더 간단히 기술할 수 있다는 것을 이해했으리라 여겨집니다.

그런데 왜 함수형 스타일 쪽이 간단히 표현되는 걸까요. 이유는 몇 가지 생각할 수 있습니다. 하나는 데이터와 메쏘드가 일체로 되어 있다는 객체 지향의 특징 그 자체를 이 예에서는 장점으로 살리지 못하고 있다고 할 수 있습니다.

리스트의 데이터는 객체 자체가 가지고 있기 때문에, 리스트의 reverse() 메쏘드를 실행한 결과 리스트 객체의 데이터 자체가 바뀌는 파괴적인 조작이 이루어집니다. 한편, 파이썬의 문자열은 변경할 수 없기 때문에, 순서를 뒤바꾼 결과로 객체의 데이터를 바꿀 수 없습니다. 이와 같은 성질의 차이로부터 같은 시퀀스인데 리스트에는 reverse() 메쏘드가 있지만, 문자열에는 존재하지 않는다는 차이가 나타나는 것입니다.

그래서 회문(palindrome)을 판정하는 맨 처음 예에서는 문자열을 일단 리스트로 변환하고, reverse() 메쏘드를 호출해서, 리스트 객체의 내부 데이터가 바뀌는 것을 기다린 다음 문자열로 다시 변환하는 순서를 따를 필요가 있습니다.

한편, reverse() 함수는 처리하는데 파괴적인 조작을 동반하지 않기 때문에, 리스트에서나 문자열에서도 인수로 받아들일 수 있습니다. 변경할 수 있을지 없을지에 상관없이 시퀀스라면 무엇이든 처리할 수 있습니다. 또 결과는 반환값으로 돌아오므로 리스트도 문자열도 마찬가지로 처리할 수 있습니다.

리스트형의 reverse() 메쏘드처럼 객체가 가진 데이터나 상태를 변경함에 따라 발생하는 문제를 부작용(副作用)이라 부르기도 합니다. 함수형 스타일이 객체 지향에 비해 간단해지는 것은 처리에 부작용을 동반하지 않는다는 것이 주된 이유입니다. 객체 지향적인 방법인 경우 메쏘드의 실행 결과로 인해 객체 내부의 데이터가 어떻게 바뀌는지를 예상하고서 프로그램을 작성할 필요가 있습니다. 함수형 스타일에서는 입력에 대해 출력을 얻는다는 이해하기 쉬운 구조로 프로그램을 작성하기 때문에 프로그램 구조를 단순하게 할 수 있습니다.

## 파이썬의 문장과 식

파이썬에서 함수형 방법을 사용하면 프로그램을 간략히 작성할 수 있는 또 다른 1가지 이유는 함수를 사용한 코드는 줄 바꾸기나 블록을 동반하지 않는다는 것입니다. 파이썬에서는 함수 정의나 루프, 조건 분기가 필요한 코드에서는 블록을 동반한 구문으로 줄 바꾸기가 필요합니다. 짧은 코드를 작성하더라도 줄 바꾸기를 넣어 코드를 작성해야 하기 때문에 코드가 길어질 수 있습니다. 함수형 프로그래밍 방법을 사용하면 이와 같은 코드를 줄 바꾸기 하지 않고 작성할 수 있습니다.

파이썬 코드를 구성하는 요소의 분류로 문장과 식이라는 단위가 있습니다. 문장이란 영어로 Statement이고, 함수 정의인 def문, 루프인 for문과 while문, 조건 분기인 if문 등, 이름에 '~문'을 붙인 요소를 분류한 용어입니다. 파이썬에서 문장은 줄 바꾸기와 들여쓰기를 한 블록을 동반하고 있습니다. 또 변수에 대입하는 것도 문장의 한 종류입니다.

한편, 식이란 영어로 Expression으로 문자 그대로 산술 연산자나 비교 연산자를 사용한 계산식이나 비교식을 비롯한 요소를 분류한 용어입니다. 그 밖에도 문자열이나 수치 리터럴, 변수 자체, 함수 호출 등도 식의 일부입니다. 문장과 달리 식은 줄 바꾸기를 하지 않고 얼마든 나열해서 작성할 수 있습니다.

함수형 스타일을 사용하면 루프나 조건 분기, 함수 정의와 같은 문장을 요구하는 처리를 줄 바꾸기를 동반하지 않은 식으로 바꿀 수 있습니다. 그래서 간단한 코드를 줄 바꾸기를 사용하지 않고 작성할 수 있습니다. 이와 같은 스타일을 잘 활용하면 프로그램을 깔끔하고 짧게 작성할 수 있습니다.

# lambda식

구체적인 예를 살펴봅시다. P. 202에서는 리스트의 sort( ) 메쏘드를 사용해서 정렬 순서를 커스터마이즈 하는 방법에 대해 설명했습니다. 정렬할 때 요소의 순서를 정하기 위해 요소를 수치로 평가하는 함수를 정의했습니다. 파이썬의 함수형 프로그래밍에 사용되는 lambda(람다)식이라는 기능을 사용해서, 함수를 정의하지 않고 정렬 순서를 커스터마이즈 해봅시다.

lambda식을 사용하면, 한 번만 사용하는(사용하고서 버리는) 함수를 정의할 수 있습니다. 식이라는 단어가 붙어 있는 것으로 알 수 있듯이 식을 사용해서 함수를 정의할 수 있는 것입니다. lambda식으로 정의된 함수에는 함수명이 없기 때문에 익명 함수라 부릅니다.

아래와 같은 서식을 사용하면, lambda식으로 함수를 정의할 수 있습니다. 콜론 다음에 있는 식이 함수의 반환값입니다.

**구문** lambda식의 서식

```
lambda 인수 리스트: 인수를 사용한 식(반환값)
```

P. 204의 샘플 코드에서는, 전차의 성능을 수치로 평가하기 위해 evaluate_tankdata()라는 함수를 정의했습니다. 이 함수에 정렬하려는 요소 하나를 전달하면 수치를 반환하게 되어 있었습니다. 이 부분을 lambda식을 사용해서 정의해 봅시다.

정렬 순서 지정에 lambda식을 사용한다.

```
tank_data = [("IV호 전차", 38, 80, 75), ("LT-38", 42, 50, 37),
            ("89식 중전차", 20, 17, 57), ("III호 돌격포", 40, 50, 75),
            ("M3 중전차", 39, 51, 75)]
```

```
# def evaluate_tankdata(tup):
#     return tup[1]+tup[2]+tup[3]

tank_data.sort(key=lambda tup: sum(tup[1:4]), reverse=True)
tank_data
```
[('IV호 전차', 38, 80, 75), ('III호 돌격포', 40, 50, 75), ('M3 중전차', 39, 51, 75), ('LT-38', 42, 50, 37), ('89식 중전차', 20, 17, 57)]

lambda tup : sum(tup[1 : 4])로 표현된 것이 설명문으로 되어 있는 함수와 같은 처리를 하는 lambda식 부분입니다. 함수에서는 인덱스를 지정해서 튜플의 요소를 더하고 있습니다만, lambda 내부에서는 sum()과 슬라이스를 사용해서 좀 더 짧게 고쳐 쓸 수 있습니다. lambda식 부분은 sort() 메소드의 key 인수로 전달됩니다. lambda는 식이므로 이와 같이 함수 호출의 내부에 넣어서 인수로 전달할 수 있습니다.

또 리스트의 reverse() 메쏘드에 대응하는 reversed() 함수와 마찬가지로 sort() 메쏘드에 대응하는 sorted() 함수도 준비되어 있습니다. 조금 전의 sort() 메쏘드 부분은 아래와 같이 고쳐 쓸 수 있습니다.

〜 sorted( ) 함수에 의한 바꾸기

```
r = sorted(tank_data, key=lambda tup: sum(tup[1:4]), reverse=True)
r
```
[('IV호 전차', 38, 80, 75), ('III호 돌격포', 40, 50, 75), ('M3 중전차', 39, 51, 75), ('LT-38', 42, 50, 37), ('89식 중전차', 20, 17, 57)]

sorted() 함수는 시퀀스를 인수로 받아 정렬한 결과를 돌려주는 함수입니다. 인수에는 리스트뿐만이 아니라 문자열 등의 시퀀스를 전달해서 정렬할 수 있습니다.

# 02 내포 표기(Comprehension)

파이썬 프로그램에서는 리스트나 문자열과 같은 시퀀스를 다루기 위해 루프를 구성하는 일이 있습니다. 앞 절에서 설명한 것처럼 파이썬에서 루프를 만들기 위한 for나 while은 문장이므로 들여쓰기한 블록을 동반합니다. 루프를 사용해서 복잡한 처리를 할 때는 블록의 범위를 확인하기 쉽고 편리하지만, 간단한 처리만 하는 경우 코드가 길어지기 쉽습니다

파이썬 내포 표기는 원래 for문 등을 사용해서 처리하는 과정에서, 비교적 간단한 처리를 깔끔하게 기술할 수 있는 문법입니다. 내포 표기는 Comprehension을 우리말로 표현한 것입니다. 내포 표기는 문장이 아니라 식입니다. 식이기 때문에 줄 바꾸기를 하지 않고 간단히 코드를 기술할 수 있습니다.

## 내포 표기란?

파이썬 3에는 3종류의 내포 표기가 있습니다. 그 가운데 리스트 내포 표기라는 기능을 사용해봅시다. for문의 해설(→P. 96)로 올린 키의 분산을 구하는 코드를 리스트 내포 표기를 사용해서 고쳐봅시다.

리스트 내포 표기의 예

```
monk_fish_team = [158, 157, 163, 157, 145]

total = sum(monk_fish_team)          ──────────── 리스트의 합계
length = len(monk_fish_team)         ──────────── 리스트의 요소 수(길이)
mean = total/length                  ──────────── 평균을 구함


# for height in monk_fish_team:
#     variance = variance+(height-mean)**2
#
# variance = variance/length
```

```
variance = sum([(height-mean)**2 for height in monk_fish_team])/length
variance
```
```
35.2
```

주석(설명문으로) 처리된 부분이 원래 코드에 있던 for문으로 분산을 구하는 코드입니다. 그 아래에 있는 부분이 같은 처리를 리스트 내포 표기로 고쳐 쓴 코드입니다. sum()의 () 괄호 속에 있는 [] 괄호로 둘러싸인 부분이 리스트 내포 표기를 실행하는 부분입니다. 리스트 내포 표기에서는 리스트로부터 수치를 하나씩 꺼내서, 평균을 빼서 제곱한 것의 리스트를 만듭니다. sum()에서 그 수치를 합하는 것으로 for문 속에서 하는 것과 같은 처리를 하고 있습니다.

리스트 내포 표기는 식이므로 함수의 인수로 전달할 수 있습니다. sum() 함수의 반환값(평균과의 차이를 제곱해서 합한 것)을 요소 수로 나누는 것을 하나의 식으로 작성하는 것으로 원래 3행이었던 코드가 1행으로 깔끔하게 작성됩니다.

이와 같이 내포 표기를 사용하면 길어지기 쉬운 파이썬 코드를 깔끔하게 작성할 수 있습니다. 또 for문을 사용해서 루프를 만드는 것보다 실행 속도가 빠른 것이 장점 중 하나입니다.

## 리스트 내포 표기의 상세

리스트 내포 표기는 리스트 등 시퀀스의 요소를 조작해서 새로운 시퀀스를 만들어 내기 위한 기법입니다. 리스트의 리터럴을 정의하는 [] 괄호, for나 int 등 지금까지 본 키워드를 조합해서 사용합니다. 기호나 키워드의 나열 순서도 이미 배운 지식과 같기 때문에 간단히 기억할 수 있을 것입니다.

**구문** ▶ 리스트 내포 표기의 기법

```
[식 for 반복 변수 in 시퀀스]
```

리스트 내포 표기에서는 시퀀스의 요소를 하나씩 반복 변수에 대입해 가면서 왼쪽에 있는 식을 계산합니다. 식을 계산한 결과가 리스트 내포 표기가 돌려주는 리스트의 요소가 됩니다.

**Fig** 리스트 내포 표기는 시퀀스로부터 리스트를 만든다.

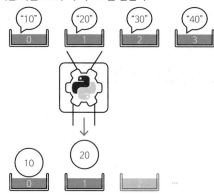

바로 앞의 분산을 계산하는 예에서는 식에 상당하는 부분이 (height-mean)**2로 되어 있었습니다. height는 반복 변수이므로 식을 계산한 결과, 반복 변수로부터 평균을 뺀 값을 제곱한 값이 리스트의 요소로 등록되게 됩니다.

확인을 위해 앞에서의 코드를 실행한 셀에 리스트 내포 표기의 부분만을 입력해 봅시다. 리스트 내포 표기가 돌려주는 리스트가 표시되기 때문에 내용을 확인해 봅시다.

리스트 내포표기가 돌려주는 리스트

```
[(h-mean)**2 for h in monk_fish_team]
[4.0, 1.0, 49.0, 1.0, 121.0]
```

또 1가지 리스트 내포 표기를 사용한 예을 살펴봅시다. P. 189의 샘플 코드에서는 공백 문자로 구분된 수치에 상당하는 문자열을 수치로 변환했습니다. 여기서도 for문을 사용한 루프를 만들었습니다만, 리스트 내포 표기를 사용하면 수치로 변환하는 부분을 한 줄로 쓸 수 있게 됩니다. split() 메쏘드로 문자열을 분할해서 int()로 수치로 변환하는 처리를 리스트 내포 표기로 하면 되는 것입니다.

리스트 내포 표기로 바꾼 코드

```
str_speeds = "38 42 20 40 39"
speeds = [int(s) for s in str_speeds.split()]
speeds
```

```
[38, 42, 20, 40, 39]
```

# 리스트 내포 표기에서 이용하는 'if'

리스트 내포 표기의 시퀀스 오른쪽에는 if를 사용한 조건식을 둘 수 있습니다. if를 쓰면, 조건이 True가 된 경우에만 앞에 있는 식을 평가해서 리스트의 요소로 추가합니다.

**구문** 구문 if를 포함한 리스트 내포 표기의 기법

```
[식 for 반복 변수 in 시퀀스 if 조건식]
```

간단한 예를 살펴봅시다. 공백으로 구분지은 문자열을 수치 리스트로 변환할 때, 문자열에 숫자나 공백 이외의 문자가 들어가 있으면 오류가 납니다. 불필요한 문자열이 포함된 경우, 그 부분을 넘어(skip)가도록 바꾸는 것을 생각해 봅시다.

문자열이 숫자만으로 구성되어 있는지 아닌지를 알아보기 위해서는 문자열의 메쏘드인 isdigit()를 사용할 수 있습니다. 이 메쏘드는 문자열에서 모든 문자가 숫자이고 1문자 이상이면 True를, 그렇지 않으면 False를 돌려줍니다. 이것을 사용해서 변환하기 전에 문자열을 체크하도록 리스트 내포 표기 부분을 바꿔봅시다.

숫자가 아닌 것을 걸러내서(배제해서) 리스트를 만드는 예

```
str_speeds = "38 42 20 40 a1 39"
speeds = [int(s) for s in str_speeds.split() if s.isdigit()]
speeds
```

```
[38, 42, 20, 40, 39]
```

5번째 요소에 알파벳을 섞어 보았습니다만, 그 요소를 제외한 요소만 수치로 변환합니다. if가 없으면 이 문자열이 int() 함수로 전달되어 오류가 발생할 것입니다.

# 딕셔너리 내포 표기

파이썬 3에는 리스트 내포 표기와 아주 비슷한 딕셔너리 내포 표기라는 기능이 있습니다. 문법은 리스트 내포 표기와 아주 비슷합니다. 리스트 내포 표기에서는 [] 괄호를 사용했습니다만, 딕셔너리 내포 표기에서는 {} 괄호를 사용합니다. 또 for의 왼쪽에는 a: b와 같이 콜론을 사이에 두고 2가지 요소를 둡니다. 딕셔너리의 리터럴과 아주 비슷한 기법을 사용하고 있어 기억하기 쉽겠습니다.

**구문** 구문 딕셔너리 내포 표기의 기법

```
{ 키: 값 for 반복 변수 in 시퀀스 (if 조건식) }
```

딕셔너리 내포 표기의 간단한 예를 살펴봅시다. 타임존(timezone)과 시차 딕셔너리로부터 값과 키의 자리를 바꾼 다른 딕셔너리를 만들어 봅시다.

구문 딕셔너리 내포 표기를 사용한다

```
tz = {"GMT":"+000", "BST":"+100",          ┐──────── 타임존 딕셔너리를 만듦
      "EET":"+200", "JST":"+900"}          ┘
                                           ──── 존과 시차를 바꿔서 딕셔너리를 만듦
revtz = {off:zone for zone, off in tz.items()} ●
revtz

{'+000': 'GMT', '+100': 'BST', '+200': 'EET', '+900': 'JST'}
```

for 앞에 콜론을 사이에 둔 off: zone이라는 부분이 보입니다. 이 부분이 딕셔너리의 키와 값의 쌍(요소)이 됩니다. for 다음에는 딕셔너리의 items() 메쏘드를 사용해서,

키와 값을 꺼내서 반복 변수에 대입하고 있습니다. 반복 변수의 순서가 반대로 되어 있기 때문에 키와 값이 바뀐 딕셔너리가 생성되는 것입니다.

이와 같이 딕셔너리 내포 표기를 사용하면 시퀀스로부터 딕셔너리를 만드는 코드를 간결하게 작성할 수 있습니다. 리스트 내포 표기와 마찬가지로 if를 함께 쓰면 간단한 조건을 사용해서 딕셔너리를 생성할 수 있습니다.

## set 내포 표기

파이썬 3부터 추가된 또 하나의 내포 표기로 set형 객체를 만드는 기법이 있습니다. 그것이 set 내포 표기입니다. 문법은 딕셔너리 내포 표기와 아주 비슷합니다. set형 리터럴을 정의할 때 사용하는 {} 괄호를 사용해서 for의 왼쪽에 오는 요소를 콜론으로 구분하지 않고 둡니다.

**구문** set 내포 표기 방법

```
{ 식 for 반복 변수 in 시퀀스 (if 조건식) }
```

간단한 샘플 코드를 실행해 봅시다. 문자열을 소문자로 변환하면서 set형으로 변환하여 중복된 요소를 제거해 봅시다.

set 내포 표기를 사용한다.

```
names = ["BOB", "burton", "dave", "bob"]          ●────── 이름 리스트를 정의
unames = {x.lower() for x in names}          ●──────┐
unames                                  이름을 소문자로 바꿔서 중복된 것 제거
{'bob', 'burton', 'dave'}
```

이와 같이 set 내포 표기를 사용하면 시퀀스의 요소를 가공하면서 set형의 객체를 만드는 처리를 간략하게 작성할 수 있습니다.

# 03 이터레이터를 사용한다

순서대로 나열한 데이터, 즉 시퀀스를 처리할 때 프로그래밍에서는 몇 가지 전형적인 수법이 있습니다. '순서대로 나열한 데이터'라 불리는, 지금까지 이 책을 읽어온 분들이 가장 먼저 생각하는 것은 리스트나 튜플이라 생각됩니다. 리스트나 튜플에서는 나열된 데이터에 번호(인덱스)가 매겨져서, 번호를 붙이는 것으로 요소에 접근하는 수법을 사용하고 있습니다.

프로그래밍의 세계에서는 그 외에도 시퀀스를 사용할 때의 수법이 있습니다. 그것이 여기서 소개하는 이터레이터(iterator, 반복자)입니다.

05

## 이터레이터(iterator)란?

시퀀스를 파이썬 프로그램에서 다룰 때, 대개 for문으로 루프를 만들거나 내포 표기와 같은 기능을 사용합니다. 루프 등에서는 시퀀스를 앞에서부터 순서대로 꺼내는 처리를 합니다. 즉 인덱스를 사용해서 요소를 따로따로 꺼내는 것보다 차례로 다음 요소를 꺼내는 것이 프로그램에서는 압도적으로 많습니다.

또 차례로 다음 요소를 꺼내기만 해서는 시퀀스 처리가 끝나지 않기 때문에, 요소가 끝났는지 그렇지 않은지를 알려주는 처리도 필요합니다. 이터레이터란 이와 같이 '다음 요소를 꺼낸다' '끝나면 알려준다'라는 것처럼 대화형으로 처리한다는 간단한 순서로 시퀀스를 다루는 수법을 가리킵니다.

**Fig** 이터레이터는 '다음 요소를 꺼낸다' '끝나면 알려준다'라는 순서로 시퀀스를 다룬다.

리스트                                    반복자

파이썬에서는 for문 등을 사용한 루프 속에서 이터레이터를 사용하고 있습니다. 내장형이나 표준 라이브러리 등 여러 곳에서 이터레이터의 구조가 응용되고 있습니다. 예를 들어 루프를 사용해서 파일에서 1행씩 읽어 들여 처리를 할 때는 파일 객체가 이터레이터로 동작합니다. 또 네트워크 처리, 데이터베이스 처리 등에도 이터레이터가 사용되고 있습니다.

파이썬에서는 이터레이터 객체라 불리는 특별한 객체를 사용해서 이터레이터의 구조를 실현하고 있습니다. 이터레이터 객체에 대해서 다음 요소를 요구한다고 물어보면서 시퀀스를 처리하고 있습니다.

하지만 실제로는 파이썬 프로그램을 작성해도 이터레이터가 어떻게 동작하는지를 의식하는 일은 그다지 없을 것입니다. for문을 사용한 루프에서는 파이썬이 자동적으로 이터레이터를 사용하거나 말지를 판단합니다. 가능한 장면에서는 내부적으로 이터레이터를 사용하는 구조로 되어 있습니다.

## 이터레이터와 지연평가

파이썬에서 이터레이터가 이용되는 것은 이점이 많기 때문입니다. 이점 중 첫 번째는 구조가 간단하다는 것입니다. 순서대로 나열한 구조의 데이터이면 거의 대부분 이터레이터로 다룰 수 있습니다.

또 하나의 이점은 필요할 때 데이터를 준비하면 된다는 점입니다. 이 이점을 알기 쉽게 설명하기 위해 파이썬에서 파일을 처리하는 것을 생각해 봅시다.

텍스트 파일의 개요를 보기 위한 프로그램을 파이썬으로 만든 것을 생각해 봅시다. 선두 5행을 표시하기 위해서는 어떻게 하면 좋을까요. 바로 생각할 수 있는 것은 파일을 모두 읽어 들여 행으로 분할해서, 선두 5행만을 꺼내는 방법입니다. some.txt라는 텍스트 파일이 있다는 전제로 간단히 프로그램을 만들어 봅시다.

read() 메쏘드로 파일 전체를 읽어 들인다

```
f = open('some.txt')              파일 객체를 만듦
body = f.read()                   파일 전체를 읽어 들임
lines = body.split('\n')          파일을 줄 바꾸기(개행)로 분할
print('\n'.join(lines[:5]))       선두 5행을 표시
```

그러나 이 방법으로는 아주 행 수가 많은 파일, 예를 들어 10만 행으로 된 텍스트 파일이라면 모두 읽으려면 시간이 걸리고 메모리도 많이 소비됩니다.

읽어 들일 필요가 있는 것은 선두 5행뿐입니다. 파이썬의 파일 객체에는 readline() 이라는 메쏘드가 있고, 이것을 사용하면 파일에서 1행만 읽어 들일 수 있습니다. 이 방법을 사용해서 5행만 읽어 들이도록 하면, 큰 파일이라도 효율적인 처리를 할 수 있을 것 같습니다.

 readline() 메쏘드로 1행씩 읽어 들인다.

```
f = open('some.txt')          ──── 파일 객체를 만듦
lines = ''                    ──── 표시할 문자열을 초기화
for i in range(5):            ──── 선두에서 5행 읽어 들임
    lines += f.readline()
print(lines)                  ──── 선두 5행을 표시함
```

프로그램은 효율적으로 되었습니다만, 여러 요소를 고려하면서 코드를 작성한 것도 있어서 좀 귀찮습니다.

파이썬에서는 파일 객체가 이터레이터로 동작한다는 것을 알고 있으면 같은 내용의 코드를 다음과 같이 간략하게 작성할 수 있습니다.

 이터레이터를 사용한다.

```
for c, l in enumerate(open('some.txt')):
    print(l, end='')          ──── 행을 표시
    if c == 4:                ──── 5행을 표시하고서 루프를 빠져나감
        break
```

P. 244에서 파일 객체를 for문에 추가하면 1행씩 읽어 들여서 루프를 처리하는 것을 설명했습니다. 이때 파이썬은 내부에서 파일 객체를 이터레이터로 다루고 있습니다. 파일 객체를 이터레이터로 다루면, 루프가 돌 때마다 파일에서 1행씩 읽어 들이는 동작을 하게 됩니다.

위 샘플 코드에서는 open()이 돌려준 이터레이터를 enumerate() 함수에서 받고 있습니다. P. 219에서 enumerate()는 시퀀스를 인수(argument)로 호출한다고 설명했습니다만, 이터레이터를 인수로 넘길 수도 있습니다. 이터레이터를 넘길 때도 마찬가지로 요소의

이터레이터에 상당하는 수와 이터레이터로부터 순서대로 꺼낸 요소를 쌍으로 돌려주는 동작을 합니다. 이에 따라 루프의 횟수를 세는 처리를 짧게 기술할 수 있는 것입니다.

필요한 때 데이터를 준비한다는 것을 지연 평가라 부를 수 있습니다. 여기서 본 이 터레이터로써의 파일의 예는 지연 평가가 가져올 이점을 단적으로 보여주고 있습니다. 순서가 있는 데이터를 간단히 다룰 수 있어 깔끔하게 코드를 작성하면서 실행 효율도 높일 수 있습니다. 지연 평가는 함수형 프로그램이 가진 특징 중 1가지입니다. 파이썬은 여기서도 절묘하게 함수형 프로그램의 본질을 도입하고 있다는 것입니다.

물론, 지연 평가는 만병통치약이 아닙니다. 예를 들어 이터레이터 하나로는 요소 수를 셀 수 없습니다. 파일의 예로 말하면, 파일의 행수를 세기 위해서는 마지막까지 읽어 들일 필요가 있습니다. 또 최댓값이나 최솟값을 찾거나 정렬할 때는 시퀀스의 모든 요소를 파악할 필요가 있습니다. 이와 같은 종류의 처리를 할 때는 이터레이터 구조가 그다지 도움이 되지 않습니다.

이터레이터를 사용한 지연 평가가 위력을 발휘하는 것은 큰 데이터를 다룰 때, 꺼내는데 시간이 걸리는 데이터를 다룰 때입니다. 크기가 큰 파일도 이터레이터로 다루면 효율이 좋아집니다. 또 네트워크를 통해 데이터에 접근할 때, 데이터베이스에서 데이터를 빼낼 때도 이터레이터를 활용할 수 있습니다.

---

**Column** 파이썬 이터레이터 객체

파이썬에서 이터레이터를 다룰 때는 이터레이터 객체라는 종류의 객체를 사용합니다. for문의 시퀀스로 내장형을 추가할 때 파이썬이 자동적으로 변환합니다만, 수동적으로 변환할 수도 있습니다.

리스트 등의 시퀀스를 이터레이터 객체로 변환하려면, 내장 함수인 iter()를 사용합니다. 그리고 이터레이터 객체로부터 다음 요소를 얻으려면 내장 함수인 next()를 사용합니다.

iter()와 next() 함수의 예

```
i = iter([1, 2]) ●──────────────────────  리스트를 이터레이터 객체로 변환함
next(i)

1
```

이터레이터 객체로 변환한 원래의 리스트에는 2가지 수치가 들어있었습니다. next()를 2번 호출하면 더 이상 꺼낼 요소가 없습니다. 그다음에 next()를 호출하면 어떻게 될까요.

05

꺼낸 요소가 사라진 경우

```
next(i)

next(i)

--------------------------------------------------------------
StopIteration                     Traceback (most recent call last)
<ipython-input-99-0c09fca4433d> in <module>()
      1 next(i)
----> 2 next(i)

StopIteration:
```

StopIteration이라는 오류가 나타납니다. StopIteration은 정확하게는 P. 357의 Chapter 10에서 소개한 예외라고 하는 구조입니다. 파이썬에서는 예외를 발생시키는 것으로 이터레이터 객체의 요소가 더 이상 없다는 것을 알려 줍니다.

파이썬에서 이와 같은 구조로 이터레이터를 구현하고 있습니다. 무엇보다 이터레이터와 직접 주고받으면서 요소를 꺼내는 것은 실제 프로그래밍에 있어 그다지 없을지도 모르겠습니다.

# 04 생성자를 사용한다

파이썬의 생성자를 한마디로 설명하면, 이터레이터를 간단히 정의하기 위한 구조입니다. return문 대신에 yield문을 사용해서 반환값을 돌려주는 함수를 정의함으로써 이터레이터를 정의할 수 있습니다.

파이썬 이터레이터와 같은 구조를 외부 이터레이터, 생성자와 같은 구조를 내부 이터레이터라 부르기도 합니다. 이 용어를 빌리면 생성자는 함수를 사용해서 내부 이터레이터를 정의하기 위한 구조라는 것이 됩니다.

생성자로 동작하는 함수를 생성자 함수라 부릅니다. 생성자 함수를 부르면 이터레이터 객체가 돌아옵니다. 실제로는 생성자 함수를 for문 등과 함께 이용하게 됩니다.

# 생성자 함수를 정의한다

생성자 함수를 정의해서 생성자의 사용법을 살펴봅시다. 소수를 만드는 생성자 함수를 정의해 봅시다. 일반 함수처럼 보입니다만, yield라는 키워드가 있는 것이 보입니다.

⌐ 소수를 돌려주는 생성자 함수의 정의

```
def get_primes(x=2):
    while True:
        for i in range(2, x):
            if x%i == 0:                    ──── 나누어지는 수를 찾음
                break
            else:
                yield x                     ──── 소수가 찾아지면 yield로 돌려줌
        x += 1                              ──── 수치를 증가
```

다음으로 이 생성자 함수를 사용해서 소수를 10개 표시해 봅시다.

⌐ 생성자 함수의 실행

```
i = get_primes()              ──── 생성자 함수로부터 이터레이터를 취득
for c in range(10):           ──── 소수를 10개 표시
    print(next(i))

2
3
5
(아래에 소수를 10개까지 표시)
```

생성자 함수는 일반 함수와는 다른 동작을 합니다. 함수 호출처럼 보이는 부분에서는 함수 블록의 코드는 실행되지 않고 이터레이터가 돌아올 뿐입니다. for 블록 속에 next()를 사용해서 이터레이터 객체로부터 다음 값을 꺼내고 있습니다만, 이때 처

음으로 생성자 함수 블록이 실행됩니다.

함수 블록 속에서 yield가 있는 행에 다다르게 되면, 프로그램 제어가 생성자 함수에서 빠져나갑니다. yield라는 것은 '양보하다'라는 의미를 가진 영어 단어입니다. yield문은 처리를 넘겨 주는 동작을 하는 것입니다. 또 yield문에서 함수 밖으로 빠져나간 뒤에도 함수 내부의 지역 변수는 그대로 유지하고 있습니다. 다음에 next()에서 함수 내부로 프로그램 실행이 옮겨졌을 때, 이전 상태에 이어서 처리를 계속하는 것입니다.

생성자 함수 속의 while 루프에 True가 함께 있는 것으로 알 수 있듯이 이 생성자를 사용해서 무한히 소수를 찾아내는 이터레이터를 만들 수 있습니다. 이와 같은 이터레이터를 무한 리스트라 부를 수 있습니다. 생성자를 사용하면, 지연 평가를 사용한 무한 리스트를 간단히 만들 수 있다는 것도 편리한 점입니다.

## 생성자 표현식(generator expression)

파이썬에서는 리스트 내포 표기(→P.255)와 같은 기법을 사용해서 간단히 생성자를 정의할 수 있습니다. 그를 위한 기능이 생성자 표현식입니다. 리스트 내포 표기에서는 [] 괄호을 사용해서 식을 표현했습니다만, 생성자 표현식에서는 () 괄호를 사용합니다.

**구문** 구문 생성자 표현식 기법

```
(식 for 반복 변수 in 시퀀스 (if 조건식) )
```

겉으로는 리스트 내포 표기와 아주 비슷합니다. 리스트 내포 표기는 리스트를 돌려주기 때문에 모든 요소가 확정되어 있습니다.

리스트 내포 표기의 예

```
[x**2 for x in range(1, 10)]  ———————— 1에서 9까지의 제곱 리스트
[1, 4, 9, 16, 25, 36, 49, 64, 81]
```

267

한편, 생성자 표현식이 돌려주는 것은 이터레이터입니다. 생성자 표현식을 실행한 직후에는 모든 요소가 정해지지 않습니다. 이터레이터에 대해 다음 요소를 요구하는 처리(이터레이션)가 이루어지며 이때 비로소 요소가 정해집니다. 즉 지연 평가가 이루어지는 것입니다. 실제로는 생성자 표현식은 for문과 함께 사용하는 경우가 많아, next()로 값을 얻어 내는 일은 그다지 없다고 생각합니다만, 어디까지나 실험으로 생성자 표현식이 돌려주는 이터레이터 객체를 next() 함수로 전달하는 과정을 살펴봅시다.

생성자식의 예

```
i = (x**2 for x in range(1, 10))
print(next(i))
print(next(i))
print(next(i))
```

```
1
4
9
```

생성자 표현식을 사용하면 생성 함수보다 간편하게 이터레이터를 정의할 수 있습니다. 일부러 함수를 정의할 것도 없이 간단히 처리하고 싶을 때 생성자식을 활용하면 편리합니다.

# 05 고차 함수와 데코레이터

함수형 프로그래밍의 마무리로 고차 함수에 대해 설명하려고 합니다. 이 절은 이 책을 읽는 독자 여러분께는 다소 까다로워서 지루하게 느낄지도 모르겠습니다. 하지만 열심히 읽어 두면 많은 도움이 될 것입니다.

리스트형을 정렬하는 sort() 메쏘드에서는 인수로 함수를 전달해서 정렬 순서를 최적화할 수 있었습니다(→P. 203). 이때 함수 이름을 key라는 키워드 인수로 전달하고 있습니다. 왜 이러한 것이 가능한지, 상세한 구조는 P. 345 이후에 설명하기로 하고 여기서는 함수도 변수처럼 취급할 수 있다는 것까지만 설명합니다.

# 고차 함수(higher-order functions)란?

함수를 변수처럼 다루면 함수를 함수로 전달할 수 있습니다. 고차 함수란 이와 같이 해서 함수를 전달해서 처리하는 함수, 또는 반환값으로 함수를 돌려주는 함수를 가리킵니다.

글로만 읽어서는 의미를 이해하기 어려울 것으로 생각되어 실제로 코드를 작성해서 시험해 봅시다.

함수를 받아서 실행하는 함수를 정의한다.

```
def execute(func, arg):
    return func(arg)                                    인수로 받은 함수를 실행함

print(execute(int, "100"))
100
```

execute()라는 함수는, 인수로 다른 함수와 그 함수에 전달할 인수를 받아들이기 때문에, 간단한 고차 함수라 말할 수 있습니다. 함수 속에서는, 받아들인 함수는 func라는 인수에 들어가 있습니다. 이 인수를 함수처럼 호출해서 결과를 돌려주고 있습니다. 실제로 int() 함수를 인수로 해서 execute() 함수를 호출해 보면 int(100)를 호출한 것과 같은 결과가 나옵니다.

이 코드는 단지 중복되어 있기만 해서 의미가 없는 코드처럼 보일 것입니다. 하지만 잘 보면 execute()라는 함수를 정의함에 의해 '인수를 하나만 갖는 함수 호출'을 추상화할 수 있습니다. 어딘지 모르게 '함수형 같은 느낌'이 전해져 옵니다.

다음으로 반환값으로 함수를 돌려주는 함수에 대해 살펴봅시다. 이에 대해서도 실제로 코드를 보는 것이 이해가 빠를 것으로 생각됩니다.

～ 함수를 받아 실행하는 함수를 정의한다.

```
def logger(func):
    def inner(*args):
        print("인수", args) ●────────────────────── 인수 리스트를 표시
        return func(*args) ●────────────────────── 함수를 호출함
    return inner
```

logger()라는 함수에는 몇 가지 재미있는 점이 있습니다. 우선 함수 내부에 함수 (inner)가 정의되어 있습니다. 함수도 변수처럼 다룰 수 있다는 것을 떠올려 주세요. 함수 내부에 함수를 정의하면 지역 변수처럼 취급됩니다. logger() 함수의 마지막에 inner() 함수를 변수처럼 취급해서 반환값으로 돌려주고 있습니다. 즉 함수를 받아서 함수를 돌려주는 함수로 되어 있는 것입니다.

또 하나 간단한 함수를 정의해 봅시다. 2개의 인수를 받아서, 이를 더한 결과를 돌려주는 함수입니다. 정의된 함수를 호출해서 올바른 결과가 돌아오는지 확인해봅니다.

～ 2개의 값을 더하는 함수를 정의한다

```
def accumulate(a, b):
    return a+b

print(accumulate(1, 2)) ●────────────────────── 함수를 호출함
3
```

다음으로 여기서 정의된 accumulate() 함수를 logger()에 전달해서 새로운 newfunc라는 함수를 만들어 봅시다. 그다음 newfunc를 accumulate()와 마찬가지로 호출해보면 어떤 일이 일어날까요.

～ logger를 사용해서 accumulate를 변환

```
newfunc = logger(accumulate)
print(newfunc(1, 2))
인수: (1, 2)
3
```

반환값뿐만 아니라 함수에 주어진 인수가 표시됩니다. 이것은 logger() 함수 내부에 정의되어 있는 inner()라는 함수가 실행되기 때문입니다. logger()가 돌려주는 것은 inner() 함수입니다. inner() 함수를 newfunc에 대입하고 있기 때문에, newfunc를 함수로써 실행하면 inner()가 실행된다는 것은 잘 생각하면 당연합니다. inner()에서는 인수를 리스트로 받아들이고 있습니다. 인수 리스트를 print() 함수를 사용해서 표시하기 때문에 함수에 주어진 인수가 표시되는 것입니다.

이와 같이 고차 함수를 사용하면 함수에 좀 더 편리한 기능을 추가할 수 있습니다.

# 데코레이터(decorator)

앞의 예에서는 함수를 변수처럼 취급해서 고차 함수를 사용했습니다. 고차 함수를 사용한 처리를 좀 더 스마트하게 기술할 수 있는 기능이 파이썬에는 있습니다. 그것이 데코레이터(decorator)입니다.

예를 들어 앞에서의 logger()와 accumulate()를 조합한 코드를 데코레이터를 사용하면 다음과 같이 작성할 수 있습니다. 함수를 정의하기 전에 @에 이어서 고차 함수를 작성합니다. 변수에 대입하는 것과 같은 촌스러운 방법을 사용하지 않고도 고차 함수를 사용할 수 있어 편리합니다.

데코레이터에 따른 지정 예

```
@logger
def accumulate(a, b):
    return a+b
```

데코레이터로 고차 함수를 적용한 accumulate() 함수를 실행해 봅시다. 앞에서의 예와 마찬가지로 인수의 리스트가 로그로 출력됩니다.

～ accumulate() 함수의 실행

```
print(accumulate(1, 2))
```

**인수: (1, 2)**
3

　파이썬 표준 라이브러리에는 데코레이터와 조합해서 이용할 수 있는 편리한 고차 함수가 몇 가지 등록되어 있습니다. 여기서는 functools 모듈의 lru_cache() 함수를 소개합니다. lru_cache를 사용하면 인수에 연결해서 함수의 결과를 캐시할 수 있습니다. 즉 같은 인수로 함수가 호출되었을 때, 2번째 이후는 함수를 호출하지 않고, 저장되어 있는 반환값을 사용할 수 있게 되는 것입니다.

　재귀라는 방법을 사용해서 피보나치 수를 계산하는 코드를 예로 들어보겠습니다. fib()라는 함수에서는 함수 속에서 같은 함수가 호출됩니다. 인수로 전달된 값이 크면 호출된 쪽에서도 한 번 더 fib()가 호출되게 됩니다. lru_cache를 데코레이터해서 캐시를 활용해 이것을 효율적으로 처리해 봅시다.

～ lru_cache함수를 데코레이터로 사용한다.

```
from functools import lru_cache
@lru_cache(maxsize=None)
def fib(n):
    if n < 2:
        return n
    return fib(n-1) + fib(n-2)
```

　피보나치 수를 16개 표시해 봅시다. 캐시가 효과적이라서 순식간에 처리가 끝납니다.

～ 피보나치 수의 표시

```
[fib(n) for n in range(16)]
```

**[0, 1, 1, 2, 3, 5, 8, 13, 21...]**

Jupyter Notebook에서 %%time이라는 매직 명령어(P. 247의 컬럼 참조) 다음에 코드를 작성하면, 실행하는데 걸린 시간을 표시할 수 있습니다. 캐시를 사용한 경우와 사용하지 않은 경우를 비교하면 수십 배 속도 차이가 있음을 알 수 있을 것입니다.

이와 같이 데코레이터와 고차 함수를 조합하면 어렵지 않게 원래 함수에 기능을 추가하거나 함수의 동작을 변경할 수 있습니다. 이와 같은 마법을 부릴 수 있는 것도 함수형 프로그래밍의 흥미로운 점입니다.

# 클래스와
# 객체 지향 개발

이 장에서는 파이썬 객체 지향 기능에 대해서 설명합니다. 4장에서 간단히 설명한 객체에 대해 보다
상세한 설명과 클래스를 사용하는 방법, 만드는 방법을 해설함으로써 파이썬의 객체 지향 기능에
대해서 이해력을 높입니다.

# 01 파이썬에서 클래스 사용하기

4장의 처음(→P. 176)에 객체를 데이터와 함수(메쏘드)가 일체로 구성되어 있는 것이라 설명했습니다. 그리고 파이썬의 내장형 예로 객체란 어떠한 것인지에 대해 설명했습니다.

**Fig** 객체 이미지

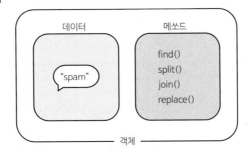

객체는 이른바 프로그램에서 사용하는 부품과 같은 것입니다. 기성 부품을 조합해서 프로그램을 만들어 가는 것이 객체 지향 개발의 특징입니다.

여기서 먼저 객체란 무엇인지에 대해 정리해보려고 합니다.

## 객체와 클래스

객체에는 수치나 문자열, 리스트의 요소와 같이 데이터가 들어 있습니다. 또한, 데이터에 대해서 여러 가지 처리를 실행할 수 있는 메쏘드도 갖고 있습니다. 객체는 단순히 데이터만이 아니라 어떻게 동작하면 되는지를 알고 있습니다.

객체는 데이터의 성질에 따라서 분류되어 있습니다. 비슷한 성질을 가진 객체에 대해서는 같은 메쏘드가 사용될 수 있게 되어 있습니다.

이 책에서는 지금까지 내장형을 중심으로 파이썬 객체 지향 기능을 살펴봤습니다. 파이썬을 비롯한 객체 지향 프로그램 언어에서는 내장형과 같은 기성 객체를 사용하는 것만이 아니라 필요에 따라 만들어진 여러 종류의 객체를 사용해서 프로그램을 만들어 갑니다. 그때 활용하는 것이 클래스라는 구조입니다.

클래스란 간단히 말하면 객체의 설계도입니다. 객체가 어떠한 성질을 가지고 있으며, 어떻게 동작하는지를 코드로 작성해서 클래스라는 형태로 모아서 정리한 것으로 보다 편리한 객체를 프로그램에서 이용할 수 있게 됩니다.

파이썬의 표준 라이브러리는 프로그램에서 이용할 수 있는 편리한 클래스가 많이 들어 있습니다. 또한, 당연히 필요하면 자신만의 클래스를 만들 수도 있습니다. 이 장의 목적은 클래스를 만드는 방법을 알아가는 것입니다.

클래스를 만드는 방법을 배우기 전에 우선 표준 라이브러리에 들어 있는 클래스를 사용해 보고서 클래스란 무엇인지 이해해 보도록 합시다.

06

# 클래스로 객체(인스턴스) 만들기

파이썬에 내장되어 있는 클래스로 10진수 부동 소수점을 다루기 위한 Decimal이 있습니다. 이 클래스는 파이썬의 수치 연산에서 생길 수 있는 오차를 회피하기 위해 이용됩니다.

파이썬의 수치형(float형)은 2진수를 사용해서 연산하기 때문에 아주 작은 오차가 생기는 경우가 있습니다. 예를 들어 '0.1 * 3'을 계산하면, 0.3 이 되지 않고, '0.30000000000000004' 라는 결과가 나옵니다. Decimal 클래스를 사용하면 이와 같은 오차 없이 수치 연산을 할 수 있습니다.

Decimal 클래스는 표준 라이브러리에 들어 있습니다. Decimal 클래스를 사용하기 위해서 우선 다음과 같은 명령을 입력합니다.

Decimal 클래스를 사용할 준비

```
from decimal import Decimal
```

　Decimal 클래스를 이용할 수 있게 되었으니 바로 사용해 봅시다. Decimal 클래스를 사용하면 데이터로 10진수 수치를 갖는 객체를 만들 수 있습니다.

　클래스로 객체를 만들려면 클래스를 함수처럼 호출합니다. 만들고자 하는 클래스에 따라서는 클래스를 호출할 때 인수(argument)를 제공할 필요가 있습니다.

　Decimal 클래스는 10진수 수치를 관리하기 위한 클래스입니다. 구체적인 데이터를 가진 객체를 만들기 위해서는 수치를 전달할 필요가 있습니다.

　Jupyter Notebook을 사용해서 Decimal 클래스로 객체를 만들어 봅시다. 그리고서 객체의 내용을 확인해 봅시다. 조금 전의 코드에 이어서 아래 코드를 입력해 주세요.

Deciaml 클래스 사용하기

```
d = Decimal(10) ●──────────────── Deciaml 클래스의 인스턴스 만들기
print(d)
```
```
10
```

　클래스로 만든 객체를 특별히 구별하는 의미로 인스턴스라 부르기로 합시다. 인스턴스는 데이터를 갖고 있으며, 메쏘드도 갖고 있기 때문에 객체의 한 종류입니다. 위 코드에서 변수 d에 들어 있는 것을 Decimal 클래스의 객체라 부를 수도 있지만 여기서는 특별히 구별해서 Decimal 클래스의 인스턴스라 부르기로 합시다.

## 인스턴스 이용하기

　Decimal 클래스 인스턴스는 프로그램 속에 내장형의 수치형처럼 이용할 수 있습니다. 예를 들어 수치와 마찬가지로 Decimal 클래스 인스턴스를 사용하여 사칙 연산을 할 수 있습니다.

인스턴스를 사용한 연산

```
print(d + 20) ●──────────────── Decimal 클래스 인스턴스에 수치 20 더하기
```
```
30
```

소수점 이하의 수치를 포함한 float형 수치와 Decimal 클래스 인스턴스를 계산하려면 좀 주의할 필요가 있습니다. 정도(정밀도)를 유지하기 위해서는 Decimal 클래스 인스턴스끼리 연산할 필요가 있습니다. 또 소수점 이하 수치를 포함한 Decimal 클래스 인스턴스를 만들 때는 인수인 수치를 문자열로 제공합니다. 이유는 인수를 float형으로 해 버리면 오차가 발생하기 때문입니다.

예를 들어 float형인 0.1에 3을 곱하면 0.3 되어야 하지만, 여기에 미세한 오차가 발생해 버립니다. '0.1 * 3'과 '0.3'을 비교하면 False라는 결과가 돌아오게 된다는 것입니다. Decimal 클래스 인스턴스를 사용하면 오차를 발생시키지 않고 제대로 비교를 할 수 있습니다.

Decimal형을 사용한 비교

```
0.1 * 3 = = 0.3                                    0.1과 3을 곱해서 0.3과 비교
False

Decimal('0.1') * 3 = = Decimal('0.3')
True
```

float형에서 발생하는 미세한 오차가 허용되지 않는 곳에서 Decimal 클래스는 매우 편리합니다. 또한, 연산자를 사용하는 사칙 연산을 포함해서, 수치형처럼 이용할 수 있기 때문에 Decimal 클래스를 사용하기 위해 기억할 것도 줄어듭니다. 내장형인 수치형과 기능이나 동작이 다른 부분만 특별한 사용을 하게 되어 있습니다.

Decimal 클래스의 인스턴스는 메쏘드도 갖고 있습니다. 예를 들어 sqrt()라는 메쏘드를 사용하면 평방근을 계산할 수 있습니다.

평방근 계산하기

```
print(d.sqrt())                                    인스턴스 d에 sqrt() 메쏘드를 사용함
3.162277660168379331998893544
```

Decimal 클래스와 같이 특별한 용도로 이용하는 클래스가 파이썬에는 많이 있습니다.

# 객체와 인스턴스

　Decimal이라는 10진수 수치를 오차 없이 다루는 클래스와 Decimal 클래스로 만든 인스턴스 사용법을 간단히 살펴보았습니다. 돌이켜 보면 클래스의 인스턴스와 내장형 객체는 아주 비슷하게 만들어져 있음을 알 수 있습니다. 객체도 인스턴스도 모두 데이터를 가지고 있고, 데이터를 조작하기 위해 메쏘드를 갖고 있습니다.

　내장형에는 데이터의 성질에 따라서 수치형이나 문자열형 등의 '자료형'이 있습니다. 클래스의 경우는 클래스의 이름(클래스명)이 이러한 자료형에 해당합니다. 클래스명에 따라서 인스턴스의 성질을 정한다고 해도 될 것입니다. 또한 내장형인 경우는 어떤 자료형인지에 따라 객체에 대해서 실행할 수 있는 조작이나 메쏘드의 종류가 달라집니다. 인스턴스의 경우는 어떤 클래스의 인스턴스인지에 따라 메쏘드나 처리 종류가 달라집니다.

**Fig** 내장형 객체와 인스턴스는 비슷하게 만들어져 있다.

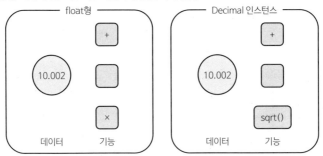

　내장된 자료형이나 클래스는 프로그램에서 사용하는 부품의 '설계도'와 같은 것이라 이해할 수 있습니다. 설계도를 바탕으로 프로그램을 만들어가기 위해 만든 '부품'이 객체나 인스턴스입니다.

　프로그램에서 이용할 부품의 설계도를 미리 만들어 두고, 필요에 따라 부품을 만들어 이용한다는 것이 객체 지향을 사용한 개발의 기본입니다. 설계도에 해당하는 것이 자료형이고, 설계도에 따라 만들어진 부품에 해당하는 것이 객체입니다.

　이 장에서 처음 클래스와 인스턴스에 관해 해설을 했습니다만, 클래스는 문자열이나 리스트와 같은 내장 자료형과 매우 유사하고, 인스턴스는 내장형 객체와 유사합니다.

객체 지향이라 하면 어렵게 들리지만 의미 자체는 특별히 어려운 것이 없습니다.

# 02 클래스 만들기

클래스를 한마디로 설명하면 프로그램에서 이용할 객체의 설계도라 말할 수 있습니다. 객체는 프로그램에서 이용하는 나사나 기어와 같은 부품입니다. 객체에는 데이터와 명령이 일체로 되어 있습니다. 객체는 자기 자신이 어떠한 데이터를 가지고 있는지 뿐만 아니라 어떠한 명령을 실행하면 되는지, 자기 자신이 어떻게 동작하면 될지 알고 있습니다.

**Fig** 인스턴스는 클래스라는 설계도로 만든다.

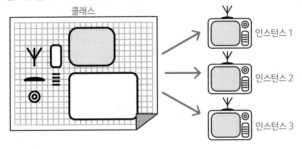

파이썬은 많은 클래스를 가지고 있습니다. 프로그램에서 실행하는 것 중 대부분은 파이썬이 이미 갖고 있는 클래스를 사용해서 인스턴스를 만드는 것으로 해결할 수 있습니다. 그러나 좀 특수한 것, 독자적으로 처리하고 싶을 때는, 파이썬이 가지고 있는 클래스만으로는 원하는 처리를 할 수 없는 경우가 있습니다. 그와 같은 경우에는 새로운 클래스를 만들거나 기존의 클래스를 확장하거나 합니다.

지금까지 본 것처럼 클래스는 인스턴스의 설계도가 되는 것입니다. 인스턴스가 어떤 성질의 데이터를 갖고 있는지, 인스턴스가 가진 데이터에 대해 어떠한 처리를 할 필요가 있는지에 따라 설계도도 변합니다.

클래스를 정의한다는 것은 인스턴스가 어떤 성질을 갖고 있는지에 주목해서, 클래스의 설계도를 만드는 것에 지나지 않습니다. 클래스의 설계도를 만드는 것을 클래

정의라 부릅니다.

　파이썬 객체는 데이터와 메쏘드를 가지고 있습니다. 클래스의 설계도에는 객체에 어떤 데이터가 저장될지, 그리고 어떤 메쏘드를 갖는지를 정의합니다. 데이터는 속성(attribute)이라는 변수와 같은 것을 사용해서 객체에 저장합니다. 메쏘드는 파이썬 함수 정의와 같은 방법으로 정의합니다.

　여기서는 파이썬에서 자신만의 클래스를 만드는 방법에 대해 설명합니다.

## 클래스 정의하기

　클래스를 정의하기 위해서는 class문을 사용합니다. class 다음에 클래스명을 붙여서 클래스를 정의합니다.

**Fig** class문에 따른 클래스 정의

class 클래스명:

```
--------→  ┌──────────────────┐
들여쓰기    │   클래스 내용      │
            └──────────────────┘
```

　파이썬에서 클래스를 정의하는 방법은 함수를 정의하는 방법과 비슷합니다. Jupyter Notebook을 사용해서 간단한 클래스를 정의해 봅시다.

　클래스를 정의할 때는 클래스명을 정합니다. 여기서는 'MyClass'라는 클래스명으로 정해 봅시다. 함수정의나 if문과 마찬가지로, class문의 오른쪽 끝에는 콜론(:)을 붙입니다. 클래스 정의의 본체는 들여쓰기를 한 블록에 기술합니다. 이번에는 아무것도 정의하지 않기 때문에 아무런 처리를 하지 않는다는 것을 의미하는 pass라는 특별한 명령을 적습니다.

　～MyClass 클래스를 정의한다.

```
class MyClass :  ●──────────────────────────────── 클래스 정의
    pass  ●────────────────────────────────── 처리 내용을 기술함
```

이것으로 MyClass라는 이름의 클래스가 만들어졌습니다. 어떠한 처리 내용도 정의되어 있지 않지만 이것만으로도 훌륭한 파이썬 클래스입니다.

 클래스명으로는 특별한 이유가 없는 한 'MyClass'와 같이 대문자로 시작하는 영어 단어를 사용하도록 합니다.
파이썬에서는 함수명을 소문자로 표기하는 관례가 있습니다. 클래스명을 대문자로 시작하는 규칙을 만들어 두면 함수와 클래스를 판별하기 쉬워지는 이점이 있습니다.

## 인스턴스의 속성

지금 만든 MyClass라는 클래스를 사용해서 인스턴스를 만들어 봅시다. 클래스로부터 인스턴스를 만들기 위해서는 클래스를 함수처럼 호출합니다. i라는 변수에 MyClass로 만든 인스턴스를 대입해 봅시다.

▰ MyClass 인스턴스 만들기

```
i = MyClass()  ──────────────────────  변수에 인스턴스를 대입함
```

MyClass라는 클래스에는 아무것도 정의되어 있지 않습니다. MyClass는 백지(텅 빈) 설계도와 같습니다. 이 클래스로 인스턴스를 만들면 파이썬 클래스로 최소한의 체제가 갖추어진 인스턴스가 만들어집니다. 이 인스턴스는 아무런 데이터도 가지고 있지 않고 메쏘드도 없습니다.

파이썬 인스턴스에는 속성이라 불리는 변수와 같은 구조가 마련되어 있습니다. 인스턴스에 데이터를 갖게 하고 싶을 때 이 속성을 사용합니다.

파이썬에서는 객체를 대입하는 것으로 변수를 정의합니다. 속성도 마찬가지로 대입하는 것으로 정의합니다. 속성에 대입하기 위해서는 인스턴스에 점(.)으로 구분해서 속성명을 기술합니다. 내장형 객체의 메쏘드를 호출할 때와 유사합니다.

실제로 대입해서 속성을 만들어 봅시다. 제대로 대입이 되었는지 확인하기 위해 print() 함수를 사용해서 속성을 표시해 봅니다.

⌐ 속성을 이용한다.

```
i.value = 5 ●──────────────────── 5 value라는 이름의 속성에 수치를 대입
i.value ●──────────────────────── 속성 값을 표시
5
```

이와 같이 속성에 대입을 하는 것만으로 인스턴스에 속성을 몇 개라도 추가할 수 있습니다. 속성은 변수와 같은 동작을 합니다. 변수에는 어떤 종류의 객체라도 대입할 수 있었던 것처럼 속성에도 모든 객체를 대입할 수 있습니다.

**Fig** 인스턴스의 속성으로 대입하면 속성을 정의 수 있다.

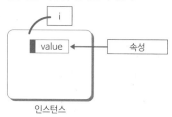

속성은 인스턴스가 가질 수 있는 변수와 같은 것입니다. 자유로이 대입할 수 있지만 정의되지 않은 속성을 참조하려고 하면 오류가 발생합니다. 미정의(정의되지 않은) 변수를 참조하려고 하면 오류가 발생하는 것과 같습니다.

⌐ 미정의(정의되지 않은) 속성 참조

```
i.undefined

-------------------------------------------------------------
AttributeError                    Traceback (most recent call last)
<ipython-input-69-69ffab9d9f57> in <module>()
----> 1 i.undefined


AttributeError: 'MyClass' object has no attribute 'undefined'
```

또한, 속성은 실제로 대입한 인스턴스에만 추가할 수 있습니다. MyClass 클래스로부터 'i2'라는 이름의 다른 인스턴스를 만들었다고 합시다. 새로 만든 인스턴스는 MyClass라는 아무것도 정의되어 있지 않은 클래스 설계도로부터 만들어졌으므로 속성에 대입된 것은 아닙니다. 그러므로 조금 전 속성에 대입했던 'i'라는 인스턴스에 있는 value 속성이 i2에는 존재하지 않습니다. 그래서 i2의 value라는 속성을 참조하려고 하면 오류가 발생합니다.

▬ 속성은 인스턴스마다 존재한다.

```
i2 = MyClass() ●─────────────────────────다른 인스턴스를 정의
i2.value ●─────────────────────────────────속성을 참조

--------------------------------------------------------------
AttributeError                 Traceback (most recent call last)
<ipython-input-70-a60b2301d7e1> in <module>()
      1 i2 = MyClass()
----> 2 i2.value

AttributeError: 'MyClass' object has no attribute 'value'
```

여기서 살펴본 것처럼 속성은 각각의 인스턴스에 개별적으로 만들어집니다. 마치 인스턴스마다 속에 작은 세계가 있는 것처럼 보입니다.

파이썬 클래스 설계에서는 인스턴스에 속성을 갖게 함으로써 데이터를 등록해 갑니다. 속성으로는 문자열이나 수치, 리스트 같은 내장형 객체나 다른 클래스의 인스턴스를 저장해 갑니다.

## 메쏘드의 정의와 초기화 메쏘드 '__init__()'

이처럼 인스턴스에 자유롭게 속성을 추가할 수 있다는 것은 매우 편리합니다. 반면, 귀찮은 측면도 있습니다. 실제로 대입이라는 조작을 수행한 인스턴스에만 속성을 추가할 수 있기 때문에, 데이터를 추가하려면 매번 인스턴스의 속성에 대입을 해야 합니다.

어떤 클래스로 100개의 인스턴스를 만드는 경우를 상상해 봅시다. 인스턴스에 수치 데이터를 갖게 하려면 속성에 대입하는 일을 100번 수행해야 하므로 이것은 큰일입니다.

클래스는 인스턴스의 설계도입니다. 인스턴스가 가져야 할 데이터는. 인스턴스가 만들어질 때 미리 대입하도록 설계도에 적어 두면, 인스턴스마다 속성을 대입하는 일을 하지 않아도 될 것입니다.

파이썬에서는 인스턴스가 만들어질 때 자동적으로 호출되는 메쏘드(초기화 메쏘드)를 정의할 수 있습니다. 어떤 인스턴스든 공통으로 필요한 속성은 이 메쏘드로 대입해서 정의하도록 합니다.

파이썬 클래스에 메쏘드를 정의하려면 클래스를 정의하는 블록 속에 def문을 기술합니다. 메쏘드를 정의하는 양식은 함수의 정의와 같습니다만, 다른 점도 있습니다. 메쏘드에는 반드시 인수로 self를 지정하도록 합니다.

**Fig** def문에 따른 메쏘드 정의

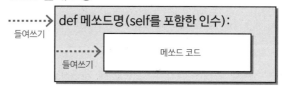

메쏘드를 호출할 때, 인수 self에는 인스턴스 자체가 전달됩니다. 좀 어려울지 모르겠지만, 여기서는 self가 인스턴스 자체를 가리키고 있으므로, self를 사용해서 속성에 대입하면 인스턴스에 속성을 정의할 수 있습니다.

그러면 새로운 클래스와 함께 초기화 메쏘드를 정의해 봅시다. 초기화 메쏘드는 __init__()라는 이름이 필요합니다. 이 이름의 메쏘드는 인스턴스 생성 시에 자동적으로 실행됩니다. 메쏘드의 정의가 클래스의 블록 속에 있다는 것에 주의하기 바랍니다. 또한, 초기화 메쏘드 속에는 인스턴스(self)에 속성(value)을 추가하고 수치(0)를 대입합니다.

초기화 메쏘드를 가진 클래스 정의

```
class MyClass2 :
    def __init__(self) :            ────────── 초기화 메쏘드를 정의
        self.value = 0              ────────── 인스턴스에 속성을 추가
        print("This is __init__() method ! ")
```

　정의한 클래스를 사용해서 인스턴스를 만들어 봅시다. __init__() 메쏘드 내부에는 print() 함수가 들어 있습니다. 초기화 메쏘드가 제대로 호출된다면 인스턴스를 만들 때 이 print() 함수가 실행되어 메시지를 표시할 것입니다. 또한, 인스턴스에는 value 라는 속성이 만들어져 있을 것입니다.

MyClass2 클래스 사용하기

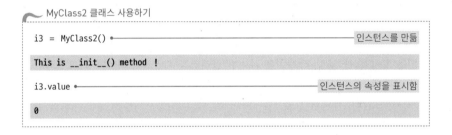

```
i3 = MyClass2()                     ────────── 인스턴스를 만듦

This is __init__() method !

i3.value                            ────────── 인스턴스의 속성을 표시함

0
```

　클래스를 설계할 때는 인스턴스에 어떤 데이터를 갖도록 할지 생각합니다. 인스턴스에는, 속성을 사용해서 데이터를 저장할 수 있습니다. 파이썬 클래스를 정의할 때는 초기화 메쏘드를 사용해서 인스턴스에 필요한 속성을 만들어 두도록 합니다.
　초기화 메쏘드 __init__()에는 self 이외에도 인수를 설정할 수 있습니다. self 이외의 인수를 설정하면 인스턴스를 만들 때 **SomeClass(1, 2, 'foo')**와 같이 추가 인수를 지정할 수 있습니다. 이와 같이 추가 인수를 설정하면, 인스턴스를 초기화할 때 인수를 전달해서 인스턴스의 데이터 내용을 제어할 수 있습니다.

> Java나 C++와 같은 다른 객체 지향 언어를 알고 있는 분이라면 클래스를 정의할 때 인스턴스가 어떤 데이터(멤버)를 갖는지 정의할 수 있다는 것을 알고 있을 것입니다. 파이썬에는 이와 같은 기능은 없습니다. 파이썬에서는 멤버를 정의하려면 인스턴스의 속성에 대입할 필요가 있기 때문입니다.
> 메타클래스라 불리는 기능을 사용하면 Java나 C++ 처럼 클래스를 정의할 때 멤버를 설정할 수 있지만, 메타클래스는 비교적 고급 기능이므로 이 책에서는 다루지 않습니다.

# 메쏘드와 제1인수 'self'

클래스의 메쏘드는 \_\_init\_\_() 이외에도 자유로이 정의할 수 있습니다. 클래스를 정의할 때는 \_\_init\_\_()와 마찬가지로 제1 인수로 반드시 self를 전달하도록 합니다. 구체적으로 클래스를 만들어 가면서 메쏘드의 정의에 대해서 좀 더 자세하게 살펴보기로 합시다.

기둥 모양을 한 입체 '각기둥'을 파이썬 클래스를 사용해서 수학적으로 표현하는 것을 생각해 보기로 합시다. 각기둥을 표현하기 위해서는 '폭(width)', '높이(height)', '깊이(depth)'라는 3가지 데이터가 필요합니다. 이와 같이 여러 데이터를 갖는 객체를 쉽게 다루고 싶을 때에는 클래스를 정의하면 편리합니다.

클래스를 만들기 전에 먼저 각기둥을 표현하기 위한 클래스가 어떤 것이어야 하는지? 즉 클래스의 설계도가 어떻게 되어야 하는지 생각해 봅시다.

우선 클래스가 가져야 하는 데이터에 대해 생각합니다. 클래스의 인스턴스는 '폭', '높이', '깊이'라는 3가지 데이터를 갖습니다. 인스턴스를 만들 때 이 3가지 데이터가 준비되어 있어야 편리합니다. 인스턴스를 만들 때, 즉 초기화 메쏘드가 호출될 때 3가지 수치를 전달하도록 합니다. 초기화 메쏘드로 전달된 수치는 인스턴스의 속성에 저장해 두면 될 것입니다.

우선 클래스의 정의와 초기화 메쏘드를 정의해 봅시다. 초기화 메쏘드에는 self를 포함해서 4가지 인수를 정의할 수 있도록 합니다. 인스턴스를 만들 때 각기둥의 3종류의 길이를 전달해서 속성에 저장해 둡니다.

클래스명은 대문자로 시작하도록 하며, 각기둥이라는 의미의 영어 'Prism'이라 합시다. 또한, 이 클래스는 p = Prism(10, 10, 10)와 같이 호출합니다.

**Prism클래스의 정의①**

```
class Prism :
    def __init__(self, width, height, depth) :
        self.width = width
        self.height = height
        self.depth = depth
```

초기화 메쏘드를 정의

속성 추가

클래스 정의가 계속됨

다음으로 클래스가 어떻게 동작하는지에 대해 생각해 봅시다. 프로그램을 만들 때 인스턴스에 대해서 어떤 처리를 할지에 대해 생각해 보는 것입니다.

클래스는 3종류의 길이 데이터를 갖고 있습니다. 이 데이터로부터 각기둥의 체적을 간단히 구할 수 있다면 편리합니다. 체적을 구하기 위해 클래스에 메쏘드를 정의하기로 합시다.

조금 전의 클래스 정의에 이어서 클래스의 블록 속에 다른 메쏘드를 추가합니다. 초기화 메쏘드와 마찬가지로 다른 메쏘드에서도 제1 인수로 self를 지정합니다. 이 메쏘드를 호출하면 인수 self에 인스턴스가 대입됩니다.

먼저 체적을 구하는 메쏘드 content()를 정의해 봅시다. 체적은 높이, 폭, 깊이를 곱해서 계산할 수 있습니다. 각각의 수치는 인스턴스의 속성으로 저장한다는 것을 떠올리기 바랍니다. self를 통해서 인스턴스의 속성을 지정하면 인스턴스를 만들었을 때 지정된 길이 데이터를 알 수 있습니다. 체적을 계산한 결과는 return문으로 메쏘드로부터 반환됩니다.

**Prism클래스의 정의②**

클래스 정의 계속

```
    def content(self) :
        return self.width*self.height*self.depth
```

> content() 메쏘드를 정의하기 전에 내어쓰기하는 것을 잊지 않기 바랍니다. 'def'의 위치가 __init__()의 위치와 나란히 있지 않으면 오류가 발생하지 않는다 하더라도 메쏘드로 인식되지 않습니다.

각기둥을 표현하기 위해 클래스 Prism을 실제로 사용해 봅시다. Jupyter Notebook을 사용해서 클래스를 정의한 뒤, Prism 클래스로부터 인스턴스를 만들어 봅니다. 그다음 인스턴스의 메쏘드를 호출해서 체적을 계산해 봅니다.

⌒ Prism 클래스 사용하기

```
p1 = Prism(10, 20, 30)
p1.content() ————————————————————————————————— 체적을 구함

6000
```

인스턴스 p1을 정의하고 인수로 길이 데이터를 전달하고 있습니다.

클래스의 메쏘드의 제1 인수로 self를 지정하고 있습니다. 하지만 메쏘드를 호출할 때는 self에 대입하는 인스턴스는 지정되지 않는다는 것에 주의하기 바랍니다. 인스턴스로부터 메쏘드를 호출할 때, 인수 self에는 자동적으로 인스턴스가 대입되어 호출되는 것입니다.

> ⚠ 파이썬 메쏘드의 제1 인수의 이름은 습관적으로 'self'로 하는 것으로 되어 있습니다. self는 문법적으로 보면 단지 인수이기 때문에 this나 me라고 해도 코드는 동작하지만, 헷갈리거나 가독성이 떨어지므로 self를 사용하도록 합시다.

인스턴스를 만들 때 다른 수치를 지정하면 인스턴스가 가진 데이터의 내용도 변합니다. 계산의 바탕이 되는 데이터가 다르기 때문에 같은 메쏘드를 호출하더라도 다른 결과가 나옵니다.

⌒ 다른 수치를 지정해서 인스턴스 만들기

```
p2 = Prism(50, 60, 70) ————————————————————————— 인수를 바꿈
p2.content() ———————————————————————— 변경한 인수로 체적을 구함

210000
```

이와 같이 파이썬의 클래스 정의에서는 self라는 인수가 매우 중요한 역할을 하고 있습니다. 클래스 정의 가운데서 인스턴스에 대해 조작을 하고 싶을 때는 반드시 self라는 인수에 대해 처리합니다.

self와 인스턴스가 같다는 것을 확인하기 위해서 좀 더 코드를 작성해 봅시다.

초기화 메쏘드에서는 'width', 'height', 'depth'라는 3가지 속성을 정의했습니다. 이들 속성에 각기둥의 높이, 폭, 깊이 데이터가 들어가 있습니다.

p1이나 p2와 같이 인스턴스가 들어간 변수에서 높이나 폭과 같은 수치를 읽어 내고 싶을 때는 어떻게 하면 좋을까요. 길이는 인스턴스의 속성이므로 속성을 지정하면 값을 꺼낼 수 있을 것입니다.

셀에 속성을 기입해서 내용을 표시하여 확인해 보기로 합시다. 인스턴스를 만들었을 때 지정한 값이 표시될 것입니다.

> 인스턴스로부터 속성을 읽어 내기

```
p1.height
20
p2.height
60
```

여기서 **p1.height** 식은 함수 속에서 **self.height**라 적혀 있는 식과 같다는 것을 확인해 주세요. self가 인스턴스를 나타내고 있는 것입니다.

다음으로 인스턴스의 속성을 바꿔봅시다. 변수를 바꿀 때와 마찬가지로, 속성에 대해 대입을 합니다.

> 속성 바꾸기

```
p1.height = 50
p1.content()          ← 체적을 구함
15000
```

속성을 바꾼 뒤에 다시 체적을 구해 보기로 합시다. 조금 전 6000이라는 값과는 다른 값이 나왔습니다.

함수 속에서는 self라는 인수를 사용해서 인스턴스에서 값을 읽어 내어, 인스턴스가 독자적으로 가지는 속성을 사용해서 계산하고 있습니다. p1이라는 인스턴스의 속성에 저장되어 있는 높이(height)를 '20'에서 '50'으로 변경했기 때문에 그 결과가 반영된 것입니다.

이처럼 파이썬의 클래스의 메쏘드 정의에서는 self라는 인수를 활용해서 처리합니다. 인스턴스가 가진 데이터를 self에 속성으로 등록해서 필요에 따라서 처리하는 것입니다. 메쏘드 속에서 속성을 사용해서 수치 계산과 같은 처리를 해도 되고, 속성을 바꾸어도 될 것입니다.

**Fig** 인스턴스는 메쏘드 속에서 self로 사용되고 있다.

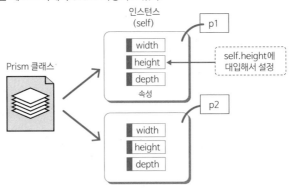

self를 사용해서 인스턴스에 데이터를 등록하고, 메쏘드를 사용해서 메쏘드의 동작을 정의합니다. 이것이 파이썬에서 클래스를 설계하는 방식입니다.

**Column** self 정의를 잊어버리면

메쏘드를 정의할 때 제1 인수 self를 정의하는 것을 잊으면 어떻게 될까요. 메쏘드에 인수가 없는 자체는, 파이썬의 문법적으로는 아무 문제가 없기 때문에 정의할 때 오류가 발생하지 않습니다. 오류가 발생한다면 메쏘드가 호출될 때입니다. 예를 들어 인스턴스를 사용하지 않는 메쏘드를 정의하고 싶은데, self를 정의하는 것을 잊으면 다음과 같은 오류가 발생합니다.

```
Traceback (most recent call last):
  File "<stdin>", line 1, in <module>
TypeError : noself() takes no arguments (1 given)
```

메쏘드를 호출할 때 파이썬은 인스턴스를 묵시적으로 제1인수로 넘겨 주려고 합니다. 그러나 메쏘드 측에는 인수가 정의되어 있지 않습니다. 이 때문에 오류가 발생하는 것입니다.

# 속성의 은폐

파이썬의 클래스에서 이용하는 속성은 매우 강력하고 유연한 기능입니다. 속성에 대해서 변수와 같이 대입하는 것만으로 자유롭게 속성을 추가할 수 있습니다. 인스턴스 속에 하나의 세계가 있으며, 그 속에서 자유롭게 변수를 정의할 수 있게 되어 있습니다.

파이썬 변수는 여러 가지 자료형의 객체를 대입할 수 있는데, 속성도 마찬가지로 여러 자료형의 객체를 대입할 수 있습니다. 문자열뿐만 아니라 리스트나 딕셔너리를 속성에 대입해서 인스턴스가 가질 수 있게 할 수 있으며, 다른 클래스의 인스턴스를 대입할 수도 있습니다.

조금 전 Prism 클래스의 예에서는 메쏘드 속에 제1 인수 self를 사용해서 속성에 접근하고 있습니다. self를 사용하는 것처럼 인스턴스 자체를 사용해도 속성에 접근할 수 있다는 것을 보았습니다.

인스턴스를 사용해서 클래스 밖에서 속성을 사용해 봅시다. 속성을 참조하는 것은 물론 대입하거나 새로운 속성을 만들 수 있습니다.

다른 자료형을 대입해 본다.

```
p = Prism(10, 20, 30)
p.width ●──────────────────────────────── 가로폭을 표시

10

p.depth = "30" ●──────────────── 속성으로 수치가 아니라 문자열을 대입
p.content() ●──────────────────────────── 체적을 계산함

303030303030303030...(아래에 30이라는 문자열이 계속됨)
```

depth라는 속성에 문자열을 대입해서 체적을 계산하려고 하면 생각하지 못한 일이 발생합니다. '30'이라는 문자열이 연이어 표시되어 버립니다. 속성 가운데 하나가 문자열로 바뀌어서 메쏘드 속에서 수치와 문자열이 곱해졌기 때문입니다. 파이썬에서 수치와 문자열을 곱하면 문자열이 수치의 회수만큼 반복된다는 것을 상기하기 바랍니다(→P. 39). 그 결과 '30'이 반복된 문자열이 리턴 값으로 반환되기 때문입니다.

이와 같이 파이썬의 속성은 외부에서 바꿀 수 있습니다. 인스턴스를 통해서 속성을 자유롭게 조작할 수 있다는 것은 편리한 것처럼 보이지만, 곤란한 경우도 있습니다. 이 예와 같이 의도하지 않은 결과를 초래할 수도 있습니다. 클래스에 정의한 메쏘드가 제대로 동작하지 않아서 오류를 일으키는 일도 있을 수 있습니다. 클래스의 내부에서 이용하는 속성은 외부에서는 이용할 수 없게 해두면 좋은 경우가 있습니다.

또한, 파이썬에서는 클래스에 정의된 메쏘드도 모두 외부에서 이용할 수 있게 됩니다. 외부에서 이용되면 생각하지 못한 난처한 일을 초래하는 메쏘드도 있기 때문에 속성과 마찬가지로 외부에서 이용할 수 없게 해두면 좋은 경우가 있습니다.

클래스의 내부에서만 이용하는 속성이나 메쏘드를 감추어 외부에서 이용할 수 없게 하는 것을 객체 지향 언어에서 캡슐화라고 합니다. 캡슐화도 객체 지향에서는 중요한 요소 가운데 하나입니다.

파이썬에서는 2가지 방법을 사용해서 속성이나 메쏘드를 클래스 외부에서 접근할 수 없도록 합니다.

- ■ 속성명이나 메쏘드명의 앞에 밑줄(_) 1개를 붙인다.
  파이썬에서는 '이름 맨 앞에 밑줄이 하나 붙어 있는 속성이나 메쏘드는 클래스 내부에서만 이용하기 위한 것'임을 나타내는 규칙과 같습니다. 클래스 기능을 사용하는 사람은 '_size'와 같이 이름 맨 앞에 밑줄이 하나 붙은 속성을 보면 이 속성은 외부에서 바꿀 수 없다는 의미로 이해하면 됩니다.

- ■ 속성명이나 메쏘드명의 맨 앞에 밑줄(_) 2개를 붙인다.
  더 엄격하게 속성이나 메쏘드에 접근하는 것을 제한하고 싶은 경우에는 이름 앞에 밑줄을 2개 붙입니다. 예를 들어 클래스에 '__size'라는 이름의 속성을 설정한다고 합시다. 그러면 클래스의 외부에서는 '__size'라는 이름으로 이 속성에 접근할 수 없게 됩니다.
  단 이름 앞에 밑줄을 2개 붙이는 방법을 사용해도 실제로는 완전하게 속성이나 메쏘드를 감출 수 없습니다. 클래스 내부에서 원래의 이름을 사용해서 속성이나 메쏘드를 이용하는 경우에는 내부에서 자동적으로 이름을 변경해 주기 때문입니다. 한편, 클래스 외부에서는 자동적으로 이름을 변경해 주지 않습니다. 이런 방법으로 속성이나 메쏘드를 의사적으로 은폐하고 있는 것입니다. 그러나 이름을 바꾸는 규칙을 잘 알고 있으면 속성이나 메쏘드에 접근할 수 있습니다.

여기서 알아본 것처럼 파이썬의 캡슐화 기능은 아주 간단합니다. 다른 객체 지향 언어, 특히 Java나 C++ 등과 비교하면 한정적이라고 할 수 있습니다. 개발자 모두가 지켜야 할 규칙을 만들거나 이름을 바꾸거나 하는 등 간편한 방법으로 캡슐화할 수 있기 때문입니다.

하지만 파이썬의 객체 지향을 사용한 개발이 활발하게 이루어지고 있으며, 캡슐화가 쉬워서 실제로 불편하다는 이야기는 그다지 들리지 않습니다. 이러한 것을 봐도 파이썬이 객체 지향 언어로서 뒤처지지 않는다고 필자는 생각합니다.

### Column 제1 인수 self

파이썬 메쏘드에는 제1 인수로 'self'를 붙입니다. C++이나 Java 같은 언어에서는 'this'라는 파이썬의 self와 유사한 키워드를 사용하지만, 객체 지향 언어 중에서는 이와 같은 방법을 사용하지 않는 언어도 많이 있습니다. 그와 같은 언어에서 파이썬으로 옮겨온 사람의 입장에서는 때때로 파이썬의 self를 귀찮은 존재로 여기는 경우도 있는 것 같습니다. 정말 많은 사람이 self를 없애기 위한 아이디어를 내왔습니다. 그러나 self를 없애는 안은 모두 거절되었습니다. 그 이유는 self에는 많은 이점이 있기 때문입니다.

우선 첫 번째로 self가 있기 때문에 스코프(scope, 유효범위) 규칙이 명확합니다. 메쏘드 속에서는 어느 변수가 속성인지 지역 변수인지 구분할 방법이 필요하게 됩니다. 제1 인수인 self가 있으면, self.foo=1과 같은 변수는 인스턴스의 속성으로, foo=1과 같은 변수는 지역 변수임을 바로 알 수 있습니다.

다음으로 함수나 메쏘드 정의 규칙이 명확합니다. 파이썬 메쏘드와 함수와의 차이는 호출 시 인스턴스가 인수로 대입된다는 것뿐입니다. 그 외는 모두 같습니다. 클래스 외부에서 정의된 함수를 메쏘드로 쉽게 바꿀 수 있습니다.

스코프로 변수 앞에 '@' 기호를 붙이거나, 지역 변수를 명시하는 특별한 선언을 가진 언어도 있습니다만, 보다 적고, 명시적인 규칙으로 언어를 만들려는 파이썬의 취지에 맞지 않습니다. 무엇보다 self를 없애는 것의 이점보다 남겨두는 것의 이점이 압도적으로 많이 있습니다.

# 클래스 상속과
# 고급 객체 지향 기능

클래스를 만들 때 기존 클래스에 기능을 추가하거나 기능을 변경해서 새로운 클래스를 만들 수 있습니다. 이와 같이 클래스를 만드는 것을 상속이라 부르고 있습니다. 이 장에서는 파이썬을 사용한 클래스 상속 방법에 대해서 설명합니다. 또한, 클래스나 인스턴스에 대해서 보다 심오한 특징에 대해서도 설명합니다.

# 01 클래스를 상속한다

클래스의 상속이란 어떤 클래스를 본(틀)으로 해서 다른 클래스를 만드는 것입니다. 본(틀)이 되는 클래스를 슈퍼클래스(superclass)라 부릅니다. 또한, 슈퍼클래스를 바탕으로 만들어진 클래스를 서브클래스(subclass)라 부릅니다.

앞 장에서 클래스란 프로그래밍에서 이용하는 부품(인스턴스)의 설계도와 같은 것이라고 설명했습니다(→P. 281). 상속이라는 기능을 사용하면 이미 존재하는 설계도를 바탕으로 일부 기능만을 바꾸거나 기능을 강화한 별도의 설계도(클래스)를 만들 수 있습니다.

**Fig** 클래스를 상속하면 슈퍼클래스의 기능을 변경하거나 확장할 수 있다.

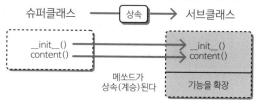

클래스를 상속할 때 기본적인 기능은 원래 설계도(슈퍼클래스)에 정의되어 있는 것을 그대로 유용합니다. 서브클래스에서는 필요한 부분만 바꾸거나 새로 추가하는 기능만 설계도에 추가해 넣게 됩니다. 이에 따라 같은 처리를 하는 코드를 중복해서 작성할 필요가 없기 때문에 프로그램을 효율적으로 개발할 수 있습니다.

또한, 파이썬은 클래스의 다중 상속에 대응하고 있습니다. 다중 상속이란 여러 클래스를 조합해서 새로운 클래스를 정의하는 것입니다.

더욱이 파이썬에서는 수치나 문자열과 같은 내장형을 상속해서 새로운 클래스를 만들 수도 있습니다. 내장형이 가진 풍부한 기능을 그대로 이어받아서 새로운 기능을 갖는 독자의 클래스를 만들 수 있는 것입니다.

# 슈퍼클래스(superclass)를 지정

파이썬에서 클래스를 상속하기 위해서는 class문으로 슈퍼클래스를 지정합니다. 클래스명 뒤에 () 괄호를 붙여 그 속에 상속하려는 클래스(즉, 슈퍼클래스)의 이름을 기술합니다.

**구문** ▶ 클래스 상속

```
class 클래스명(슈퍼클래스명1[, 슈퍼클래스명2, ...]):
```

앞 장에서 만든 Prism이라는 각기둥을 표현하기 위한 클래스(→P. 289)을 확장하기로 합시다. 이번에는 입방체(Cube)용 클래스를 만듭니다. 입방체는 주사위와 같은 모양을 한 입체입니다. 입체이므로 '폭', '높이', '깊이'라는 3종류의 변을 갖고 있지만 사각기둥과 달리 3가지 변의 길이가 모두 같습니다.

Prism 클래스를 상속한 Cube 클래스를 정의하는 방법은 아래와 같이 됩니다. class문에 이어 클래스명, 그다음 () 괄호 사이에 상속할 슈퍼클래스의 클래스명을 지정합니다.

07

```
class Cube(Prism): •─────────────────────────── 클래스 정의
```

# 메쏘드의 오버라이드(재정의)

클래스를 상속한 경우, 슈퍼클래스의 메쏘드는 서브클래스에 그대로 상속됩니다. 기능을 변경하고 싶은 메쏘드만 서브클래스에서 미리 정의하도록 합니다. 이와 같이 서브클래스에서 메쏘드를 미리 정의하는 것을 메쏘드의 오버라이드(override, 재정의)라 부릅니다.

Fig 서브클래스로 정의한 메쏘드는 덮어쓴다

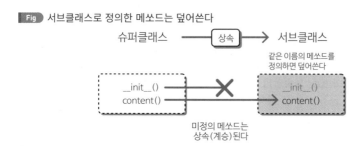

Prism 클래스에서는 초기화 메쏘드에 3변의 길이를 수치로 전달하고 있습니다. 이번에 만든 입방체 클래스에서는 3변의 길이가 같기 때문에, 하나의 수치를 전달해도 될 것 같습니다. 초기화 메쏘드의 인수(argument) 수를 줄여 불필요한 인수를 넘기지 않아도 되게 해 봅시다.

Cube 클래스의 특징을 모아서 __init__() 메쏘드(초기화 메쏘드)를 다시 정의합니다. 제1 인수인 self는 바꾸지 않고 인수 수를 바꿉니다. 초기화 메쏘드의 내부에서는 'width', 'height', 'depth'라는 3가지 속성을 인수인 'length'를 사용해서 정의합니다. 좀 특수한 기법을 사용해서 3가지 속성을 동시에 초기화해 보기로 합시다. 대입 연산자로 3가지 객체를 지정하면 한 번에 여러 변수나 속성에 대입할 수 있기 때문입니다.

Cube 클래스의 정의

```
class Cube(Prism):                               Prism 클래스를 상속함
    def __init__(self, length):                  __init__() 메쏘드를 오버라이드
        self.width = self.height = self.depth = length
                                                 속성을 length로 초기화
```

그러면 실제로 Cube 클래스를 사용해서 인스턴스를 만들어 보도록 합시다. 위 클래스를 정의한 뒤에 인스턴스를 만들어 봅시다.

Cube 클래스를 사용한다.

```
c = Cube(20)                                     length로 '20'을 넘김
c.content()                                      Prism 클래스의 메쏘드를 호출함

8000
```

Cube 클래스는 Prism 클래스를 상속하고 있습니다. 그러므로 Prism 클래스에서 정의된 content() 메쏘드를 그대로 이용할 수 있습니다.

content() 메쏘드에서는 속성으로 '가로', '세로', '깊이'를 받아, 체적을 계산하고 있습니다. Cube 클래스의 초기화 메쏘드는 1가지 인수만 받지만, Prism 클래스의 인스턴스가 갖는 3가지 속성과 동일한 속성을 갖고 있습니다. content() 메쏘드를 그대로 이용할 수 있습니다.

# 초기화 메쏘드의 오버라이드

파이썬 메쏘드를 오버라이드하면 완전한 덮어쓰기가 됩니다. 아주 간단하고 이해하기 쉬운 것 같지만 경우에 따라서는 귀찮을 때도 있습니다. 예를 들어 다음과 같은 상황을 생각해 봅시다.

Cube 클래스의 슈퍼클래스인 Prism 클래스에 새로운 기능을 추가하기로 했습니다. 인스턴스에 3변의 길이뿐만 아니라 센티미터(cm)나 밀리미터(mm)같은 단위도 저장할 수 있게 하려고 합니다.

인스턴스를 생성할 때 단위를 인수로 전달합니다. 함수 정의와 마찬가지로 파이썬 메쏘드에 기본 인수를 지정할 수 있습니다. 이 기능을 사용해서 인수를 지정하지 않은 경우에는 센티미터를 단위로 정하기로 합시다. 이에 맞춰 단위가 붙은 체적을 문자열로 전달하는 unit_content()라는 메쏘드를 추가하려고 합니다.

Prism 클래스의 새로운 정의는 아래와 같습니다. 초기화 메쏘드에 인수가 추가되어, 그에 맞춰 Prism 클래스의 인스턴스는 unit라는 새로운 속성을 가지게 됩니다. 이 속성에 단위를 문자열로 저장해 둡니다. 또한, unit_content()라는 메쏘드를 추가합니다.

이 메쏘드에서는 체적을 계산해서 단위를 추가하여 문자열로 반환하도록 적혀 있습니다.

Prism 클래스의 새로운 정의

```
class Prism:                                              인수를 추가
    def __init__(self, width, height, depth, unit='cm'):
        self.width = width
        self.height = height
```

```
        self.depth = depth
        self.unit = unit ●─────────────────────────── 속성을 추가
    def content(self):
        return self.width*self.height*self.depth
    def unit_content(self): ●──────────────────────── 메쏘드를 추가
        return str(self.content()) + self.unit
                              └─────────────── 계산 결과에 단위를 더함
```

이 Prism 클래스를 상속해서 조금 전과 같이 Cube 클래스를 정의하면 어떤 일이 일어날까요. Cube 클래스에는 __init__() 메쏘드가 정의되어 있습니다. 파이썬에서는 메쏘드의 오버라이드는 덮어쓰게 됩니다. 메쏘드를 덮어쓴 경우, 상속한 슈퍼클래스에 정의된 동일한 메쏘드는 호출되지 않습니다.

Prism 클래스를 확장하는 것으로, 새로운 인수가 더해지고, 단위를 문자열로 저장하기 위한 속성이 추가되어 있습니다. 속성 초기화는 __init__()로 하고 있습니다. Cube 클래스에서 자신만의 __init__() 메쏘드를 정의하면 그 결과, Prism 클래스 쪽에 정의한 __init__() 메쏘드는 호출되지 않습니다. 결과적으로 새로 추가된 속성은 Cube 클래스의 인스턴스에서는 정의되지 않게 됩니다.

확인하기 위해 Prism 클래스에 새로운 기능을 추가한 상태로 Cube 클래스를 재정의해서 사용해 봅시다. unit 속성을 참조하고 있는 unit_content() 메쏘드를 호출하려고 하면 오류(AttributeError)가 발생합니다. Cube 클래스의 인스턴스에는 unit라는 속성이 없으므로 당연한 것입니다.

추가한 속성을 호출한다.

```
c = Cube(10)
c.unit_content()

-----------------------------------------------------------
AttributeError                    Traceback (most recent call last)
<ipython-input-111-6a0f8db38c72> in <module>()
      1 c = Cube(10)
----> 2 c.unit.content()

AttributeError: 'Cube' object has no attribute 'unit'
```

이와 같은 일이 발생하는 경우가 있기 때문에 초기화 메쏘드를 포함해서 메쏘드를 오버라이드 할 때는 주의가 필요합니다.

이와 같은 일을 피하려면 어떻게 하면 좋을까요? Prism 클래스 변경에 맞춰 상속한 Cube 클래스도 변경할 필요가 있습니다.

또한 보다 스마트한 방법도 있습니다. 서브클래스의 초기화 메쏘드에서 슈퍼클래스의 초기화 메쏘드를 호출하면 됩니다.

## super( )를 사용한 슈퍼클래스의 취득

파이썬 3에서 슈퍼클래스의 메쏘드를 호출하기 위해서는 super()라는 내장 함수를 사용합니다. 내장 함수 super()에 인수를 전달하지 않고 호출하면 자동적으로 슈퍼클래스를 호출합니다.

또한, 인수를 전달하는 경우에는, 첫 번째는 슈퍼클래스를 참조하려는 서브클래스의 클래스명, 두 번째는 인스턴스(self)를 전달하도록 합니다. 인수로 지정된 서브클래스의 슈퍼클래스명을 돌려줍니다.

Cube 클래스를 사용해서 슈퍼클래스의 메쏘드를 호출해 봅시다.

Cube 클래스에서 super( ) 함수를 사용한다.

```
class Cube(Prism):
    def __init__(self, length):
        super().__init__(length, length, length)
```

함수나 클래스명, 메쏘드명이 들어가 있어서 조금 이해하기 힘들지 모르겠지만 잘 살펴보면 Cube 클래스의 초기화 메쏘드(__init__) 속에서 super() 함수를 사용해서 슈퍼클래스(Prism)의 __init__() 메쏘드를 호출하고 있다는 것을 알 수 있을 것입니다.

이처럼 슈퍼클래스의 초기화 메쏘드를 호출함으로써 슈퍼클래스의 사양이 바뀌어도 서브클래스의 코드를 수정하지 않아도 됩니다.

> Java나 C++와 같은 언어에서는 슈퍼클래스의 초기화 메쏘드(생성자)를 자동적으로 호출해 주는 기능이 있기 때문에, 이와 같은 일은 일어나지 않습니다. 파이썬의 경우는 메쏘드를 오버라이드 하면 완전히 덮어씁니다. 슈퍼클래스의 메쏘드를 호출할 필요가 있는 경우는 명시적으로 그와 같은 코드를 작성할 필요가 있습니다.

# 슬롯(Slot)

파이썬에서는 대입하는 것으로 인스턴스에 속성을 자유로이 추가할 수 있지만, 슬롯이라는 기능을 사용하면 속성을 추가하는 것을 제한할 수 있습니다. 메모리의 사용 효율을 좋게 하는 등의 목적으로 이용되는 기능입니다.

클래스에 __slots__이라는 속성을 갖게 함으로써 속성을 추가하는 것을 제한할 수 있습니다. __slots__ = ['foo', 'bar'] 와 같이 인스턴스에 추가할 속성명(문자열)을 시퀀스로 대입해 둡니다. 이와 같이 하면 시퀀스에 있는 속성만 추가할 수 있습니다.

**구문** 슬롯의 정의

```
__slots__ = [추가를 허가한 속성명]
```

간단한 실험을 해보도록 합시다. __slots__로 정의되어 있지 않은 속성을 정의하려고 하면 오류가 발생한다는 것을 알 수 있을 것입니다.

슬롯에 의한 속성 제한

```
class Klass:                                        클래스를 정의
    __slots__ = ['a','b']                           속성을 제한
    def __init__(self):
        self.a = 1                                  a라는 속성을 작성
i = Klass()                                         인스턴스를 만듦
i.a                                                 a라는 속성을 확인

1
```

```
i.b = 2                                               b라는 속성을 추가
i.b                                                   b라는 속성을 확인

2

i.c = 3                                               c라는 속성은 추가할 수 없음
Traceback (most recent call last):
  File "<stdin>", line 1, in ?
AttributeError: 'Klass' object has no attribute 'c'
```

# 프로퍼티(property)

파이썬의 속성은 인스턴스를 통해서 참조하거나 바꿀 수 있습니다. 그러나 속성처럼 인스턴스가 가진 데이터를 직접 조작하는 것은 그다지 좋은 일이 아닙니다. 예기치 않은 종류의 데이터로 바뀔지도 모릅니다. 그렇게 되면 오류의 원인이 될 수 있습니다.

이와 같은 일을 피하기 위해 인스턴스의 데이터(속성)을 변경하거나 참조하는 전용 메쏘드를 만들 수 있습니다. 데이터를 변경하기 위해서 **ins.set_foo(10)**와 같은 메쏘드를 호출하는 것입니다.

데이터를 설정하는 메쏘드를 세터(setter)라 부르고, 데이터를 읽어 내는 메쏘드를 게터(getter)라 부르기도 합니다.

프로퍼티(property)는 이 세터와 게터를 손쉽게 정의하기 위한 기능입니다. 속성에 대해 대입거나 참조하면 세터나 게터로 처리를 자동적으로 분류하게 됩니다.

프로퍼티는 property()라는 특별한 내장 함수를 사용해서 설정합니다. 프로퍼티로 동작하는 속성명에 property()의 반환값을 대입하도록 하는 기법을 사용합니다. property()의 인수로는 세터와 게터 메쏘드명을 전달합니다.

**구문** ▶ 프로퍼티 정의

```
property([게터[, 세터]])
```

　　Jupyter Notebook을 사용해서 프로퍼티를 가진 클래스를 정의해 봅시다. 인스턴스에는 '__x'라는 속성을 설정합니다. 맨 앞에 2개의 밑줄을 가진 속성은 외부로부터 은폐되어 있다는 것을 기억하기 바랍니다(→P. 294).

　　메쏘드 getx()와 setx()에서 속성 __x에 대해 대입하거나 참조합니다. 이 메쏘드를 사용하면 인스턴스의 __x라는 속성에 접근할 수 있게 됩니다.

　　클래스 정의의 마지막에는 프로퍼티를 사용해서 세터와 게터를 정의하고 있습니다. x라는 속성에 property() 반환값을 대입하므로 x라는 속성에 대해 대입하거나 참조하면 getx(), setx()라는 메쏘드가 호출되게 됩니다.

프로퍼티의 정의

```
class Prop:
    def __init__(self):
        self.__x = 0 ●────────────────────────── 속성을 만듦
    def getx(self): ●──────────────────────────── 게터
        return self.__x ●────────────────────── 속성을 돌려줌
    def setx(self, x): ●──────────────────────── 세터
        self.__x = x ●──────────────────────── 속성으로 값을 넣음
    x = property(getx, setx) ●─────────────── 프로퍼티를 설정함
```

　　여기서 만든 클래스를 사용해 보기로 합시다. Prop 클래스의 인스턴스를 만들고, x에 대해 대입하거나 참조해 봅시다.

프로퍼티를 사용한다

```
i = Prop() ●──────────────────────────────── 인스턴스를 만듦
i.x ●──────────────────────────────────────── 속성을 참조
```
```
0
```
```
i.x = 10 ●────────────────────────────────── x에 대입
i.x
```
```
10
```
```
i._Prop__x ●──────────────────────────────── __x에 억지로 접근
```
```
10
```

이 코드 마지막에 i._Prop__x로 속성을 억지로 참조하고 있습니다. 프로퍼티로 지정한 'x' 값을 변경하면 세터에 의해 자동적으로 속성 '__x'에 10이라는 수치가 대입된다는 것을 알 수 있습니다.

이처럼 프로퍼티를 사용하면 실체를 감추면서 메쏘드를 사용해서 속성을 조작하거나 참조할 수 있습니다.

> 세터, 게터 속에서 다루는 속성명과 프로퍼티로 설정한 속성명을 같은 이름으로 하면 무한 루프에 빠지므로 주의하기 바랍니다. 예를 들어 seta()라는 세터 속에 'a'라는 속성에 대해 대입을 하여, **a = property(seta, geta)**와 같이 프로퍼티를 설정했다고 합시다. 인스턴스의 속성 a에 대해 대입하려고 하면 우선 메쏘드 seta()가 호출됩니다. 내부에서 속성 a에 대해 대입하기 때문에 다시 seta()가 호출됩니다. 이처럼 끊임없이 반복해서 처리하게 됩니다.

# 02 특수 메쏘드를 이용한다

파이썬 클래스에서는 __init__()라는 초기화 메쏘드를 정의한다는 것은 이미 설명했습니다. 파이썬에는 그 밖에도 밑줄이 2개가 붙은 메쏘드가 많이 있습니다. 이들 대부분은 특수 메쏘드라 불립니다. 특수 메쏘드란 'special method'를 번역한 것입니다.

특수 메쏘드는 연산자를 사용한 연산이나 [] 괄호를 사용한 요소의 참조 등을 하고 있습니다. 예를 들어 수치 객체를 대입한 'a'라는 변수를 사용해서 'a+1'이라는 연산을 한다고 합시다. 이 연산은 __add__()라는 특수 메쏘드가 내부적으로 처리하고 있습니다. 메쏘드의 제1 인수로는 a라는 인스턴스 자체가, 제2 인수로 덧셈을 하는 수치가 전달됩니다. 결과는 메쏘드의 반환값으로 돌아옵니다.

이와 같이 객체의 동작을 변경하거나 클래스의 성질에 맞춰 특별한 동작을 하게 할 경우에 특수 메쏘드를 사용합니다.

객체의 자료형에 따라 기능이 다른 것처럼, 자료형에 따라 정의된 특수 메쏘드가 다릅니다. 메쏘드로 정의되어 있지 않은 조작을 하려고 하면, 예외(TypeError)가 발생합니다.

# 특수 메쏘드를 정의한다

새로 만든 클래스에 특수 메쏘드를 정의하면 인스턴스에 대해 연산자 등을 사용한 조작을 할 수 있게 됩니다. 또한, 내장형을 상속한 클래스에서 특수 메쏘드를 오버라이드 하면 연산자 등을 사용한 경우 그 처리 내용을 변경할 수 있습니다. 이것은 연산자의 오버라이드라 불리고, 객체 지향의 중요한 요소가 됩니다.

여기서는 파이썬에서 이용할 수 있는 특수 메쏘드 가운데서 자주 이용되는 것을 기능별로 분류해서 설명합니다.

### 산술 연산자를 정의하는 특수 메쏘드

주로 수치형을 에뮬레이션(emulation)하기 위해서 이용하는 특수 메쏘드로 다음과 같은 종류가 있습니다. 또한, 리스트나 set형처럼 연산자로 요소를 추가하는 사용법도 있습니다.

인수의 형식은 어느 메쏘드나 같습니다. 제1 인수로 인스턴스가, 제2 인수로 연산을 하는 객체가 대입되어 호출됩니다.

__add__( ) 메쏘드　+ 연산자를 사용할 때 호출된다.

```
__add__(self, 객체)
```

'+'로 덧셈을 할 때 호출되는 메쏘드입니다. __iadd__()라는 메쏘드를 정의하면 복합 연산자 '+='를 정의할 수 있습니다.

__sub__( ) 메쏘드　- 연산자를 사용할 때 호출된다.

```
__sub__(self, 객체)
```

'-'로 뺄셈을 할 때 호출되는 메쏘드입니다. __isub__()라는 메쏘드를 정의하면 복합 연산자 '-='를 정의할 수 있습니다.

__mul__( ) 메쏘드　* 연산자를 사용할 때 호출된다.

```
__mul__(self, 객체)
```

'*'로 곱셈을 할 때 호출되는 메쏘드입니다. __imul__()라는 메쏘드를 정의하면 복합 연산자 '*='를 정의할 수 있습니다.

__truediv__( ) 메쏘드    / 연산자를 사용할 때 호출된다.

```
__truediv__(self, 객체)
```

'/'로 나눗셈을 할 때 호출되는 메쏘드입니다. __itruediv__()라는 메쏘드를 정의하면 복합 연산자 '/='를 정의할 수 있습니다.

__floordiv__( ) 메쏘드    // 연산자를 사용할 때 호출된다.

```
__floordiv__(self, 객체)
```

그다지 사용하지 않지만, '//'도 나눗셈을 하는 연산자입니다. '/'와 차이는 소수점 이하가 버려져, 예를 들면 '5//2'는 '2'가 됩니다. __ifloordiv__()라는 메쏘드를 정의하면 복합 연산자 '//='를 정의할 수 있습니다.

__and__( ) 메쏘드    & 연산자를 사용할 때 호출된다.

```
__and__(self, 객체)
```

비트 연산자 '&'를 사용할 때 호출되는 메쏘드입니다.

__or__( ) 메쏘드    | 연산자를 사용할 때 호출된다.

```
__or__(self, 객체)
```

비트 연산자 '|'를 사용할 때 호출되는 메쏘드입니다.

## 비교 연산자를 정의하는 특수 메쏘드

비교 연산자를 사용해서 객체끼리 비교할 때 이용하는 특수 메쏘드에 대해 설명합니다. 여기에 있는 특수 메쏘드를 정의하면 객체끼리 비교할 수 있게 됩니다. 파이썬 2에 있던 __cmp__() 메쏘드는 파이썬 3에서는 사용되지 않습니다. 대신 __eq__()나 __lt__(), __gt__()를 사용합니다.

__eq__( ) 메쏘드 ── == 연산자를 사용할 때 호출된다.

```
__eq__(self, 객체)
```

self와 객체가 같은 경우에는 True를 돌려줍니다. 같지 않은 경우에는 False를 돌려줍니다. 'eq'란 'equal(같다)'을 줄인 것입니다.

__ne__( ) 메쏘드 ── != 연산자를 사용할 때 호출된다.

```
__ne__(self, 객체)
```

self와 객체가 같지 않은 경우에는 True를 돌려줍니다. 같은 경우에는 False를 돌려줍니다. 'ne'란 'not equal(같지 않다)'을 줄인 것입니다.

__lt__( ) 메쏘드 ── < 연산자를 사용할 때 호출된다.

```
__lt__(self, 객체)
```

'self < 객체'가 성립하는 경우에는 True를, 그렇지 않은 경우에는 False를 돌려줍니다. 'lt'란 'less than(미만)'을 줄인 것입니다.

__le__()라는 메쏘드는 'self <= 객체'를 판별하기 위해 이용합니다. 'le'란 'less or equal(이하)'을 줄인 것입니다.

__gt__( ) 메쏘드 ── > 연산자를 사용할 때 호출된다.

```
__gt__(self, 객체)
```

'self > 객체'가 성립하는 경우에는 True를, 그렇지 않은 경우에는 False를 돌려줍니다. 'gt'란 'greater than(초과)'을 줄인 것입니다.

__ge__()라는 메쏘드는 'self >= 객체'를 판별하기 위해 이용합니다. 'ge'란 'greater or equal(이상)'를 줄인 것입니다.

### 자료형 변환을 정의하는 특수 메쏘드

문자열형에서 수치형으로 변환하듯이, 어떤 객체를 다른 자료형으로 변환할 때 이용하는 특수 메쏘드입니다. int("123")과 같은 함수를 호출한 경우 실제로는 문자열

(str) 자료형으로 정의된 '123'에 대해 __int__()라는 메쏘드가 호출됩니다. 형 변환에 관련된 것은 인스턴스 자신뿐이므로 제1 인수만 갖습니다.

__int__( ) 메쏘드　　int( ) 함수를 사용할 때 호출된다.

```
__int__(self)
```

내장 함수 int()를 사용해서 정수형으로 변환할 때 호출되는 특수 메쏘드입니다.

__float__( ) 메쏘드　　float( ) 함수를 사용할 때 호출된다.

```
__float__(self)
```

내장 함수 float()를 사용해서 부동 소수점형으로 변환할 때 호출되는 특수 메쏘드입니다.

__str__( ) 메쏘드　　str( ) 함수를 사용할 때 호출된다.

```
__str__(self)
```

내장 함수 str()를 사용해서 객체를 문자열로 변환할 때 호출되는 함수입니다. print() 함수로 객체를 표시할 때도 묵시적으로 호출됩니다.

__repr__( ) 메쏘드　　객체인 문자열 표기를 돌려준다.

```
__repr__(self)
```

인스턴스를 '가능한 원래 상태로 복원할 수 있는 문자열(printable representation)'로 변환하는 메쏘드입니다. 예를 들어 수치 3의 __repr__()은 '3'이라는 문자열을 돌려주지만, 문자열 '3'인 경우 인용부호로 둘러싸인 "3"을 돌려주는 것처럼, 원래 상태를 알 수 있는 문자열을 돌려줍니다. Jupyter Notebook이나 셀(Cell)에서 print()를 사용하지 않고 문자열을 표시했을 때 인용부호로 둘러싸여 출력이 표시되는 것은 이 메쏘드가 묵시적으로 호출되기 때문입니다.

__bytes__( ) 메쏘드 ⟩ bytes( ) 함수를 사용할 때 호출된다.

```
__bytes__(self)
```

bytes() 함수를 사용해서 객체를 바이트형으로 변환할 때 호출되는 특수 메쏘드입니다.

__format__( ) 메쏘드 ⟩ format 메쏘드를 사용할 때 호출된다.

```
__format__(self, form_spec)
```

format() 메쏘드로 문자열 형식을 실행할 때 호출되는 특수 메쏘드입니다. 객체의 성질에 맞춰 자신만의 서식을 지정한 방법이나 서식 지정 문자열을 정의할 수 있게 됩니다.

### 컨테이너형으로 이용하는 특수 메쏘드

컨테이너형이란 리스트, 튜플, 딕셔너리와 같이 여러 요소를 갖는 자료형을 일컫는 것입니다. 객체의 요소로 접근하기 위해서는 [] 괄호를 이용합니다만, 그와 같은 표기를 했을 때 이용되는 특수 메쏘드가 몇 종류가 있습니다. 또 for문을 사용한 루프나 이터레이터(iterator)에 관련한 메쏘드에 대해서도 설명합니다.

__len__( ) 메쏘드 ⟩ len( ) 함수를 사용할 때 호출된다.

```
__len__(self)
```

내장 함수 len()을 호출했을 때 실행되는 특수 메쏘드입니다. 요소의 수를 수치로 돌려줍니다.

__getitem__( ) 메쏘드 ⟩ 인덱싱할 때 호출된다.

```
__getitem__(self, 키)
```

l[1]이나 d["key"]와 같이 [] 괄호를 사용해서 요소를 참조할 때 호출되는 특수 메쏘드입니다. 리스트와 같이 인덱싱을 사용해서 요소에 접근하는 객체에서는 제2 인

수로 정수를 전달합니다. 딕셔너리처럼 키에 대응한 값을 저장하는 객체의 경우는 변경할 수 없는 객체를 전달합니다.

이 특수 메쏘드로 수치를 전달받은 객체는 for문과 함께 루프에서 이용될 수 있습니다.

__setitem__( ) 메쏘드 　　시퀀스의 요소로 대입할 때 호출된다.

```
__setitem__(self, 키, 요소)
```

인수인 키를 대상으로 요소를 대입합니다. **l[1] = 1**이나 **d["key"] = 1**과 같이 대입할 때 호출되는 특수 메쏘드입니다.

__delitem__( ) 메쏘드 　　시퀀스의 요소를 삭제할 때 호출된다.

```
__delitem__(self, 키)
```

지정된 키에 해당하는 요소를 삭제합니다. 객체의 요소에 대해 del문이 사용될 때 호출되는 특수 메쏘드입니다.

__iter__( ) 메쏘드 　　iter( ) 함수를 사용할 때 호출된다.

```
__iter__(self)
```

내장 함수 iter()(→P.264)이 호출될 때 이용되는 특수 메쏘드입니다. 컨테이너 객체 속의 요소에 대해 반복 처리가 될 수 있도록 이터레이터 객체를 반환해야 합니다. 이터레이터 객체란 __next__()라는 메쏘드를 정의해서 호출될 때마다 다음 요소를 돌려주게 됩니다.

__contains__( ) 메쏘드 　　in 연산자가 사용될 때 호출된다.

```
__contains__(self, 요소)
```

시퀀스 등의 요소를 조사하는 비교 연산자 'in'이 사용될 때 호출되는 특수 메쏘드입니다. 객체의 요소로 item이 존재하는지 아닌지를 조사해서 만약 존재하면 True를 돌려주고, 존재하지 않으면 False를 돌려줍니다.

이 특수 메쏘드가 정의되어 있지 않은 경우는 인덱스(index)나 이터레이터를 사용해서 요소를 조사합니다.

313

## 속성 접근에 이용되는 특수 메쏘드

파이썬에서는 객체의 속성 조작을 맞춤으로 커스터마이즈할 수 있습니다. 여기서 소개하는 특수 메쏘드를 사용하면 속성으로의 접근을 동적으로 변경하거나 제한할 수 있는 강력한 기능을 구현시킬 수 있습니다.

__getattr__( ) 메쏘드     미정의 속성이 참조될 때 호출된다.

```
__getattr__(self, 속성명)
```

객체에 존재하지 않는 속성이 참조될 때 호출되는 특수 메쏘드입니다. 인수로는 참조에 이용되는 속성명이 문자열로 전달됩니다.

이 특수 메쏘드를 정의하면 특정 속성명에 대해 객체나 호출 가능한 객체를 돌려줄 수 있습니다. 존재하지 않은 객체가 존재하는 것처럼 동작합니다.

또 속성이 존재하지 않는 것으로 하고 싶은 경우에는 'AttributeError' 예외가 발생(raise)합니다.

__getattribute__( ) 메쏘드     모든 속성이 참조될 때 호출된다.

```
__getattribute__(self, 속성명)
```

__getattr__()와 마찬가지로 속성을 참조할 때 호출되는 특수 메쏘드입니다. 이들 속성이 참조될 때 무조건 호출됩니다.

__setattr__( ) 메쏘드     메쏘드 속성에 대입할 때 호출된다.

```
__setattr__(self, 속성명, 요소)
```

객체의 속성에 대입하려고 할 때 반드시 호출됩니다. 여러 가지로 유연한 처리를 하겠지만 자유자재로 사용하기 어려운 메쏘드입니다.

속성으로 대입할 때 반드시 호출되기 때문에, 예를 들어 메쏘드의 내부에서 **self. spam = value** 와 같이 하면 무한 루프에 빠져 버립니다. 또한, 이 메쏘드 속에서 속성으로 대입하지 않으면 속성이 추가되지 않습니다. 속성의 대입에 관한 모든 뒤처리는 자신이 해야 한다는 것입니다.

## 그 밖의 특수 메쏘드

지금까지 소개한 것 외에도 파이썬에서는 다음과 같은 특수 메쏘드를 이용할 수 있습니다.

__call__ 메쏘드 ▶ 객체를 함수처럼 호출한다.

```
__call__(self[, args...])
```

객체의 이름에 이어 () 괄호가 붙은 것으로, 함수로 호출될 때 불리는 특수 메쏘드입니다.

__del__( ) 메쏘드 ▶ 객체가 삭제될 때 호출된다.

```
__del__(self)
```

객체가 메모리 상에서 삭제될 때 호출되는 특수 메쏘드입니다. 이와 같은 객체를 소멸자라 부릅니다. del문으로 객체가 삭제되는 것 외에, 가비지 컬렉터(Garbage Collector)로 객체가 삭제될 때도 호출됩니다.

__hash__( ) 메쏘드 ▶ hash( ) 함수를 사용할 때 호출된다.

```
__hash__(self)
```

딕셔너리형이나 set형의 요소가 되는 객체를 정의하고 싶을 때 정의하는 특수 메쏘드입니다. 내장 함수 hash()로 호출되고 수치형을 돌려줍니다. hash() 함수에 대해 여기서는 해설하지 않지만, 객체의 해시값을 얻고 싶을 때 사용합니다. 여러 객체를 '==' 연산자로 평가해서 같을 때, 같은 수치를 돌려주도록 구현할 필요가 있습니다. 대부분의 경우는 인스턴스가 고유하게 갖는 객체를 hash() 함수로 전달한 결과를 돌려줄 수 있도록 구현하면 됩니다.

07

# 03 내장형을 상속하다

파이썬에서는 내장형을 상속해서 새로운 클래스를 만들 수 있습니다. 내장형은 아주 강력해서 충분한 기능을 가진 자료형이지만 부분적으로 기능을 커스터마이즈하는 것으로 내장형의 강력한 기능을 상속하면서 보다 사용하기 쉬운 클래스를 만들 수 있습니다.

또 특수 메쏘드를 이용하면 연산자나 요소의 조작 등 내장형과 같은 서식을 사용해서 객체를 조작할 수 있습니다. 같은 처리에 같은 방법을 사용할 수 있게 하면 클래스를 사용할 때 기억해야 하는 것이 적어집니다. 비슷한 기능은 같은 방법으로 사용할 수 있게 한다는 것은 객체지향개발을 함에 있어 중요한 요소입니다.

## 딕셔너리형을 상속한다

딕셔너리형을 상속해서 특수한 기능을 가진 새로운 딕셔너리를 정의해 봅시다.

딕셔너리형 객체의 키로는 수치나 문자열, 튜플 등 변경 불가능한 객체를 이용할 수 있습니다. 여기서는 문자열만을 키로 설정할 수 있는 특수한 딕셔너리를 만들어 봅시다.

딕셔너리형을 상속해서 클래스를 만듭니다. 그리고 키를 설정할 때 호출되는 __setitem__() 메쏘드를 재정의합니다. __setitem__() 메쏘드 속에서 인수로 전달된 키 객체의 자료형을 조사해 봅니다. 키 자료형이 문자열이 아니면 오류가 발생합니다.

**List** strdict.py

```
#!/usr/bin/env python


class StrDict(dict):
    """ 딕셔너리형을 상속해서 클래스를 만든다
    """
```

```
    def __init__(self):
        pass


    def __setitem__(self, key, value):
        """ 특수 메쏘드를 재정의(오버라이드)
            key가 문자열이 아니면 예외를 발생
        """
        if not isinstance(key, str):
            # 키가 문자열이 아닌 경우에는 예외를 발생
            raise ValueError("Key must be str or unicode.")
            # 슈퍼클래스의 특수 메쏘드를 호출해서 키와 값을 설정
        dict.__setitem__(self, key, value)
```

    __setitem__() 메쏘드에서는 isinstance() 함수를 사용해서 인수의 자료형을 조사합니다. 파이썬에서는 변수의 자료형이 동적으로 정해져, 함수나 메쏘드의 인수로 여러 가지 자료형의 객체가 전달됩니다. 함수나 메쏘드의 인수를 제한하고 싶을 때는 이 예와 같이 isinstance() 함수를 사용합니다.

    이 클래스를 이용해 봅시다. Jupyter Notebook으로 열려 있는 Notebook 파일(.ipynb)와 같은 디렉터리(폴더)에 strdict.py를 설치하고 파일을 import할 수 있게 합니다. 그 위에 Notebook 셀(Cell)에서 다음 코드를 실행합니다. 샘플 코드를 다운로드한 경우에는 이 절의 Notebok에 있는 코드를 그대로 실행해 주십시오.

    거의 딕셔너리처럼 이용할 수 있고, 기능이 다른 클래스를 아주 쉽게 만들 수 있기 때문입니다.

딕셔너리형을 상속한 클래스를 사용한다

```
from strdict import StrDict ●━━━━━━━━━━━━━━━━━━ 클래스 임포트
d = StrDict() ●━━━━━━━━━━━━━━━━━━━━━━━━ 인스턴스를 작성
d["spam"] = 1 ●━━━━━━━━━━━━━ 딕셔너리와 같이 키를 사용해서 요소를 추가
d["spam"]

1

d[1] = 1 ●━━━━━━━━━━━━━━━━━━ 수치 키로 요소를 추가하면 오류
```

```
ValueError                       Traceback (most recent call last)
<ipython-input-2-50287cb8f2ff> in <module>()
----> 1 d[1]=1

C:\Users\someone\Documents\strdict.py in __setitem__(self, key, value)
     13          if not isinstance(key, str):
     14              # 키가 문자열이 아닌 경우 예외를 발생
---> 15              raise ValueError("Key must be string.")
     16              # 슈퍼클래스의 특수 메쏘드를 호출해서, 키와 값을 설정
     17          dict.__setitem__(self, key, value)

ValueError: Key must be string.
```

d.keys() •——————————————— 딕셔너리 메쏘드도 이용할 수 있음

```
dict_keys(['spam'])
```

# 모듈

파이썬에는 프로그램에서 사용하는 부품을 모아서 정리하는 기능이 갖추어져 있습니다. 그것이 이 장에서 소개할 모듈이나 패키지입니다. 클래스나 함수 등을 모듈이나 패키지로 모아 두면 프로그램에서 이용하기 쉬워집니다. 이 장에서는 모듈이나 패키지 만드는 방법을 배워가면서 그 구조에 대해 자세하게 설명합니다.

또 필요에 따라서 설치한 서드파티(Third Party) 모듈 이용 방법에 대해 해설합니다.

# 01 모듈 파일 만들기

P. 127의 "모듈 사용"이라는 절에서는 파이썬에서 모듈을 사용하는 방법에 대해 간단히 설명했습니다. 파이썬에서는 표준 라이브러리에 들어 있는 모듈을 사용할 수 있는 것만 아니라 자신이 만드는 것도 가능합니다.

자신이 만든 함수나 클래스를 모듈로 등록해 두면 다른 프로그램에서도 사용하기 쉬워집니다. 또 모듈 자체를 패키지라는 자료형으로 모아 둠으로써 코드를 보다 쉽게 재이용할 수 있습니다.

이 절에서는 파이썬 모듈의 실체에 대한 해설과 함께 모듈 만드는 방법에 대해 배워 봅시다.

1장에서 파이썬 코드를 파일(스크립트파일)로 기술하는 방법에 대해 해설했습니다(→P. 44). 대화형 쉘(Interactive Shell)에서 작성한 프로그램은 쉘을 종료하면 사라집니다. 파일로 프로그램을 작성해 두면 몇 번이고 반복해서 이용할 수 있습니다. 빈번히 이용하는 프로그램은 파일로 작성해 두면 몇 번이고 이용할 수 있어 편리합니다.

파이썬에서는 스크립트 파일을 그대로 모듈로 이용할 수 있습니다. 빈번히 이용하는 함수 등을 스크립트 파일로 작성해 두고, 필요에 따라 import함으로써 필요할 때 함수를 이용할 수 있습니다.

스크립트 파일의 파일명에서 '.py' 확장자 앞부분이 모듈명이 됩니다. 모듈명으로 이용할 수 있는 문자로는 파이썬 변수명과 같은 규칙이 있습니다(→P. 72). 앞으로 모듈로 이용할 수 있게 신경 써서 파일명을 정해 주기를 바랍니다.

모듈로 이용하는 스크립트 파일로 파일명을 붙일 때는 다음과 같은 규칙을 지켜주십시오.

- 숫자로 시작하거나 확장자 앞에 도트(.)를 포함한 파일명은 사용하지 않는다.
- 변수명이나 함수명으로 사용될 수 있는 일반적인 이름은 가능한 사용하지 않는다.
- 특별히 필요가 없는 한 알파벳 소문자만 사용한다.

예를 들어 '00module.py'라는 스크립트 파일을 만들었다고 합시다. 이 파일은 파이썬 프로그램으로 실행할 수 있지만 모듈로 import할 수 없습니다. 또 같은 이름의 모듈이 여러 개 있으면 여러 가지 문제가 발생합니다. 표준 라이브러리와 같은 모듈 명은 문제를 일으킬 수 있습니다. 특별히 필요 없으면 사용하지 않는 것이 좋습니다.

> import문과 as를 조합하면 모듈을 파일명과 다른 이름으로 import할 수 있습니다. 아래와 같이 하면 'somemodule'을 'anothermodule'이라는 이름으로 import할 수 있습니다.

```
import somemodule as anothermodule
```

파이썬에서는 모듈과 스크립트 파일은 거의 같은 의미입니다. 파이썬 코드로 작성한 스크립트 파일이 사용 방법에 따라서 모듈로도 되기 때문입니다. 스크립트 파일은 주로 프로그램의 실행을 목적으로 만듭니다. 한편, 모듈은 내부에 정의된 함수나 변수를 필요에 따라서 외부에서 이용할 목적으로 만듭니다.

## 모듈을 import하는 과정

08

파이썬 모듈에 대해 잘 알기 위해서는 파이썬이 어떻게 모듈을 import하는지 알면 좋겠죠. 파이썬이 모듈을 import할 때는 스크립트 파일을 실행하는 것과 같이 처리합니다.

모듈을 import할 코드를 작성해 두면 파이썬은 모듈명에 상당하는 파일을 읽어옵니다. 파일을 읽어올 때 최상위의 블록, 즉 들여쓰기되어 있지 않은 위치에 정의되어 있는 명령을 실행합니다. print()가 적혀 있으면 결과를 표시하고, 함수 호출이 적혀 있으면 함수를 호출합니다.

모듈의 최상위 블록에 변수나 함수가 정의되어 있으면, 새로운 변수나 함수를 만듭니다. 이때 변수나 함수는 모듈의 부속품으로 정의됩니다.

간단한 모듈을 만들어서 모듈을 import하는 과정을 살펴봅시다. 우선 다음과 같은 스크립트 파일을 'testmodule.py'라는 파일명으로 저장합니다.

**List** testmodule.py

```
#!/usr/bin/env python

import sys                    # 표준 라이브러리를 임포트

a = 1                         # 변수를 정의함
b = "some string"

def foo():                    # 함수를 정의함
    print("This is the function 'foo'")

print("this is the top level")   # 문자열을 표시함

if __name__ == '__main__':
    print("this is the code block")
```

모듈을 import한 후, 간단한 테스트를 해 봅시다. 모듈의 최상위에 있는 명령은 print()뿐이라는 것에 주의하기 바랍니다. 또한, 모듈 속에는 함수만이 아니라 변수가 정의되어 있으며, 게다가 모듈 내부에 다른 표준 모듈 sys를 import 했습니다.

웹 브라우저로 연 .ipynb 파일과 같은 '디렉터리/폴더'에 이 파일을 저장해 주세요. 그다음 Jupyter Notebook으로 모듈을 import해 봅시다.

모듈을 import해서 사용한다.

```
import testmodule ●──────────────────── testmodule 모듈을 들여옴

this is top level

testmodule.a ●──────────────────── 변수를 표시함

1

testmodule.b

'some string'

testmodule.foo() ●──────────────────── 함수를 호출함

This is function 'foo'
```

```
testmodule.sys.argv ●────────────────────  모듈 속에서 import한 모듈을 사용함
['']
```

모듈 안에서 대입하거나 def문이 실행되는 과정에서, 변수나 함수가 모듈의 부속품으로 정의됩니다. 모듈을 import한 직후에 문자열이 표시됩니다. 이것은 'testmodule. py'의 11행 print()가 실행되기 때문입니다. 모듈의 최상위에 있는 명령은 import할 때 실행되기 때문에 모듈에서 이용하는 변수를 초기화하도록 처리할 필요가 있는 경우에는, 최상위에 코드를 작성하면 됩니다.

testmodule 모듈 속에서 sys 모듈을 import합니다. 모듈 속에서 import한 외부 모듈도, 그 모듈의 부속품이 됩니다. 테스트 코드의 마지막 줄에는 모듈 속에서 import한 sys 모듈의 변수를 이용하고 있습니다.

## 파일을 실행할 때만 실행하는 블록

'testmodule.py'의 마지막에는 if문 블록이 있습니다. 블록 내부에는 문자열을 표시하는 코드가 작성되어 있습니다. if문 자체는 최상위 블록에 있습니다만 모듈을 import해도 실행되지 않습니다.

이와 같이 모듈에 **if __name__ == '__main__':** 라는 if문 블록을 만들어 두면 그 부분은 import할 때 실행되지 않습니다. 반면에 아래와 같이 모듈 파일을 파이썬의 인수(argument)로 전달해서 직접 실행하면 if문 블록을 실행합니다.

```
$ python testmodule.py
```

이와 같은 if문에는 모듈의 기능을 테스트하기 위한 테스트 코드를 작성해 두면 좋을 것입니다. 모듈이 제대로 동작하는지를 확인할 때는 모듈을 import하는 것이 아니라 파일을 직접 실행하기 때문입니다.

> ❗ 파이썬 스크립트 파일이나 모듈에서는 몇 종류의 내장 속성이 정의되어 있습니다. 이 내장 속성은 프로그램을 실행할 때 자동적으로 정의되는 변수 같은 것입니다. 내장 속성을 활용하면 실행 중인 프로그램에 관련된 여러 가지 정보를 얻거나, 파이썬의 동작을 제어할 수 있습니다. '__name__'도 내장 속성의 한 종류입니다. 파일을 모듈로 import한 경우, 파이썬은 이 변수에 모듈명을 대입합니다. 파일을 직접 실행한 경우에는 '__main__'이라는 문자열을 대입합니다. 이를 이용하면 프로그램을 어떻게 적용할지 판단할 수 있습니다.
>
> 그 외 '__file__'이라는 내장 속성이 있습니다. 이 속성으로는 모듈 파일의 경로(path)를 문자열로 갖고 있습니다.

## 클래스와 모듈

거듭 이야기합니다만, 파이썬에서는 스크립트 파일과 모듈은 거의 동급입니다. '.py'라는 확장자를 붙인 파일의 최상위 블록에 클래스를 정의하면 모듈 속에 클래스를 정의할 수 있습니다. import문이나 from문을 사용하면 모듈에 정의되어 있는 클래스를 import할 수 있습니다.

예를 들어 'bookmark.py'라는 파일에 Bookmark 클래스를 정의했다고 합시다. 즉 bookmark 모듈에 Bookmark 클래스를 정의하는 것입니다. 외부의 파일로부터는 아래와 같이 클래스를 import해서 이용할 수 있습니다.

```
import bookmark ●──────────────── bookmark 모듈을 임포트 함

# Bookmark 클래스로부터 인스턴스를 만듦
b = bookmark.Bookmark("타이틀","http://path.to/site")
```

from문을 사용하면 클래스를 좀 더 짧게 기술할 수 있습니다.

```
from bookmark import Bookmark ●──────── Bookmark 클래스를 임포트 함

# Bookmark 클래스로부터 인스턴스를 만듦
b = Bookmark("타이틀","http://path.to/site")
```

다른 모듈에서 import한 클래스를 사용해서 클래스를 상속할 때는 어떻게 하면 좋을까요. 아래와 같이 하면 외부 모듈에 정의되어 있는 클래스를 상속할 수 있습니다.

```
import bookmark ●━━━━━━━━━━━━━━━━━━━━━ bookmark 모듈을 임포트 함

# Bookmark 클래스를 상속한 클래스를 만듦
class Blogmark(bookmark.Bookmark):
                    ●━━━━━━━━━━━━━━ 클래스 정의가 계속됨…
```

from문을 사용하면 좀 더 짧게 슈퍼클래스를 기술할 수 있습니다. Bookmark를 직접 기술할 수 있기 때문입니다.

```
from bookmark import Bookmark ●━━━━━━━━━ Bookmark 클래스를 임포트 함

# Bookmark 클래스를 상속한 클래스를 만듦
class Blogmark(Bookmark):
                    ●━━━━━━━━━━━━━━ 클래스 정의가 계속됨…
```

08

# 02 모듈의 계층 구조(패키지)

파이썬에는 여러 모듈을 묶어서 관리하는 패키지라는 구조가 갖추어져 있습니다. 프로그램 규모가 좀 커지면 이용할 모듈의 수가 많아집니다. 그와 같은 경우는 모듈이 하는 처리의 종류에 따라 모듈을 더 분류해서 패키지로 모아 두면 편리합니다.

Django나 NumPy와 같이, 파이썬에서 만들어진 대규모 프레임워크나 라이브러리에서는 이러한 패키지라는 구조를 사용해서 모듈을 관리하고 있습니다. 그와 같은 프레임워크의 소스 코드를 해석하기 위해서도 패키지에 대해 다소 지식이 있으면 좋을 것입니다. 여기서는 파이썬의 패키지에 대해 간단히 해설합니다.

## 패키지의 실체

패키지를 사용하면 여러 모듈을 하나의 패키지 속에 모아둘 수 있습니다. 패키지의 실체는 모듈로 된 파일을 모아둔 디렉터리(또는 폴더)입니다. 패키지는 계층 구조를 만들어냅니다. 파이썬에서는 계층 구조를 도트(.)로 구분한다는 것을 기억해 주세요.

**Fig** 패키지의 디렉터리 아래에 모듈 파일을 배치해서 계층 구조를 만든다.

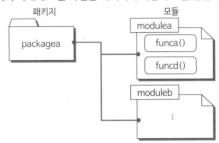

이와 같은 구성의 패키지가 있는 경우 'modulea'를 import하기 위해서는 아래와 같이 합니다. 계층 구조를 '도트'로 구분해서 표기합니다.

```
import packagea.modulea
```

modulea로 정의된 함수 funca()를 실행하려면 **packagea.mudulea.funca()**와 같이 합니다. 이 경우에는 패키지명과 모듈명은 생략할 수 없습니다. **import packagea**로는 packagea만 import해서 **packagea.modulea.funca()**처럼 앞에 있는 모듈을 이용할 수 없습니다. import할 때 반드시 모듈까지 지정하도록 합니다.

좀 더 짧게 작성하고 싶은 경우에는 from문을 사용합니다. 사이에 있는 계층을 건너뛰고 모듈을 읽어들여 정의합니다.

```
from packagea import modulea
```

라 하면, 함수 funca 호출은 **modulea.funca()**로 할 수 있습니다. 패키지의 계층이 깊어져서 모듈이 많아지면 import하는 방법은 여러 종류가 되어 아주 복잡해집니다.

## 패키지를 만든다

파이썬 패키지의 실체는 디렉터리(폴더)입니다만, 모든 디렉터리가 패키지로 import 할 대상이 되는 것은 아닙니다.

패키지로 사용하고 싶은 디렉터리에는 \_\_init\_\_.py라는 이름의 파일을 설치합니다. 패키지를 import하면 이 파일이 우선 읽혀져서 최상위 블록이 실행됩니다. 최상위 블록에는 패키지를 import할 때 실행하고 싶은 초기화용 코드를 작성할 수도 있고, 파일을 비어 있는 상태로 해도 됩니다.

# 03 모듈을 이용할 때의 주의점

여기서는 파이썬에서 모듈을 이용할 때 주의해야 할 점에 대해 간단히 해설합니다.

## from문을 사용한 import의 폐해

from문을 사용해서 패키지명이나 모듈명을 생략해서 import하게 되면, 모듈에서 정의된 함수나 변수를 짧게 기술할 수 있습니다. 또 from문을 사용한 import에서는 별표(*)를 사용함으로써 모듈 속에 정의된 함수나 변수를 모두 import할 수 있습니다. 이 기능은 언뜻 편리하게 보입니다만 폐해가 있다는 것을 기억하기 바랍니다.

예를 들면 파이썬 표준 라이브러리에서는 os 모듈과 sys 모듈에 각각 path라는 이름이 정의되어 있습니다. 'os.path'는 모듈입니다. 'sys.path'는 모듈을 읽어들일 디렉터리를 기록한 리스트(변수)입니다. 이 2가지를 **from sys import path** 및 **from os import path**와 같이 import하면 어떻게 될까요?

from문을 사용해서 다른 종류인 것을 같은 이름(여기서는 path)으로 여러 번 import하면 다음과 같은 일이 일어납니다. 앞서 들여온 'sys.path'를 덮어써서, 다음에 들여온 'os.path'의 내용을 path라는 이름에 대입합니다.

> ⚠️ 파이썬에서는 모듈이나 함수, 변수와 같이 이름을 가진 것을 똑같이 다룹니다. 정의를 하는 과정에서 '이름이 중복'되도 오류가 발생하지 않고 덮어써 버립니다. 마지막에 정의한 내용을 우선하는 것입니다.

표준 라이브러리뿐만 아니라 'path'와 같이 추상적인 단어는 프로그램 곳곳에서 이용되고 있습니다. from문을 사용해서 import를 많이 하게 되면 이처럼 이름이 같으면 덮어쓰는 문제가 발생하는 일이 있습니다.

특히 별표(*)를 사용해서 import할 때 주의할 필요가 있습니다. 모르는 사이에 import한 모듈이나 함수를 덮어쓸 수 있습니다. 별표(*)를 사용한 import는 짧은 프로그램에 한정해 사용하도록 하는 것이 좋습니다. from문을 사용할 때는 import하고 싶은 함수나 변수를 지정하는 것이 안정합니다.

## 모듈 검색 순서

파이썬이 모듈을 import할 때는 정해진 순서에 따라서 모듈을 찾습니다. 만약 같은 이름으로 된 모듈이 있는 경우에는 모듈을 검색할 때 우선순위가 높은 장소에 있는 모듈을 먼저 읽어들입니다.

파이썬이 모듈을 검색하는 경우에 이용하는 순위는 아래와 같습니다.

- **1) 홈 디렉터리(home directory)**
  스크립트 파일을 지정해서 파이썬을 실행했다면 파일이 있는 디텍토리가 홈 디렉터리로 됩니다. Jupyter Notebook의 경우는 Notebook 파일(.ipynb)이 있는 디렉터리가 홈 디렉터리로 됩니다.
- **2) 환경 변수 PYTHONPATH로 설정되어 있는 디렉터리**
  환경 변수 PYTHONPATH를 지정하는 것에 따라 파이썬이 모듈을 읽어들일 때 검색 대상으로 할 디렉터리를 지정할 수 있습니다. 환경 변수가 설정되어 있지 않은 경우는 이용할 수 없습니다.

- **3) 표준 라이브러리의 모듈 디렉터리**

  이 디렉터리는 환경에 따라 다를 수 있습니다. 또 여러 버전의 파이썬이 설치되어 있는 경우는 버전에 따라 서로 다른 디렉터리가 됩니다.

- **4) 추가 모듈을 설치하기 위한 디렉터리**

  표준 라이브러리의 모듈 디렉터리에 있는 'site-packages' 디렉터리를 대상으로 검색을 합니다. 여기서는 추가로 설치된 모듈을 둡니다.

# 04 서드파티 모듈을 사용하기

표준 라이브러리 이외에도 파이썬에서 이용할 수 있는 많은 라이브러리나 모듈이 공개되어 있습니다. 아주 도움이 될 모듈이 많이 있고, 무료로 이용할 수 있는 것이 대부분입니다.

여기서는 그와 같은 파이썬 표준 라이브러리에 포함되어 있지 않은 모듈을 찾는 방법이나 설치하는 방법에 대해 해설하려고 합니다.

## 모듈 찾는 방법

파이썬에 내장되어 있는 표준 라이브러리는 종류도 풍부해서 아주 편리합니다. 또 Anaconda처럼 특정 용도에 특화된 배포판에는 표준 라이브러리뿐만 아니라 연산이나 시각화 등의 라이브러리가 추가로 들어 있습니다. 그러나 예를 들면 MySQL이나 Hadoop과 같은 데이터베이스에 접속하는 모듈, Facebook이나 Dropbox, 구글과 같은 서비스가 제공되는 웹 기반의 API에 접속하기 위한 라이브러리 등은 원래 파이썬에도 Anaconda에도 포함되어 있지 않습니다. 표준 라이브러리에 대해 이야기하면 프로그램의 용도에 따라 이용할지 말지를 정하는 라이브러리나, 표준화되어 있지 않거나, 널리 이용되지 않는 모듈은 탑재하지 않는 경향이 있습니다.

그러나 그와 같은 외부 라이브러리나 모듈 가운데는 편리한 것도 많이 있는 것이 사실입니다. 여기서는 파이썬 배포판에 들어 있지 않은 모듈을 찾는 방법에 대해 간단히 설명합니다.

## ⑴⑴ PyPI로 모듈 찾기

python.org 웹사이트에서는 PyPI(Python Package Index)라는 이름의 서비스를 제공하고 있습니다.

**URL** PyPI
https://pypi.python.org/pypi

PyPI란 엄청난 수에 이르는 파이썬 모듈을 통합하기 위한 서비스입니다. 이 서비스를 사용해서, 키워드 등을 사용해서 모듈을 검색할 수 있습니다. 또 자신이 만든 모듈을 공개하기 위해 PyPI에 등록할 수도 있습니다.

**Fig** PyPI에서는 파이썬 모듈을 수집하고 있다.

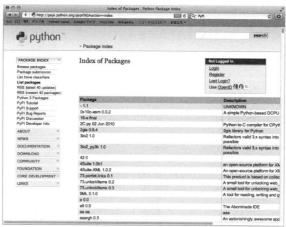

PyPI에서는 모듈 버전마다 필요한 정보를 관리하고 있습니다. 다운로드용 URL이나 제작자의 정보 등을 모듈마다 표시할 수 있습니다. 또 모듈마다 영문으로 간단한 해

설이 기재되어 있습니다. 모듈이 관련된 장르를 알 수 있게 키워드가 설정되어있고, 해설이나 키워드에 포함된 문자열을 대상으로 검색할 수 있습니다.

PyPI에 등록되어 있는 모듈 가운데는 파이썬 3에 대응하지 않고, 파이썬 2에서만 동작하는 것도 있습니다. PyPI 사이트 왼쪽에 있는 'Python 3 Packages'라는 링크를 클릭하면 파이썬 3에 대응하는 모듈만 표시할 수 있습니다.

# pip를 사용해서 모듈을 설치하기

pip를 사용하면 PyPI에 등록되어 있는 모듈을 간단히 설치할 수 있습니다. pip 자체가 원래 외부 라이브러리였습니다만, 파이썬 3.4부터는 파이썬 표준의 외부 라이브러리 설치 도구로 표준 라이브러리에 포함되어 있습니다. 그래서 파이썬을 설치하면 pip도 이용할 수 있습니다.

pip와 같은 구조의 편리한 점은 라이브러리 의존 관계를 해결해 주는 것입니다. 어떤 외부 라이브러리가 다른 외부 라이브러리의 기능을 사용하고 있는 일이 있습니다. 이와 같이 라이브러리가 부모 자식과 같은 관계가 있는 것을 의존 관계라 합니다. pip를 사용하면 설치한 라이브러리가 의존하고 있는 라이브러리까지 포함해서 설치해 줍니다.

pip는 Windows 명령 프롬프트이나 MacOS, Linux의 쉘에서 사용할 수 있습니다. 아래와 같이 명령어를 입력하면 인터넷에서 필요한 파일을 다운로드해서 목적하는 라이브러리를 자동적으로 설치해 줍니다.

**구문** 라이브러리 설치

```
$ python -m pip install 라이브러리명
```

또 이미 설치되어 있는 라이브러리를 버전 업하고 싶은 경우에는 다음과 같은 명령어를 입력합니다.

구문 라이브러리 업데이트

```
$ python -m pip install --upgrade 라이브러리명
```

또한, 특히 Windows를 사용하는 경우 라이브러리에 따라 pip로 설치하기 어려운 것이 있습니다. 왜 설치하기 어려운지에 대해서는 다음 쪽에서 상세하게 설명합니다. Anaconda에 포함되어 있는 NumPy나 matplotlib 등이 그와 같은 라이브러리의 대표 예입니다.

# conda를 사용해서 모듈 설치하기

Anaconda에 탑재되어 있는 conda라는 구조를 사용하면 원래 파이썬의 pip에서는 설치하기 어려운 외부 모듈 가운데 잘 사용되는 것의 대부분을 간단히 설치할 수 있습니다.

conda를 사용하려면 pip과 마찬가지로 명령 프롬프트나 쉘을 사용합니다. 먼저 PyPI에서 찾은 라이브러리가 conda에서 설치할 수 있는지 확인해 봅시다.

구문 라이브러리 검색

```
$ conda search 라이브러리명
```

conda에서 설치할 수 있는 것으로 확인되면 바로 설치해 봅시다.

구문 라이브러리 설치

```
$ conda install 라이브러리명
```

PyPI에 등록되어 있는 라이브러리 가운데는 부분적으로 C 언어로 작성된 것이 있습니다. 그와 같은 라이브러리를 pip로 설치하려면 설치한 컴퓨터에서 컴파일(compile)

할 필요가 있습니다. 컴파일할 소프트웨어로 설정되어 있지 않으면 그와 같은 라이브러리는 pip로 설치할 수 없습니다. conda를 사용하면 이미 컴파일된 파일을 이용해서 설치합니다. 그래서 pip로 설치하기 어려운 라이브러리라도 conda라면 간단히 설치할 수 있습니다.

# 모듈 종류

파이썬 모듈에는 대략적으로 나누어 2종류가 있습니다.

## ╾╫║ 파이썬으로만 작성된 모듈

파이썬 코드만으로 작성된 모듈은 사전에 컴파일 등을 할 필요가 없습니다. 모듈의 파일 세트를 다운로드하면 대부분은 그대로 모듈을 사용하기 위해 설치할 수 있습니다. 또 Windows, Linux 등 OS에 상관없이 이용할 수 있습니다.

## ╾╫║ C 언어 소스코드를 이용하고 있는 모듈

기능의 일부를 실현하기 위해서 C 언어로 작성된 소스 코드를 컴파일할 필요가 있는 모듈도 있습니다. OS나 애플리케이션 기능을 이용하는 모듈이나, 고속으로 처리를 하는 것을 고려하여 만들어진 모듈로, 이와 같은 형식으로 배포되고 있는 것이 많은 것 같습니다.

Windows를 사용해서 이와 같은 모듈을 빌드하기 위해서는 C 컴파일이라 불리는 애플리케이션을 준비할 필요가 있습니다.

일부 저명한 모듈에서는 Windows에서 모듈을 이용하기 위해 설치 프로그램이나 컴파일된 라이브러리(DLL)가 준비되어 있는 것이 있습니다. 그와 같은 경우는 컴파일러가 없어도 라이브러리를 이용할 수 있습니다.

Linux라면 컴파일러를 이용할 수 있는 것이 많기 때문에 비교적 간단히 이와 같은 모듈을 빌드할 수 있습니다.

MacOS의 경우는 Xcode라 불리는 무상으로 이용할 수 있는 개발 환경을 설치하면 빌드할 수 있습니다. 또 일부 라이브러리는 MacOS의 패키지 형식의 인스톨러 (installer)가 준비되어 있습니다. 인스톨러를 사용하면 Xcode를 설치하지 않아도 모듈 을 이용할 수 있습니다.

# 모듈을 수동으로 설치하기

PyPI에 존재하지 않고 pip로 설치할 수 없는 모듈이라도 환경만 갖추어지면 설치 는 그다지 힘들지 않습니다. 파이썬에는 모듈을 빌드하고 설치하기 위한 공통의 구조 가 갖춰져 있습니다. 모듈은 대개 압축 파일로 되어 있습니다. 압축 파일을 다운로드 해서 풀면, 속에는 대개 'setup.py'라는 파이썬 스크립트 파일이 들어 있습니다. 이 스크립트를 실행하면 빌드해서 설치할 수 있습니다.

단 모듈 가운데는 'setup.py'를 찾을 수 없는 것도 있습니다. 부분적으로 C 언어 등 으로 작성된 코드를 이용하고 있는 모듈에서 특히 많습니다만, 그와 같은 경우는 각 모듈에 대한 빌드 방법에 따라서 빌드해 주십시오.

모듈의 빌드는 아주 간단합니다. 'setup.py'를 스크립트로 실행하고, 'install'이라는 명령을 줍니다.

Linux나 MacOS이면 쉘을 사용합니다. 또한, 모듈은 일반 사용자가 조작할 수 없는 장소에 설치됩니다. su 명령어 등을 사용해서 미리 관리자 권한을 얻어 둘 필요가 있 습니다.

```
$ python setup.py install
```

명령을 실행하면 파이썬 모듈을 처리해서 적절한 장소에 설치합니다.

# 모듈 설치 장소와 파이썬 버전

파이썬에서는, 모듈은 하나의 디렉터리에 모아 설치합니다. 표준 라이브러리 이외의 서드파티 라이브러리는 'site-packages'라는 디렉터리에 설치하게 되어 있습니다. 'setup.py'는 자동적으로 모듈을 설치할 디렉터리를 찾거나 만들어서 설치합니다. 대부분의 경우 모듈이 어디에 설치되어 있는지 신경 쓸 필요가 없습니다.

'site-packages'에 있는 모듈에 대해서는 디렉터리를 지정할 필요가 없습니다. 'site-packages'에 설치된 'foo'라는 모듈을 사용한다면, 단지 **import foo**로 지정하는 것만으로 모듈을 import할 수 있습니다. **from site-package import foo**로 할 필요는 없습니다.

예를 들면 이 책에서 사용하고 있는 Anaconda를 Mac이나 Linux 환경에서 설치한 경우, Anaconda 관련 파일이 사용자 디렉터리 아래의 anaconda라는 계층에 모여 있습니다. 여기서 'lib/python3.5/site-packages'라는 계층에 외부 모듈이 놓여 있습니다. Anaconda에 포함되어 있지만 원래 파이썬에 없는 NumPy 등의 라이브러리도 이 계층에 있습니다.

또한, 원래 파이썬의 경우 'site-packages'는 아래와 같은 디렉터리에 있습니다.

- Windows인 경우
  'C:\Phthon35\Lib\site-packages' 등에 놓여 있습니다. 버전에 따라서 중간 디렉터리가 달라집니다.
- Linux인 경우
  '/usr/lib/python3.5/site-packages' 등에 놓여 있습니다. 배포판이나 파이썬 설치 방법에 따라서 디렉터리가 달라집니다.
- MacOS인 경우
  '/Library/Python/3.5/site-packages' 등. 설치 방법에 따라서 디렉터리가 달라집니다.

08

---

**Column** 가상 환경(virtual environment) 구축

외부 모듈을 다룰 때 모듈의 의존관계가 근본부터 문제가 생길 수 있습니다. 예를 들어 A라는 모듈과 B라는 모듈이 모두 C라는 모듈에 의존하고 있다고 합시다. A가 모듈 C의 버전 1을, B가 모듈 C의 버전 2를 요구하고 있다고 합시다. 이때 모듈 C의 버전 1과 2 사이에서 호환성이 깨

져 있다면 어떻게 될까요. 같은 이름으로 된 여러 버전의 모듈을 양립시킬 수 없기 때문에, A 또는 B가 올바로 동작하지 않게 됩니다.

이와 같은 일을 피하기 위해 이용되는 것이 가상 환경입니다. 파이썬으로 작성된 애플리케이션이나 개발 단위마다, 외부 라이브러리를 독립된 장소에 모아 둠으로써 라이브러리의 의존 관계가 일으키는 문제를 해결하거나 환경을 쉽게 바꿀 목적으로 사용됩니다.

가상 환경을 만들기 위한 방법은 원래 외부 라이브러리로 제공되어 있습니다. 파이썬 3.3부터 venv(pyvenv)라는 방법이 표준 라이브러리에 추가되어, 별도로 설치할 필요 없이 가상 환경을 이용할 수 있게 되었습니다. 또 Anaconda에 탑재되어 있는 conda에도 가상 환경을 이용하는 방법이 갖춰져 있습니다.

가상 환경은 다음과 같은 순서로 사용합니다.

- 가상 환경을 만든다.
- 가상 환경에 들어간다.
- 개발하거나 애플리케이션을 이용한다.
- 가상 환경을 빠져나온다.

가상 환경을 만들면 파이썬 실행 파일과 site-packages 디렉터리가 만들어집니다. 가상 환경에 들어가면 환경 변수 등이 바뀌고, 가상 환경에서의 라이브러리를 사용할 수 있게 됩니다. 가상 환경을 빠져나오면 환경 변수 등이 원래대로 돌아오게 되어 있습니다.

---

**Column** from __future__ import

파이썬이 버전업할 때는 이전 버전에 대한 호환성이 최대한 고려됩니다. 호환성을 무너뜨릴 것 같은 새로운 문법 규칙이 받아들여진 때에는 일단 옵션 기능으로 구현되고 나서 정식 문법 규칙으로 받아들여집니다.

향후 버전에서 받아들여질 기능은 __future__라는 의사 모듈에 들어가 있습니다. 앞으로 받아들여질 새로운 기능을 사용하기 위해서는 아래와 같이 해서 기능을 import해서 이용합니다. 미래(future)에서 기능을 가져올 것입니다.

```
from __future__ import 모듈명
```

# 스코프(scope)와 객체

파이썬에서는 간단하고 일관성이 있는 규칙을 여러 장면에서 활용해서 언어의 기능을 만들어가고 있습니다. 이 장에서는 스코프와 객체의 계층에 초점을 맞추어 지금까지 해설한 것을 복습하려고 합니다.

# 01 네임스페이스, 스코프(scope)

프로그램 언어에서는 '네임스페이스' 또는 '스코프'라 불리는 규칙을 사용해서 변수나 객체가 어떻게 보이는지 관리하고 있습니다. 파이썬에서는 네임스페이스나 스코프에 대해 간단하고 일관성이 있는 규칙을 채용하고 있습니다. 실제로 해설하기에 앞서 네임스페이스이나 스코프의 정의에 대해 간단히 살펴봅시다.

## 네임스페이스

네임스페이스란 객체가 소속된 '장소'를 말합니다. 파이썬의 경우는 코드 속의 어느 위치에 객체가 최초로 정의되었는지에 따라 소속된 네임스페이스가 정해집니다.

예를 들어 파이썬 함수 내에서 정의된 변수는 함수를 빠져나오면 보이지 않게 됩니다. 이것은 함수에서 정의된 변수가 함수 내부에서만 유효한 네임스페이스에 속하기 때문입니다.

네임스페이스의 '네임'이란 변수명이나 속성명과 같은 '이름'을 가리키고 있습니다. 파이썬에서는 객체에 붙여진 이름을 관리하기 위한 '공간'이 몇 종류가 준비되어 있습니다.

구체적인 예를 들어봅시다. 어떤 네임스페이스에 'foo'라는 이름의 변수에 대입하는 경우를 생각해 봅시다. 그 네임스페이스에 'foo'라는 이름이 없으면 새로 변수를 만들어 객체를 대입합니다. 만약 'foo'라는 이름이 이미 있으면 이미 등록되어 있는 객체를 덮어씁니다. 이름을 참조하는 경우에도 마찬가지로 현재 네임스페이스에서 보이는 범위에서 목적으로 하는 이름을 찾습니다. 이름을 찾을 수 없으면 오류가 발생합니다. 파이썬의 객체는 이와 같이 동작합니다.

## 스코프

스코프란 코드 위에서 객체가 유효한 범위를 말합니다. 어떤 이름이 어느 범위에서 유효하다고 판단되는지는 그 이름이 소속되어 있는 네임스페이스에 따라 정해집니다. 예를 들어 함수 내의 스코프에서는 상위 네임스페이스에서 정의된 변수를 참조할 수 있습니다. 반대로 함수 밖에서 함수 속에서 정의된 변수를 참조할 수 없습니다.

　스코프는 '네임스페이스와 이름이 참조되는 규칙을 포함한 보다 넓은 범위의 의미를 나타내는 단어'라고 받아들이기 바랍니다.

　여기서는 네임스페이스와 스코프를 특별히 나누지 않고 이름을 참조하는 것과 관련된 규칙을 스코프라 부르기로 합시다.

## 스코프 규칙

　파이썬 스코프는 크게 3가지 종류가 있습니다. 이 가운데서도 주의해야 할 것은 모듈(전역) 스코프와 지역 스코프 2가지입니다. 이 2가지 스코프를 다루는 것에 관해서는 P. 123에서 함수의 '지역 변수'에 대해 설명한 부분에서 간단히 설명했습니다. 스코프는 객체를 저장하는 변수(이름)가 있는 세계 같은 것입니다.

　모듈에서 스코프용 세계는 언제나 사용할 수 있게 준비되어 있습니다. 함수 블록에 들어갈 때마다, 지역 스코프를 위한 세계가 준비되어, 함수에서 빠져나오면 세계가 사라지는 것이 기본적인 규칙입니다. 파이썬에서는 이와 같이 스코프에 관해서도 아주 간단한 규칙을 채용하고 있습니다.

**Fig** 변수 등이 정의된 블록에 따라 스코프가 바뀐다.

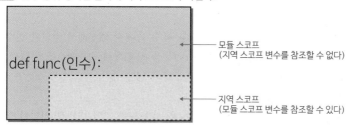

```
def func(인수):
```

── 모듈 스코프
(지역 스코프 변수를 참조할 수 없다)

── 지역 스코프
(모듈 스코프 변수를 참조할 수 있다)

　파이썬 스코프에는 (우선)순위가 있습니다. 보다 높은 순위의 스코프에 소속되어 있는 '이름'은 참조할 수 있지만, 높은 순위의 스코프에서 낮은 순위의 스코프에 있는 변수를 참조할 수 없습니다.

　다음으로 파이썬이 갖고 있는 3가지 스코프에 대해 보다 상세하게 해설합니다.

09

## 내장 스코프(built-in scope)

내장 함수나 내장 변수 등 특히 선언이나 import를 하지 않아도 이용할 수 있는 함수나 변수 등의 이름이 정의되어 있는 스코프입니다. 파이썬 프로그램에서 늘 존재하고 있는 공기와 같은 스코프입니다. 프로그램을 작성할 때 이 스코프를 의식하는 일은 그다지 없을 것입니다.

또한, 이 스코프 위에 변수나 함수와 같은 이름을 가진 객체를 새로 만들 수 없습니다.

## 모듈(전역) 스코프

모듈의 최상위 블록에서 정의되어 있는 변수나 함수와 같은 이름이 정의되어 있는 스코프입니다. 파이썬에서는 스크립트 파일과 모듈은 거의 같은 것으로 취급됩니다. 스크립트 파일이나 모듈이 프로그램에서 자유롭게 이름을 정의할 수 있는 가장 상위의 스코프가 되는 것입니다.

파이썬에는 일반적인 의미에서의 전역 스코프는 존재하지 않습니다. 전역 스코프가 존재하지 않기 때문에 지역 변수도 존재하지 않습니다. 많은 프로그래밍 언어처럼 프로그램 전체에서 참조할 수 있는 위치에 변수를 정의해서 여러 곳에서 마음대로 사용할 수 없습니다.

## 지역 스코프

함수가 정의되면 만들어지는 스코프입니다. 함수 속에서 대입해서 정의된 변수는 지역 스코프에 속하게 됩니다. 함수 속에서 def문을 사용해서 중첩 함수를 만들면 부가적으로 지역 스코프가 만들어집니다. 이와 같이 만들어진 스코프는 중첩 스코프(Nested Scope)라 부릅니다.

또한, 이 책에서는 다루지 않지만, global문을 사용하면 지역 변수로 정의된 변수를 모듈 스코프로 옮길 수 있습니다.

3가지 스코프의 영향 범위

간단한 코드를 작성해서 실험해 봅시다. 다음과 같은 스크립트 파일을 작성해 봅시다.

List scopetest1.py

```
a = 1              # 모듈 스코프에 변수를 정의
b = 2
def foo() :
    b = 10         # 지역 스코프에서 변수에 대입
    print(a, b)    # a, b라는 2가지 변수를 표시

foo()              # 함수 foo()를 호출
print(a, b)        # a, b라는 2가지 변수를 표시
```

모듈 스코프에서 'a, b'라는 2가지 변수를 정의했습니다. 또 foo()라는 함수를 정의해서 변수 b에 수치를 대입하고, 2가지 변수를 print() 함수로 표시합니다. 함수를 정의하고 나서 함수 foo()를 호출합니다. 그다음 2가지 변수를 다시 print() 함수로 표시합니다.

```
1 10
1 2
```

프로그램 마지막에 변수 a에 '1'을, foo()라는 함수 속에서 변수 b에 '10'을 대입하기 때문에 결과는 첫 번째 행에 '1 10'이라 나타납니다. 여기까지는 알 수 있을 것입니다.

두 번째 행의 결과는 어떨까요. '10'이라는 수치를 대입했는데도 불구하고 변수 b 의 수치가 원래의 '2'로 되어버립니다. 함수 속에서 변수 b에 분명히 대입한 '10'이라 는 수치는 어디로 가버린 걸까요.

이와 같은 동작은 파이썬의 스코프 규칙을 생각하면 이해할 수 있습니다. 프로그 램의 제어가 함수 속으로 들어가면 새로운 스코프가 만들어집니다. 함수 속에서는 변수에 수치를 대입하고 있습니다. 파이썬에서 대입은 새로운 변수를 정의합니다. 새 롭게 만들어진 스코프에는 b라는 변수가 존재하지 않기 때문에 새로운 이름을 등록 하고 그 변수에 '10'이라는 수치를 대입합니다. 그리고 함수 밖에 있는 print() 함수는 모듈 스코프 위에서 동작합니다. 모듈 스코프에서는 함수(지역) 스코프에 속한 변수 b 는 보이지 않기 때문에 프로그램의 맨 앞에서 b에 대입한 '2'라는 수치가 표시되는 것입니다.

그러면 다음은 모듈의 스코프에 대해 확인해 봅시다. 새로 다른 스크립트 파일을 만듭니다. 파이썬에서는 스크립트 파일이 모듈로 되기 때문에 결과적으로 모듈을 만 들게 됩니다. 먼저 만들어 둔 모듈을 import해서 모듈에서 정의된 변수를 표시해 봅 시다. 이 파일은 'scopetest1.py'라는 스크립트 파일과 같은 위치에 만들어 주세요.

**List** scopetest2.py

```
import scopetest1


print (a, b)
```

이 스크립트를 실행하면 오류가 발생합니다. a와 b라는 변수는 이 모듈 속에서 정 의되어 있지 않기 때문에 이름을 찾을 수 없다는 오류(NameError)가 발생하는 것입니 다. 파이썬의 스코프 규칙에서는 모듈 밖에서 이름이 영향을 주는 일은 없습니다.

변수를 정의하지 않고서 오류가 발생하지 않게 하려면 어떻게 하면 될까요. 이 코 드에서 하려는 것은 scopetest1 모듈에서 정의되어 있는 a, b라는 변수를 다른 모듈 위에서 표시하려는 것입니다. 해결책으로 2종류를 생각할 수 있습니다. 하나는 print() 함수에 딸린 변수의 참조 방법을 바꾸는 것입니다. 변수 a, b 앞에 scopetest1 이라는 모듈명을 붙이고, 변수와 모듈명 사이에 도트(.)를 찍습니다. 이와 같이 하면 모듈 스코프에 있는 이름(변수)을 참조할 수 있습니다.

**List** scopetest3.py

```
import scopetest1

print (scopetest1.a, scopetest1.b)
```

또는 모듈을 import하는 행을 **from scopetest1 import a, b**와 같이 from을 사용해서 바꾸면, print() 부분을 원래대로 두어도 오류가 발생하지 않게 코드를 고쳐 쓸수 있습니다.

## 클래스, 인스턴스의 스코프

클래스나 클래스를 설계도로 해서 만든 인스턴스도 독자의 스코프를 가지고 있습니다. 파이썬 클래스를 만드는 것은 모듈과 아주 비슷합니다. 클래스의 스코프는 꼭 모듈 스코프와 동일하게 작동합니다.

인스턴스의 스코프는 지역 스코프에 해당합니다. 인스턴스의 스코프는 클래스의 스코프보다 낮은 위치에 있습니다. 이래서 인스턴스에서 클래스에 정의되어 있는 속성을 참조할 수 있습니다. 지역 스코프에서 모듈 스코프에 있는 이름을 참조할 수 있는 것과 같은 이치입니다. 단지 인스턴스에 대해서 클래스가 가진 속성과 같은 이름의 속성을 대입하는 경우에는 주의가 필요합니다. 속성에 대입하면 새로운 속성이 만들어지기 때문에 클래스 속성이 가려져서 보이지 않게 됩니다. 함수 속에 모듈 스코프와 같은 이름의 변수를 정의할 때 주의가 필요한 것과 같은 이치입니다.

Jupyter Notebook을 사용해서 잠시 실험해 봅시다. 함수 속에서 모듈 스코프에 있는 변수와 같은 이름의 변수를 대입했을 때와 똑같은 일이 일어난다는 것을 알 수 있습니다.

09

클래스와 인스턴스의 속성

```
class Klass :                              속성을 가진 간단한 클래스를 정의
    a = 100

i1 = Klass()                              2가지 인스턴스를 만듦
i2 = Klass()
i1.a = 10                                 한 쪽 속성 a에 대입
i1.a                                      클래스 속성이 가려짐

10

i2.a                                      i2에서는 클래스 속성이 보임

100

Klass.a = 1000                            클래스 속성에 직접 대입
i2.a

1000
```

Fig 인스턴스에서는 클래스의 속성이 투과적으로 보인다.

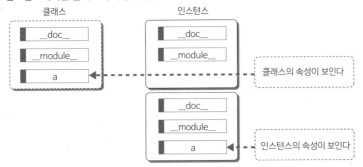

클래스명을 사용하면 속성을 직접 지정할 수 있습니다. 예를 보면 알 수 있듯이 클래스의 속성에 대한 변경이 속성을 덮어쓰지 않은 인스턴스에서 투과되어 보인다는 것을 알 수 있습니다.

# 02 순수 객체 지향 언어로서의 파이썬

파이썬은 '객체 지향'이라는 언뜻 난해한 개념을 간단하고 일관성 있는 규칙으로 다루어, 언어의 사양으로 도입하고 있습니다. 규칙을 조금만 배워도 언어의 기능을 세부까지 알 수 있습니다. 이 절에서는 파이썬이 얼마나 단순하게 만들어져 있는지를 배우면서 언어의 보다 깊은 부분까지 해설합니다.

## 객체와 속성

파이썬의 클래스에서는 속성이 아주 중요한 역할을 합니다. 클래스를 사용해서 프로그램을 작성할 때는 클래스의 정의를 틀로(본으로) 사용해서 인스턴스를 만듭니다. 속성은 인스턴스가 가진 변수 같은 것입니다. 인스턴스에 들어갈 데이터는 속성에 대입해서 저장합니다. 인스턴스는 개별로 네임스페이스를 가지고 있어 거기에 자유롭게 속성을 등록할 수 있습니다.

클래스의 기능을 돌이켜 모듈에 대해 생각해 보면, 파이썬에서 클래스를 만드는 것은 모듈과 아주 비슷합니다. 속성은 모듈 속에 정의된 변수에 상당합니다. 'ins.attr'처럼 도트(.)를 사용해서 속성을 참조하는 것처럼, 모듈의 변수도 마찬가지로 도트를 사용해서 'module.value'와 같이 접근합니다. 모듈과 클래스를 비교하면 다음과 같습니다.

**Table** 모듈과 클래스의 대응

| 모듈 | 클래스 |
| --- | --- |
| 모듈의 함수 | 메쏘드 |
| 모듈의 변수 | 클래스의 속성 |
| 함수 속에서 사용하는 변수 | 인스턴스의 속성 |

모듈과 클래스는 각각 다른 개념입니다. 그러나 모듈에 정의된 함수와 인스턴스의 메쏘드처럼, 비슷한 요소는 모듈에서도 클래스에서도 마찬가지 방법으로 처리할 수 있습

09

니다. 파이썬에서는 다른 개념으로부터 성질이 비슷한 요소를 잘 꺼내서, 비슷한 요소는 동일하게 사용할 수 있게 되어 있는 것입니다. 파이썬이 언어로써 아주 단순한 것은 이와 같이 일관된 규칙에 따라 언어를 디자인하고 있는 점이 크다고 말할 수 있습니다.

## 마법의 함수 'dir( )'

속성에 대한 지식의 깊이를 더하기 위해 dir()이라는 내장 함수를 사용해 보기로 합시다. 이것은 파이썬의 객체에 등록되어 있는 속성명의 일람을 꺼내기 위한 내장 함수입니다.

파이썬에서는 스코프(네임스페이스)의 실체는 딕셔너리입니다. 이름인 키로 참조된 객체가 값으로 등록되어 있습니다. 내장 함수인 dir()를 사용하면 스코프로 정의된 이름(딕셔너리의 키)의 일람을 얻을 수 있습니다.

Jupyter Notebook을 사용해서 간단한 클래스를 정의해 봅시다. 그런 다음 인스턴스를 만들어서 속성을 하나 추가합니다.

---

dir( ) 함수 사용하기

```
class Aklass :                                              간단한 클래스를 정의

    def __init__(self) :
        self.spam = 1                                      초기화 메쏘드로 속성을 정의


i = Aklass()                                               인스턴스를 만듦
dir(i)                                                     속성의 리스트를 표시

['__class__', '__delattr__', '__dict__', '__doc__', '__eq__', '__format__', '__
ge__',

'__getattribute__', '__gt__', '__hash__', '__init__', '__le__', '__lt__', '__
module__', '__ne__', '__new__', '__reduce__', '__reduce_ex__', '__repr__',

'__setattr__', '__sizeof__', '__str__', '__subclasshook__', '__weakref__', 'spam']

i.egg = 1                                                  인스턴스에 속성을 추가
dir(i)                                                     한번 더 속성의 리스트를 표시
```

```
['__class__', '__delattr__', '__dict__', '__doc__', '__eq__', '__format__', '__
ge__', '__getattribute__', '__gt__',
 '__hash__', '__init__', '__le__', '__lt__', '__module__', '__ne__', '__new__',
 '__reduce__', '__reduce_ex__', '__repr__', '__setattr__', '__sizeof__', '__str__',
 '__subclasshook__', '__weakref__', 'egg', 'spam']
```

———————————————————————————— 추가한 속성

이와 같이 dir() 함수를 사용하면 속성의 리스트를 얻을 수 있습니다. 인스턴스에 대해 속성을 추가하고 다시 dir()를 호출한 결과를 보면 리스트의 요소가 늘어난 것을 알 수 있을 것입니다.

dir()가 반환한 리스트를 잘 살펴보면 또 하나 재미있는 것을 발견할 수 있을 것입니다. 밑줄이 2개 붙은 문자열이 보입니다. 이 가운데서 클래스에 정의된 초기화 메쏘드와 같은 이름(__init__)이 보입니다. 여기서 '혹시 메쏘드도 속성이 아닌가?' 하고 알아차린 분은 파이썬적인 사고에 익숙해진 것이라 여겨집니다.

## 속성으로서의 메쏘드

파이썬에서는 'spam.egg'와 같이 인스턴스와 도트(.)로 구분해서 기술할 수 있는 것은 모두 속성으로 처리됩니다. 메쏘드도 예외가 아닙니다. 인스턴스에 붙어 있는 것은 무엇이든 속성입니다. 여기서도 파이썬의 단순함이 발휘됩니다.

대입한다는 것으로 인스턴스에 새로운 속성을 늘일 수 있습니다만, 마찬가지로 메쏘드를 늘이거나 교체할 수 있습니다. 속성을 대입하는 것과 마찬가지로 인스턴스에 메쏘드를 대입하는 것입니다. 파이썬에서는 메쏘드의 이름에 () 괄호를 붙이면 메쏘드가 호출됩니다. () 괄호를 붙이지 않으면 변수처럼 처리합니다. () 괄호를 붙이지 않고 메쏘드명만 코드에 쓰면 메쏘드의 대입을 할 수 있습니다. 시험해 봅시다.

09

⌒ 메쏘드를 속성으로 대입하기

```
class Atomklass :                                        ● ─── 간단한 클래스를 정의
    def foo(self) :                                      ● ─── 메쏘드를 정의
        print("this is foo method ! ")

i1 = Atomklass()                                         ● ─── 인스턴스를 작성
i2 = Atomklass()                                         ● ─── 또 하나의 인스턴스를 작성
i1.bar = i1.foo                                          ● ─── 메쏘드를 새로운 속성으로 대입
i1.bar()                                                 ● ─── 복사한 메쏘드를 호출함

this is foo method !

i2.bar()                                                 ● ─── 이 인스턴스에서는 오류가 발생함

-----------------------------------------------------------------
AttributeError                 Traceback (most recent call last)
<ipython-input-8-89589b307501> in <module>()
----> 1 i2.bar()

AttributeError: 'Atomklass' object has no attribute 'bar'.
```

    2가지 인스턴스를 만들어 한쪽에 속성으로 대입하고, 메쏘드를 복사해서 추가해 봅시다. 그러면 추가한 인스턴스에 새로운 메쏘드가 늘어나고 호출할 수 있게 됩니다. 한편, 속성을 추가하지 않은 인스턴스에 동일한 메쏘드를 호출하려고 하면 오류가 발생합니다.

    그런데 인스턴스에 존재하지 않는 메쏘드를 호출하면 'AttributeError'라는 오류가 반환됩니다. 메쏘드도 속성이므로 이와 같은 오류가 반환되는 것입니다.

## 모든 것이 객체

    객체는 객체 지향 프로그래밍의 중심이 되는 개념입니다. 언어에 따라 세세한 정의는 다양하지만, '자료와 절차를 모아 정의한 것', '클래스라는 설계도를 바탕으로 만

들어진 것'이라는 특징은 거의 공통적입니다.

　이 책에서는 지금까지 파이썬의 객체에 대해 정확한 정의를 하지 않았습니다. 내장형이나 모듈, 클래스나 속성과 같은 개념을 모르고 객체를 정의하려고 하면 깔끔하게 설명할 수 없기 때문입니다. 이 책을 여기까지 읽어 온 독자에 대해서는 파이썬의 객체를 아주 간단히 설명할 수 있습니다.

■ 자료형이 있고, 속성을 가진 것이 파이썬의 객체이다.

그리고 또 한 가지 객체에 대한 정의가 있습니다.

■ 파이썬에서는 모든 것이 객체이다.

　수치나 리스트는 내장형 객체입니다. 클래스로부터 만들어진 인스턴스도 당연히 객체입니다. 파이썬에서는 함수, 메쏘드, 모듈이나 클래스 등 프로그램에서 사용하는 것은 모두가 객체로 되어 있습니다.

　또 파이썬 3부터는 내장형이 클래스로 구현되어 있습니다. 지금까지 int()나 str()을 '내장 함수'로 설명해 왔지만, 정확하게는 어느 것이나 클래스(클래스 생성자)라 불러야 합니다. **int("20")** 이라는 코드는 문자열인 20을 인수(argument)로 전달해서, int형인 클래스 인스턴스를 만드는 처리를 행하는 것입니다.

## 객체와 자료형

　'자료형'이라는 단어는 이 책에서도 여러 번 나왔습니다. 수치형이나 리스트형과 같이 내장형 객체의 종류를 나타내기 위해 사용되는 것이 '자료형'이라는 분류입니다. 내장형이 클래스인 것을 알 수 있듯이 클래스도 '자료형'이 될 수 있습니다.

　또 자료형에는 서로 부모/자식 관계를 구축한다는 특징이 있습니다. 여기서 말하는 부모/자식 관계란 클래스의 해설에서 다룬 상속과 같은 의미입니다. 슈퍼클래스가 부모의 자료형에 상당하고, 서브클래스가 자식의 자료형에 상당합니다. 파이썬에서는 모든 자료형은 object를 조상으로 한 부모/자식 관계를 이루고 있습니다.

　어떤 객체가 어떤 '자료형'에 속해 있는지를 알아보기 위해서는 내장 함수인 type()를 사용합니다.

## type( ) 함수  자료형 알아보기

```
type(객체)
```

내장 자료형에는 정해진 이름이 붙어 있습니다.

객체의 자료형 확인하기

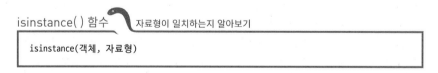

| | |
|---|---|
| `type(1)` ●————————————————— | 수치에 대한 자료형을 알아봄 |
| **`int`** | |
| `type("가나다")` ●——————————— | 문자열에 대한 자료형을 알아봄 |
| **`str`** | |
| `type(b"abcde")` ●——————————— | 바이트형에 대한 자료형을 알아봄 |
| **`bytes`** | |
| `import sys` | |
| `type(sys)` ●————————————————— | 모듈에 대한 자료형을 알아봄 |
| **`module`** | |

또 어떤 객체가 지정된 자료형과 일치하는지를 알아보기 위해서는 isinstance()라는 내장 함수를 사용합니다. 이 내장 함수는 객체와 자료형을 인수로 전달해서 호출합니다.

## isinstance( ) 함수  자료형이 일치하는지 알아보기

```
isinstance(객체, 자료형)
```

객체의 자료형이 인수의 자료형과 일치하거나, 부모/자식 관계에 있을 때 True(참)를 돌려줍니다.

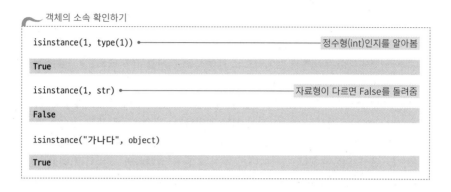

객체의 소속 확인하기

```
isinstance(1, type(1))          정수형(int)인지를 알아봄
True
isinstance(1, str)              자료형이 다르면 False를 돌려줌
False
isinstance("가나다", object)
True
```

파이썬에서는 모든 자료형이 object를 상속하고 있습니다. isinstance() 함수에 자료형 정보로 object를 전달하면, 항상 True가 돌아옵니다. 또 issubclass()라는 내장 함수로 2가지 자료형을 전달하면, 어떤 자료형이 다른 자료형의 슈퍼클래스에 해당하는지를 알아볼 수 있습니다.

## 객체와 속성

내장형이나 인스턴스 등 파이썬의 모든 객체는 속성을 갖고 있습니다. 내장 함수 dir()를 사용하면, 객체가 가지고 있는 속성명의 리스트를 얻을 수 있다는 것은 이미 본대로입니다.

**Fig** 속성은 다른 객체에 연결되어 있다.

속성에는 객체가 연결되어 있습니다. 여기서 말하는 '연결'은 변수와 객체를 연결하는 참조(reference)를 가리킵니다. 내장형의 속성으로는 주로 메쏘드가 연결되어 있습니다. 파이썬에서는 무엇이든 객체이므로 메쏘드도 객체입니다. 메쏘드는 method형 객체가 됩니다.

**dir("abc")**와 같이 문자열 자료형인 속성을 표시해봅시다. 밑줄이 2개 붙은 속성명과, 'find'와 'join'이라는 메쏘드명이 보일 것입니다. 밑줄이 2개 붙은 속성은 특별한 의미를 가지고 있습니다. P. 307에서 해설한 특수 메쏘드를 떠올려 주세요. 특수 메쏘드는 연산자를 사용한 조작이나 슬라이스 등을 실행하면 호출되는 메쏘드로, 프로토콜(protocol)이라 불리는 객체의 공통 동작을 정의하기 위해 이용합니다.

메쏘드나 함수와 같은 객체는 특히 호출 가능 객체라 부릅니다. 호출 가능 객체는 () 괄호를 함께 기술하여 호출합니다. __call__이라는 속성을 갖고 있는 것도 특징 중 하나입니다. 메쏘드도 호출 가능 객체의 한 종류입니다. 메쏘드에서는 호출할 때 속성의 주인인 객체가 자동적으로 제1 인수로 대입됩니다. 객체가 가지고 있는 속성을 꺼내려면 객체와 도트를 사이에 넣어 속성명을 기술합니다. 메쏘드 호출은 객체의 속성을 지정해서, () 괄호를 붙이는 것으로 메쏘드를 호출한다는 표기를 하는 것입니다.

도트를 사용해서 구분하는 것뿐만 아니라, 내장 함수 getattr()을 사용해서도 속성을 얻을 수 있습니다. 이 함수에는 객체와 속성명(문자열) 2가지 인수를 전달합니다.

**getattr( ) 함수** 속성 취득하기

```
getattr(객체, 속성명)
```

문자열을 변수로 대입해서 간단한 실험을 해 봅시다. getattr()을 사용해서 메쏘드를 호출해 봅시다. 실용적으로는 거의 의미가 없는 코드입니다만, 속성으로부터 메쏘드 객체를 꺼내, 꺼낸 객체를 대상으로 호출할 수 있다는 것을 잘 알 수 있습니다.

getattr( ) 함수 사용하기

```
s = "abcde"                                         문자열을 정의
getattr(s,"find")                                   find 속성을 꺼냄

<function str.find>

s.find("cd")                                        find() 메쏘드를 호출함

2

getattr(s,"find")("cd")                             속성을 호출함

2
```

바꿀 속성은 대입하는 것 외 내장 함수 setattr( )을 사용해서 바꿀 수 있습니다. class문에서 정의한 클래스로 만든 인스턴스 속성과 달리 내장 자료형의 속성은 추가하거나 바꿀 수 없습니다.

# 클래스, 모듈과 속성

파이썬에서는 클래스나 모듈도 객체로 취급합니다. 객체이므로 무엇이든 '자료형'이 있고, 무엇이든 속성을 가지고 있습니다. 이미 봐온 것처럼 클래스와 모듈은 아주 비슷하게 만들어져 있습니다. 속성의 사용 방법도 아주 비슷합니다. 클래스의 속성에는 클래스나 슈퍼클래스로 정의된 메쏘드가 연결되어 있습니다. 정수처럼 사용하기 위해 변수를 클래스의 속성으로 정의할 수도 있습니다.

모듈의 경우는 최상위 블록에 정의된 함수나 변수가 속성으로 정의됩니다. 예를 들어 math 모듈을 import한다고 하면, 'math 객체의 sin과 같은 속성에 모듈로 정의된 함수가 연결된다'라는 것이 됩니다.

객체는 파이썬 프로그램에서 이용하는 부품의 기본형입니다. 수치나 문자열만이 아니라 함수, 클래스나 모듈 모두 객체로 정의하고 공통 규칙을 이용함으로써 언어의 사양을 단순하게 유지하고 있습니다.

또 파이썬에서는 속성을 사용해서 객체의 계층 구조를 자세하게 표현하고 있습니

다. 내장 자료형, 모듈, 클래스 등 객체의 종류와 관계없이, 계층 구분을 표현하기 위해서 도트를 사용합니다. 성질이 아주 비슷한 구조는 같은 방법으로 표기함으로써 문법을 단순하게 유지하고 있는 것입니다.

## 객체와 변수

변수에 객체를 대입할 수 있습니다. 리스트나 문자열과 같은 내장형인 객체나 클래스의 인스턴스뿐만 아니라, 모듈이나 함수 등도 변수에 대입할 수 있습니다. 이미 해설한 것처럼 변수는 객체에 붙이는 이름이 적힌 태그와 같은 것입니다. 변수는 영문자를 조합한 '이름(name)'이고 객체의 실체는 다른 곳에 있습니다.

이름이 긴 함수 등을 변수에 대입해서 코드의 행을 줄이는 기법을 사용하는 일이 있습니다. 함수는 호출 가능 객체입니다. 대입한 변수에 대해 () 괄호를 사용해서 대입하는 원래 함수와 같은 인수를 전달해서 호출합니다.

◠ 변수에 함수 대입하기

```
import math                    ──────────── math모듈을 임포트
m = math                      ──────────── 모듈을 변수에 대입
s = m.sin                     ──────────── sin() 함수를 변수에 대입
s(0.5)                        ──────────── 대입한 변수를 호출함
0.479425538604203
```

속성에는 객체라는 소요자(주인)가 있습니다. 파이썬 프로그램을 작성할 때는 그다지 인식할 일이 없습니다만, 변수에도 사실은 주인이 있습니다. 변수의 주인은 모듈입니다.

파이썬에서는 스크립트 파일과 모듈은 같은 방법으로 사용되므로 실행 중인 파일이 변수의 주인이라고도 합니다. 모듈에서 보면 변수나 함수, import한 모듈은 이름(name)에 객체가 연결된 형태로 사용됩니다. 인스턴스에 객체나 메쏘드가 속성으로 연결된 것과 같습니다. 이름(name)에 내장형의 객체나 함수와 같은 호출 가능 객체, 모듈

객체가 연결되어 있는 것입니다.

정의되지 않은 변수나 함수, import하지 않은 모듈을 참조하려고 하면, 'NameError' 이라는 오류가 발생합니다. 파이썬의 속성이나 네임스페이스, 객체를 잘 이해하면 이름(name)을 참조하려고 했지만 존재하지 않는다는 의미의 오류가 발생한다는 것을 이해할 것입니다.

## 객체와 네임스페이스

속성이나 변수 등 '이름이 붙은 것은 모두 부모가 있다'라는 것이 파이썬 객체의 기본 구조입니다. 부모가 되는 객체에서는 딕셔너리와 같은 구조를 사용해서 이름을 관리하고 있습니다. 이 딕셔너리가 네임스페이스의 실체입니다.

변수명이나 속성명이 딕셔너리의 키가 되고, 키에 대응하는 값으로 객체를 등록합니다. 파이썬에서는 수치나 문자열 등의 데이터만이 아니라 함수나 메쏘드, 모듈 등 모두 객체입니다. 딕셔너리 값으로는 다양한 객체가 등록됩니다.

이와 같이 네임스페이스는 딕셔너리를 바탕으로 만들어졌기 때문에, 같은 이름을 가진 변수와 함수를 정의하면 충돌이 일어납니다. 딕셔너리의 키에 대응하는 값이 덮어써집니다.

Jupyter Notebook을 사용해서 약간 장난쳐 봅시다. 대입해서 정의한 변수와 같은 이름의 함수를 정의해 봅시다. print() 함수를 사용해서 spam이라는 이름을 표시하려고 하면 어떻게 될까요.

변수와 함수 이름을 같게 하기

```
spam = 1                                        변수 spam을 정의
def spam():                                     함수 spam을 정의
    print("Spam!")
print(spam)

<function spam at 0xbb8b70>
```

맨 처음 변수 spam을 정의한 시점에서 모듈이 가진 네임스페이스의 딕셔너리에
'spam'이라는 키가 등록됩니다. 이 시점에서 키는 대응하는 값으로 '1'이라는 수치 객
체가 등록되어 있습니다. 다음에 spam이라는 같은 이름의 함수를 정의하는 것으로
같은 키로 함수가 등록됩니다.

이 상태에서 print()에 의해 spam이라는 키에 할당된 객체를 표시하려고 하면, 변
수 그 자체가 표시되는 것입니다.

파이썬에서는 클래스도 객체입니다. 모듈이 네임스페이스의 딕셔너리를 갖고 있는
것처럼, 클래스도 딕셔너리를 갖고 있습니다. 클래스에 메쏘드를 정의하는 것은 이
딕셔너리에 메쏘드명에 상당하는 키를 추가하는 것과 다르지 않습니다.

메쏘드와 같은 블록에서 변수를 대입하면 클래스가 가진 속성을 등록할 수 있습
니다. 이 때도 클래스가 가진 네임스페이스의 딕셔너리에 키를 등록하고 있습니다.
인스턴스도 또한 독자의 네임스페이스용 딕셔너리를 가지고 있습니다. 인스턴스와 클
래스 객체는 부모/자식 관계에 있으므로 인스턴스로부터 클래스 객체를 투과적으로
볼 수 있게 됩니다. 그러므로 클래스 객체의 네임스페이스로 등록된 메쏘드를 인스
턴스에서 호출할 수 있는 것입니다. 마찬가지로 클래스 객체에 등록된 속성을 인스턴
스에서 참조할 수도 있는 것입니다.

얼핏 복잡해 보이는 파이썬의 스코프나 속성의 참조도, 실제로는 놀랄 만큼 단순
하고 일관성이 있는 규칙으로 이루어져 있습니다. 네임스페이스의 실체는 딕셔너리입
니다. 부모/자식 관계에 있는 어떤 객체에서는 자식 객체에서 부모 네임스페이스가
투과적으로 보입니다. 이 2가지 규칙을 알고 있으면 파이썬의 스코프 규칙을 파악하
기 쉬워질 것입니다.

# 예외 처리

예외라는 것은 일상에서도 사용하는 밀로 '예나 원칙에 맞지 않는 것'을 가리킵니다. 프로그래밍에 서의 예외(Exception)란 프로그램 처리 중에 일어나는 오류나 상태의 변화를 알리기 위해 이용하 는 구조를 의미합니다. 이 장에서는 파이썬에서 발생하는 오류와 오류를 전달하기 위한 예외라는 구 조에 대해 설명합니다.

# 01 파이썬의 예외 처리

파이썬 프로그램에서 발생하는 오류는 크게 2가지 종류로 나눌 수 있습니다. 하나는 프로그램을 실행하기 전에 알 수 있는 오류입니다. 괄호나 따옴표의 짝이 맞지 않은 경우는 문법 오류(SyntaxError)라는 오류가 발생합니다. 들여쓰기가 적절하지 않으면 들여쓰기 오류(IndentationError)라는 오류가 발생합니다. 어딘가 오류가 있으면 파이썬은 프로그램을 실행할 수 없습니다. 그때 파이썬은 오류 메시지를 출력하고 프로그램 실행을 멈춥니다.

또 다른 하나의 오류는 프로그램을 실행해 보고서 비로소 알 수 있는 오류입니다. 예를 들어 리스트에 인덱스(index)를 이용해서 요소를 읽어낼 때, 리스트에 있는 요소의 수보다 큰 수를 지정하면 오류가 발생합니다. 그와 같은 경우는 인덱스 오류(IndexError)라는 오류가 발생합니다만, 리스트의 요소 수는 프로그램의 실행 과정에 따라 다릅니다. 즉 상황에 따라 오류가 발생하는 경우도 있고 발생하지 않는 경우도 있습니다.

파이썬에서는 변수나 함수, 모듈처럼 이름을 가진 객체가 동적으로 만들어질 수 있습니다. 변수를 참조하거나, 함수를 호출할 수 있을지 어떨지도 프로그램의 실행 과정에 따라 다릅니다. Java 나 C++와 같이 정적 형 지정 언어(static typed language)에서는 프로그램을 실행하기 전(컴파일 시)에 발견되는 오류라도 파이썬과 같은 동적 형 지정 언어(dynamically typed language)에서는 프로그램을 실행해 보지 않으면 오류가 나지 않을 수 있습니다.

## 예외의 발생

파이썬에서는 프로그램을 처리하는 도중에 오류가 나면 예외가 발생합니다.

파이썬에서는 예외도 객체입니다. 예외가 발생하면 파이썬은 예외 객체(exception object)라는 객체를 만듭니다. 예외 객체에는 오류의 종류 및 오류의 내용이 영문으로 짧게 기록되어 있습니다. 예외 객체를 이용하면 오류의 내용을 알 수 있습니다.

여러 가지 이유로 발생하는 오류를 분류하기 위해 파이썬에는 몇 종류의 예외로 나눕니다. 파이썬에 포함되어 있는 예외는 클래스로 정의되어 있습니다. Exception 이라는 이름의 클래스를 부모로 해서 종류에 따라서 분류되어 있습니다.

## 예외를 포착하다

예외가 발생하면 대부분 프로그램의 실행이 중단됩니다. 그러나 처리 내용에 따라서는 예외가 발생하더라도 계속 처리를 실행하고 싶은 경우가 있습니다. 또 프로그램 도중에 예외가 발생한 경우에 파일을 닫거나 네트워크를 끊거나 하는 종료 처리를 하고 싶은 경우도 있습니다.

예를 들어 여러 프로그램명을 인수(argument)로 받는 스크립트 파일을 만든다고 합시다. 명령 프롬프트에서 인수를 지정할 때, 실수로 존재하지 않는 파일명으로 잘못 입력할 수도 있습니다. 그와 같은 경우는 잘못된 파일명에 대해서는 오류를 출력하고 올바른 파일명에 대해서만 처리를 하게 한다면 스마트할 것입니다.

존재하지 않는 파일을 열려고 하는 경우, 파이썬은 FileNotFoundError라는 예외를 발생시킵니다. 이 예외가 발생했을 때만, 특별한 동작을 하도록 프로그램을 작성해 두면 될 것입니다.

**Fig** try~except문

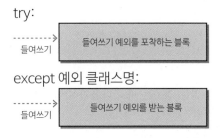

try:

    들여쓰기 ┄┄┄┄┄→ 예외를 포착하는 블록

except 예외 클래스명:

    들여쓰기 ┄┄┄┄┄→ 예외를 받는 블록

오류가 발생했을 때 예외를 포착하려면 try ~ except라는 블록을 프로그램에 넣습니다. try ~ except에서는 블록의 범위를 나타내기 위해 코드를 반드시 들여쓰기 해야 합니다. if ~ else 블록과 비슷합니다.

실제로 예외를 포착하는 코드를 작성해 봅시다. 다음은 파일명을 인수로 전달해서 파일의 크기를 알아보는 간단한 스크립트입니다.

List  filelen.py

```
#!/usr/bin/env python

import sys                          # sys 모듈을 임포트

for fn in sys.argv[1:]:            # 스크립트의 인수를 꺼냄
    try:
        f = open(fn)
    except FileNotFoundError:
        print("{}이라는 파일이 존재하지 않습니다.".format(fn))
    else:
        try:
            print(fn,len(f.read())) # 파일명과 크기를 표시
        finally:
            f.close()               # 파일을 닫음
```

이 스크립트에서 인수로 주어진 파일을 열어 보려고 합니다. 파일이 열리지 않는 경우에는 예외가 발생합니다. 또한, 이 스크립트는 명령어 프롬프트(또는 쉘)에서 **python filelen.py text1.txt**로 실행합니다.

'text1.txt'가 존재하는 경우는 다음과 같이 파일명과 파일 크기를 표시합니다.

text1.txt 32

'text1.txt'가 존재하지 않는 경우는 바로 다음과 같이 메시지를 표시합니다.

text1.txt라는 파일은 존재하지 않습니다

try ~ except로 둘러싸인 블록에서 예외가 발생하면, 프로그램 실행을 건너뛰고 **except** 아래 블록으로 프로그램의 제어가 넘어갑니다. 즉 except 아래는 파일이 열

리지 않을(FileNotFoundError라는 예외가 발생한) 때만 실행됩니다. 여기서는 오류용 문자열로 열리지 않은 파일의 파일명을 표시합니다.

이와 같이 try ~ except 블록을 사용하면 실행 중에 발생한 예외를 포착해서 오류 처리 등을 실행할 수 있습니다. 또 오류가 발생한 때도 필요하다면 프로그램의 실행을 계속할 수 있습니다.

try문에 이어 except에는 특정한 예외 객체를 포착하기 위해 예외 클래스를 기술합니다. except문을 여러 번 이어서, 발생한 예외에 따라 각기 다른 처리를 실행하도록 코드를 기술할 수 있습니다. 또 아무것도 기술하지 않으면 모든 예외를 포착하게 됩니다.

**Fig** 예외가 발생하면 try 블록인 그 아래의 프로그램의 실행이 건너뛴다.

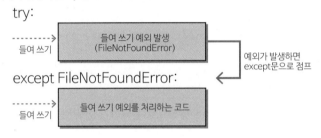

그 밖에 다음 표와 같은 서식을 사용해서 예외를 처리할 수 있습니다. except문, else문 등에는 각각 들여쓰기한 블록이 계속됩니다. 또 예외를 받아들이는 클래스로 여러 예외의 슈퍼클래스가 되는 클래스를 지정한 경우, 서브클래스를 포함해서 예외를 포착할 수 있습니다.

**Table** 예외 처리 서식

| 서식 | 설명 |
|---|---|
| except: | 모든 예외를 받아들여 예외 발생 시 처리를 합니다. |
| except 예외 클래스명: | 클래스를 지정해서 특정 예외만을 받아들입니다. 예외 클래스는 ( ) 괄호로 둘러싸서 쉼표(,)로 구분함에 따라 여러 개 열거할 수 있습니다. |
| except 예외 클래스명 as 변수명: | 예외 클래스와 예외 객체를 받을 변수명을 지정합니다. 예외 객체가 대입된 변수를 사용해서, 예외에 관한 보다 상세한 정보를 얻을 수 있습니다. |
| else: | 예외가 발생하지 않은 경우의 처리를 기술하고 싶을 때 이용합니다. |
| finally: | 예외가 발생해도 하지 않아도 실행할 블록을 기술할 때 이용합니다. |

10

# with문

예외와 아주 비슷한 기능으로 with문이라는 문법이 있습니다. with문은 예외를 사용해서 기술할 수 있는 처리를 클래스로 정의하기 위한 기능입니다. 컨텍스트 관리자라는 구조를 사용해서 효율적으로 블록을 실행할 수 있도록 추가된 기능입니다.

예를 들어 조금 전 소개한 '파일이 존재한다면 처리한다'라는 코드는 with문을 사용하면 아래와 같이 작성할 수 있습니다.

```
with open(fn) as f:
    for line in f:
        print(line)
```

코드만 보면, with문을 사용한 행이 추가된 것 외에는 파일을 열어서 읽어 들이기만 하는 것으로 보입니다. 실제는 이 코드만으로 파일이 존재하는 경우는 열어서 처리하고, 파일이 존재하지 않으면 with 블록으로 들어가기 전에 예외가 발생하기 때문에, with 블록 속의 처리는 실행되지 않습니다.

with문에는 컨텍스트 매니저에 대응하는 객체와 함께 기술합니다. 파이썬의 내장형에서는 파일형이 컨텍스트 매니저에 대응하고 있습니다. 파일형 객체를 여는 것을 성공한 경우, 'as' 다음에 오는 변수에 파일 객체가 대입됩니다. 그다음 블록으로 처리가 옮겨 갑니다. for문의 반복 변수와 비슷합니다.

파일 객체를 여는 것을 실패한 경우는 블록을 실행하지 않습니다. 블록에서 빠져나갈 때 컨텍스트 매니저가 다시 동작해서, 파일을 닫고 블록의 종료 시 처리를 실행합니다.

with문에서는 예외 처리를 사용하는 것보다 블록 처리로 간결하게 기술할 수 있습니다.

# 예외와 역추적(traceback)

예외를 사용하는 것의 최대 이점은 '오류 발생 위치와 오류 처리를 분리할 수 있다'는 점입니다. 같은 오류라도 프로그램을 정지해야 하는지, 실행을 계속해야 하는지는 처리 내용에 따라서 달라집니다. 처리를 하는 쪽에서 여러 가지 경우에 대응하는 것으로는 프로그램이 번잡해집니다. 오류를 예외로 외부에 전달해서, 오류에 대한 처리를 외부에 맡김으로써 프로그램을 아주 단순화할 수 있습니다.

특히 파이썬과 같은 객체 지향 언어에서는 한 가지 처리를 실행하기 위해 여러 객체를 중첩해서 이용합니다. 예를 들어 웹과 메일과 같은 네트워크에서의 처리는 내부에서 보다 낮은 레벨의 소켓 처리를 이용하고 있습니다. 소켓 처리는 네트워크에서의 데이터를 다루기 위해 스트림이라는 처리를 이용하고 있습니다. 상위층의 처리를 실현하기 위해 보다 하위층의 처리를 실행하는 객체를 이용하고 있는 것입니다.

하위층에서 발생하는 예외는, 필요하면 보다 상위층에서 포착되어 처리를 계속합니다. 예외가 포착되지 않은 경우는 파이썬은 역추적(traceback)이라 불리는 오류 메시지를 표시합니다. 오류의 종류에 따라서는 다음과 같이 오류가 길게 표시될 때가 있습니다.

이것은 어떤 처리를 하기 위해 중첩해서 호출되는 함수나 메쏘드 등의 이력을 순차적으로 표시한 것입니다. 포착되지 않은 예외는 가장 아래에 표시되어 있습니다. 그러므로 먼저 역추적의 가장 아래를 보면 오류의 원인을 빨리 확인할 수 있습니다.

역추적 확인하기

```
from urllib import request
request.urlopen("spam://spam.spam/")          ──── URL을 지정해서 open함

URLError                    Traceback (most recent call last)
<ipython-input-3-424f3cfbab38> in <module>()
     1 from urllib import request
----> 2 request.urlopen("spam://spam.spam/")

···생략···
```

```
C:\Users\somone\AppData\Local\Continuum\Anaconda3\lib\urllib\request.py in unknown_
open(self, req)
   1322     def unknown_open(self, req):
   1323         type = req.type
-> 1324         raise URLError('unknown url type: %s' % type)
   1325
   1326 def parse_keqv_list(l):


URLError: <urlopen error unknown url type: spam>
```

URLError가 발생

## 예외를 발생(raise)시키다

자신이 만든 클래스 등에서, 오류가 발생한 것을 외부에 전달하고 싶은 경우 일부러 예외를 발생시킬 수 있습니다. 예외를 발생시키기 위해서는 raise문을 사용합니다. 예외를 발생하기 위해서는 예외 클래스를 사용합니다.

raise문에, 예외 클래스로 만든 예외객체를 붙여 예외를 발생시킵니다. **raise ValueError("Some message")** 와 같이 예외를 발생시킵니다. 인수로는 예외가 발생한 원인을 문자열로 전달합니다.

또 예외 클래스를 상속해서 자신의 클래스를 만들어 자신의 예외를 정의할 수도 있습니다. 비교적 큰 프로그램을 만들 때, 오류나 예외의 내용을 자세히 정의할 목적으로 자신의 예외 클래스를 정의할 수 있습니다.

> 예외는 오류가 발생한 것을 알려주는 용도 외에도 이용됩니다. 예를 들어 이터레이터로 요소를 취득하는 도중에 요소가 떨어진(더 이상 없다는) 것을 알리기 위해 예외가 이용됩니다. 또 파이썬 프로그램을 종료하는 구조에도 예외가 이용되고 있습니다. 이와 같이 오류 발생을 포함해 프로그램의 흐름을 바꿀만한 상태의 변화가 일어났다는 것을 알리기 위해 예외가 이용됩니다.

# 역추적(traceback)을 표시한다

파이썬의 표준 모듈에 있는 traceback을 사용하면 예외가 발생했을 때 출력되는 역추적 결과를 표시하거나 문자열로 저장할 수 있습니다. 예외는 문제의 원인을 알 수 있는 단서가 됩니다. 발생한 예외를 파일로 저장해 두면 오류를 찾기 쉬워집니다.

파이썬은 예외가 발생한 장소를 기억하고 있습니다. traceback 모듈을 사용하면, 그 정보를 가져와서 표시하거나 문자열로 가져올 수도 있습니다.

예외를 받는 except문에서 아래와 같이 기술하면 발생한 예외를 표준 출력으로 표시할 수 있습니다. try ~ except 블록이 루프 속에 있으면 발생한 예외는 except문에서 포착되므로 프로그램 실행이 그대로 계속됩니다.

```
import traceback ●─────────────────────────── traceback 모듈을 임포트 함


try:

                        ●──────────────────────── 처리를 실행하는 코드

except:
    traceback.print_exc() ●───────────────────── 예외를 표시함
```

또 다음과 같이 해서 예외를 문자열로 저장할 수도 있습니다. 예외를 저장한 문자열을 로그로 출력하거나 파일에 기록하고 싶을 때 이용하면 좋습니다.

```
try:

                        ●──────────────────────── 처리를 실해하는 코드

except:
    ex = traceback.format_exc() ●─────────────── 예외를 문자열로 가져옴
```

10

365

# 02 자주 발생하는 오류 및 예외와 대책

파이썬에서는 프로그램 상에서 일어나는 모든 오류는 예외로 취급됩니다. 예외가 발생하면 중첩되어 호출되는 함수나 메쏘드를 거슬러 추적해 갑니다. 그 과정에서 예외를 받을 except문 등이 발견되지 않으면 프로그램 실행을 정지합니다.

예외가 발생해서 프로그램 실행이 정지되면 파이썬은 역추적을 해서 오류를 표시합니다. 역추적으로 오류가 발생한 함수나 메쏘드를 호출하는 코드 정보를 포함해서 다양한 정보가 표시됩니다.

역추적 결과가 표시되었을 때 마지막 행을 보면 오류의 내용을 파악하기 쉽다는 것은 이미 설명했습니다. 또 역추적 결과에는 오류가 발생한 프로그램의 파일명이나 행 수, 예외의 종류 등이 기재되어 있습니다. 이와 같은 정보에 주목하면 오류의 원인을 알아차리기 쉬워집니다.

예외는 종류나 성질에 따라 몇 종류의 카테고리로 나누어져 있습니다. 예외의 실체는 예외 클래스라 불리는 클래스입니다. 예외의 종류나 성질에 따라 예외 클래스의 상속 관계가 구축되어 있습니다. 일반적인 예외의 부모가 되는 것은 Exception이라는 클래스입니다. Exception 아래에 예외의 종류를 크게 분류하는 예외 클래스가 있고, 게다가 그 아래에 실제로 예외 발생 시 이용되는 예외 클래스가 세부적으로 나누어져 정의되어 있습니다.

파이썬은 프로그램에서 다루는 변수나 함수, 모듈까지도 모두 객체로 정의되어 있습니다. 객체 자신도 속성이라는 구조를 사용하여 아주 단순하게 구성되어 있습니다. 그래서 같은 유형의 오류(예외)가 여러 원인으로 발생할 수 있습니다. 파이썬의 오류 표시가 얼핏 봐서 오류의 원인을 이해하기 어려운 것은 이 때문입니다.

파이썬의 속성이나 이름(name)의 구조가 잘 이해되지 않는 분은 P. 337의 9장을 잘 읽어 파이썬의 스코프 규칙을 잘 이해하길 바랍니다. 그러면 오류의 의미가 잘 이해될 것입니다.

이 절에서는 파이썬에서 자주 발생하는 오류나 예외를, 예외의 종류를 바탕으로 해설합니다. 또 오류에 맞는 처리 방법에 대해서도 설명합니다.

# 프로그램을 읽어 들일 때 발생하는 오류(SyntaxError)

SyntaxError(문법 오류)는 프로그램을 실행하기 전에 발생하는 예외를 모아서 클래스로 정의되어 있습니다. 파이썬이 프로그램을 읽어 들일 때 발생하는 것 외, import문에서 모듈을 읽어 들일 때도 이 예외가 발생합니다.

대개는 따옴표나 괄호의 짝이 맞지 않는 경우나, 들여쓰기가 제대로 되어 있지 않은 경우에 발생합니다. 들여쓰기가 제대로 되어 있지 않은 경우는 IndentationError(들여쓰기 오류)라 불리는 예외가 발생합니다.

이 예외가 발생하면 파이썬은 프로그램을 실행할 수 없습니다. 스크립트 파일을 편집하거나 해서 예외가 일어나는 원인을 없애고 다시 프로그램을 실행하거나 합니다.

# 프로그램 실행 중에 일어나는 오류(Exception)

프로그램 실행 중에 일어나는 오류는 Exception이라는 예외로 정리해서 정의되어 있습니다. except문으로 Exception 클래스를 지정하면, SyntaxError 등을 포함한 모든 예외를 받아들이게 됩니다. Exception을 받아들이도록 하면 프로그램 실행 중에 일어나는 오류만 포착할 수 있습니다.

Exception은 더 세부적인 예외클래스로 분류되어 있습니다.

### NameError

NameError는 정의되지 않은 변수 등을 참조하려고 할 때 발생하는 예외입니다. 파이썬에서는 함수나 모듈도 변수와 마찬가지로 이름을 가진 객체입니다. 정의되지 않은 함수를 호출하려고 할 때나, import 되지 않은 모듈을 사용하려고 할 때도 NameError 예외가 발생합니다.

대부분은 코드상의 타이핑 실수가 원인이 되어 발생합니다. 프로그램을 고치거나 수정해서 처리합니다. 또 '+='처럼 복합 연산자를 사용해서 정의되지 않은 변수에 대입하려고 할 때도 NameError 예외가 발생합니다.

## ⼂⼃⼄ AttributeError

AttributeError는 객체에 정의되어 있지 않은 속성을 참조하려고 할 때 발생하는 예외입니다. 파이썬에서는 객체가 가진 변수만이 아니라 메쏘드도 속성으로 다룰 수 있습니다. 정의되지 않은 메쏘드를 호출하려고 할 때도 AttributeError 예외가 발생합니다. 또 내장형 객체처럼 속성을 추가하는 것을 허용하지 않는 객체에 속성을 대입하려고 해서 실패한 때도 이 예외가 발생합니다.

이 예외는 NameError와 마찬가지로 타이핑 실수에 의해 발생하는 경우가 있습니다. 그와 같은 경우는 프로그램을 재검토해서 수정해서 처리합니다.

또 함수에 인수를 전달하는 경우에도 코드에서 요구하는 자료형과는 다른 자료형의 객체를 전달했을 때도 이 예외가 발생합니다. 객체에 존재하지 않는 메쏘드를 호출하는 등, 객체를 올바로 다루지 않은 경우에 AttributeError 예외가 발생합니다. 그와 같은 경우는 함수를 호출하는 쪽의 코드를 확인하고 수정해서 처리합니다.

## ⼂⼃⼄ TypeError

TypeError는 처리 과정에서 적합하지 않은 자료형의 객체가 사용될 때 발생하는 예외입니다. 문자열과 수치를 더하는 등 연산자를 사용해서 연산을 하는 경우에 발생합니다. 리스트의 요소를 인덱스로 참조할 때, 정수 이외의 객체를 인덱스로 사용한 경우에도 발생합니다.

또 내장형 메쏘드나 내장 함수의 인수로, 정의되지 않은 자료형의 객체가 전달된 경우에도 이 예외가 발생합니다. 이 예외는 대부분 프로그램의 실수가 원인이 되어 발생합니다.

예외가 발생하면 표시되는 역추적으로 대부분 예외의 클래스명과 함께 보다 자세한 원인이 아래와 같은 영문으로 표시됩니다. 또한, 영문은 파이썬 버전에 따라서 다를 수 있습니다.

- unsupported operand type(s) for +: 'int' and 'str'
  int형과 str형(문자열)을 더할 수 없다.
- cannot concatenate 'str' and 'int' objects
  str형(문자열)과 int형을 연결할 수 없다.

- TypeError: list indices must be integers
  리스트의 인덱스는 반드시 정수여야 한다.
- iteration over non-sequence
  시퀀스형이 아닌 객체를 사용해서 반복 실행하려고 한다(시퀀스형을 요구하는 곳에 그와 다른 객체를 기술했다).

## ·llll IndexError

indexError(인덱스 오류)는 리스트와 같은 시퀀스를 인덱스로 참조하려고 할 때, 시퀀스의 요소 수보다 큰 값을 지정한 경우에 발행하는 예외입니다.

이 예외는 주로 프로그램 실수가 원인이 되어 발생합니다. 인덱스가 리스트 요소 수에 따른 범위 안에 들어가도록 프로그램을 수정해서 처리합니다.

## ·llll KeyError

KeyError는 딕셔너리 객체의 요소를 키로 참조할 때, 존재하지 않는 키를 지정하면 이 예외가 발생합니다. 또 딕셔너리처럼 표기해서 요소에 접근할 수 있게 된 객체에서도 KeyError 예외가 발생합니다. set형으로 존재하지 않는 요소에 접근하려고 할 때도 KeyError가 발생합니다.

이 예외는 주로 프로그램 실수가 원인으로 발생합니다. 사전에 키를 조사해서 딕셔너리의 키를 참조하는 등으로 프로그램을 수정해서 처리합니다.

## ·llll ImportError

ImportError는 import문에서 모듈 정의를 찾지 못했을 때 발생하는 예외입니다. 또 from문에서 지정한 함수나 변수가 모듈에서 찾지 못했을 때도 이 예외가 발생합니다.

## ·llll UnicodeDecodeError, UnicodeEncodeError

UnicodeDecodeError와 UnicodeEncodeError는 문자열이나 바이트형의 디코드, 인코드 중에 오류가 생긴 경우에 발생하는 예외입니다.

10

## ⚡ ZeroDivisionError

ZeroDivisionError는 수치를 0으로 나누려고 할 때 발생하는 오류입니다.

---

**Column** 함수에 대한 주석(Function Annotations)

파이썬에는 docstring이라는 것이 있습니다. 함수나 메쏘드를 설명하기 위해 def문 바로 다음에 문자열을 두어 함수나 메쏘드 등을 설명하는데 이용되고 있습니다.

 파이썬 3에서는 함수의 인수 등에 주석을 붙이기 위한 'Function Annotations'라는 기법이 도입되어 있습니다. 마치 함수에 붙인 문서(document) 문자열과 마찬가지로 인수나 함수의 반환값에 대해 주석을 붙일 수 있습니다.

 아래는 그 예입니다. 인수 바로 다음에 콜론을 넣고, 그다음에 주석인 문자열을 둡니다. 반환값에 대한 설명은 함수 정의 바로 다음에 '->'를 넣어 문자열을 기술합니다.

```
def func(arg1: "인수 설명1",
        arg2: "인수 설명2" = 1) -> "반환값 설명":
    # 함수 정의
```

콜론이나 '->' 다음에는 파이썬의 식을 둘 수 있습니다. 문자열만이 아니라 함수 호출이나 함수 객체(함수명)를 둘 수도 있습니다.

 Function Annotations의 내용은 함수 객체가 가진 '__annotations__'이라는 딕셔너리에 저장되어 있습니다. 문자열 대신에 인수 확인용 함수 객체를 지정해서, 디코더와 조합하면 쉽게 인수나 반환값의 자료형을 확인할 수도 있습니다.

# 표준 라이브러리 사용

파이썬은 비교적 높은 수준의 프로그램을 실행하고 처리하는데 있어서, 그에 맞는 기능이 준비되어 있는 표준 라이브러리로 처리합니다. '표준'이라는 용어에서처럼, 표준 라이브러리는 표준이 되는 당연한 것들을 모아놓은 라이브러리라는 뜻도 포함하고 있습니다. 파이썬을 설치하기만 하면 전문성이 높은 프로그램을 아주 간단하게 코딩할 수 있습니다. 본 장에서는 표준 라이브러리들 중에 잘 사용되는 것을 중심으로 소개합니다.

# 01 표준 라이브러리의 import

 표준 라이브러리는 파이썬에 달려 있는 패키지 집합체입니다. 내장 형태의 함수는 코딩하여 만들기 어려운 비교적 고도 처리라든가 전문성 높은 프로그램을 코딩할 때 유용한 도구(tool)입니다. 표준 라이브러리를 사용하는 방법은, 간단하게 import문을 써서 필요한 모듈(module) 또는 라이브러리를 import하면 됩니다.

 예를들면 웹 서버로 데이터를 취득하여 urllib이라는 모듈에 포함되는 request 모듈을 import하는 경우에는 다음과 같이 하면 됩니다. 다음의 예는, urllib의 기능을 사용하여 python.org의 최상위 페이지의 HTML에 src라고 하는 변수에 대입하고 있는 예입니다.

⎯ urllib 모듈의 기능을 사용한다.

```
from urllib import request ●────────────────────── urllib를 임포트
src = request.urlopen('https://www.python.org/').read()
```

 이와 같이 필요에 따라 모듈을 import하여 프로그램을 만듭니다.

> ⚠ 이 장에서는 여러 가지 함수와 메쏘드(method)를 소개하고 있습니다. 이 책에서는 지금
> 까지 함수와 메쏘드 등의 실행 구문 중 인수의 의미를 한글로 함께 표기했습니다만, 이
> 장에서는 생략 가능한 인수의 일부를 영문 키워드 이름으로 표기했습니다. 이렇게 한 이유는,
> 실제로 프로그램을 쉽게 입력하기 위한 배려입니다. 이러한 인수의 의미는 본문 중에 기록하
> 여 설명했습니다.

# 02 데이터 구조

　파이썬은 원하는 자료형을 내장 형태로 코딩할 수 있습니다. 리스트(List), 딕셔너리(Dictionary) 등에 내장을 위한 데이터 형태는 기본적으로 충분한 기능을 가지고 있습니다. 그러나 조금 복잡한 프로그래밍을 하려고 하면, 기능 높은 자료형과 특별한 기능을 가진 자료형이 필요하게 됩니다.

　표준 라이브러리는 내장형을 확장한 것으로 꼭 필요한 곳에 데이터 구조를 제공하는 모듈이 많이 준비되어 있습니다. 여기에서는 그러한 모듈에 대하여 몇 개를 소개하려고 합니다.

## 추가 시 순서를 유지한다.
## 'collections.OrderedDict'

　파이썬의 딕셔너리에는 순서의 개념이 없기 때문에, 키(key)가 있는 표를 보면 추가 순서에 관계없는 순서로 키가 나열되어 있는 것을 볼 수 있습니다. 그러나 딕셔너리의 내용을 파일(file)로 보존한다든가 할 경우, 딕셔너리를 다시 받아볼 때의 키와 그 요소의 순서가 일정한 법칙에 따라서 정리되어 있는 게 편리합니다. 이러한 때, collections 모듈 OrderedDict 클래스(class)를 사용하면 편리합니다.

　OrderedDict은 키 또는 요소를 보기 위해 가져 왔을 때, 추가 순서로 요소를 반환할 딕셔너리 형태의 데이터 구조입니다. OrderedDict을 사용하면, 딕셔너리의 내용을 출력할 때 요소의 순서를 일정하게 유지할 수 있습니다. 사용법은 내장형의 딕셔너리 사용법과 같습니다. OrderedDict의 인스턴스(instance)를 작성하여 딕셔너리처럼 요소를 등록하기도 하고 변경하기도 할 수 있습니다.

　Jupyter Notebook으로 테스트해 봅시다. 동일 요소를 가진 OrderedDict 인스턴스와 딕셔너리를 작성하여 그 순서를 확인해 봅니다.

11

OrderedDict를 사용한다

```
from collections import OrderedDict  ●──────────── collections 모듈을 임포트
od = OrderedDict()  ●───────────────────── OrderedDict 인스턴스를 작성
od['a'] = 'A'  ●──────────────────────────── a, c, b와 요소를 추가
od['c'] = 'C'
od['b'] = 'B'
od  ●──────────────────────────────────────── 요소를 확인
```

**OrderedDict([('a', 'A'), ('c', 'C'), ('b', 'B')])**

```
d = {}  ●──────────────────────────────── 딕셔너리를 작성
d['a'] = 'A'  ●──────────────────────────── a, c, b와 요소를 추가
d['c'] = 'C'
d['b'] = 'B'
d  ●──────────────────────────────────────── 요소를 확인
```

**{'a': 'A', 'b': 'B', 'c': 'C'}**

　OrderedDict에서는 추가 순서로 요소가 표시되지만, 딕셔너리에서는 추가 순서와 관계없이 요소가 표시됨을 알 수 있습니다. 또한, P. 137에서 설명한 대로 파이썬 3.6부터는 내장 형태의 딕셔너리가 OrderedDict에서 나열하는 순서와 동일하게 되었습니다.

　OrderedDict에서는 새롭게 추가되는 요소가 뒤에 오도록 합니다. 이미 존재하는 키로 요소를 대입해도 그 나열되어 있는 순서는 변하지 않습니다. del문 등으로 요소를 삭제하고, 동일 키로 대입하면 요소는 마지막 위치에 추가됩니다.

　또한, OrderedDict 끼리의 비교에서는, 나열되어 있는 순서를 포함하여 요소가 일치된 경우에만 동일한 것으로 판정합니다. OrderedDict와 딕셔너리와의 비교에서는, 나열 순서와 상관없이 요소를 비교하여 일치하면 같은 것으로 판정합니다.

　OrderedDict는 딕셔너리의 서브클래스(Subclass)이므로, 딕셔너리가 가지고 있는 모든 메쏘드뿐만 아니라 다음과 같은 메쏘드를 사용할 수 있습니다. 여기에 나와 있는 'OD'는 OrderedDict의 인스턴스를 나타냅니다.

**popitem( ) 메쏘드**　　　메쏘드 요소를 인출하여 삭제한다.

```
OD.popitem([메쏘드 요소를 인출하여 삭제한다.])
```

OrderedDict의 인스턴스 요소를 키 값으로 인출됩니다. 인출된 요소는 원래의 OrderedDict의 인스턴스에서 삭제됩니다. 인수(argument)에 True를 지정하든가 또는 생략하면 가장 뒤에 있는 요소가 인출됩니다만, False를 지정하면 앞에서부터 인출됩니다.

# 디폴트(default) 값을 갖는 딕셔너리 'collections.defaultdict'

collections 모듈의 defaultdict 또한 딕셔너리의 서브클래스입니다. defaultdict에서는 키에 대응하는 값의 디폴트 값을 등록할 수 있습니다.

## defaultdict 오프젝트 생성

```
defaultdict([함수명])
```

옵션(option) 인수에 함수명이 지정되었는데, 존재하지 않는 키가 참조되었을 경우에는 지정된 함수가 호출되어 리턴(return)값을 디폴트 값으로 설정할 수 있습니다.

딕셔너리를 사용할 경우, 키 검사가 혼란스럽게 생각될 경우가 있습니다. 예를 들면 키 요소를 복수로 관리하는 데이터를 작성하는 경우를 생각해 봅시다. 이런 경우는 키 요소로서 리스트(list)를 등록하는 경우에 해당됩니다. 이런 경우, 만약에 요소를 추가할 때마다 매번 키를 검사하여 키가 존재하지 않으면 비어 있는(blank) 리스트를 대입하는 처리를 하게 됩니다.

예를 들면 개와 고양이를 같은 종류별로 추가하기 위하여 튜플(관계있는 속성 값의 모음)의 리스트로부터 딕셔너리를 작성하는 것을 생각해 봅시다. 처음 나온 키를 처리하기 위하여 다음과 같이 if문을 사용하여 코딩합니다.

튜플에서 딕셔너리를 작성한다.

```
animals = [('고양이', '삼모'), ('개', '고기'),
           ('고양이', '샴'), ('개', '닥스'),
           ('개', '흑러브')]
d = {}
```

```
for k, v in animals:                              ──────── 튜플에서 딕셔너리를 작성
    if k not in d:
        d[k] = [v]                        ──────── 키가 존재하지 않기 때문에 리스트로 초기화
    else:
    d[k].append(v)                        ──────── 키가 존재하기 때문에 값을 추가

d
```
```
{'고양이': ['삼모', '샴'], '개': ['코기', '닥스', '흑러브']}
```

또는 딕셔너리의 setdefault() 메쏘드를 사용하면 간결하게 됩니다만, 조금 돌아가는 코딩이 됩니다.

～ setdefault( ) 메쏘드를 사용한다.

```
d = {}
for k, v in animals:
    d.setdefault(k, []).append(v)

d
```
```
{'고양이': ['삼모', '샴'], '개': ['코기', '닥스', '흑러브']}
```

defaultdict()를 사용하면 더 간결하고 알기 쉬운 내용으로 표현됩니다.

～ defaultdict( )를 사용한다.

```
from collections import defaultdict
dd = defaultdict(list)                     ──────── 빈 리스트를 초기치로 갖는 딕셔너리를 작성
for k, v in animals:
    dd[k].append(v)

dd
```
```
defaultdict(<class 'list'>, {'고양이': ['삼모', '샴'], '개': ['코기', '닥스', '흑러
브']})
```

defaultdict()의 인수에는 list()라고 하는 리스트를 만드는 내장 함수가 지정되어 있기 때문에 'dd'는 디폴트 값으로 빈 리스트를 반환하는 딕셔너리가 됩니다. for 문에서는 딕셔너리의 값에 대하여 리스트의 append() 메쏘드를 호출합니다. 키가 존재하지 않는 경우는 빈 리스트에 append()로 요소를 추가하고, 존재하는 경우에는 기존의 리스트에 그 값을 추가합니다. 위의 2개 코드와 비교해 보면 아래의 것이 간결하고 이해하기 쉬운 코드로 되어 있습니다.

## 리스트의 정렬(sort)을 도와준다 'bisect'

파이썬의 리스트형에는 sort() 메쏘드가 있어서 요소를 정렬할 수가 있습니다. bisect 모듈은 리스트의 요소를 항상 정렬된 상태를 유지하고 있는 편리한 함수를 제공하고 있습니다. 리스트형의 sort() 메쏘드를 사용하여 요소를 추가할 때마다 정렬을 하는 것보다는 bisect를 사용하는 방법이 일반적으로 고속으로 처리할 수 있습니다.

bisect 모듈은 배열 이분법 알고리즘이라고 하는 방법을 사용하여 정렬되어 있는 상태에 새로운 요소를 추가하는 경우, 어느 위치에 추가하면 좋은가를 알아냅니다.

bisect 모듈에는 다음과 같은 함수가 있습니다.

insort_left( ) 함수　　정렬된 상태에서 요소를 삽입한다.

```
insort_left(a, x)
```

정렬되어 있는 리스트 a에 요소 x를 정렬되어 있는 상태로 삽입합니다. x와 같은 요소가 있는 경우에는 같은 요소의 앞에 요소를 추가합니다.

insort( ), insort_right( ) 함수　　정렬된 상태에서 요소를 삽입한다.

```
insort(a, x)
```

```
insort_right(a, x)
```

insort_left()와 같이 정렬되어 있는 리스트 a에 요소 x를 삽입합니다. 만약 x와 같은 요소가 이미 있다면 같은 요소의 제일 뒤에 추가합니다.

lisec_left( ) 함수　　함수 삽입 위치에 인덱스를 반환한다.

```
bisect_left(a, x)
```

정렬되어 있는 리스트 a에 정렬되어 있는 상태를 유지하면서, 요소 x를 추가할 수 있는 인덱스(index)를 찾습니다. x와 같은 요소가 이미 있는 경우에는, 같은 요소들의 가장 앞에 새 요소가 추가되는 인덱스를 반환합니다.

bisect( ), bisect_right( ) 함수　　삽입 위치에 인덱스를 반환한다.

```
bisect(a, x)
```

```
bisect_right(a, x)
```

정렬되어 있는 리스트 a에 정렬되어 있는 상태를 유지하면서 요소 x를 추가 가능한 인덱스를 찾습니다. x와 같은 요소가 이미 있는 경우에는, 같은 요소들이 있는 가장 뒤에 추가되도록 인덱스를 반환합니다.

# 03 일시(날짜와 시간) 데이터 취급 'datetime, calendar'

datetime은 날짜와 시간을 데이터로 표현하고 싶을 때에 사용하는 모듈입니다. 파이썬에는 날짜와 시간에 관한 처리를 모아 놓은 time과 datetime이라고 하는 2개의 모듈이 있습니다. time은 과거 오래전부터 있는 모듈로, 날짜와 시간을 취급하기 위해 필요한 처리를 모아 놓은 것입니다. 에폭(Epoch, 반복 횟수)이라고 불리는 특별한 초 수(초 단위의 수)를 기본으로 하여 처리합니다. 문자열을 기본으로 날짜와 시간에 관한 데이터를 계산하여 얻기도 하고, 날짜와 시간을 나타내는 문자열을 만들어 낼 수 있습니다. 또한, 실행을 일시 정지하는 sleep() 함수 역시 time 모듈에 정의되어 있습니다.

datetime 모듈을 사용하면, time 모듈에서는 사용할 수 없는 1970년보다 더 과거의 년도와 2036년 이후의 미래의 광범위한 날짜와 시간을 사용할 수 있습니다. 그리고 날짜와 시간을 사용한 연산과 비교 또한 쉽게 할 수 있습니다. 특별한 이유가 없는 이상, datetime 모듈을 유용하게 사용합시다.

datetime에는 다음과 같은 클래스가 정의되어 있습니다. datetime에 정의되어 있는 클래스는 모두 변경 불가능하고 딕셔너리의 키로 사용할 수 있습니다.

## datetime.date 클래스

날짜와 시간을 위한 클래스입니다. '년(year), 월(month), 일(day)'을 인수로 사용하여, **datetime.date(2017, 12, 23)**과 같이 인스턴스 객체를 만듭니다.

인수는 생략할 수 없습니다. today()라고 하는 메쏘드가 정의되어 있고, **datetime.date.today()**으로 하면, 바로 오늘을 지정하는 date 클래스의 인스턴스를 손쉽게 작성 가능합니다. 그리고 date 클래스의 인스턴스에는 'year', 'month', 'day'라고 하는 읽기 전용 속성(attribute)이 있습니다. 서기 연도를 가져오고 싶을 때는, **d.year**라고 작성해서 해당 연도를 가져 올 수 있습니다.

## datetime.time 클래스

시간을 취급하는 클래스입니다. '시간(hours), 분(minutes), 초(seconds), 밀리초(milliseconds)'를 인수로 하여, **datetime.time(10, 20, 0)**과 같이 하여 인스턴스를 작성합니다. 분 이후의 인수는 생략할 수 있습니다.

그리고 time 클래스의 인스턴스에도 'hour', 'minute', 'second'라고 하는 읽기 전용 속성이 있어서, **t.hour**와 같이 하여 시간 요소를 읽어 낼 수 있습니다.

379

## -◀|||| datetime.datetime 클래스

날짜와 시간을 취급하기 위한 클래스입니다. '연도(year), 달(month), 일(day), 시간(hour), 분(minute), 초(second), 밀리초'를 설정하여, **datetime.datetiem(2017, 12, 23, 10, 20, 0)** 과 같이 하여 인스턴스를 작성합니다. 여기에서 시간 이후의 인수는 생략 가능합니다.

now()라고 하는 메쏘드가 정의되어 있고, **datetime.datetime.now()**와 같이 하면, 현재의 날짜를 지정하는 datetime 클래스의 인스턴스가 쉽게 만들어 집니다. 또한, datetime 클래스의 인스턴스에는, date 클래스, time 클래스의 인스턴스가 가지고 있는 읽기 전용 속성이 있습니다. **d.year**와 **d.time**과 같이 하여 날짜 요소를 읽어 낼 수 있습니다.

## -◀|||| datetime.timedelta 클래스

날짜와 시간의 차를 취급하기 위한 특수한 클래스입니다. 날짜 시간의 연산 등에 사용됩니다. datetime에 정의되어 있는 날짜와 시간을 취급하는 클래스의 연산 결과로서 timedelta 클래스의 인스턴스가 반환됩니다. **datetime.timedelta(100)**와 같이 인스턴스를 작성할 수 있습니다. 또한, timedelta 클래스의 인스턴스에는, 'days', 'seconds', 'microseconds'라고 하는 읽기 전용 속성이 있습니다. 날짜와 시간의 차를 날짜와 초로 읽어 내기가 가능합니다.

# 날짜와 문자열

timedelta 이외에 날짜와 시간을 표현하는 클래스 인스턴스는, strftime() 메쏘드를 사용하여 날짜와 시간을 원하는 내용으로 포맷(format)하여 문자열을 얻을 수 있습니다. 또한, strptime() 메쏘드를 사용하면 문자열에서 날짜와 시간 객체를 작성할 수 있습니다. 아래의 문법에서 'D'는 date, time, datetime 중에서 하나의 클래스 인스턴스를 나타냅니다.

## strftime( ) 메쏘드 　포맷된 날짜와 문자열을 반환한다.

```
D.strftime(포맷 문자열)
```

날짜와 시간 데이터를 인수 포맷 문자열을 사용하여 정형화한 문자열을 반환합니다. 인수로 전달하는 포맷 문자에 퍼센트(%)로 시작하는 문자열을 사용하면 요소가 변환됩니다. 퍼센트(%) 자체를 문자열로 찍어서 만들고 싶을 때는 '%%'와 같이 2개를 이어서 표현합니다. 많이 사용되는 포맷 문자열의 리스트를 이하의 표에서 보여줍니다. 영문자의 대문자와 소문자는 다른 요소로 의미하므로 주의해야 합니다.

그리고 여기에 소개하고 있는 포맷 문자열은, 문자열형의 format() 메쏘드와 조합하여 "{: %B %d, %Y}".format(datetime.now())와 같이 사용할 수 있습니다.

**Table** 포맷 문자열

| 문자열 | 설명 |
|---|---|
| %y, %Y | 년. 소문자는 아래 2개 문자만, 대문자는 전부 |
| %m | 두자리의 월. '01', '12' 등 |
| %d | 두자리의 일. '01', '31' 등 |
| %H | 24시간 표기의 경우. '00', '23' 등 |
| %I | 12시간 표기의 경우. '01', '12' 등 |
| %M | 2자리의 분. '00', '59' 등 |
| %S | 2자리의 초. '00', '59' 등 |
| %a, %A | 로케일(locale)을 고려한 요일 명, 대문자는 생략 가능, 소문자는 생략 안 됨 |
| %b, %B | 로케일(locale)을 고려한 달(月), 대문자는 생략 가능, 소문자는 생략 안 됨 |
| %p | 로케일(locale)을 고려한 'AM', 'PM' 과 같은 오전, 오후 표기 |
| %w | 요일을 나타내는 10진수. '0'은 일요일, '6'은 토요일 |
| %x | 로케일(locale)을 고려한 날짜 표기 |
| %X | 로케일(locale)을 고려한 시간 표기 |
| %Z | 타임존 이름 |

11

strptime( ) 메쏘드     날짜와 문자열로부터 일시 데이터를 작성한다.

```
D.strptime(날짜 문자열, 포맷 문자열)
```

두 번째 인수인 포맷 문자열에서 지정된 날짜와 시간 문자열에 대응하는 날짜와 시간 데이터를 반환합니다. 포맷 문자열에는 strftime()에서 사용하는 것과 마찬가지로 퍼센트(%)로 시작하는 문자열을 지정할 수 있습니다. 포맷으로 지정한 요소가 없는 경우와, 필요 없는 문자열이 포함되어 있을 경우에는 포맷에 맞지 않는 날짜와 시간 문자열 오류를 발생시킵니다.

# 날짜와 시간의 연산과 비교

datetime에 정의되어 있는 클래스에 다음과 같은 연산과 비교를 할 수 있습니다.

## 날짜와 시간의 차를 구한다

date 또는 datetime 클래스에서 동일 클래스의 인스턴스끼리 뺄셈을 하는 것으로 날짜와 시간의 차를 구할 수 있습니다. 연산 결과, timedelta 클래스의 인스턴스가 반환됩니다. 다음은 샘플입니다.

날짜와 시간의 차를 구한다.

```
import datetime ──────────────────────── datetime을 임포트
d1 = datetime.date(2016, 6, 28) ──────── date형의 인스턴스를 작성
d2 = datetime.date(2015, 6, 28)
td = d1 - d2 ──────────────────────────── 2개 날짜의 차이를 계산
print(td) ──────────────────────────────── timedelta형의 결과를 표시
```
```
366 days, 0:00:00
```

## 날짜와 시간의 덧셈 뺄셈을 행한다

date 또는 datetime 클래스의 인스턴스로, timedelta 클래스의 인스턴스로서 덧셈 또는 뺄셈이 가능합니다. 이에 따라서 임의의 날짜와 시간을 기본으로 하여 다른 날짜와 시간을 계산할 수 있습니다. date 클래스와 timedelta 클래스의 연산이라면, 그 결과는 date 클래스의 인스턴스로 됩니다. 그리고, datetime 클래스와 timedelta 클래스의 연산이라면 그 결과는 datetime 클래스의 인스턴스로 됩니다. 다음은 그 샘플입니다.

날짜와 시간의 덧셈

```
import datetime ●────────────────────── datetime을 임포트
d1 = datetime.date(2016, 4, 14) ●────────── date 형의 인스턴스를 작성
td = datetime.timedelta(days=100) ●───────── timedelta형을 만듦
d2 = d1 + td ●─────────────────────── 100일 후를 계산
print(d2) ●─────────────────────────── 결과를 표시
2016-07-23
```

## datetime.timedelta의 연산

timedelta 클래스의 인스턴스에서는 더 유연한 연산을 할 수 있습니다. timedelta형끼리의 가감산은 물론, timedelta형과 정수의 곱셈도 가능합니다. 또한, '//'를 사용하여 나눗셈에서 뒤의 부분을 잘라 버리는 계산도 가능합니다. 다음은 그 샘플을 보여줍니다.

날짜와 시간의 곱셈, 나눗셈

```
import datetime ●────────────────────── datetime을 임포트
td = datetime.timedelta(days=5) ●─────────── timedelta형을 만듦
print(td * 2) ●─────────────────────── 2를 곱함
10 days, 0:00:00

print(td / 3) ●─────────────────────── 3으로 나눔
1 day, 16:00:00
```

## 날짜와 시간의 비교를 한다

date 또는 datetime 클래스에서 동일 클래스의 인스턴스끼리의 비교도 가능합니다.

날짜와 시간의 비교

```
import datetime ●────────────────────────── datetime을 임포트
d1 = datetime.date(2016, 6, 28) ●────────── date형의 인스턴스를 작성
d2 = datetime.date(2016, 6, 28)
d1 > d2 ●────────────────── d2보다 d1이 미래인가 아닌가를 비교
```

**False**

```
d1 == d2 ●────────────────────────── 날짜가 동일한가를 비교
```

**True**

# datetime.date 클래스의 메쏘드를 사용한다

date 클래스에는 다음과 같은 메쏘드가 정의되어 있다. 다음 내용 중 'D'는 date 객체를 나타낸다.

timetuple( ) 메쏘드      일시를 나타내는 튜플을 반환한다.

```
D.timetuple()
```

time 모듈의 localtime() 함수가 반환하는 형식의 9개 요소 데이터를 반환합니다. datetime 모듈과 time 모듈로 서로 자료형을 변환할 때 사용합니다.

weekday( ) 메쏘드      요일 번호를 반환한다.

```
D.weekday()
```

설정된 날짜에 대하여 월요일을 '0', 일요일을 '6'으로 하여 요일 번호(정수)를 반환합니다.

isoweekday( ) 메쏘드     요일 번호를 반환한다.

```
D.isoweekday()
```

설정된 날짜에 대하여 월요일을 '1'로 하고, 일요일을 '7'로 하여 요일 번호(정수)를 반환합니다.

## datetime.datetime 클래스의 메쏘드를 사용한다

datetime 클래스에는 다음과 같은 메쏘드가 정의되어 있습니다. 또한, datetime 클래스는 date 클래스의 서브클래스가 되기 때문에, date 클래스로 사용할 수 있는 메쏘드를 datetime 클래스에서도 사용할 수 있습니다. 다음에 보여주는 코드에서 'DT'는 datatime 객체를 나타냅니다.

date( ) 메쏘드     date 객체를 반환한다.

```
DT.date()
```

설정된 것과 같은 년, 월, 일을 가진 date 클래스의 인스턴스를 반환합니다.

time( ) 메쏘드     time 객체를 반환한다.

```
DT.time()
```

설정된 것과 같은 시, 분, 초를 가진 time 클래스의 인스턴스를 반환합니다.

11

385

# calendar 모듈을 사용한다

년, 월과 같은 정보로부터 달력에 관한 정보를 얻어내기 위하여 함수 등을 모아 놓은 것이 calendar 모듈입니다. 한 달간의 요일 보기표를 튜플로 가져온다든가, 윤년을 조사하는 것도 가능합니다. calendar 모듈에서는 요일을 0부터 6까지의 수치로 취급합니다. '0'이 월요일이고, '6'이 일요일입니다. 이 수치는 MONDAY, TUESDAY와 같은 대문자 변수로서 calendar 모듈로 정의되어 있습니다.

weekday( ) 메쏘드      요일 번호를 반환한다.

```
calendar.weekday(서기, 월, 일)
```

년, 월, 일을 인수로 사용하면, 해당하는 요일 번호를 조사하여 반환합니다. 요일은 [0]이 월요일입니다.

monthrange( ) 메쏘드      달의 정보를 튜플로 반환한다.

```
calendar.monthrange(서기, 월)
```

년, 월을 인수로 사용하면, 2개의 정수를 가진 튜플을 반환합니다. 튜플의 처음 나오는 요소는 그 달의 일수입니다. 두 번째의 요소는, 그 달이 시작하는 요일을 수치로 나타냅니다. 여기에서, '0'은 월요일입니다.

month( ) 메쏘드      한 달분의 달력을 반환한다.

```
calendar.month(서기, 월[, w[, 1]])
```

년과 월을 인수로 사용하면, 포맷에 맞는 문자열로 달력을 만들어 문자열로 반환합니다. 옵션 인수의 w에서는 하루(1일)를 표시하기 위해 문자폭을 설정하고, 1에서는 한 주간을 표시하기 위한 행수를 설정합니다. 아래가 그 샘플입니다.

달력을 만든다.

```
import calendar ●───────────────────────── calendar 모듈을 임포트
print(calendar.month(2199,12)) ●────────────────── 달력을 표시
     December 2199

Mo Tu We Th Fr Sa Su
                   1
 2  3  4  5  6  7  8
 9 10 11 12 13 14 15
16 17 18 19 20 21 22
23 24 25 26 27 28 29
30 31
```

## monthcalendar( ) 메쏘드  〉 달력을 리스트로 반환한다

```
calendar.monthcalendar(년, 월)
```

년과 월을 인수로 전달하고, 달력을 리스트의 리스트로 반환합니다. 7개 수치(날짜)를 가진 1주간분의 리스트를, 그 달이 가지고 있는 주 수만큼의 리스트를 작성합니다. 그달의 첫 주와 마지막 주에 해당하는 부분에 날짜가 없는 경우는 '0'으로 채웁니다. 다음은 샘플입니다. (리스트의 각 주 간 사이를 구분하기 위하여 줄 바꿈 처리했습니다.)

날짜 리스트를 만든다

```
import calendar ●───────────────────────── calendar 모듈을 임포트
print(calendar.monthcalendar(2199,12)) ●──────────── 날짜 리스트를 표시

[[0, 0, 0, 0, 0, 0, 1],
 [2, 3, 4, 5, 6, 7, 8],
 [9, 10, 11, 12, 13, 14, 15],
 [16, 17, 18, 19, 20, 21, 22],
 [23, 24, 25, 26, 27, 28, 29],
 [30, 31, 0, 0, 0, 0, 0]]
```

11

**setfirstweekday( ) 메쏘드** — 달력 첫날의 요일을 설정한다.

```
calendar.setfirstweekday(요일을 표시하는 수치)
```

달력의 가장 위 왼쪽에 표시되는 요일을 0부터 6까지의 정수로 지정합니다. 월요일
을 0으로 하고, 일요일을 6으로 합니다. 여기에서 설정한 결과는, 달력 모듈의 결과에
영향을 줍니다. 이 설정은 모듈을 읽어 낼 때마다 초기화됩니다.

**firstweekday( ) 메쏘드** — 설정되어 있는 첫날의 요일 번호를 반환한다.

```
calendar.firstweekday()
```

달력 모듈에 설정되어 있는 달력에서 그 달력의 가장 처음 요일을 요일 번호로 반
환합니다.

**isleap( ) 메쏘드** — 윤년인가 아닌가를 반환한다.

```
calendar.isleap(년)
```

년(서기)을 인수로 전달해서, 그해가 윤년인가 아닌가를 조사합니다. 주어진 해가 윤
년이라면 True를 반환합니다.

# 04 정규 표현 'rе'

정규 표현이라고 하는 것은, 문자열의 패턴을 표현하기 위해 사용되는 표현 수법입니
다. 일반적으로 문자열과 메타 문자로 불리는 특수한 문자를 조합하여 패턴을 만들고, 패
턴에 지정된 법칙으로 열거된 문자열을 찾아냅니다. 예를 들면 URL과 메일 주소와 같이
일정한 규칙에 따라서 만들어진 문자열을 찾아내기 위하여, 정규 표현을 사용하여 찾아

냅니다. 단순한 문자열 검색에 비교하여 한층 더 부드럽고 복잡한 검색이 이루어집니다.

'1개 있으면 무엇이든 할 수 있다'라는 말과 비교하여, 정규 표현은 스위스 제품의 아미나이프(병따개와 드라이버 등을 가지고 있는 다기능 접이식 칼)에 기능면에서 적절한 비유가 됩니다.

스크립트언어를 사용한다면, 정규 표현은 반드시 기억해 놓아야 할 기술이라고 말할 수 있습니다.

정규 표현은 아주 편리하고, 잘 사용하면 복잡한 처리를 놀랄 만하게 짧고 간단하게 표현할 수 있습니다. 반면에, 복잡한 처리를 하기 때문에 정규 표현은 블랙박스(Black Box)가 되기 쉽고, 가독성이나 유지 보수성이 저하되는 문제점이 있습니다. 파이썬은 복잡한 처리에 정규 표현을 사용하는 것은 별로 없는 듯합니다. HTML과 XML과 같이 명확한 구조를 가진 문법에서 요소를 인출하기에는 파서(parser)와 스크레이핑(scraping)이라고 불리는 것을 사용 하는 게 좋을 것입니다.

## re 모듈

파이썬에서 정규 표현을 사용하기 위해서는, re 모듈을 사용합니다. Ruby 와 Perl 등의 프로그래밍 언어에서는 정규 표현 기능이 언어 자체에 포함되어 있으나, 파이썬에는 독립된 모듈로 사용합니다. 파이썬의 정규 표현은 객체라든가 메쏘드를 호출하여 조합해서 치환과 검색 등을 실행합니다.

파이썬의 정규 표현에서 사용하는 메타 문자와 문법(syntax)은 Perl에서 유래하고 있습니다. ASCII 문자열뿐만 아니라, 유니코드 문자열에 대하여 정규 표현을 이용하는 것도 가능합니다. 정규 표현의 패턴에는 백슬래시(\)가 포함되어 있습니다. 정규 표현의 패턴용 문자열을 정의할 때는 작은따옴표(")앞에 'r'을 붙인 raw 문자열(→P. 193)을 사용합니다.

11

## 파이썬의 정규 표현

파이썬에서 정규 표현을 사용하는 것은 대략 두 종류의 방법이 있습니다.

## 정규 표현 객체를 만들어 작업을 한다

검색 전에, 정규 표현 객체를 만드는 방법입니다. 정규 표현 객체를 만들 때는 메타 문자 등을 포함한 패턴을 인수로 넘겨 주어 compile() 함수를 사용하여 사전에 컴파일(compile)해 놓습니다. 그 후 정규 표현 객체에 대한 메쏘드를 호출하여 처리합니다.

동일 패턴을 여러 번 사용해도, 컴파일은 한 번만 이루어지기 때문에 다음과 같은 '패턴을 인수로 넘겨줌' 방법으로 하는 것이 속도면에서도 빠릅니다.

**Fig** 정규 표현 문자열을 기본으로 정규 표현 객체를 만들어 매치시킨다.

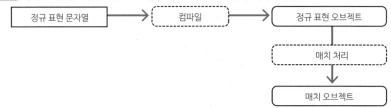

## 패턴을 인수로 넘겨서 처리한다

re 모듈에 정의된 함수를 사용하여 정규 표현을 행합니다. 메타 문자 등을 포함한 정규 표현 패턴을 인수로 넘겨서 행합니다.

또한, 검색 등의 결과는 매치(match) 객체라고 하는 객체로 반환됩니다. 매치 객체는 정규 표현에 매치된 문자열의 인덱스라든가 매치한 문자열 등의 정보를 가지고 있습니다. 필요한 정보를 매치 객체에서 가져와서 행하는 것입니다.

## 정규 표현 패턴 문자열

정규 표현에서는 일반적으로 문자열과 메타 문자라고 불리는 특수한 문자열을 조합하여 패턴 문자열을 만듭니다. 메타 문자는 특수한 의미를 가지고 있습니다. 또한, 수치라든가 영문자와 같이 많이 사용되는 문자를 취급하기 위해 특수 시퀀스(sequence)라고 불리는 문자도 정의되어 있습니다. 다음 표는 정규 표현으로 이용되는 메타 문자와 특수 시퀀스의 보기표입니다.

또한, 이 표의 설명에서 사용되고 있는 매치라고 하는 말의 의미는 '끼워 맞춘다'라고 하는 의미입니다. 메타 문자에는 '단일 문자와 특정 위치에 매치하는 것', '다른 메타 문자에 첨부되어 반복 패턴을 지시하는 것' 등이 있습니다.

**Table** 단일 문자와 특정 위치에 매치하는 것들

| 문자 | 설명 |
|---|---|
| . | 줄 바꿈을 제외한 어떤 문자에도 매치하는 메타 문자입니다. 예를 들면 'abc.e'의 패턴은 'abcde'와 'abcZe'에도 매치합니다. 뒤에 설명할 플래그(flag)를 붙이면 줄 바꿈에도 매치합니다. |
| ^ | 문자열의 선두에 매치하는 메타 문자입니다. '^abc'라고 하는 패턴은 'abc'라고 하는 문자열에는 매치하지만, '1abc'에는 매치하지 않습니다. 일반적으로 줄 바꿈한 바로 직후를 문자열의 끝으로 보지 않습니다. 플래그가 주어지면, 줄 바꿈의 직전을 문자열의 끝으로 처리합니다. |
| $ | 문자열의 끝에 매치하는 메타 문자입니다. 'abc$'라고 하는 패턴은 '1abc'라고 하는 문자열에 매치합니다만, '1abcd'라고 하는 문자열에는 매치하지 않습니다. 일반적으로 줄 바꿈의 직전을 문자열의 끝으로 보지 않습니다. 플래그가 주어지면, 줄 바꿈의 직전을 문자열의 끝으로 처리합니다. |
| \d, \D | \d는 숫자와 매치합니다. \D는 숫자 이외의 것들과 매치합니다. |
| \s, \S | \s는 공백과 수평 탭 등 공백 문자열과 매치합니다. \S는 공백 문자열 이외의 것들과 매치합니다. |
| \w, \W | \w는 대문자 소문자를 포함한 영숫자와 매치합니다. \W는 영숫자 이외의 것들과 매치합니다. |

**Table** 다른 패턴에 첨부되어 반복 사용되는 것들

| 문자 | 설명 |
|---|---|
| * | 메타 문자 등에 붙여 써서 직전에 있는 어떤 임의의 패턴을 0회 또는 그 이상의 수로 가급적 많이 반복하는 패턴에 매치하도록 합니다. 'ab*'는 'a', 'ab', 'abbbb'와도 매치합니다. |
| + | 메타 문자 등에 붙여 써서 직전에 있는 어떤 임의의 패턴을 1회 또는 그 이상의 수로 가급적 많이 반복하는 패턴에 매치하도록 합니다. 'ab+'는 'a'에 매치하지 않습니다만, 'ab'에는 매치합니다. |
| ? | 메타 문자 등에 붙여 써서 직전에 있는 어떤 임의의 패턴을 0회 또는 1회 반복한 패턴에 매치합니다. 'ab?'는 'a', 'ab'에 매치합니다. |
| *?, +?, ?? | *라든가 +, ?의 직후에 물음표(?)를 붙이면, 가급적 적은수의 문자열과 매치하도록 합니다. '<*>'라고 하는 패턴은 '<h1>tittle</h1>'이라고 하는 문자열의 전체에 매치합니다. '<*?>'라고 하는 패턴을 사용하면, 최초의 '>'가 나타난 시점에서 검색을 하지 않고 '<h1>'에만 매치합니다. |

11

**Table** 그 외의 패턴에 매치하는 것들

| 문자 | 설명 |
|---|---|
| {m} | 직전의 패턴을 m회 반복한 패턴에 매치합니다. |
| {m,n}, {m,n}? | 직전의 패턴을 m회부터 n회 반복한 패턴에서 제일 긴 문자열로 매치합니다. 물음표를 붙이면, m회에서 n회 반복한 패턴에서 제일 짧은 문자열로 매치합니다. |
| [] | 문자의 집합을 지정하기 위하여 사용하는 메타 문자입니다. 영문 소문자를 패턴으로 지정하고 싶을 경우에는 '[a-z]'과 같이 합니다. |
| \| | 2종류의 패턴 사이에 끼워서 'A\|B'와 같이 사용하여, 둘 중 어느 한쪽의 패턴으로 매치하는 패턴을 만듭니다. |
| () | 괄호 안의 패턴을 기술하여 그룹화하기 위하여 사용합니다. |

> 메타 문자 자체를 검색하는 것으로, 도트(.)라든가 대괄호 등을 패턴으로 메우면, 생각지 않은 결과 또는 오류가 발생하는 경우가 있으므로 주의해야 합니다. 도트와 같은 메타 문자 자체로 매치시키고 싶을 때는, 직전에 백슬래시(\)를 놓은 후 이스케이프(Esc)합니다. 패턴 속에 괄호와 같은 기호에 대하여 대응이 안 되는 경우에는 오류가 되기 때문에 주의해야 합니다.

## 정규 표현 객체를 사용한다

파이썬의 re 모듈을 사용하여 정규 표현을 하기 위하여는 2종류의 방법이 있습니다만, 여기에서는 정규 표현 오브젝트를 사용하는 방법을 설명합니다.

정규 표현 객체는 검색하고 싶은 문자와 메타 문자 등을 조합하여 만든 정규 표현 패턴을 인수로 지정하여 만듭니다. 이렇게 하여 만든 정규 표현 객체에 대하여 메쏘드를 호출하여 검색과 치환 등의 처리를 합니다. 정규 표현 객체를 만드는 데는 compile()이라고 하는 함수를 호출합니다.

compile( ) 함수 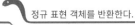 정규 표현 객체를 반환한다.

```
re.compile(정규표현 패턴[, 플래그])
```

인수로 정규 표현 패턴을 넘겨 주고, 정규 표현 객체를 만듭니다. 또한, 옵션의 인

수 플래그(flag)에 **re.I** 와 같이 플래그를 넘겨 주면 정규 표현을 사용한 검색 표현 방법
을 자세하게 지정할 수 있습니다.

복수의 옵션을 지정하고 싶을 때는, 비트 연산자인 ‘|’를 사용하여 **re.I | re.M** 과 같
이 합니다. 플래그는, re모듈에 변수로 정의되어 있습니다. **import re** 라고 하는 모듈
을 읽어 오면, 모듈명과 도트에 이어서 플래그를 **re.S** 와 같이 지정합니다. 모두 대문
자로 표기하는데, 짧게 또는 길게 표기하는 방법 두 가지가 있습니다. 아래는 플래그
의 샘플입니다.

**Table** 컴파일할 때 사용하는 플래그

| 플래그 | 설명 |
|---|---|
| I, IGNORECASE | 정규 표현과 매치할 때, 영문자의 대소문자는 구별하지 않습니다. |
| M, MULTILINE | 줄 바꿈을 생각하여 행의 처음과 마지막을 처리합니다. 2개의 메타 문자를 보면, ‘^’는 행의 처음로만 매치하고, ‘$’은 행의 마지막에만 매치합니다. |
| S, DOTALL | 메타 문자 ‘.’를 줄 바꿈을 포함한 모든 문자에 매치하도록 합니다. |
| A, ASCII | \w, \W, \b, \B, \d, \D, \s, \S를 ASCII 문자 특성 데이터베이스에 따르게 합니다. |
| L, LOCALE | 로케일(locale)에 따라서 \w, \W와 같이 특수 시퀀스를 처리합니다. |

또한, 정규 표현 객체에 대한 다음과 같은 메쏘드를 사용할 수 있습니다. 아래에
보이는 메쏘드에서 ‘regex’는 정규 표현 객체를 말합니다.

findall( ) 메쏘드        매치한 모든 문자열을 리스트로 반환한다.

```
regex.findall(처리 대상 문자열[, pos[, endpos]])
```

처리 대상으로 하는 문자열 내부를 모두 조사하여 정규 표현 객체에 설정된 패턴
으로 매치하는 문자열을 찾습니다. 결과로 반환되는 것은 문자열의 리스트입니다. 매
치하는 부분이 없는 경우에는 빈 리스트가 반환됩니다.

옵션 인수 pos에서는 검색을 시작하는 위치를 인덱스로 지정합니다. 생략하면 ‘0’
이 지정된 것으로 하여 처리 대상으로 하는 문자열의 처음부터 검색합니다.

또한, endpos는 검색을 마치는 위치를 인덱스로 지정합니다. 생략하면 문자열의
마지막까지 검색합니다.

11

## split( ) 메쏘드
매치할 때마다 문자열을 분할한다.

```
regex.split(처리대상 문자열[, 최대 분할 수])
```

처리 대상으로 하는 문자열의 내부를 모두 조사하여, 정규 표현 객체로 설정된 패턴에 매치하는 부분이 있을 때마다 문자열을 분할합니다. 결과로 반환되는 것은 문자열의 리스트입니다. 두 번째의 인수를 정수로 지정하면, 지정한 수로 분할을 합니다. 생략하면 문자열을 마지막까지 분할합니다.

## sub( ) 메쏘드
매치한 문자열을 치환한다.

```
regex.sub(치환용 문자열, 치환하는 문자열[, 치환수])
```

치환하는 문자열의 내부를 모두 조사하여, 정규 표현 오브젝트에 설정된 패턴에 매치하는 부분이 있을 때마다 치환용의 문자열로 치환합니다. 세 번째 인수를 정수로 지정하면 지정한 수만큼 치환합니다. 생략하면 매치할 모든 문자를 치환합니다.

## search( ) 메쏘드
매치한 부분을 매치 객체로 반환한다.

```
regex.search(처리대상 문자열[, pos[, endpos]])
```

정규 표현 객체로 설정된 패턴을 사용하여, 처리 대상으로 하는 문자열로부터 매치를 검색합니다. 리턴 값은 매치 객체입니다. 매치 객체에는 매치에 관한 정보가 들어 있습니다. 옵션 인수를 사용하여 검색 범위을 지정할 수 있습니다. 매치가 안 되면 'None'을 반환합니다.

인수 pos, endpos는 findall() 메쏘드와 동일합니다.

## match( ) 메쏘드
매치한 부분을 매치 객체로 반환한다.

```
regex.match(처리대상 문자열[, pos[, endpos]])
```

search() 메쏘드와 같은 기능을 갖고 있습니다만, 문자열의 처음 부분만 매치 대상으로 합니다.

인수 pos, endpos는 findall() 메쏘드와 동일합니다.

finditer( ) 메쏘드 　　　　매치 객체의 이터레이터(iterator)를 반환한다.

```
regex.finditer(처리 대상 문자열[, pos[, endpos]])
```

정규 표현 객체로 설정된 패턴을 사용하여, 처리 대상의 문자열을 검색하여 매치하는 문자열의 처음부터 순서대로 반환합니다. 메쏘드가 되돌려 줄 것은, 매치 객체를 되돌려 줄 이터레이터입니다. for문에 사용하면, 반복 변수에 매치 객체를 대입하면서 처리합니다.

## 패턴을 인수로 넘겨 주어 정규 표현 처리를 한다

re 모듈에는 정규 표현 객체를 사용하지 않고 패턴을 직접 넘겨 주어 처리하는 함수가 정의되어 있습니다. 정규표현 객체에 대하여 할 수 있는 처리라면 거의 모두 가능합니다. 다음은 그 함수의 리스트입니다.

findall( ) 함수 　　　　매치한 모든 문자열을 리스트로 반환한다.

```
re.findall(정규 표현 패턴, 처리 대상 문자열)
```

정규 표현 객체의 findall() 메쏘드(→P. 393)와 동일하고, 매치하는 문자열을 리스트로 반환합니다. 단 검색 개시 위치와 종료 위치의 지정은 할 수 없습니다.

split( ) 함수 　　　　매치할 때마다 문자열을 분할한다.

```
re.split(정규 표현 패턴, 처리 대상 문자열[, 최대 분할 수])
```

11

정규 표현 객체의 split() 메쏘드(→P.394)와 동일하고, 문자열 내의 매치를 기본으로 분할합니다.

sub( ) 함수 〜 매치한 문자열을 치환한다.

```
re.sub(정규 표현 패턴, 치환용 문자열, 치환하는 문자열[, 치환수])
```

문자열내의 매치를 대상으로 치환합니다. 정규표현 객체의 sub() 메쏘드(→P.394)와 동일합니다.

search( ) 함수 〜 매치한 부분을 매치 객체로 반환한다.

```
re.search(정규 표현 패턴, 처리 대상 문자열)
```

매치가 있으면 매치 객체를 반환합니다. 정규 표현 객체의 search() 메쏘드(→P.394)와 동일합니다.

match( ) 함수 〜 매치한 부분을 매치 객체로 반환한다.

```
re.match(정규 표현 패턴, 처리 대상 문자열)
```

문자열의 처음 부분만을 대상으로 매치를 찾아서 매치 객체를 반환합니다. 정규 표현 객체의 match() 메쏘드(→P.394)와 동일합니다.

finditer( ) 함수 〜 매치 객체의 이터레이터를 반환한다.

```
re.finditer(정규 표현 패턴, 처리 대상 문자열)
```

문자열로 매치가 있으면, 매치 객체를 반환할 이터레이터를 반환합니다. for문의 루프(loop)에 사용합니다. 정규 표현 객체의 findall() 메쏘드(→P.395)와 동일합니다.

# 매치 객체를 사용한다

search()와 match() 함수로 정규 표현의 검색을 하면, 결과로서 매치 객체라고 하는 객체가 반환됩니다. 매치 객체를 사용하면, 검색에 사용한 정규표현에 매치하는 문자열에 관한 자세한 정보, 예를 들면 검색한 문자열, 시작 위치 등을 알 수가 있습니다.

매치 객체를 갖는 정보 추출은, 다음과 같은 메쏘드와 속성을 사용합니다. 또한, 다음과 같은 메쏘드 문법 중에 'M'은 매치 객체를 나타냅니다.

group( ) 메쏘드　　매치한 문자열을 반환한다.

```
M.group([그룹의 인덱스, ...])
```

검색 결과의 문자열을 반환합니다. 인수에 1개 이상의 정수를 주면, 패턴 문자열의 '(?)'로 둘러싸인 그룹의 위치를 지정할 수 있습니다.

groups( ) 메쏘드　　그룹을 모두 반환한다.

```
M.groups()
```

매치 객체에 포함된 그룹 모두를 반환합니다. 리턴 값은 문자열의 튜플로 됩니다.

start( ), end( ) 메쏘드　　시작과 종료 위치 인덱스를 반환한다.

```
M.start([그룹의 인덱스])
```

```
M.end([그룹의 인덱스])
```

검색 결과의 시작 위치와 종료 위치를 검색 대상으로 준 문자열의 인덱스로 반환합니다. 인수로 한 개 이상의 정수를 주면, 그 그룹에 관한 시작, 종료 위치를 알 수 있습니다.

## re 속성

검색에 사용한 정규 표현 객체에 연결된 속성입니다.

## string 속성

검색 대상의 문자열을 보관하고 있는 속성입니다.

# 정규 표현 샘플 코드

정규 표현 모듈을 사용한 샘플 코드를 아래에 보입니다. urllib 모듈에 관하여는, P. 413의 설명을 참조해 주세요. 이 예에서는, findall() 함수를 사용하는 대신에 정규 표현 객체에 대하여 finditer() 메쏘드를 호출하여 패턴을 차례차례 찾아냅니다. 찾아낸 패턴은 매치 객체로 반환됩니다. findall() 함수로 매치 문자열을 얻어 내는 것과 비교하여 매치 객체를 사용하는 것이 매치에 관한 자세한 정보를 얻어 낼 수 있는 장점이 있습니다.

정규 표현을 사용한 url의 매칭

```
import re                                           re(정규 표현) 모듈을 임포트
from urllib import request                           request 모듈을 임포트
url = "https://www.python.org/news/"                 읽어 들인 URL을 임포트
src = request.urlopen(url).read()                    파이썬 릴리스 URL을 읽어 들임
src = src.decode("utf-8")                            bytes형을 문자열형으로 교환

pat = re.compile(r'href="(/download/releases/.+?)"')
                                                     링크를 추출하는 정규 표현 패턴
```

```
for match in pat.finditer(src):
    print(match.group(1))
/download/releases/3.4.0/
/download/releases/3.3.4/
/download/releases/3.3.4/
/download/releases/3.4.0/
 … 이하 생략 …
```

# 05 시스템 매개변수를 취득, 조작한다 'sys'

sys는 실행 중인 시스템에 관한 정보를 얻기 위한 변수를 포함한 모듈입니다. 또한, 시스템에 관한 설정을 조작하기 위한 함수도 포함되어 있습니다.

그 외에도 프로그램으로 할 수 있는 여러 가지 변수등이 등록되어 있습니다. 그리고 스크립트를 도중에 종료시키고 싶을 때 사용하는 함수(exit)도 이 모듈에 정의되어 있습니다.

## 명령행(command line)의 인수 취득

sys.argv는 파이썬의 스크립트를 실행했을 때에 주어지는 명령행의 인수를 문자열 리스트로 만든 변수입니다. 파이썬 자체에 옵션을 붙이지 않고 실행했을 때는 최초의 요소(argv[0])는 스크립트의 파일로 되고, 그 이후의 요소에 인수를 보냅니다. 파이썬 자체에 '-c'등의 인수를 보내서 스크립트를 실행했을 때는, '-c'가 최초의 요소가 됩니다.

# 프로그램의 종료

파이썬을 종료시킬 때는 exit() 함수를 사용합니다.

exit( ) 함수 　파이썬을 종료한다.

```
sys.exit([수치])
```

인수에는 종료 상태(status)로 되는 값을 지정합니다. 쉘(shell) 등에서는 '0'을 정상 종료, '0 이외'를 비정상 종료로 간주합니다. exit() 함수는 실제로는 'SystemExit'라고 하는 예외를 발생시킵니다. exit()를 실행한 상위 레벨(level)에서 예외를 취하여 종료 처리 등을 행합니다.

# 그 이외의 함수와 변수

sys 모듈의 그 이외의 함수와 변수를 다음과 같이 정리합니다.

getdefaultencoding( ) 함수 　디폴트 인코딩을 반환한다.

```
sys.getdefaultencoding()
```

인코드를 말없이 변환할 때 사용하는 디폴트 인코딩을 반환합니다.

## ∿ sys.stdin, sys.stdout, sys.stderr

파이썬이 사용하고 있는 표준 입력(stdin), 표준 출력(stdout), 오류 출력(stderr)에 대응하는 파일 객체를 반환합니다. 이 파일 객체에 대하여 입/출력 메쏘드를 호출하는 것으로 표준 입력 등을 할 수 있습니다.

예를들면 stdout을 파일 객체로 변환하면, print() 함수가 출력 대상을 파일로 변경시킬 수 있습니다.

## ‑⑪⑴ sys.path

모듈을 import할 때 검색 경로(path)를 가지고 있는 리스트입니다. 프로그램에 추가하여 사용할 수도 있습니다.

# 06 파일, 프로세스 등 OS 의존의 정보 취득 · 조작 'os'

os는 파일과 프로세스 등 os에 관계있는 처리를 하기 위한 함수를 모아 놓은 모듈입니다. 파일 등 디렉터리를 작성하기도 하고, 하위 프로세스를 활성화시키기도 합니다. 가급적 플랫폼에 의존하고 싶지 않은 경우 이 모듈을 사용합니다.

Linux 등의 OS 시스템 호출(call)과 같은 처리 등 OS 의존 처리도 이 모듈에 포함되어 있습니다.

## 프로세스에 관한 정보를 취득, 조작한다

### ‑⑪⑴ os.environ

환경 변수의 내용을 가지고 있는 딕셔너리와 같은 객체입니다. 키(key)를 사용하여 특정의 환경 변수를 추출하기도 하고, 설정을 변경하는 것도 가능합니다. 이러한 변수가 만들어 지는 것은 파이썬이 실행된 직후입니다. 그렇기 때문에 실행 직후에 putenv() 함수 등을 사용하여 직접 환경 변수의 값을 변경해도 이 변수에는 반영되지 않습니다.

11

getenv( ) 함수　　환경 변수를 취득한다.

```
os.getenv(변수명[, 값])
```

인수로 지정한 환경 변수의 값을 반환합니다. 환경 변수가 없는 경우에는 옵션으로 지정된 값을 반환합니다.

## 파일, 디렉터리의 조작

chdir( ) 함수　　현재(current) 디렉터리를 변경한다.

```
os.chdir(디렉터리로의 경로)
```

현재의 작업 디렉터리를 인수로 받은 경로에 지정합니다.

getcwd( ) 함수　　현재 디렉터리의 경로를 반환한다.

```
os.getcwd()
```

현재의 작업 디렉터리의 경로를 반환합니다.

remove( ) 함수　　파일을 삭제한다.

```
os.remove(경로)
```

인수로 지정된 경로에 있는 임의의 파일을 삭제합니다. 경로로 지정된 곳에 디렉터리가 있는 경우는 예외(오류)를 발생시킵니다. 디렉터리를 삭제하고 싶은 경우에는 rmdir() 함수를 이용합니다.

## rename( ) 함수
파일과 디렉터리의 이름을 변경합니다.

```
os.rename(변경전 경로, 변경후 경로)
```

파일 또는 디렉터리의 이름을 변경합니다. 변경 후의 경로로 지정된 곳에 이미 파일이 있는 경우에는 그 파일을 삭제합니다. (Windows의 경우에는 예외가 발생합니다.) 디렉터리가 있는 경우에는 예외(오류)를 발생시킵니다. 도중의 경로를 포함하여 재귀적으로 처리하는 renames()라고 하는 함수도 있습니다.

## mkdir( ) 함수
디렉터리를 작성한다.

```
os.mkdir(경로[, 모드])
```

인수로서 받은 경로에 디렉터리를 작성합니다. Linux 등에서는, 옵션 모드 인수(8진수 정수)를 평가하여 디렉터리의 허가를 지정할 수 있습니다. 경로의 도중에 없는 디렉터리가 있을 경우에는 오류입니다.

## makedirs( ) 함수
디렉터리를 재귀적으로 작성한다.

```
os.makedirs(경로[, 모드])
```

mkdir() 함수와 마찬가지로 인수로서 받은 경로에 디렉터리를 작성합니다. 경로의 도중에 존재하지 않는 디렉터리가 있을 경우에는 그것들도 작성합니다.

## rmdir( ) 함수
디렉터리를 삭제한다.

```
os.rmdir(경로)
```

11

인수로 지정된 디렉터리를 삭제합니다. 지정한 디렉터리가 비어 있지 않은 경우에는 오류입니다.

removedir( ) 함수 　　　　디렉터리를 재귀적으로 삭제한다.

```
os.removedirs(경로)
```

　rmdir()와 마찬가지로 지정된 디렉터리를 삭제합니다. 지정된 디렉터리 안에 또 디렉터리, 파일이 있는 경우에는 가급적 삭제하도록 합니다.

listdir( ) 함수 　　　　파일과 디렉터리의 리스트를 반환한다.

```
os.listdir(경로)
```

　인수로 받은 경로에 지정된 디렉터리의 파일과 디렉터리 이름을 취득합니다. 파일명 등 문자열의 리스트로 반환합니다.

walk( ) 함수 　　　　파일과 디렉터리의 리스트를 재귀적으로 작성한다.

```
os.walk(경로[, 아래 방향으로 처리하는가 아닌가])
```

　조금 재미있는 기능을 가진 꽤 편리한 함수입니다. 루프에 넘겨 주는 시퀀스와 같은 for문에 사용합니다. 그런 경우, 인수로 주어진 경로를 기점으로 디렉터리 등의 계층을 차례로 넘어가서 처리합니다. 계층을 더 깊게 이동하면서 처리도 가능하지만, 더 가까운 계층으로 향하여 처리하는 것도 가능합니다. for문에 **os.walk()**를 붙여서 이용하면, 아래의 세 종류의 값을 조사하여 반환합니다. 반복 변수로 받을 경우에는 세 개의 변수를 쉼표(,)로 열거합니다.

- 처리 중의 현재 계층의 경로(문자열)
- 현재 사용 중의 계층에 포함되어 있는 디렉터리 이름 리스트 (문자열의 리스트)
- 현재 사용 중의 계층에 포함되어 있는 파일 이름 리스트 (문자열의 리스트)

　두 번째 인수에 True를 지정하거나 생략하면, 첫 번째 인수로 지정한 디렉터리부터 그 아래의 계층으로 향하여 처리합니다. 그러나 False를 지정하면 그 위의 계층으로 향하여 처리합니다.

**Fig** 샘플 계층

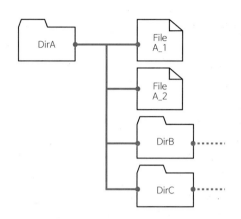

이와 같이 계층이 있다고 하면, walk() 함수를 사용하여 다음과 같은 루프(loop)를 만듭니다.

```
for dirpath, dirnames, filenames in os.walk("/DirA"):
```
　　　　　　　　　　　　　　　　　　　　　　　　　　루프 블록 내부 처리...

첫 번째 루프에서는 각 루프 변수에 다음과 같은 값이 대입됩니다.

- dirpath　　 : '/DirA'
- dirnames　 : ['DirB','DirC']
- filenames　 : ['FileA_1','FileA_2']

파일명과 디렉터리명으로부터 모든 경로를 얻기 위해서는, os.path.join()에 dirpath 와 파일명과 디렉터리명을 넘겨 주도록 하면 됩니다. 이후의 루프 처리에서는 더 깊은 계층으로 내려가서 처리를 계속합니다. 반복 처리 중에, 예를 들면 'CVS'와 같은 이름 을 가진 특정의 디렉터리를 처리 대상에서 제외시키고 싶은 경우는, 반복 변수를 사용 하여 제외하도록 작성합니다. 디렉터리명의 리스트(dirnames)에서 특정 이름을 가진 요 소를 삭제하면, 그 디렉터리는 처리에서 제외됩니다. 이와 같이 계층의 트리(tree)를 넘 어가서, 파일과 디렉터리를 처리하고 싶을 때 이런 함수를 사용하면 편리합니다. 임의 의 계층 아래에 있는 특정 확장자를 치환하는 듯한 처리에 해당됩니다.

11

## 프로세스 관리

system( ) 함수 ⟵ 명령을 하위 프로세스로 실행한다.

```
os.system(명령 문자열)
```

하위 프로세스로서 인수로 주어진 명령(command) 문자열을 실행합니다. 명령의 실행이 종료될 때까지 기다립니다. 하위 프로세스와 통신은 하지 않고, 단순하게 명령을 실행시키고 싶을 때만 이용합니다. 프로세스와 통신을 해야 할 필요가 있을 경우에는 subprocess 모듈의 Popen 클래스를 사용합니다.

startfile( ) 함수 ⟵ 연관되어 있는 애플리케이션으로 파일을 오픈한다.

```
os.startfile(경로)
```

Windows에서 사용할 수 있는 함수입니다. 경로를 지정하고, 파일에 연관 있는 애플리케이션으로 오픈합니다. 파일을 더블클릭하는 것과 Windows 명령 프롬프트에서 start 명령을 사용한 경우와 동일합니다. 애플리케이션이 실행될 때까지 기다립니다.

## 경로를 이용한 조작을 호환 플랫폼으로 행한다

파일의 경로를 문자열로 표기할 때 문제가 있습니다. '디렉터리'와 같은 계층을 구분하기 위하여 사용하는 문자가 OS에 따라서 다르기 때문에, 서로 다른 OS로 인하여 아무런 문제 없이 필요한 프로그램을 작성하기는 쉽지 않습니다. 파이썬의 'os.path'에는 os 간의 디렉터리 취급 방법이 서로 다르다고 해도 문제 없이 처리할 수 있는 함수를 가지고 있습니다.

exists( ) 함수 파일과 디렉터리가 존재 하는가 아닌가를 조사한다.

```
os.path.exists(경로)
```

인수로 넘어온 경로에 파일과 디렉터리가 존재하는가 아닌가를 조사합니다. 만약 존재하는 경우에는 True를 반환합니다. 인수가 심볼릭 링크를 가르키고 있을 때, 링크가 잘못되어 있어도 False를 반환합니다. lexists()를 사용하면 심볼릭 링크가 잘못되어도 True를 반환합니다.

getsize( ) 함수 file 크기를 반환한다.

```
os.path.getsize(경로)
```

인수로 주어진 경로에 임의의 파일의 크기를 '바이트'로 반환합니다.

isfile( ) 함수 파일인가 아닌가를 조사한다.

```
os.path.isfile(경로)
```

인수의 경로를 조사하여 파일인 경우에는 True를 반환합니다.

isdir( ) 함수 디렉터리인가 아닌가를 조사한다.

```
os.path.isdir(경로)
```

인수의 경로를 조사하여 디렉터리인 경우에는 True를 반환합니다.

11

join( ) 함수 경로명을 결합하여 반환한다.

```
os.path.join(경로 1[, 경로 2[, ...]])
```

인수로 넘겨준 여러 개의 경로를 잘 결합하여, 경로를 생성하여 문자열로서 반환합니다. 예를 들면 경로 1에 절대 경로가 주어지고, 경로 2에 상대 경로가 주어지면, 절대 경로 뒤에 상대 경로를 연결합니다. 경로 1에 파일명을 포함한 경로가 주어지고, 경로 2에 파일명이 주어지면 경로 1의 파일명을 제거하여 경로 2의 파일명을 연결합니다.

split( ) 함수     경로를 분할하여 반환한다.

```
os.path.split(경로)
```

인수로 넘어온 경로를 디렉터리를 나타내는 헤더(header) 부분과 파일을 나타내는 부분으로 분할하여 문자열의 리스트로 반환합니다. 이 함수의 결과를 join() 함수로 넘겨 주면, 거의 모든 경우 원래의 경로가 문자열로 반환됩니다.

dirname( ) 함수     파일명을 제외한 경로를 반환한다.

```
os.path.dirname(경로)
```

인수로 넘겨받은 경로명을 문자열로 평가하여 마지막 파일명의 부분을 제외하고 경로의 디렉터리 부분을 문자열로 반환합니다.

# 07 수학 함수를 이용한다. 'math' 'random'

파이썬에서는 삼각함수와 로그 등의 연산을 하기 위해 수학함수를 사용할 수 있습니다. 연산에 필요한 함수는 math 모듈에 정리되어 있습니다. 수학함수에 덧붙여서 난수와 연관된 함수를 모아 놓은 random 모듈의 사용법을 소개합니다.

# math - 수학 함수 모듈

파이(π)와 같은 정수 및 삼각 함수 등의 연산을 하기 위한 함수를 정의한 모듈입니다.

## pi

수학에서 이용하는 정의 파이(π)를 정의한 상수입니다.

## e

수학에서 이용하는 정수 e를 정의한 상수입니다.

pow( ) 함수  승수를 반환한다.

```
pow(x, y)
```

x의 y승에 대한 결과를 계산하여 반환합니다. 'x**y'와 동일합니다.

sqrt( ) 함수 제곱근을 반환한다.

```
sqrt(x)
```

x의 제곱근을 계산하여 반환합니다.

radians( ) 함수 레디안을 반환한다.

```
radians(x)
```

x를 각도로부터 레디안으로 변환하여 반환합니다.

11

## degrees( ) 함수 — 각도를 반환한다.

```
degrees(x)
```

x를 레디안으로부터 각도로 변환하여 반환합니다.

## sin( ) 함수 — 사인 값을 반환한다.

```
sin(x)
```

삼각함수 사인(sin) 값을 계산하여 반환합니다.

## cos( ) 함수 — 코사인 값을 반환한다.

```
cos(x)
```

삼각함수 코사인(cosine) 값을 계산하여 반환합니다.

## tan( ) 함수 — 탄젠트 값을 반환한다.

```
tan(x)
```

삼각함수 탄젠트(tangent) 값을 계산하여 반환합니다.

## exp( ) 함수 — 지수 함수를 계산한다.

```
exp(x)
```

수학 상수 e의 x 승에 상당하는 값을 계산하여 반환합니다.

## log( ) 함수 — 자연 로그(로그 함수)를 계산한다.

```
log(x[, 지수])
```

x의 자연 로그를 계산하여 반환합니다. 옵션 인수의 밑(base)이 주어지면 그 값을 밑으로 한 로그를 계산할 수 있습니다.

log10( ) 함수      상용 로그를 계산한다.

```
log10(x)
```

x의 10을 밑(base)으로 한 로그를 계산하여 반환합니다.

## random – 난수를 생성한다

프로그램으로 난수를 사용하기 위해 함수등이 정의된 모듈입니다.

randint( ) 함수      랜덤 정수를 반환한다.

```
random.randint(a, b)
```

'a 이상 b 이하'의 랜덤 정수를 발생시킵니다.

uniform( ) 함수      랜덤 실수를 반환한다.

```
random.uniform(a, b)
```

'a이상 b이하'의 랜덤 실수(real number)를 발생시킵니다.

random( ) 함수      0 이상 1 이하의 랜덤 실수를 반환한다.

```
random.random()
```

0 이상 1 이하의 랜덤 실수(real number)를 발생시킵니다.

## randrange( ) 함수   랜덤 정수를 반환한다.

```
random.randrange([시작하는 수,] 마치는 수[, 스텝])
```

인수가 주어지면, 그 구간(시작하는 수 <= n < 마치는 수) 내의 정수를 반환하는 함수입니다. randint( ) 함수와 다른 점은, 인수 스텝(step)에서 증가분을 지정 가능하다는 것입니다. for 루프 등에서 사용하는 range( ) 함수와 같은 인수를 취하는 것으로 되어 있어서 기억하기 쉽습니다.

## choice( ) 함수   시퀀스로부터 랜덤 요소를 추출한다.

```
random.choice(시퀀스)
```

인수로 넘겨받은 시퀀스로부터 랜덤으로 요소를 선택하여 반환합니다. 빈 것으로 시퀀스를 넘겨 줄 수는 없습니다. 빈 것으로 시퀀스를 넘겨 주면 예외(IndexError)가 발생됩니다.

## shuffle( ) 함수   시퀀스의 순서를 랜덤으로 교체한다.

```
random.shuffle(시퀀스[, 난수를 발생하는 함수])
```

인수로 넘겨받은 시퀀스의 요소를 랜덤으로 교체합니다. 인수로 넘겨받은 시퀀스 자체를 변경합니다. 옵션 인수에는 0 ~ 1까지의 난수를 발생하는 함수를 넘겨 줄 수 있습니다. 생략하면 random( ) 함수가 사용됩니다.

## sample( ) 함수   시퀀스로부터 복수의 요소를 랜덤으로 추출한다.

```
random.sample(시퀀스, 요소 수)
```

첫 번째 인수의 시퀀스로부터 요소 수만큼을 랜덤으로 추출한 리스트를 반환합니다. 요소를 추출할 때 같은 요소는 추출되지 않습니다. 요소 열거 순서도 랜덤입니다. 모집단에서 필요한 개수의 샘플을 추출할 때 사용합니다.

seed( ) 함수    난수 생성기를 초기화한다.

```
random.seed([x])
```

 random 모듈을 이용하는 경우에 난수 생성기를 초기화합니다. 인수가 주어지지 않는 경우는, 시스템의 시간을 이용합니다. 이 함수는 random 모듈이 import 되었을 때에 호출됩니다.

# 08 인터넷상의 데이터를 취득한다. 'urllib'

 인터넷상의 데이터를 취득하기 위하여 이용하는 것이 urllib 모듈입니다. 웹이라든가 FTP를 사용하여 데이터를 취득하거나, 데이터를 POST하여 CGI 등 웹 서비스를 할 수 있습니다. 파이썬 2에서는 urllib의 바로 아래에 함수 또는 클래스가 그대로 올 수 있습니다만, 파이썬 3에서는 기능별 모듈로 정리되어 있어서 눈으로 확인하기가 쉽게 되었습니다. 여기에서는, 함수 등을 '(urllib의) request 모듈에 속하는 urlopen'이라고 하는 의미로 'request.urlopen'과 같이 표기합니다.

 웹과 FTP상의 데이터를 파일에 보관하고 싶다면, request.urlretrieve() 함수를 사용하면 좋습니다. URL을 지정하여 함수를 호출하면, 파일 작성에서부터 보관까지 실행해 줍니다.

 URL에서 지정한 사이트(site)에서 데이터를 취득하여 파이썬으로의 처리는 request.urlopen() 함수를 사용합니다. 이 함수는 리턴(return) 값으로 파일과 같은 객체를 반환합니다. 리턴되는 객체에 대하여 read() 메쏘드 등을 사용하여 문자열에 복사하여 사용할 수 있습니다. 프록시(Proxy)를 사용하여 접근(access)도 가능합니다. 네트워크를 사용한 처리는 완료할 때까지 처리를 하지 않고 중단합니다. 네트워크가 연결되어 있지 않은 경우등의 이유로 접속 응답이 없는 경우에는, 처리가 중단되어 버리기 때문에 주의해야 합니다.

11

> socket 모듈의 setdefaulttimeout() 함수에 초단위로 인수를 넘겨 주면, 네트워크 처리의 시간 제한 설정을 할 수 있습니다. 설정한 시간 제한 안에 처리가 마치지 않은 경우는 'IOError'라고 하는 예외(오류)가 발생합니다.

CGI 등 웹 서비스에 데이터를 POST하고 싶을 경우에는, parse.urlencode()와 request.urlopen()을 조합하여 사용합니다. POST하는 데이터를 딕셔너리로 parse.urlencode()에 넘겨서 데이터를 작성하고, urlopen.urlopen()을 호출할 때 인수를 사용하여 POST합니다.

# 웹과 FTP로부터 파일을 취득한다

urlretrieve( ) 함수　　　　　　　　URL을 지정하여 파일을 취득한다.

```
urllib.request.urlretrieve(url[, 파일[, POST용의 데이터]])
```

이 함수를 사용하면, 웹과 FTP로부터 URL을 지정하여 파일을 취득할 수 있습니다. 보존용의 파일은 옵션으로 되어 있습니다만, 생략하면 일시적 파일용의 디렉터리에 보관하려고 합니다. 따라서 실제로는 파일명을 지정하여 사용합니다.

지정한 URL의 데이터를 취득합니다. HTML로 만들어진 영상 등은 취득하지 않습니다. 이 함수는 리턴 값으로 2개의 값인 튜플로 반환됩니다. 첫 번째 리턴 값은 보존한 파일의 경로입니다. 두 번째 리턴 값은 응답(response) 헤더(heder) 정보를 추출하는데 사용됩니다. urlopen()이 반환하는 객체는 info()를 호출하여 반환되는 객체와 동일합니다만, 여기에서는 더 이상 자세하게 다루지 않습니다.

POST용 데이터가 인수로 주어지면, URL에 대하여 POST 요구(request)를 보낼 수가 있습니다. 더 자세한 것은 parse.urlencode() 함수 이용 방법을 참조해 주세요.(→P. 418)

## request.urlretrieve( )를 사용한 샘플 코드

request.urlretrieve()를 사용하여 웹상의 데이터를 파일에 보존하는 간단한 샘플 코드를 만들어 봅시다. 아래의 샘플 코드는 전에 설명한 대로, request 모듈 이외에 urllib 모듈에 포함된 parse 모듈을 import하고 있습니다. URL 경로를 슬래시(/)로 구분하여 간단하게 파일명을 추출하기 위하여 이용합니다. URL은 더미(dummy)입니다. 실제로 URL을 바꿔서 실행해 보세요.

웹상의 데이터를 파일로 보관한다.

```
from urllib import request ●─────────────────────── request를 임포트
from urllib import parse ●─────────────────────── parse를 임포트
url = 'http://dname.com/somefile.zip' ●─────────── URL을 변수로 대입
filename = parse.urlparse(url)[2].split('/')[-1]
                                    └───────── URL을 분할하여, 파일명을 취득
filename ●──────────────────────────────────── 파일명을 확인

'somefile.zip'

request.urlretrieve(url, filename)
                    └────────────── 파일을 취득, 현재 디렉터리를 보존

('somefile.zip', <http.client.HTTPMessage object at 0x1012c8190>)
```

## 웹과 FTP 데이터를 읽어 들임

urlopen( ) 함수     URL로부터 취득한 데이터를 객체로 반환한다.

```
request.urlopen(url[, POST용의 데이터[, 타임 아웃]])
```

웹과 FTP 등으로부터 데이터를 취득하여 파이썬에서 처리하고 싶을 때는 request. urlopen()을 사용하면 편리합니다. 이 함수는 인터넷으로부터 취득한 데이터를 읽어 들일 수만 있는, 이른바 파일 같은 객체에 넣어서 반환합니다.

11

리턴된 객체는 read()와 readlines() 등의 함수에만 open() 함수가 반환할 객체와 동일하게 사용할 수 있습니다. 단 읽어 온 데이터는 바이트(byte)형입니다. 문자열로 처리하기 위하여는 인코드를 지정하여 문자열형으로 변환할 필요가 있습니다. urlopen()이 반환할 파일 같은 객체에는 탐색(seek) 위치가 있음을 주의해 주세요. read() 등을 써서 한 번 읽어 내면, 두 번째 읽어 내는 경우에도 탐색 위치가 끝에 세팅 되기 때문에 데이터는 반환되지 않습니다.

urlopen()에 두 번째 인수(POST용 데이터)가 주어지면, URL에 POST 요구(request)를 보낼 수 있습니다. 자세한 것은 urlencode() 함수 이용 방법을 참조하세요.(→P. 418)

또한, 세 번째 인수에 초단위를 지정하면 일정 시간 응답이 없는 경우에 중지합니다.

# urlopen( )이 반환하는 객체로 이용할 수 있는 메쏘드

urlopen()이 반환하는 객체에 대하여는, 다음과 같은 메쏘드를 호출할 수 있습니다. 다음 각 함수명에서 F 는 urlopen()이 반환하는 파일과 같은 객체이고, [ ] 안의 인수는 생략 가능한 옵션입니다.

read( ) 메쏘드　데이터를 연속적으로 읽어 냄

```
F.read([정수 크기])
```

데이터를 읽어서 문자열로 반환합니다. 인수로 그 크기를 지정하지 않으면, 데이터를 마지막까지 읽어 냅니다. 파일 객체의 read()(→P. 243)와 같습니다.

readline( ) 메쏘드　데이터에서 1행 읽어 냄

```
F.readline([정수 크기])
```

데이터로부터 한 행을 읽어서 문자열로 반환합니다. 파일 객체의 readline()(→P. 243)과 같습니다.

readlines( ) 메쏘드 · 행 단위로 연속적으로 읽어 냄

```
F.readlines([정수 크기])
```

데이터로부터 여러 개의 행을 읽어 냅니다. 문자열을 요소로 가진 리스트를 반환합니다. 파일 객체인 readlines()와 같습니다.

geturl( ) 메쏘드 · url을 반환한다.

```
F.geturl()
```

취득한 데이터의 URL을 반환합니다. urlopen()은 HTTP 헤더를 사용한 다이렉트(direct)를 지원하고 있습니다. 인수로 받은 URL이 리다이렉션(redirection)된 경우 리다이렉션한 바로 앞의 URL을 알고 싶을 경우 등에 사용하면 편리합니다.

info( ) 메쏘드 · 메타 정보를 반환한다.

```
F.info()
```

데이터를 취득했을 때 받은 메타 정보를 가진 객체를 반환하는 메쏘드입니다. 응답(response) 시에 받은 헤더를 취득할 경우에 사용합니다. 이 메쏘드가 반환하는 객체에는 딕셔너리와 같이 접근할 수 있습니다. key()를 사용하여 프로퍼티(property)명의 정보들을 취득하거나, **R.infor()['content-length']** 와 같이 해서 헤더 값을 취득합니다.

info() 메쏘드의 반환할 객체의 실체는, mimetools.Message 클래스 등 URL 스키마에 맞는 클래스의 인스턴스입니다. 자세한 것은 파이썬 도큐먼트(https://docs.python.org/)를 참조해 주세요.

11

417

## BASIC 인증

웹상의 파일 등에 접근(access)할 때, BASIC 인증을 이용하고 싶을 때가 있습니다. 간단하게 인증받고 싶을 때는 request.urlopen()이라든가 request.urlretrieve()에 인수로 넘겨 줄 URL에 사용자(user)명와 패스워드를 입력하면 됩니다. 다음과 같이 합니다.

```
http://사용자명:패스워드@example.com/foo/bar.html
```

단 이처럼 하면 인증에 필요한 정보가 소스코드에 입력되어 버리는 것이기 때문에 충분하게 주의하여 이용하시기 바랍니다. Windows의 명령 프롬프트와 쉘(shell)과 같이 명령어를 사용하는 경우, BASIC 인증이 필요한 URL에 접근하려고 하면, 파이썬은 사용자명과 패스워드를 입력하도록 프롬프트를 표시합니다. 이런 방법을 사용하면, 매번 인증 정보를 입력하는 수고가 있기는 하지만, 중요한 인증 정보를 소스코드에 입력하지 않아도 됩니다.

또한, URLopener라든가 FancyURLopener라고 하는 클래스를 계승한 클래스를 이용하는 방법이 있습니다만, 이 책에서는 더 이상 자세하게는 설명하지 않습니다. 더 자세한 것은 파이썬 도큐먼트(https://docs.python.org/) 등을 참조하십시오.

## 데이터를 POST한다

urlencode( ) 함수     딕셔너리에서 쿼리(query) 문자열을 만든다.

```
parse.ulencode(디렉터리, 또는 시퀀스[,
    doseq[, safe[, encoding[, errors]]]])
```

딕셔너리 또는 시퀀스에서 URL 인코드된 쿼리(query) 문자열을 만듭니다. 여기에서 말하는 문자열이라고 하는 것은, '키 = 값'이라고 하는 페어(pair)를 '&'로 연결한 것입니다. '?'는 포함하지 않습니다. 공백(space)이라든가 한글과 같은 멀티바이트 문자열은 '%'로 시작하는 문자열로 교환됩니다. request.urlopen(), request.urlretrieve()를 사용하여 POST 메쏘드로 CGI라든가 웹 서비스에 데이터를 송신하고 싶을 때 이용하면 편리합니다.

인수로는 딕셔너리 또는 키워드 등 2개 값 요소를 가진 시퀀스를 넘겨 줍니다. 시퀀스를 넘겨 주는 경우는 인수 doseq에 True를 지정합니다. 인수 safe에는 URL 인코드에서 제외하는 문자열을 지정합니다. 디폴트로는 아무것도 설정되어 있지 않습니다. 인수 encoding에는 딕셔너리라든가 시퀀스에 포함되는 요소의 문자 코드를 지정합니다. 디폴트는 'utf-8'입니다.

인수 errors에는 encoding에서 지정한 문자 코드가 지원하고 있지 않은 문자가 있을 경우의 대처법을 지정합니다. 디폴트는 'strict'입니다. 이것에 대하여는 P. 231을 참조해 주세요.

또한, 이 함수는 URL 인코드에 대하여 quote_plus() 함수(다음 페이지 참조)와 같은 처리를 합니다. 즉 공백 문자열은 반각의 플러스(+)로 변환됩니다.

다음은 parse.urlopen() 함수를 사용하여 데이터를 POST하는 경우의 샘플입니다. POST 앞의 URL은 더미(dummy)이므로 실행은 하지 않습니다만, 처리 흐름은 잡을 수 있을 것으로 생각합니다. 그 결과는 파일과 같은 옵션으로 반환됩니다. 문자열에 대입하여 사용합니다.

urlopen( )으로 데이터를 포스트(post)한다.

```
from urllib import request ●————————————————— request를 임포트
from urllib import parse ●——————————————————— parse를 임포트
postdic = {'name':'someone', 'email':'foo@bar.com'}
                                              ●————— 쿼리 딕셔너리를 작성
postdata = parse.urlencode(postdic) ●——————————— 딕셔너리로 교환
postdata ●——————————————————————————————— 내용을 확인

'name=somone&email=foo%40bar.com'

file = request.urlopen('http://service.com/process.cgi',
postdata) ●—————————————————————————————— 데이터를 지정하여 POST
```

11

# 그 밖의 함수

### quote( ) 함수 　　　문자열을 URL 인코드한다.

```
parse.quote(문자열[,safe[, encoding[, errors]]])
```

인수로서 넘겨받은 문자열을 URL 인코드하여 반환합니다. 알파벳과 숫자, 그리고 '_.-'는 변환하지 않습니다.

인수 encoding, errors에 대하여 urlencode() 함수와 동일합니다만, quote() 메쏘드의 경우, safe의 디폴트 값은 '/'로 되어 있습니다.

다음은 구글 검색용 URL의 앞부분에 검색 문자열을 URL 인코드로 추가하는 예입니다.

～ quote( ) 함수의 샘플

```
from urllib import parse ●━━━━━━━━━━━━━━━━━━━━━━ parse를 임포트
url = "https://www.google.com/webhp?ie=UTF-8#q="
url += parse.quote('파이썬 샘플 코드') ●━━━━ 샘플 코드 검색문자열을 URL 인코드
url ●━━━━━━━━━━━━━━━━━━━━━━━━━━━━━━━ URL을 표시
'https://www.google.com/webhp?ie=UTF-8#q=%ed%8c%8c%ec%9d%b4%ec%8d%ac%20
%EC%83%98%ED%94%8C%20%EC%BD%94%EB%93%9C'
```

### quote_plus( ) 함수 　　　문자열을 URL 인코드한다.

```
parse.quote_plus(문자열[, safe[,encoding [, errors]]])
```

quote()의 처리에 더하여, 공백 문자열을 반각 플러스 기호(+)로 치환합니다. HTML 양식에 입력된 데이터와 같이 공백을 포함할 가능성이 있을 경우 이것을 사용하면 좋습니다. 또한, quote() 함수와 다르게 인수 safe에는 디폴트 값은 설정되어 있지 않습니다.

unquote( ) 함수　　　　　　문자열을 URL 디코드(decode)한다.

```
parse.unquote(문자열[,encoding[, errors]])
```

URL 인코드된 문자열을 일반적인 문자열로 변환합니다. quote() 함수의 역변환입니다. encoding에는 변환할 문자 코드를 지정하고, 생략하면 'utf-8'로 됩니다. 또한, errors는 변환할 때, 오류(error)가 생겼을 경우의 처리 방법을 지정합니다. 디폴트는 'replace'(→P. 231)입니다.

unquote_plus( ) 함수　　　　문자열을 URL 디코드한다.

```
parse.unquote_plus(문자열[,encoding[, errors]])
```

unquote() 함수와 같은 처리를 합니다만, 반각 플러스 기호(+)는 공백으로 변환됩니다.

# 09 문자열 기반의 가상(virtual) 파일을 작성한다. 'io.SringIO'

io.StringIO는 버퍼(buffer)를 사용하여 파일 같은 객체를 만들기 위한 클래스입니다. 파일을 읽고 쓰는 처리를 메모리상에서 에뮬레이션(emulation)하는 특수한 파일과 같은 객체를 반환합니다.

파이썬 2에서는 StringIO라고 하는 독립된 모듈이었습니다만, 파이썬 3에서는 이와 비슷한 처리를 하는 클래스와 함께 io 패키지(package)로 이동되었습니다. 파일의 내용을 써 내려가지 않고, 파일 객체와 같이 탐색 위치를 기본으로 하여 읽고 쓰는 처리를 하고 싶을 경우에 이용합니다. 그리고 파일 객체를 인수로 넘겨 줄 필요가 있는 함수를 사용할 때도 사용합니다. 표준 라이브러리에서는 네트워크 처리를 하는 함수 등에서 이용하고 있습니다.

11

StringIO( ) 함수     파일 같은 객체를 반환한다.

```
io.StringIO([초기화용 문자열])
```

문자열의 버퍼를 사용하여 파일 같은 객체를 반환합니다. 옵션의 인수를 넘겨 주면, 파일 같은 객체의 내용을 초기화할 수 있습니다. 리턴(return)된 객체는 파일 객체와 동일하게 취급합니다. 읽기와 쓰기도 할 수 있습니다.

파일 같은 객체를 만든다.

```
from io import StringIO          StringIO를 임포트
f = StringIO()                   파일 같은 객체를 작성
f.write("a"*10)                  10개의 문자 a를 써 넣음
f.seek(0)                        탐색 위치를 선두로 되돌림
f.read()                         파일 내용을 읽어 들임
'aaaaaaaaaa'
```

## 파일 같은 객체를 만든다

read( ), readlines( ), write( ) 등 파일 객체에서 사용 가능한 메쏘드에 더하여, SringIO( )가 반환할 파일 같은 객체(아래 명령어 문법 중에서는 [F]로 표기)에서는 아래와 같은 메쏘드를 이용할 수 있습니다.

getvalue( ) 메쏘드     파일 같은 객체의 모든 내용을 반환한다.

```
F.getvalue()
```

탐색 위치와 관계없이 파일의 내용 전체를 반환합니다.

close( ) 메쏘드　파일 같은 객체를 파기한다(버린다).

```
F.close()
```

파일 같은 객체가 이용하고 있었던 메모리를 다시 사용할 수 있도록 해 줍니다. 또한, io 패키지에는 바이너리 데이터(binary data)를 취급하기 때문에 BytesIO라고 하는 클래스도 정의되어 있습니다. 사용법은 StringIO와 거의 마찬가지입니다만, StringIO와는 다르게 인코드를 고려할 필요가 없고, 어떤 형식의 데이터라도 보관할 수 있습니다.

# 10 CSV(쉼표 구분) 파일의 취급 'CSV'

　CSV는 여러 개의 요소를 쉼표(,)로 구분하여 열거한 CSV 파일을 취급하기 위한 모듈입니다. CSV는 표 계산 프로그램이라든가 데이터베이스에서 파일을 써 내려갈 때 잘 이용되는 파일 형식입니다. CSV 파일의 줄 바꿈과 구분해야 할 문자 등의 표준 형식은 없습니다. 애플리케이션에 따라서 다른 형식의 파일을 이용하고 있는 것입니다.
　CSV 모듈에서는, dialect라고 하는 것을 써서 서로 다른 형식의 CSV 파일을 취급합니다. Excel에 써 내려가는 파일 형식에 맞는 dialect가 있어서 이것을 사용할 수 있습니다. 개인적으로 dialect를 만들 수 있습니다만, 그 방법에 대하여는 이 책에서는 다루지 않습니다.
　CSV 모듈에는 다음과 같은 함수가 정의되어 있습니다.

reader( ) 함수　CSV 파일의 데이터를 연속적으로 읽어 냄

```
csv.reader(파일 객체[, dialect])
```

　CSV 파일을 파일 객체로 지정하여 호출합니다. 그러면 reader 객체라고 불리는 객체를 반환합니다. reader 객체는 for문과 함께 이용합니다. reader 객체는 이터레이터의 한

종류로 CSV 파일을 한 개씩 읽어 와서 처리합니다. reader 객체가 CSV 파일의 행을 읽어 오면 요소로 분할하여 리스트에 넣어서 반환합니다.

dialect라고 하는 인수는 옵션입니다. 인수를 지정하지 않으면, Excel의 CSV 파일을 읽어 내기 위한 설정을 하게 됩니다. 그 외에 CSV에는 'excel-tab'이라고 하는 Excel의 탭(tab) 구분 파일을 읽어 내는 설정이 내장되어 있습니다.

reader() 함수는 다음과 같이 사용합니다.

reader() 함수로 CSV 파일을 open한다.

```
import csv                                              csv 모듈을 임포트
csvfile = open("test.csv", encoding="utf-8")           CSV 파일을 open함
for row in csv.reader(csvfile):                         1행씩 읽어 들이는 리스트에 대입
    print(row)                                         리스트를 표시...(표시결과는 생략함)
```

## writer() 함수       writer 객체를 반환한다.

```
csv.writer(파일 객체[, dialect])
```

요소 설정에 따라서 CSV 파일을 써 내려가기 위한 writer 객체를 반환하는 함수입니다. 쓰기 가능 모드가 열려 있는 파일 객체를 인수로 받아서 호출합니다. 또한, 옵션의 인수인 dialect에는 CSV 파일 형식으로 지정합니다.

실제로 써 내려가기 writer 객체는 다음과 같은 메쏘드를 사용합니다. 다음 명령어 형식의 W는 writer 옵션을 나타냅니다.

## writerow() 메쏘드       1행 쓰기

```
W.writerow(시퀀스)
```

시퀀스가 인수로 주어지면, 요소에 대하여 writer 객체를 만들 때 지정한 파일 객체에 쓰기를 합니다.

## writerows() 메쏘드       복수 행 쓰기

```
W.writerows(시퀀스)
```

시퀀스가 인수로 주어지면, 요소를 구분하여 복수 행에 쓰기를 합니다. 다음은 csv.writer()를 사용한 샘플입니다.

writer( ) 함수로 한 행씩 써 내려감

```
import csv ●                                          csv 모듈을 임포트
csvfile2 = open("test2.csv", "w", encoding="utf-8") ●
                                                     CSV 파일을 open함

writer = csv.writer(csvfile2)
for row in seq: ●                              1행씩 시퀀스로부터 읽어 들임
    writer.writerow(row) ●                                      1행을 씀
```

# 11 객체의 역직렬화와 직렬화(serialize) 'shelve' 'pickle'

코딩을 하다 보면 개인적으로 필요한 설정 등을 파일에 써 놓고, 다음에 그 프로그램을 사용할 때, 전에 설정했던 내용을 복원하여 사용할 때가 종종 있습니다. 이러한 처리를 할 때 프로그램에서 사용하고 있는 수치와 문자열과 같은 객체를 파일에 써놓고, 그 파일을 읽어서 복원시키면 편리합니다.

이와 같이, 메모리상에 있는 객체의 내용을 파일 등에 써 놓고, 프로그램이 종료되었어도 그 파일을 사용할 수 있도록 하는 처리를 객체의 역직렬화(Deserialization)라고 합니다. '객체를 지속적으로 이용할 수 있도록 하는 처리'라는 의미입니다.

문자열의 경우에는 내용 그대로 파일에 써 놓기만 하면 간단하게 역직렬화를 할 수 있습니다. 그러나 리스트라든가 딕셔너리와 같이 복잡한 구조를 가진 객체를 파일에 써 놓으려고 하면, 객체의 구조 또는 형태의 정보도 함께 써 놓고 그것을 복원해야 합니다.

파일에 객체를 써 놓기 위하여, 그 구조와 형태의 정보를 순서대로 나열해 놓은 문자열과 같은 형식으로 변환해야 합니다. 객체를 문자열과 같은 1차원의 형식으로 변환 처리하는 작업을 직렬화라고 합니다. 직렬화라고 하는 것은, '순서대로 열거해 놓는다'라는 의미의 영어에서 말하는 동사입니다.

11

**Fig** 객체를 직렬화하여 파일에 보관한다.

직렬화는 역직렬화의 전 단계에서 하는 처리입니다. 직렬화할 수 있는 객체는 역직렬화할 수 있습니다. 거의 모든 객체를 직렬화할 수 있습니다만, 파일 객체라든가 스레드(thread)와 같이 상태가 변함으로 인해 원래의 상태로 복원할 수 없는 객체는 직렬화할 수 없습니다. 따라서 파일 객체는 역직렬화할 수 없습니다. 파이썬은 역직렬화와 직렬화를 쉽게 할 수 있는 모듈을 내장하고 있습니다.

여기에서는 객체의 역직렬화와 직렬화에 이용되고 있는 모듈 2개를 소개합니다.

## 딕셔너리를 역직렬화한다. 'shelve'

shelve 모듈을 사용하면, 딕셔너리의 내용을 파일에 기록이나 복원이 가능합니다. 즉 딕셔너리를 역직렬화할 수 있다는 것입니다. 이 작업에는 딕셔너리를 이용하는 것처럼 shelve 객체라고 불리는 객체를 이용합니다.

shelve 객체는 파일과 같이 오픈하여 작성합니다.

shelve 객체를 딕셔너리와 같이 취급하면, 딕셔너리 내용이 파일에 기록되어 다음 번에 shelve 객체를 작성할 때는 그 내용이 복원됩니다.

shelve 객체는 다음의 open() 함수를 생성합니다.

open( ) 함수    shelve 객체를 반환합니다.

```
shelve.open(파일명[, protocol[, writeback]])
```

파일명을 지정하여 shelve 객체를 반환합니다. shelve 객체에 대하여는, 딕셔너리로 할 수 있는 모든 작업을 할 수 있습니다. 키(key)를 지정하여 대입과 메쏘드를 호출하는 작업을 딕셔너리와 같이 할 수 있습니다. 키 값으로는 수치와 문자열뿐만 아니라 직렬화할 수 있는 객체라면, 그 어떤 것이라도 보관할 수 있습니다.

shelve 객체의 변경은, 바로 즉시는 파일에 반영되지 않습니다. 바로 즉시 반영시키고 싶을 때는 옵션 인수의 writeback을 True로 설정하면 됩니다.

shelve 객체의 close() 메쏘드를 호출하면, shelve 객체에 등록된 내용을 써 내려갑니다. 그리고 실제로 만들어진 파일에는 open() 함수에 주어진 파일에 확장자를 붙인 결과로 됩니다만, 이것은 PC 환경에 따라 다릅니다. Windows에서는 '.dir', Mac에서는 '.db'로 될 것입니다.

protocol에는 프로토콜의 버전번호를 넘겨줍니다만, 통상적으로는 일부러 지정할 필요는 없습니다. 버전에 대하여는, pickle 모듈의 해설을 참조해 주세요.(→P. 428)

다음은 shelve 모듈의 사용 예입니다.

shelve 객체를 사용한다.

```
import shelve                          ──── shelve를 임포트
d = shelve.open("shelvetest")         ──── shelve 객체를 작성
d.update({"one":1,"two":2})           ──── update로 내용을 변경
list(d.items())                        ──── shelve 객체 내용을 튜플로 확인

[('one', 1), ('two', 2)]
d.close()                              ──── shelve 객체를 닫음
```

위의 코드에 대한 실행은, Jupyter Notebook에 있는 셀로 다음 코드를 실행해 보세요.

shelve 객체의 내용을 확인한다.

```
import shelve                          ──── shelve를 임포트
d2 = shelve.open("shelvetest")        ──── shelve 객체를 복원
list(d2.items())

[('one', 1), ('two', 2)]
```

# 객체의 역직렬화와 직렬화를 실행한다. 'pickle'

pickle(피클)은 파이썬의 객체 역직렬화와 직렬화를 사용하는데 편리한 모듈입니다. 수치와 문자열은 기본적인 값으로부터 리스트, 딕셔너리, 클래스 등의 인스턴스와 같은 복잡한 객체도 역직렬화할 수 있습니다.

단 파일과 스레드와 같은 일부의 객체는 역직렬화할 수 없습니다. 역직렬화할 수 없는 객체를 취급하려고 하면, 'PickleError'라고 하는 예외가 발생합니다. pickle은 shelve에 비교하여 더 많은 종류의 객체를 취급할 수 있습니다만, 역직렬화 파일에 써 넣기와 직렬화 처리는 필요한 때 명시적으로 실행해야 할 필요가 있습니다.

pickle을 사용하면, 객체를 직렬화하여 파일에 쓰기라든가 직렬화한 객체를 문자열로 추출이 가능합니다. pickle을 사용하여 직렬화를 하는 것을 pickle화라고 합니다. 또한, pickle을 사용하여 직렬화한 객체를 복원하는 것을 unpickle화라고 합니다. pickle로 써 내려간 파일과 직렬화하여 얻어 낸 문자열을 사용하면, 원래의 객체가 복원됩니다. 이와 같이 하여, 파이썬의 객체를 역직렬화합니다.

**Fig** pickle화, unpickle화 하여 객체 역직렬화와 복원을 한다.

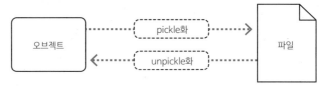

pickle화 한 객체는 다른 플랫폼들 간에 호환성이 있습니다. 예를 들면 pickle을 사용하여 Windows로 만든 파일을 Linux의 파이썬으로 읽어서 객체를 복원할 수 있습니다. 또한, pickle화 한 문자열을 네트워크 경유로 무엇인가 일을 하고, 파이썬의 객체를 복수 플랫폼으로 송수신하는 것도 가능합니다. 단 클래스 인스턴스 등을 unpickle화 하는 과정에서 코드가 실행되는 경우도 있습니다. 따라서 신뢰성이 없는 제3자가 만든 데이터를 unpickle화 하는 것은 피해야 합니다.

pickle이 객체를 직렬화(pickle화)하는 방법에는 5가지 종류가 있고, 필요에 따라서 그 방법을 선택합니다. 읽고, 쓰기에는 동일 버전을 사용할 필요가 있습니다. 버전은 역직렬화와 직렬화를 하는 함수에 인수로 지정합니다. 인수를 지정하지 않는 경우에는 '버전 3'을 이용합니다.

■ 버전 0

객체를 ASCII 문자열만을 사용하여 직렬화합니다. 이전 파이썬과의 하위 호환성(전 버전과의 호환성)이 있습니다.

■ 버전 1

객체를 바이너리 형식(8비트 문자열)을 사용하여 직렬화합니다. 하위 호환성이 있습니다.

■ 버전 2

파이썬 2.3에서 도입한 형식입니다. 2.3 이전의 버전과 하위 호환성이 없습니다.

■ 버전 3

파이썬 3에서 도입된 버전입니다. 프로토콜 지정이 없는 경우에 이 버전이 사용됩니다. 파이썬 2의 pickle 모듈에서는 unpickle화 되지 않고 호환성은 없습니다만, 특별한 이유가 없는 이상 이 버전을 사용하는 것을 추천합니다.

■ 버전 4

파이썬 3.4에서 추가된 버전입니다. 이 버전에서는, 큰 객체를 지원하고, 더 많은 종류의 객체를 pickle화 할 수 있습니다만, 여기에서는 더 이상 자세하게 다루지 않습니다.

파이썬 2까지는 파이썬에서 쓰여진 pickle과 C 언어에서 쓰여진 한층 더 고속으로 동작하는 cPickle로 나누어져 있습니다. 파이썬 3에서는 pickle이 C 언어로 치환되고, cPickle이라고 하는 모듈은 폐지되었습니다. pickle 모듈에는 다음의 함수와 클래스로 정의되어 있습니다.

dump( ) 함수 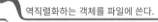 역직렬화하는 객체를 파일에 쓴다.

```
pickle.dump(역직렬화하는 객체, 파일[, protocol])
```

역직렬화하는 객체와 파일 객체를 인수로 넘겨서 이용합니다. 객체를 pickle화 한 데이터를 파일로 만들어서 객체를 역직렬화할 수 있습니다. 인수 파일에는 쓰기가 가능한 모드를 지정하여 오픈(open)한 파일 객체 등을 넘겨 줍니다. 파일에는 StringIO를 사용하여 만든 가상 파일을 넘겨 줄 수도 있습니다. 옵션 인수 프로토콜에는 직렬화 할 때 이용하는 프로토콜 버전을 정수로 지정합니다. 생략한 경우에는 '3'이 지정된 것으로 보고, 버전 3을 써서 pickle화 합니다.

load( ) 함수     pickle화 하여 객체를 파일에서 읽음

```
pickle.load(파일)
```

pickle화 하여 작성한 파일을 지정하고, 역직렬화한 객체를 복원합니다. 복원한 객체는 함수의 리턴 값으로 반환합니다. 인수에는 복원에 이용하는 프로토콜을 지정할 필요 없습니다. 프로토콜은 pickle화 할 때 만들어집니다.

이 이외에 load() 메쏘드에는 파이썬 2와의 호환성 때문에 인코드를 설정하는 인수가 준비되어 있습니다. 여기에서는 이것을 설명합니다.

다음은 dump()와 load() 함수를 조합한 사용 예입니다.

객체를 pickle화 한다.

```
import pickle ●────────────────────────── pickle 모듈을 임포트
o = [1,2,3,{"one":1},{"tow":2}] ●────────── 복잡한 객체를 작성
pickle.dump(o, open("pickle.dump","wb")) ●──── 객체를 pickle화
```

이와 같이 하여 pickle로 보관한 객체는 다음과 같이 복원 가능합니다.

pickle화 한 객체를 복원한다.

```
import pickle ●────────────────────────── pickle 모듈을 임포트
                                          파일에서 객체를 복원
o2 = pickle.load(open("pickle.dump", "rb"))
o2 ●───────────────────────────────────── 복원한 객체를 확인

[1, 2, 3, {'ont': 1}, {'tow': 2}]
```

dumps( ) 함수     객체를 pickle화 하여 문자열로 반환한다.

```
dumps(역직렬화하는 객체[, protocol])
```

역직렬화하는 객체를 인수로 이용합니다. 객체를 pickle화 하여 바이트형의 문자열로 리턴 값으로 반환합니다. dumps 함수의 문자열판입니다.

loads( ) 함수     pickle화 한 문자열을 읽어 들임

```
loads(바이트형 문자열)
```

dumps 함수 등으로 작성한 pickle화 바이트 문자열을 인수로 넘겨 주면, 객체를 복원합니다.

복원한 객체는 리턴 값으로 반환합니다. 이것은 load() 함수 문자열입니다.

# 12   JSON 데이터를 취급함 'json'

JSON 형식의 데이터를 파이썬으로 취급할 때는 json 모듈을 이용합니다. JSON은 'JavaScript Object Notation'의 약자로 JavaScript(ECMA-262 표준 3판)의 일부를 기본으로 해서 만들어진 가벼운 데이터 교환 포맷입니다. JavaScript뿐만 아니라 파이썬, Ruby, Peal, Java 등 여러 프로그래밍언어로 가볍게 코딩할 수 있는 것으로, 주로 웹을 사용한 데이터 교환에 이용되고 있습니다.

json 모듈은 파이썬의 내장형 데이터와 JSON 데이터의 상호 교환 기능을 제공하고 있습니다. 수치와 문자열, 리스트, 딕셔너리 등의 데이터를 JSON 형식으로 교환하거나, JSON 형식의 데이터를 파이썬의 데이터로 변환합니다.

파이썬의 json 모듈이 제공하는 인터페이스는 pickle 모듈과 비슷합니다. pickle 사용법을 잘 알고 있으면, json도 무리 없이 사용할 수 있습니다.

11

# JSON을 파이썬의 자료형으로 교환한다

JSON 형식의 데이터를 파이썬의 데이터로 교환하기 위하여는 다음과 같은 함수를 사용합니다.

loads( ) 함수　　　　　 JSON 문자열을 파이썬 객체로 교환한다.

```
json.loads(JSON 문자열)
```

JSON 문자열을 파이썬의 자료형으로 교환하여 리턴 값으로 반환합니다. 다음과 같은 대응 데이터로 교환합니다.

**Table** JSON 데이터와 파이썬 데이터의 대응

| JSON형 | 파이썬형 |
|---|---|
| object | 디렉터리 |
| array | 리스트 |
| string | 문자열 |
| number(int) | 정수형 |
| number(real) | float형 |
| true | True |
| false | False |
| null | None |

load( ) 함수　　　　　 JSON 문자열을 포함한 파일을 파이썬 객체로 변환한다.

```
json.load(파일)
```

파일 또는 파일과 같은 객체에 어떤 JSON 문자열을 파이썬 자료형으로 변환하여 리턴 값으로 반환합니다.

# 파이썬의 자료형을 JSON으로 변환한다

파이썬의 객체를 JSON 형식 데이터로 변환하고자 할 때는 다음과 같은 함수를 사용합니다.

dumps( ) 함수 ┈┈┈┈ 파이썬 객체를 JSON 문자열로 변환한다.

```
json.dumps(파이썬 객체[, 옵션 인수...])
```

인수로 넘겨준 객체를 JSON 문자열로 변환합니다.

dump() 함수는 많은 옵션 인수를 가지고 있습니다. 여기에서는 많이 사용되는 인수에 대하여 설명합니다.

dump()에서는, JSON에서 변환할 수 없는 형의 객체가 주어지면 예외(TypeError)를 발생시킵니다. skipkeys에 True로 설정하면 변환할 수 없는 형을 넘어(skip)가도록 하여 예외를 일으키지 않습니다. ensure_ascii에 True로 설정하면 한글처럼 비 ASCII 문자를 이스케이프(Esc)하여 출력합니다. 이것이 디폴트 동작입니다. ensure_ascii에 False를 설정하면, 비 ASCII 문자는 그대로 출력됩니다.

또한, 파이썬 2의 버전 2.6 이후의 버전에서는, json.dumps() 함수에 encoding 인수가 있어서 'euc-kr' 등의 인코드를 지정함으로 멀티바이트 문자형의 인코드를 지정할 수 있었습니다. 파이썬 3의 json.dump() 함수에서 JSON 문자열의 인코드를 지정하는 것은, ensure_ascii에 False로 하여 JSON 문자열을 생성하고, encode()를 사용하여 원하는 인코드에 변환된 바이트형 문자열을 얻을 수 가 있습니다.

dump( ) 함수 ┈┈┈┈ JSON 문자열로 변환하여 파일에 쓴다.

```
json.dump(파이썬 객체, 파일)
```

인수로 넘겨준 객체를 JSON 문자열로 교환하여 지정된 파일에 써 내려갑니다.

# json의 사용 예

웹에서 읽어 온 데이터를 파이썬 자료형으로 변환해 봅시다. 깃허브의 레포지토리
(repository, 저장소)를 JSON 형식으로 읽어서 파이썬 객체로 변환해 봅니다. 다음은 Guido
씨가 가지고 있는 레포지토리를 보여줍니다.

깃허브에서 읽어 들임

```
from urllib.request import urlopen
from json import loads •─────────────────────
                                        json 모듈의 load() 함수를 임포트

url = 'https://api.github.com/users/gvanrossum/repos'
body = request.urlopen(url).read()
body = body.decode('utf-8') •──────────── JSON을 문자열로 변환
repos = loads(body) •──────────────────── JSON을 파이썬 객체로 변환
for r in repos: •──────────────────────── 레포지토리 이름을 표시
    print(r['name'])

500lines
asyncio
ballot-box
path-pep
Pyjion
pyxl3
```

# 파이썬과
# 데이터 사이언스

최근 기계학습과 딥러닝, 인공지능과 같은 분야에서 파이썬이 자주 활용되고 있습니다. 또한, 이러한 방법론을 비즈니스 분야에서 활용하는 데이터 사이언스라고 하는 분야에서도 파이썬의 중요도가 높아가고 있습니다. 이 장에서는 왜 그런 분야에서 파이썬이 사용되는가, 그리고 구체적으로 어떻게 사용되고 있는가에 대하여 간단하게 설명하고자 합니다.

# 01 NumPy와 matplotlib

최근 몇 년 동안에 기계학습과 딥러닝, 그리고 인공지능이라고 하는 주목도 높은 키워드에 파이썬이 함께 소개되는 기회가 자주 있습니다. 이 책을 가지고 있는 여러 독자들 중에서도 크게 묶어서 데이터 사이언스라고 하는 어휘를 포함하여, 조금 전의 키워드로 인하여 이 책을 읽고 있는 분들도 적지 않으리라 생각합니다.

이 장에서는 데이터 사이언스 분야에서 잘 활용되는 NumPy와 matplotlib에 대하여 활용 방법을 설명합니다. 사용 방법과 코드를 보기 전에 NumPy, matplotlib라는 것은 무엇인가에 대하여 간단하게 설명하고자 합니다.

## NumPy, matplotlib라고 하는 것은?

제1장에서도 설명했듯이, 데이터 사이언스 분야에서 파이썬은 많은 사람이 사용하고 있는 이른바 디폴트 표준 프로그래밍 언어로 인지되고 있습니다. 그 이유 중의 하나는, 이 절에서 소개하고 있는 NumPy라고 하는 파이썬의 수치 계산 라이브러리가 있기 때문입니다.

NumPy라고 하는 것은, 배열을 대상으로 한 계산 처리를 포함하는 여러 가지 연산 처리를 고속 실행하기 위하여 사용되는 라이브러리입니다. 과학 연산에서는 데이터 처리를 배열로 많이 이용합니다. 배열이라고 하는 것은 파이썬의 리스트형과 같은 구조입니다. 많은 데이터를 열거하여 한꺼번에 연산 처리를 하기 위한 목적으로 배열을 사용합니다.

제1장에서 소개한 중력파 관측과 같은 물리학을 시작으로 우주, 기상, 생명과학 등 많은 분야에서 파이썬이 쓰여지고 있습니다만, 이 연구에 NumPy가 활용되고 있습니다.

기계학습과 인공지능, 데이터 사이언스 분야에서도 많은 데이터를 처리하기 때문에 과학 연산과 같이 배열을 많이 이용합니다. 즉 NumPy와 파이썬의 서로 합한 것이 데이터 사이언스 분야에서 사용할 계산 도구로써 그 요건을 만족시켰기 때문이라고 하는 것이 이 분야에서 파이썬이 디폴트 표준으로서 인지되어 있기 때문입니다.

한편, NumPy의 역사는 깊어서, NumPy의 전 버전인 계산 라이브러리 Numeric이 공개된 것이 1995년이기 때문에, 20년 이상 전에 만들어졌습니다. 과학과 파이썬의 연결고리는 더 오래되어서, 파이썬이 공개된 1990년 초반으로 되어 있습니다. 그때 당시는 바로 다운사이징(down sizing)이라고 하는 현상이 일어나고 있는 시대였습니다. 관측기기의 성능 향상에 따라서 대량의 데이터를 취급해야 할 필요가 있을 즈음, 과학자들은 그때까지 사용한 대형 컴퓨터에서 PC 서버를 제휴한 계산기 클러스터로 치환해 가는 시대였습니다. FORTRAN이라고 하는 프로그래밍 언어의 대체 언어로서 많은 과학자는 설계가 간단하고, 병렬화하기 쉬운 파이썬이라고 하는 프로그래밍 언어에 주목하기 시작했습니다.

과학자들의 주목을 받으면서 한층 더 고속 학술 계산에 대한 전용 라이브러리 개발이 요구되었습니다. 여기에서 개발되었던 것이 Numeric으로, 이것을 대규모로 개정 수정을 하여 NumPy라고 하는 이름으로 변경하여 현재에 이르렀습니다.

NumPy와 쌍벽을 이루면서 과학자들에게 많이 사용되었던 것이 matplotlib입니다. matplotlib는 파이썬에서 그래프와 도형을 쉽게 묘사할 수 있도록 시각화 라이브러리(visualization library)로, 이 책에서도 그래프 묘사에 사용해 보았습니다.

NumPy와 이것을 확장한 SciPy, matplotlib는 과학자들이 잘 사용하고 있는 MATLAB을 대신하여 사용하고 있습니다. MATLAB은 260만 원 상당의 유료 도구(tool)입니다. NumPy, SciPy, matplotlib를 조합하면 무료로 실현 가능할 것입니다.

matplotlib이 처음 공개된 것은 2002년입니다. 이것도 10년 이상의 역사를 가진 라이브러리입니다. 데이터 과학자들은 파이썬을 포함하여 현재 사용하고 있는 많은 도구들을 긴 역사를 통하여 만들어 왔습니다.

NumPy와 matplotlib와 같은 라이브러리가 개발되고, 사용되어 편리하게 되어가는 조합을, 생명의 조합과 비슷한 에코 시스템(친환경 시스템)으로 부르는 것이 있습니다. 파이썬과 데이터 사이언스의 관계는 긴 역사를 가진 밀접한 에코 시스템에 의해 지탱되었다는 것을 알 수 있겠지요?

과학 연산을 하는 라이브러리를 기본으로 데이터 사이언스에 활용되는 라이브러리가 계속해서 만들어져 왔습니다. 간단하게 예를 들어 봅니다.

**12**

■ pandas(2008년)

R 풍의 DataFrame이라고 하는 조합으로써 데이터 해석을 지원하는 라이브러리입니다.

- scikit-learn(2010년)

  기계학습용의 라이브러리입니다.

- IPython Notebook(2012년)

  이 책에서 코드의 실행 환경으로 사용하고 있는 Jupyter Notebook의 전 버전입니다. IPython Notebook의 중심으로 되어 있는 고기능 쉘(Shell) IPython은 2001년부터 공개되어 있습니다.

이러한 도구가 파이썬의 세계를 넓히고 데이터 사이언스의 분야에 많이 사용되어 왔기에, 현재 파이썬이 다시 주목을 받는 것입니다. 그리고 최근에는 Chainer와 TensorFlow와 같은 파이썬용의 딥러닝 프레임워크도 등장하여 파이썬과 데이터 사이언스를 함께 사용하는 에코 시스템이 한층 더 풍부하게 되었습니다.

**Fig** 데이터 사이언스와 파이썬의 에코 시스템

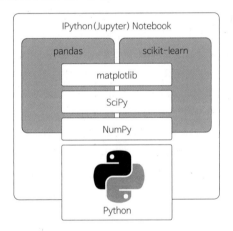

## NumPy를 사용한다

NumPy의 중심으로 되어 있는 것이 ndarray라고 불리는 자료형입니다. ndarray는 n-dimensional array의 약자로 이 이름에서 말하는 것처럼 다차원 배열을 취급할 수 있습니다. ndarray는 NumPy 라이브러리에 array라고 하는 이름으로 등록되어 있습니다. 이 책에서는 지금부터 ndarray를 NumPy의 array, 또는 그냥 array로 부르기로 합니다.

NumPy의 array는 리스트와 아주 비슷한 자료형입니다. 수치만을 취급하도록 제한을 두고, 그 대신 연산 기능을 강화하고 있습니다. 또한, 파이썬의 리스트와 비교하여 대량의 데이터를 고속으로 처리합니다. 어느 정도 빠른가를 엄밀히 말하는 것은 어렵습니다만, 거의 수십 배 빠른 연산이 가능하다고 생각해도 틀림이 없을 것입니다.

그럼 이제 NumPy의 array를 써 봅시다. array를 만드는 데는 리스트에서 형(type)변환하거나, 고정치와 난수등을 사용하여 초기화하는등 여러 가지 방법이 있습니다. 여기에서는 미리 준비한 데이터를 읽어 들여 array를 만듭니다. 다음과 같은 실험을 한 것으로 보고, 더미(dummy) 데이터를 미리 준비합니다.

"스위치와 등이 있습니다. 등에 불이 들어온 후에 스위치를 올리는 실험을 여러 사람에게 행하도록 합니다. 등에 불이 들어온 후에 스위치를 올리기까지 걸리는 시간을 계측해 봅니다."

시간을 밀리초 단위로 계측된 데이터가 텍스트 파일에 기록되어 있으므로, 이것을 읽어서 array를 작성해 봅니다.

이 책의 샘플 코드를 다운로드하여 보면, 제12장 폴더에 reactions.txt라고 하는 파일이 있을 것입니다. 이 파일을 사용합니다. tmpnb를 사용하는 사람은 먼저 파일을 업로드해 주세요. 그 후 다음과 같은 코드를 셀 위에 실행합니다. 그러면 NumPy의 array가 만들어져서 변수에 대입됩니다.

파일로부터 데이터를 읽어 들임

```
import numpy as np ●━━━━━━━━━━━━━━━━━━━━━ numpy을 임포트
reactions_in_ms = np.loadtxt('reactions.txt')
```

import문의 as구문을 사용하여 NumPy를 np라고 하는 이름으로 import하는 것이 관례입니다. np.loadtxt()는 NumPy에 등록되어 있는 loadtxt() 함수를 호출하고 있는 것입니다.

다음에, 데이터의 요소 수, 개요를 표시해 봅시다. 요소 수를 조사하는 것은 내장 함수 sum()을 사용할 수도 있습니다만, array의 요소 수를 가지고 있는 size라고 하는 속성(attribute)을 봅시다. 또한, 슬라이스(slice)를 써서 선두 20개 데이터를 표시해 봅니다.

12

～ NumPy의 array를 사용한다.

```
print(reactions_in_ms.size) ●━━━━━━━━━━━━━━━━━━━━━━━━━ 요소 수를 표시
print(reactions_in_ms[:20]) ●━━━━━━━━━━━━━━━━━━ 앞에서부터 20개 요소를 표시

1000
[ 491.  594.  451.  692.  560.  482.  477.  472.  646.  545.  480.
  660.  605.  615.  582.  513.  470.  572.  537.  488.]
```

원래의 데이터는 밀리초 단위로 되어 있습니다. 이것을 초단위로 고쳐서 표시하려고 합니다. 밀리초를 초로 고치기 위하여는 각 요소를 1000으로 나누면 됩니다. for 문의 루프와 리스트 내부 표기를 해야 할 필요가 있습니다만, NumPy의 array에서는 다음과 같이 하면 됩니다.

～ array( ) 나눗셈

```
reactions_in_sec = reactions_in_ms/1000 ●━━━━━━━━━ 밀리초(ms)를 초(s)로 고침
print(reactions_in_sec[:20]) ●━━━━━━━━━━━━━━━━━ 앞에서부터 20개 요소를 표시

[ 0.491 0.594 0.451 0.692 0.56  0.482 0.477 0.472 0.646
  0.545 0.48  0.66  0.605 0.615 0.582 0.513 0.47  0.572
  0.537 0.488]
```

코드를 보면 array의 변수를 나눗셈 연산자로 나누는 모양으로 되어 있습니다. 이렇게 하면, 각 요소에 대하여 한꺼번에 나눗셈을 할 수 있습니다. 마찬가지로 곱셈, 덧셈, 승수 계산도 가능하고, 복합 연산자를 사용하여 원래의 array 자체를 변경하는 것도 가능합니다. 또한, 복수의 array와 연산자를 조합하면 array끼리의 연산이라든가 행렬 연산도 가능합니다. 물론 array가 고차원의 경우에도 마찬가지입니다.

NumPy의 강한 능력을 알게 되었습니까?

통계적인 것도 표시해 봅시다. NumPy 함수를 사용하여 평균, 중앙값, 표준 편차 등을 계산해 봅니다.

～ NumPy의 여러 가지 함수

```
print("평균값 :", np.mean(reactions_in_sec))
print("중앙값 :", np.median(reactions_in_sec))
```

```
print("표준 편차 :", np.std(reactions_in_sec))
print("최솟값 :", np.min(reactions_in_sec))
print("최댓값 :", np.max(reactions_in_sec))
```

```
평균값 : 0.48785
중앙값 : 0.469
표준 편차 : 0.10193477081
최솟값 : 0.261
최댓값 : 0.928
```

중앙값이 평균보다 작고, 중앙값에서 최솟값까지의 폭보다, 중앙값에서 최댓값의 폭이 더 큰 여러 가지 성질을 갖는 데이터인 듯합니다. 표준 편차가 0.1 정도이므로 평균 가까이에 값들이 모여 있는 분포인 듯합니다.

또한, Anaconda에도 포함되어 있는 pandas라고 하는 라이브러리를 사용하면, 데이터 표시를 아주 편하게 할 수 있습니다. NumPy의 array 대신에 DataFrame이라고 하는 자료형을 사용하여 head()라든가 describe()라고 하는 메쏘드를 호출만 하면 됩니다.

이 책에서는 지면의 관계상 자세한 pandas를 설명하지 않습니다만, 관심 있는 분은 다음의 코드를 실행시켜 보기 바랍니다.

먼저 array를 DataFrame으로 변환합니다. 그 후 데이터 내용을 head()로 표시합니다.

pandas의 DataFrame형을 사용한다.

```
import pandas as pd
reactions_df = pd.DataFrame(reactions_in_sec)
reactions_df.head()  ──────────────── 데이터의 개요를 표시
```

|   | 0 |
|---|---|
| 0 | 0.664 |
| 1 | 0.481 |
| 2 | 0.511 |
| 3 | 0.612 |
| 4 | 0.526 |

다음으로 요소 수, 평균, 표준 편차(std) 등을 표시합니다. describe()라고 하는 메쏘드를 호출하는 것뿐으로 아주 간단합니다. 그 외에도 pandas에는 데이터 사이언스에서 활용할 수 있는 것이 많이 있습니다.

〜 데이터의 평균, 표준 편차, 최댓값, 최솟값 등을 표시

```
reactions_df.describe()
          0
count  1000.000000
mean     0.492834
std      0.101952
min      0.251000
25%      0.417000
50%      0.478000
75%      0.559000
max      0.843000
```

## matplotlib를 사용한다

다음으로 NumPy의 array를 써서 그래프를 그려 봅시다. 그래프를 사용하면 데이터의 성질이라든가 특징을 시각적으로 확인하기 쉬워집니다.

이 책에서는 리스트 등에서 matplotlib라고 하는 라이브러리를 사용하여 그래프를 그려 보았습니다.

여기에서도 matplotlib를 사용하여 데이터의 시각화를 해 봅니다.

먼저 데이터의 전체를 보기 위하여 히스토그램 그래프를 그려 봅시다. Jupyter Notebook의 셀에 그래프를 넣기 위하여 주문을 걸어서, matplotlib를 import하여 사용할 수 있도록 합니다. 그다음에 matplotlib 함수를 호출하여 히스토그램을 그려 봅니다.

〜 matplotlib으로 히스토그램을 그린다.

```
%matplotlib inline
import matplotlib.pyplot as plt        ← matplotlib를 임포트
h = plt.hist(reactions_in_sec)         ← 히스토그램을 그림
```

Fig 스위치를 올리기까지의 시간 데이터를 가지고 그림 그리는 히스토그램

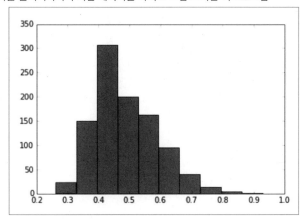

 그림을 보면, 가파르게 올라갔다가 완만하게 내려오는 그래프가 그려졌습니다. 조금 전의 수치로 본 내용이 구체적인 그림으로 그려졌다고 할 수 있습니다.

 불이 들어오고 나서, 스위치가 올라가기까지의 시간을 계측하는 실험을 '반응 테스트'라고 합니다. 반응 속도 평균을 잡아 보면 대략 0.4초 정도가 많은 것으로 보입니다. 단 스위치를 올리기까지의 프로세스(과정)는 복잡합니다. 먼저 불이 들어온 것을 시각적으로 확인하고, 그 후 사람의 뇌에서 명령을 보내고, 손가락을 움직여서 스위치를 올립니다. 아무리 반응이 빨라도 0.2초 정도 걸리고, 컨디션에 따라서 더 시간이 걸릴 수도 있는 것입니다.

# 02 NumPy를 사용한다

 앞 절에서 간단하게 본 것처럼 NumPy에 내장되어 있는 array(ndarray)를 사용하면 고차원 배열의 처리도 쉽게, 그리고 고속으로 실행할 수 있습니다. 과학기술계산과 확률, 통계 등을 기본으로 한 기계학습과 인공지능, 데이터 사이언스에서는 대량의 데이터를 처리하는데 많은 배열을 사용합니다. 즉 NumPy의 array를 완벽하게 잘 사용

12

하는 것이 결국 파이썬을 활용하기 위한 입구로 되는 것입니다.

array는 파이썬의 리스트형과 비슷한 자료형입니다. 인덱스와 슬라이스를 써서 요소를 접근하는 등 부분적으로 리스트형과 같은 조작으로 할 수 있습니다. 난수 등을 사용한 생성, 배열에 대한 연산, 행렬 연산과 선형 로그 연산 등 리스트형이 가지고 있지 않은 편리한 기능도 많이 가지고 있습니다. 여기에서는 array의 사용 방법을 중심으로 NumPy의 사용 방법을 조금 더 설명하고자 합니다.

## NumPy의 array를 생성한다

그러면 Jupyter Notebook을 써서 NumPy의 사용 방법을 배워 봅시다. NumPy를 사용하기 위해 사전에 import해 놓을 필요가 있습니다. 여기에서는 관례에 따라서 np라고 하는 이름으로 import합니다.

NumPy의 array를 생성하기에는 몇 가지 방법이 있습니다. 먼저 파이썬의 시퀀스(리스트형)에서 array를 만들어 봅시다. 그 후 변수만을 입력하여 array의 내용을 표시합니다.

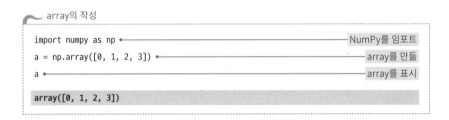

array의 작성

```
import numpy as np          NumPy를 임포트
a = np.array([0, 1, 2, 3])  array를 만듦
a                           array를 표시

array([0, 1, 2, 3])
```

array()에 인수(argument)를 넘겨 줄 때 대괄호([])를 생략하지 않도록 주의해 주세요. 생략하면 첫 번째 인수로서 리스트를 넘겨 주지 못하게 됩니다. 복수 개의 인수를 넘겨 주는 것으로 되어 오류를 발생시킵니다.

시퀀스의 시퀀스를 넘겨 주면 2차원의 array를 생성할 수 있습니다. 실제로 해 봅시다. 결과를 표시해 보면, 숫자열이 들여쓰기 되어 보기 쉽게 되어 있는 것을 알 수 있습니다.

### 2차원 array의 작성

```
b = np.array([[0, 0, 0], [0, 0, 0], [0, 0, 0]])
b

array([[0, 0, 0],
       [0, 0, 0],
       [0, 0, 0]])
```

array 객체에는 몇 개의 속성이 있습니다. 속성에는 array 정보가 들어 있습니다.

### array의 속성

```
print(b.ndim) •━━━━━━━━━━━━━━━━━━━━━━━━━━━━━━━━━━━━━━━ 차원 수
print(b.shape) •━━━━━━━━━━━━━━━━━━━━━━━━━━━━━━━━━ 각 차원의 요소 수
print(b.size) •━━━━━━━━━━━━━━━━━━━━━━━━━━━━━━━━━━━━━━━━ 크기
print(b.dtype) •━━━━━━━━━━━━━━━━━━━━━━━━━━━━━━━━━━━━━━━━ 형

2
(3, 3)
9
int64
```

각각의 값을 표시하면, b라고 하는 array에는 2차원 3×3 데이터가 들어 있고, 요소 수는 9개라는 것을 알 수 있습니다. dtype라고 하는 것은 요소 자료형입니다. 자료형은 초기화에 사용하는 데이터의 종류로써 자동으로 결정됩니다. array를 생성할 때 dtype라고 하는 인수를 넘겨 주면 형 변경이 가능합니다.

그 외에 다음과 같은 함수를 사용하여 array를 생성하는 것도 가능합니다. NumPy 모듈을 np로 표기하고 있습니다.

**Table** NumPy의 array 생성 함수

| 함수명 | 설명 |
|---|---|
| np.matrix( ) | "1 2 ; 3 5"와 같은 문자열부터 array를 생성합니다. |
| np.arange([초깃값, ]종료값[, 증감분]) | 증감 수치를 사용하여 array를 생성합니다. 내장 함수 range( )와 거의 같은 인수를 사용합니다. 증감분에는 정수뿐만 아니라 소수도 사용 가능합니다. |

12

| 함수명 | 설명 |
|---|---|
| np.ones(요소 수) | 요소를 1로, 요소 수만큼의 array를 생성합니다. 인수로 튜플과 리스트를 넘겨 주면, 고차원 array를 생성합니다. |
| np.zeros(요소 수) | np.ones( )와 비슷한 함수로, 0으로 요소 수만큼의 array를 생성합니다. |
| np.linspace(초깃값, 종료값, 요소 수) | 초깃값부터 종료값까지를 균등 구간으로 요소 수를 열거하여 array를 작성합니다. |
| np.random.rand(요소 수 0,[요소 수1,...]) | 0부터 1까지의 난수를 사용하여, array를 생성합니다. 요소 수를 여러 개 넘겨 주면, 고차원의 array를 생성합니다. np.random. randn( )을 사용하면 표준 정규 분포에 따르는 난수 array를 생성합니다. |

이 이외에도 전 절에서 설명한 것처럼 파일로부터 array를 생성하는 것도 가능합니다. 한 번 작성된 array는 reshape() 메쏘드를 호출함으로 형을 변경하는 것도 가능합니다. np.zeros() 함수와 reshape() 메쏘드를 조합하면 조금 전에 만든 3×3 array는 다음과 같이도 작성할 수 있습니다.

2차원 배열로 변환한다.

```
b2 = np.zeros(9).reshape(3, 3)
b2
array([[ 0.,  0.,  0.],
       [ 0.,  0.,  0.],
       [ 0.,  0.,  0.]])
```

또한, array의 shape 속성을 'b2.shape = 3, 3'과 같이 다시 작성해도, reshape() 메쏘드와 같은 결과를 만들 수 있습니다.

array 객체의 T라고 하는 속성에는 X축과 Y축을 교체한, 즉 행과 열을 교체한 90도 회전한 배열이 들어 있게 됩니다.

배열의 회전

```
a = np.arange(9).reshape(3, 3)
a
array([[0, 1, 2],
       [3, 4, 5],
       [6, 7, 8]])
```

```
a.T                                          90도 회전한 array를 표시
array([[0, 3, 6],
       [1, 4, 7],
       [2, 5, 8]])
```

## array를 사용한 연산

NumPy의 array와 연산자를 조합하면 배열의 각 요소에 대한 연산을 할 수 있습니다.

각 요소에 1을 더함

```
a = np.arange(1, 10)                        1에서 9까지의 배열을 만듦
a+1                                          각 요소에 1을 더하여 표시
array([ 2,  3,  4,  5,  6,  7,  8,  9, 10])
```

여러 개의 array를 조합하면, 각 요소를 사용한 연산을 할 수 있습니다. 단 동일형 (shape)의 array를 조합해야 합니다. 리스트와 리스트를 더하는 연결이 됩니다만, NumPy의 array는 움직임이 다릅니다. 덧셈과 같이 뺄셈, 곱셈, 나눗셈 등에서도 요소끼리의 연산이 됩니다.

배열의 덧셈

```
a = np.arange(1, 10)                        1에서 9까지의 배열을 2개 만듦
b = np.arange(1, 10)
a+b                                          a의 요소와 b의 요소를 더함
array([ 2,  4,  6,  8, 10, 12, 14, 16, 18])
```

12

array끼리의 연산은 형이 다르면 실행할 수 없습니다. 그러나 열과 행 중에 한쪽이 동일 요소 수를 갖는 array라면 연산이 가능합니다. 예를 들면 3×3의 array에 3×1의 array를 곱해 봅시다.

⌐ 배열의 곱셈 1

```
a = np.ones(9).reshape(3, 3) ●─────────────── 1로만 구성된 3×3의 array를 만듦
b = np.arange(1, 4) ●──────────────────────── 1, 2, 3의 array를 만듦
a*b ●──────────────────────────────────────── 곱셈한 결과를 표시

array([[ 1.,  2.,  3.],
       [ 1.,  2.,  3.],
       [ 1.,  2.,  3.]])
```

이것을 브로드캐스팅(Broadcasting)이라고 합니다. 샘플 코드에서는 a에 대하여 b를 종방향으로 계산하고 있습니다. 적은 요소 수의 array를 사용하여 연산을 하면 편리합니다.

브로드캐스팅을 사용하면, 3×1과 1×3의 array를 조합하여, 9×9의 array를 작성할 수 있습니다.

⌐ 배열의 곱셈 2

```
np.zeros((3, 1))*np.zeros((1, 3))

array([[ 0.,  0.,  0.],
       [ 0.,  0.,  0.],
       [ 0.,  0.,  0.]])
```

NumPy에 들어 있는 함수를 사용함으로 array의 합계를 계산할 수 있습니다. 1차원 또는 고차원이라도 동일하게 합계를 계산할 수 있습니다.

⌐ 요소의 합계

```
a = np.arange(9).reshape(3, 3) ●─────────────── 0부터 8까지로, 3×3의 array를 만듦
np.sum(a) ●──────────────────────────────────── 합계를 계산

36
```

np.sum()에는 재미있는 기능이 있습니다. axis(축)이라고 하는 인수를 넘겨 주면, 축을 지정하여 합계를 계산하는 방향을 지정할 수 있습니다. 예를 들면 axis에 0을 지정하면, 열끼리 합계를 계산합니다. 다음의 예에서는 조금 전에 만든 3×3의 a라고 하는 array를 사용하여 열끼리의 합계를 계산하고 있기 때문에 결과로는 3개 요소를 갖는 array를 얻게 되는 것입니다.

```
축끼리의 덧셈을 한다.

a = np.arange(9).reshape(3, 3) ●──────────── 0부터 8까지의 array를 만듦

array([[0, 1, 2],
       [3, 4, 5],
       [6, 7, 8]])

np.sum(a, axis=0)

array([ 9, 12, 15])
```

axis에 1을 주면 행끼리의 합계를 계산합니다. 결과로 얻을수 있는 array는 동일하게 3개의 요소를 갖게 됩니다다만, 'array([3, 12, 21])'의 결과로 됩니다.

np.sum() 이외에 평균을 계산하는 np.mean(), 중앙값을 계산하는 np.median(), 표준 편차를 계산하는 np.std(), 분산을 계산하는 np.var() 등이 있습니다. 그리고 np.max(), np.min()은 각각 최댓값, 최솟값을 계산합니다. 어떤 함수라도 np.sum()과 마찬가지로 axis 인수를 받아서 축을 지정할 수 있습니다.

또한, np.dot() 함수를 사용하면 array를 행렬로 보고 행렬의 곱을 계산할 수 있습니다. 파이썬 3.5부터 추가된 행렬의 곱을 계산하기 위하여 연산자 @를 사용하면 np.dot()와 동일하게 사용할 수 있습니다. NumPy에는 이 외에도 행렬 연산을 위한 도구가 있습니다만, 여기에서는 더 이상 다루지 않습니다.

## 요소에의 접근

array의 요소에는 리스트형과 동일하게 인덱스를 사용하여 접근 가능합니다. 고차

원 배열은 '1', '2'와 같이 인덱스를 붙이는 방법 외에, 쉼표(,)로 복수의 인덱스를 넘겨 주는 것으로도 접근 가능합니다.

 요소에 접근한다.

```
a = np.arange(9).reshape(3, 3) ●──────────── 0부터 8까지로 3×3의 array를 만듦
a[1, 2] ●──────────────────────────────────── 1, 2의 요소를 표시

5
```

인덱스를 써서 array 요소를 지정하여 대입하면, 리스트와 동일하게 요소의 교체가 가능합니다. 그러나 대입한다고 해서 array의 형(dtype)은 변하지 않습니다. 자료형이 정수인 array의 요소에 1.5와 같은 부동소수점을 대입해도, 소수점 이하를 버린 상태로 대입됩니다. 그리고 요소 삭제는 할 수 없습니다.

array에서는 리스트형과 같이 슬라이스도 사용할 수 있습니다. 슬라이스를 조합하면, 고차원 배열의 일부를 고차원 배열로 추출할 수 있습니다. a라고 하는 변수에 들어 있는 array에서 오른쪽 아래에 있는 2×2의 부분을 추출해 봅시다.

 슬라이스 이용

```
a[1:, 1:3] ●──────────────────────────── 오른쪽 아래의 2×2의 배열을 꺼냄

array([[4, 5],
       [7, 8]])
```

또한, 인덱스로 리스트를 넘겨 주면, 리스트상의 수치를 인덱스로 보고 여러 개를 추출할 수 있습니다. 1부터 9까지의 array를 만들고, 인덱스로 리스트를 넘겨 주고 짝수만을 추출해 봅시다.

 인덱스에 리스트를 지정한다.

```
d = np.arange(1, 10) ●──────────────────── 오른쪽 아래의 2×2의 배열을 꺼냄
d[[1, 3, 5, 7]] ●──────────────────────────── 짝수만 꺼냄

array([2, 4, 6, 8])
```

# array 연결

NumPy의 array들의 연결은 준비되어 있는 함수로 연결합니다. 횡 방향으로 연결을 위하여 np.hstack()을 사용합니다.

횡 방향으로 연결한다.

```
a = np.arange(4).reshape(2, 2)  ──────── 2×2, 0에서 3까지의 array
b = np.arange(5, 9).reshape(2, 2)  ──────── 2×2, 5에서 8까지의 array
np.hstack((a, b))

array([[0, 1, 5, 6],
       [2, 3, 7, 8]])
```

종 방향으로 연결하기 위하여 np.vstack()을 사용합니다.

종 방향으로 연결한다.

```
a = np.arange(4).reshape(2, 2)  ──────── 2×2, 0에서 3까지의 array
b = np.arange(5, 9).reshape(2, 2)  ──────── 2×2, 5에서 8까지의 array
np.vstack((a, b))

array([[0, 1],
       [2, 3],
       [5, 6],
       [7, 8]])
```

또한, 일차원 배열이라면, np.column_stack()이라고 하는 함수를 사용하여 종으로 세워 놓기가 가능합니다.

12

# array의 복사(copy)

임의의 array(a)를 다른 array 변수(b)에 대입했다고 합시다. 이때 b의 array에 대하여 작업을 하면, a의 array는 어떻게 되나요.

⌒ array끼리의 대입

```
a = np.zeros(4) ●─────────────────── 4개의 0으로 array를 만듦
b = a ●─────────────────────────────── b에 대입
b += 1 ●──────────────────────────── 각 요소에 1을 더함
a ●───────────────────────────────── a의 내용을 표시

array([ 1.,  1.,  1.,  1.])
```

분명히 b에 대하여 작업을 했는데, a에도 함께 실행되어 버립니다. 파이썬의 대입은 복사가 아니라 참조하게 된다는 것을 기억해 주십시오. 'b=a'하는 것으로, a와 b가 같은 array 객체를 지정하게 됩니다. 슬라이스를 써서 array의 일부를 추출해도 같은 결과가 나옵니다. 슬라이스는 원래 array의 일부를 참조하고 있을 뿐입니다. 이것을 뷰(view)라고 합니다.

어떤 array를 별도의 객체로 추출하고 싶을 때는, copy() 메쏘드를 사용합니다.

⌒ array의 복사

```
a = np.zeros(4) ●─────────────────── 4개의 0으로 array를 만듦
b = a.copy() ●────────────────────── b에 대입
b += 1 ●──────────────────────────── 각 요소에 1을 더함
print(a) ●────────────────────────── a의 내용을 표시

array([ 0.,  0.,  0.,  0.])
```

# 03 matplotlib을 사용한다

matplotlib은 그래프를 그리는 강력한 라이브러리입니다. matplotlib는 몇 개의 서브패키지로 나누어져 있습니다만, 여기에서는 앞에서도 몇 번인가 사용했던 pyplot라고 하는 패키지를 중점으로 그 사용법을 소개하고자 합니다. 또한, pyplot에는 인스턴스 기반의 인터페이스도 있습니다만, 이 책에서는 함수 기반의 인터페이스만을 소개하고자 합니다.

## plot( )로 그래프를 그린다

pyplot는 import문의 as를 써서 plt라고 하는 이름으로 import하는 것이 관례입니다. 그래프를 그리고 싶을 때는, pyplot()를 가진 plot()라고 하는 함수를 사용하면 일반적인 그래프는 모두 그릴 수 있습니다.

간단한 예를 봅시다. Jupyter Notebook을 쓸 경우에는 먼저 그래프를 셀 내부에 표시하는 주문을 잊지 말아 주십시오.

plt.plot()에 NumPy의 array를 넘겨 주는 것뿐으로 그래프를 그려 줍니다. 그래프의 눈금은 자동적으로 됩니다.

sin그래프를 그린다.

```
%matplotlib inline
import numpy as np
import matplotlib.pyplot as plt


s = np.sin(np.pi*np.arange(0.0, 2.0, 0.01))
t = plt.plot(s)                                      sin의 그래프를 그림
```

12

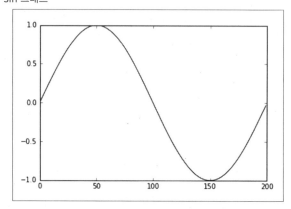

2개의 array를 사용하면 2차원 점으로 됩니다. 세 번째 인수에 마커(커서)를 지정하고, alpha라고 하는 키워드 인수로 투명도를 변경하여 산포도를 그려 봅시다. 또한, plt.scatter()를 써서 **plt.scatter(x, y, alpha=0.1)**과 같이 하면 더 쉽게 산포도를 그릴 수 있습니다.

산포도를 그린다.

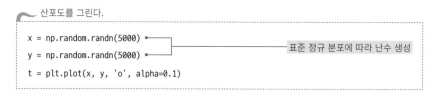

```
x = np.random.randn(5000)
y = np.random.randn(5000)
t = plt.plot(x, y, 'o', alpha=0.1)
```

표준 정규 분포에 따라 난수 생성

Fig 작성된 산포도

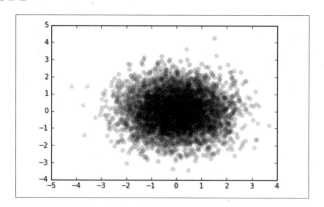

plt.plot()를 여러 번 호출하면 그림을 중복되게 그릴 수 있습니다. 최소 자승법을 사용하여 주어진 데이터에 대하여 선형 근사를 써서, 결과를 그려 봅시다. 데이터를 한 개의 점으로 하여, 얻어진 기울기(m)와 절편(c)을 사용하여 직선을 그립니다. 또한, 다음 코드에서 사용하고 있는 linalg.lstsq()는 여기에서 말하는 m과 c를 도출하는 함수입니다만, 여기에서는 자세하게는 설명하지 않습니다.

2종류의 그림을 중복하여 비슷하게 그려졌는지 확인해 봅시다.

그래프를 중복해 그림

```
x = np.array([1.628, 3.363, 5.145, 7.683, 9.855])
y = np.array([1.257, 3.672, 5.841, 7.951, 9.775])

                              최소 자승법으로 데이터를 근사하는 직선을 구함
a = np.array([x, np.ones(x.size)])
a = a.T
m, c = np.linalg.lstsq(a, y)[0]
t = plt.plot(x, y, 'o')                         데이터를 그림
t = plt.plot(x, (m*x+c))                        근사직선을 그림
```

Fig 여러 개의 그림이 중복되어 그려진다.

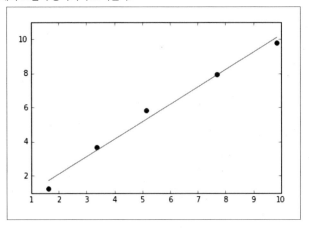

# plot()로 그림을 제어

plot()에는 다음과 같은 옵션 인수가 있습니다. 인수를 사용하는 것으로, 그리려고 하는 직선을 제어할 수 있습니다. 인수 중에는 단축형이 있습니다. 단축형이 있는 경우에는, 여러 개의 인수명을 함께 열거하여 놓습니다.

**Table** plot( ) 함수의 옵션 인수

| 인수 | 설명 |
|------|------|
| alpha | 소수로 투명도를 지정합니다. |
| color, c | 문자열로 색을 지정합니다. red, blue와 같은 문자열의 색을 r, b와 같이 단축형으로 지정할 수 있습니다. |
| linestyle, ls | 문자열로 선의 스타일을 지정합니다. '-', '—', ':' 와 같은 문자열을 지정할 수 있습니다. |
| linewidth, lw | 선의 굵기를 지정합니다. |
| marker | '+', ',', '.', '1', '2' 등과 같은 문자열로 마커종류를 지정합니다. |
| markerfacecolor, mfc | 마커 내부의 색상을 문자열로 지정합니다. markeredgecolor, mec로 경계선의 색도 지정할 수 있습니다. |
| markersize, ms | 마커의 크기를 지정합니다. markeredgewith, mew로 경계의 굵기를 지정합니다. |

sin 그래프에 인수를 증가시켜서 선 스타일을 변경해 봅시다. linestyle에 문자열로 점선을 지정하고, linewidth를 지정하여 굵은 선으로 그려 봅시다.

📎 선 스타일 변경

```
s = np.sin(np.pi*np.arange(0.0, 2.0, 0.01))
t = plt.plot(s, linestyle='--', linewidth=4)
```

**Fig** 표시되는 그래프

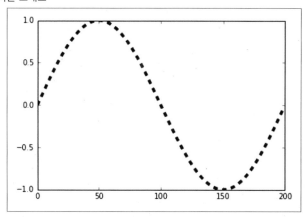

# 문자를 삽입한다

pyplot에는 그래프에 문자를 삽입하는 함수가 몇 개 준비되어 있습니다. 다음 표에 잘 사용되는 것들을 소개합니다.

**Table** pyplot 함수

| 함수명 | 설명 |
| --- | --- |
| plt.xlabel(S) | x축 라벨을 문자열(S)로 지정합니다. plt.ylabel( )은 y축의 라벨을 지정합니다. |
| plt.title(S) | 그래프의 타이틀을 문자열(S)로 지정합니다. |
| plt.text(X, Y, S) | X, Y의 위치에 문자열을 삽입합니다. 문자열에는 '$ ~ $'으로 둘러쌓은 TeX 수식을 사용할 수 있습니다 |
| plt.xticks(P, S) | X축 눈금의 라벨을 문자열로 지정합니다. P는 수치, S는 문자열의 시퀀스로 각각 위치, 라벨의 문자열을 지정합니다. plt.yticks( )를 사용하면, Y축 눈금 라벨을 지정 할 수 있습니다. |

12

또한, 그래프에 문자열을 삽입할 때 한글을 사용하면 잘 안 됩니다. 그래프의 문자열은 영상으로 삽입되기 때문에 matplotlib에 한글 폰트 정보를 설치, 보충해야 할 필요가 있습니다.

다음과 같이 폰트를 지정하여 사용하면, 한글 폰트를 사용하여 문자열을 삽입하여 그래프에 넣을 수 있습니다. 여기에서는 MacOS Jupyter Notebook을 전제로 '애플 산돌고딕 네오'라고 하는 폰트를 지정하고 있습니다.

표시용 폰트 지정

```
import matplotlib.pyplot as plt
plt.rcParams['font.family'] = 'apple sd gothic neo'
```

그 이외에도 초기화 파일에 폰트 설정을 지정하여 써 넣는 방법도 있습니다만, 여기에서는 더 이상 자세하게 설명하지 않습니다. 그리고 다음과 같이 하면, 시스템으로 이용할 수 있는 폰트 리스트를 받아올 수 있습니다. 시스템마다 설치(installation)되어 있는 폰트는 서로 다르기 때문에 각자가 사용하고 있는 컴퓨터의 사용 환경에서 사용 가능하도록 폰트를 지정해 주세요.

폰트 목록을 표시한다.

```
import matplotlib.font_manager as fm
fm.findSystemFonts()
```

tmpnb에서는 한글 문자를 포함하는 폰트를 쓸 수 없기 때문에 한글 문자를 그래프에 넣을 수 없습니다.

# 04 일본 인구를 시각화한다

여기에서는 NumPy와 matplotlib를 조합하여 데이터 가공과 시각화를 해 보려고 합니다. 인터넷을 검색하다 보면, 여러 가지 데이터가 공개되어 있음을 알 수 있습니다. 그중에서도 비교적 쉽게 찾아 볼 수 있는 일본 인구 데이터를 취급해 보고자 합니다. 일본은 오래전부터 호적제도를 충실히 하고 있어서 정확한 인구 데이터가 축적

되어 있습니다.

일본의 인구 데이터는 총무성 통계국(http://www.stat.go.jp/data/)이라든가 국립사회보장인구문제연구소(http://www.ipss.go.jp/) 등에 공개되어 있습니다. 이 중에서 과거의 확정치 데이터를 몇 가지 종류 취급해 보고자 합니다.

이 절에서 사용하는 데이터는 미리 취급하기 쉽도록 가공하여 파일로 보존하고, 샘플 코드와 함께 가지고 있습니다. 코드를 실행시키기 전에 샘플 코드를 다운로드하여 Jupyter Notebook에서 읽을 수 있는 상태로 해 주세요. 또한, 이 절의 내용에 관하여는 중공신서(中公新書)의 《인구학에의 초대(저자; 河野)》를 참고했습니다.

## 인구 데이터를 읽어 들임

먼저 중요한 데이터를 읽어 들입니다. 파일에는 인구데이터가 남녀별로 별도 파일에 들어 있습니다. 인구는 5세 간격으로 등급화되어 있고, 1944년부터 2014년까지의 데이터가 들어 있습니다. 계급별로 인구가 횡축(열), 서기 연도가 종축(행)으로 되어 있는 2차원 배열입니다. 포맷은 CSV(쉼표로 구분)입니다. 구분 문자열(delimiter)를 지정하여, NumPy의 array로 읽어 들입니다. 읽어 들인 CSV 파일에는, 첫째 행에 행 이름(표제)이 있기 때문에 'skiprow=1'이라고 하는 인수를 넘겨 줍니다. 그리고 각행의 첫 번째 행에는 서기 연도가 있어서 이것을 넘겨 주기 위하여 useclos라고 하는 인수에 range()를 사용한 시퀀스를 넘겨 주고 있습니다.

1944년부터 2014년까지의 5계층 단계별로 인구를 남녀별로 읽어 들임

```
import numpy as np


p_male = np.loadtxt('male_1944_2014.csv', delimiter=",",
                    skiprows=1, usecols=range(1, 22))
p_female = np.loadtxt('female_1944_2014.csv', delimiter=",",
                      skiprows=1, usecols=range(1, 22))
```

12

남녀 합계 데이터, 연도별 데이터를 작성해 봅시다. NumPy를 사용하면 이러한 종류의 처리는 한 행으로 처리해 버립니다. 5세 단계별 인구를 연도별 인구로 수정하는 처리는, array의 sum()를 사용하고 있습니다. p_total에는 행에 5단계별 인구가 들어있습니다. 'axis=1'이라고 하는 인수를 사용함으로, 각 행마다의 합계, 즉 각 계급별의 인구를 합계한 결과가 계산되는 것입니다.

계급별과 연도별로 인구를 계산한다.

```
p_total = p_male+p_female ●─────────── 남녀 5세씩의 계급별로 인구를 합계
p_yearly = p_total.sum(axis=1) ●─────────── 연도별 인구로 수정
```

연도별로 인구 데이터를 그래프에 그려 봅시다. x축에는 1944년부터 2014년까지의 시퀀스를 넘겨 주고, 눈금에는 서기 연도를 표시합니다. 그리고 그리드(grid)를 표시합니다.

연도별 인구를 그래프화 한다.

```
%matplotlib inline
import matplotlib.pyplot as plt


t = plt.plot(range(1944, 2015), p_yearly)
plt.ylim((0, 130000))
plt.grid(True)
```

**Fig** 일본 인구(1944년부터 2014년까지)

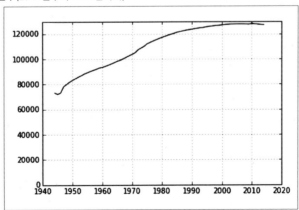

일본의 인구는 2008년을 피크로 하여 감소하고 있습니다. 정부와 관련 기관의 인구 예측에 따르면, 일본의 인구는 지금부터 부드러운 커브를 그리면서 감소해 갈 것이라고 합니다. 인구 감소 사회가 온 것입니다. 특히 최근에 자식을 낳지 않으려는 뉴스를 많이 접합니다만, 일본의 인구 하강 트렌드는 사실 벌써부터 시작되었습니다. 이러한 것을 보이기 위하여 출생률의 시계열 데이터를 가져와서 표시해 봅시다.

출생률(합계 특수 출생률) 그래프를 그린다.

```
tfr = np.loadtxt('total_fertility_rate.csv',
                 delimiter=",", skiprows=1)
t = plt.plot(range(1960, 2015), tfr, ls=":")
t = plt.plot([1960, 2015], [2.07, 2.07])
```
인구 치환 경계선을 2.07로 하여 선을 그림

**Fig** 일본의 출생률(1960년부터 2014년까지)

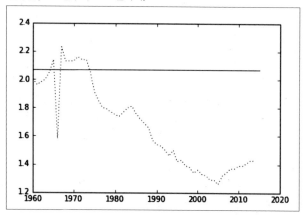

여기에서 보여준 '출생률'은 정확하게는 '합계 특수 출생률'이라고 불리는 데이터입니다. 합계 특수 출생률이라고 하는 것은, 간단하게 말하면 한 명의 여성이 일생 출산하는 아기의 숫자입니다. 여기에서 말하는 한 명의 여성이라는 것은, 여러 가지 이유로 아기를 임신하지 않는 여성도 포함한 모든 여성을 말합니다.

이 세상에는 여성과 남성이 있습니다만, 단순히 생각하면, 여성 한 명당 2명의 아기가 태어나면 인구를 줄지 않고 유지할 수 있습니다. 실제로는 사고라든가 병 등의 이유로 도중에 사망하는 경우도 있습니다.

12

　의료가 정비, 발전하여 사망률이 비교적 낮은 일본에서는 여성 한 명당 2.07명의 아기가 태어나면 인구를 유지할 수 있다는 그런 의견도 있습니다. 이 숫자를 '인구 치환 수준'이라고 부릅니다.

　그래프에서 가로로 이어지는 선이 인구 치환 수준입니다. 잘 보면 1960년 후반에 아래로 볼록한 골짜기가 형성되어 있습니다. 이 해는 병오년으로 불리는 해로서, 미신이 있어서 출생률이 극도로 낮게 되어 있습니다. 그리고 또 그래프를 보면, 출생률이 1970년대의 중반에서 인구 치환 수준이 2.07 이하로 떨어져서 그 후 한 번도 회복하지 않고 있음을 알 수 있습니다. 이 그래프를 보면, 일본의 인구 감소는 1970년대부터 시작한 긴 저 출생률 시대가 일어나고 있다는 것을 알 수 있으리라 생각합니다.

## 인구 피라미드를 그린다

　다음으로, 1970년대 중반부터 시작한 출생률의 저하가 인구 분포에 어떤 영향을 주고 있는지 봅시다. 남녀별, 연령별 인구 데이터가 있기 때문에 이것을 기본 데이터로 하여 인구 피라미드를 그려 봅시다.

　먼저, 인구 피라미드를 그릴 함수를 만듭니다. 함수에는 서기 연도와 인구를 보존하고 있는 arrary를 인수로 넘겨 주도록 합니다.

　show_pgraph( ) 함수의 정의

```
from matplotlib import gridspec
def show_pgraph(year, arr1, arr2, arr3,
                ymin, ymax, ydim=1):
    # 인구 피라미드를 표시
    # 표시하는 인구의 인덱스를 가져옴
    idx = int((year-ymin)/ydim)
    # 인구 피라미드와 인구 그래프의 그리드를 생성
    gs = gridspec.GridSpec(2, 2, height_ratios=(3, 2))
    # 그래프의 배치를 결정
    ax = [plt.subplot(gs[0, 0]),plt.subplot(gs[0, 1]),
        plt.subplot(gs[1, :])]
```

```
# 남성 인구 피라미드를 그림
ax[0].barh(range(0, 101, 5), arr1[idx], height=3)
ax[0].set(ylim=(0, 100), xlim=(0, 6000))
ax[0].invert_xaxis()
ax[0].yaxis.tick_right()
# 여성 인구 피라미드를 그림
ax[1].barh(range(0, 101, 5), arr2[idx], height=3)
ax[1].tick_params(labelleft='off')
ax[1].set(ylim=(0, 100), xlim=(0, 6000))
#  서기선 인구 그래프를 그림
ax[2].plot(range(ymin, ymax+1, ydim), arr3, ls=":")
ax[2].plot([year, year], [0, 140000])
```

함수를 정의하고 나서, 별도의 셀로 함수를 호출해 봅시다. 1950년의 인구 피라미드를 표시해 봅니다. 이때는 어린 유아들의 사망률이 높고, 일본이 공업화되기 전이었기 때문에 다산다사(多産多死)의 시대였습니다. 그렇기 때문에 인구의 연령 분포가 좋은 피라미드형을 하고 있습니다. 20대부터 남성 인구의 결손은 제2차 세계대전이 있었기 때문입니다.

인구 피라미드의 그래프를 그린다.

```
show_pgraph(1950, p_male, p_female, p_yearly, 1944, 2014)
```

`Fig` 1950년 일본의 인구 피라미드

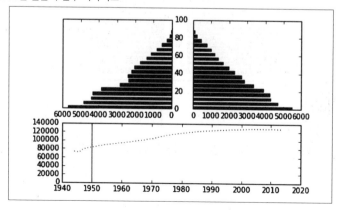

# 그래프를 인터랙티브(interactive)하게 그린다

지금 어차피 시계열 데이터를 가지고 있기 때문에, 그 해당 연도의 인구 피라미드를 여러 가지로 쉽게 볼 수 있도록 하고 싶을 것입니다. Jupyter Notebook의 Widget(위젯)이라고 하는 기능을 써서 슬라이더를 표시하여, 인터랙티브하게 그래프를 변경할 수 있도록 해 봅시다.

슬라이더를 사용하여 그래프를 그린다.

```
from ipywidgets import interact, IntSlider, fixed

t = interact(show_pgraph, year=IntSlider(min=1944, max=2014,
        step=5), arr1=fixed(p_male), arr2=fixed(p_female),
        arr3=fixed(p_yearly), ymin=fixed(1944),
        ymax=fixed(2014), ydim=fixed(1))
```

Fig 슬라이더를 사용하여 인구 피라미드를 움직여 확인한다.

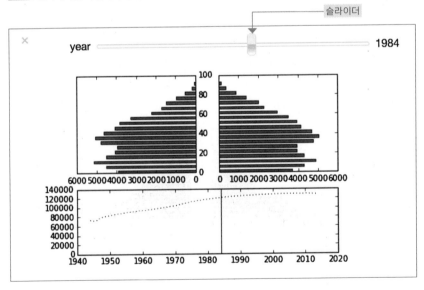

출생률이 인구 치환 수준을 넘어선 1970년대 후반부터 인구 피라미드가 이른바 큰 종 모양으로 변화해 가는 것을 알 수 있습니다.

여성은 생리학적으로 출산 가능한 연령이 있습니다. 개인차가 있습니다만, 15세부터 49세까지가 여성이 출산이 가능한 기간으로 알려져 있습니다. 새로 태어날 아기의 수는, 이 기간의 연령에 있는 여성의 총 수에 출산율을 곱한 수가 됩니다. 출산율이 낮으면 다음 세대에 아기를 출산할 여성의 수가 감소하게 됩니다. 이런 현상이 반복되어 출생 수가 감소해 가는 것이 인구 감소 이유의 한 측면입니다.

한편, 고도 성장기를 지나 의료가 발달한 결과, 일본에서는 사망률이 감소하여 평균 수명이 늘어 났습니다. 제2차 세계대전 후 태어난, 단카이(団塊) 세대로 불리는 약 690만 명이 이 혜택을 받게 되었습니다. 인구 피라미드를 움직이면, 이 단카이 세대의 인구가 큰 파도와 같이 움직이고 있음을 알 수 있습니다. 이러한 인구 파도의 요인이 출산율 저하를 막고, 인구 감소를 저지시켰기 때문에 일본의 인구는 계속해서 증가해 왔습니다.

단카이 세대의 여성은 출산 적령기에 들어갈 무렵, 그 위에 한 가지 더 작은 파도가 일어납니다. 그러나 두 번째의 파도는 만혼과 아이 적게 낳기 등에 따라서 다음의 큰 파도를 일으키지 못했습니다. 결과적으로 고령화와 아이 적게 낳기가 동시에 진행되어, 인구가 피크를 맞은 것이 인구 감소에 이르는 간단한 메커니즘(mechanism)입니다.

## 장래 인구를 추계(일부를 가지고 전체를 미루어 계산하는 것)한다

다음으로, 장래의 인구를 추계해 봅시다. 인구 추계는 아주 어려워서 전문기관이 한 추계마저도 가끔씩 그 인구를 올바로 예측할 수 없습니다. 여기에서는 어디까지나 NumPy의 사용 방법의 한 예로서 그 추계를 도전해 보고자 합니다.

장래 인구를 추계하기 위하여, 먼저 인구가 어떤 요인에 의하여 줄었는가, 늘었는가에 대하여 생각합니다.

인구가 줄어드는 것은 병과 노화, 사고 등으로 인한 사망이 일어났기 때문입니다. 이런 자료들을 정리한 각 연령의 사망률이 생명표라고 하는 데이터로 나와 있기 때문에 이것을 사용합니다. 이번에 사용하고 있는 인구 데이터는 5세로 구분되어 있기 때문에 여기에 맞는 생명표를 입수합니다. 의료 기술 발달 등에 따라서 사망률은 변해 갑니다만, 간단하게 하기 위하여 2014년 수준으로 고정하기로 합니다.

인구가 늘어나는 것은 아기들이 태어나기 때문입니다. 연령별(5세 구분)로 출생률이 있기 때문에 과거의 출생률로부터 인구 치환 수준(2.07)에 상당하는 데이터와 정부의 인구 추계로 고위 추계로서 사용될 값(1.6)에 상당하는 데이터를 준비합니다.

출생률도 변화합니다만, 간단하게 하기 위하여 2개의 패턴으로 한정시킵니다. 그리고 엄밀하게 말하면, 인구의 증감에는 국내외의 인구 유입과 인구 유출도 관계 있습니다만, 여기에서는 논외로 합니다.

대략적인 방침이 결정되었기 때문에, 필요한 데이터를 모아서 NumPy의 array로서 사용하기로 합시다.

각 데이터를 배열에 사용

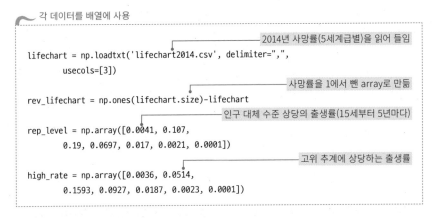

이 데이터를 사용하여 2014년부터 100년간의 인구를 추계해 봅시다. 추계는 5년마다 인구를 계산합니다.

먼저, 15세부터 49세의 여성의 인구와 출생률을 사용하여 신생아 수를 계산합니다. 신생아의 남녀 비율은 대략 100 : 105로 여자아이가 많게 합니다. 이 비율을 사용하여 신생아의 남자아이와 여자아이의 수를 추계합니다.

그리고, 최근 5세 간격의 인구 array에 사망률을 곱하여 인구 감소에 관한 계산을 합니다. 그다음에 신생아 수와 인구 감소 계산을 한 array의 마지막 요소를 잘라 버린 것과 연결하여 다음 5년간의 인구 array를 만듭니다. 이러한 처리를 20회 반복함으로 100년의 인구를 추계해 봅니다.

방침이 결정되었기 때문에, 파이썬의 코드로 입력하여 봅시다. recover_in이라고 하는 변수에 출생률이 인구 치환 수준으로 갑자기 되돌아가는 연수를 대입합니다. 여기에서는 25년에서 2.07로 되돌아가는 설정으로 해서 인구 추계를 해 봅니다.

## 인구 추계 처리

```
# 남녀 인구 데이터를 추정하는 array를 정의
fp_male = np.array(p_male[-2:])
fp_female = np.array(p_female[-2:])


# 인구 치환 수준으로 돌아가는 기간(5로 나눔)
recover_in = 5


for i in range(20):
    # 100년간 분을 5년마다 반복
    # 최근의 5세 계급별로 새로운 인구를 초기화
    new_fp_male = fp_male[-1]
    new_fp_female = fp_female[-1]
    # 출생률을 설정
    if i > recover_in:
        f_rate = rep_level
    else:
        f_rate = high_rate
    # 15-49세의 여성 인구에 출생률을 곱하여 신생아 수를 계산
    newborn = np.sum(new_fp_female[3:10]*f_rate)*5
    # 최근의 5세 계급별 인구 인덱스를
    # 오른쪽으로 이동하여 신생아를 왼쪽에 연결
    new_fp_male = np.hstack(
        ([newborn*0.4878], new_fp_male[:-1]))
    new_fp_female = np.hstack(
        ([newborn*0.5122], new_fp_female[:-1]))
    # 각 계급의 인구에 사망률을 적용
    new_fp_male *= rev_lifechart
    new_fp_female *= rev_lifechart
    # 새로운 추정 인구를 추가
    fp_male = np.vstack(
        (fp_male, new_fp_male))
    fp_female = np.vstack(
        (fp_female, new_fp_female))

# 남녀 합산의 5세 계급별 인구, 5년마다의 추정 총인구 array를 작성
fp_total = fp_male+fp_female
fp_sum = np.array([np.sum(x) for x in fp_total])
```

**12**

추정한 결과를 그래프로 표시해 봅시다. recover_in의 값을 변경하면 여러 가지 그래프를 그릴수 있습니다.

그래프의 표시

```
t=plt.plot(range(2013, 2120, 5), fp_sum)
t=plt.ylim([0, 130000])
plt.grid(True)
```

다음 그림은 4종류의 인구 추계를 1개로 정리한 그래프입니다. 인구가 많은 선에서부터 바로 인구 치환 수준으로 회복하는 패턴, 즉 15년 후, 50년 후, 고위 추계 유지라고 하는 조건으로 되어 있음을 알 수 있습니다.

Fig 조건을 변경한 인구 추계

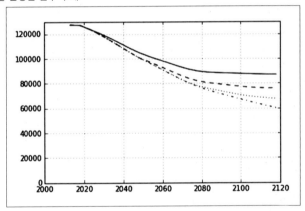

출생률이 바로 인구 치환 수준으로 회복해도 인구가 안정될 때까지는 긴 시간이 걸립니다. 바로 지금 어린이가 많아져도 그 어린이가 다음 세대에 영향을 주는 것은 20년 이상 걸리기 때문입니다. 일본 인구가 여유 있는 하강선을 그리면서 감소해 나가는 것은 피할 수 없다는 것을 알 수 있습니다.

다음으로, 추계한 데이터를 사용하여 인구 피라미드를 그려 봅시다. 앞에서 사용한 show_pgraph() 함수를 사용하여 인터랙티브한 그래프를 한 개 더 그려 봅니다.

인구 추계를 그래프로 그린다.

```
t = interact(show_pgraph, year=IntSlider(min=2013, max=2113,
        step=5), arr1=fixed(fp_male), arr2=fixed(fp_female),
        arr3=fixed(fp_sum), ymin=fixed(2013),
        ymax=fixed(2120), ydim=fixed(5))
```

**Fig** 추계한 데이터를 사용한 인구 피라미드를 그린다.

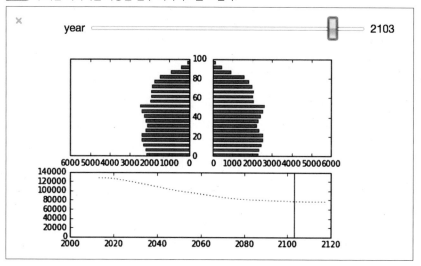

이 그림은 출생률이 25년 후에 인구 치환 수준으로 회복하는 패턴(recover_in = 5) 데이터를 사용하고 있습니다. 인구가 균형 잡힌 부근에서는 베이비붐적인 돌출한 층을 보이면서 큰 종의 모양을 유지하는 모양입니다.

파이썬의 프로그램을 실행시켜 보지 않아도, 일본은 장기적으로 인구 감소 트렌드에 있는 것은 누가 보더라도 명확한 사실입니다. 그러나 인구 감소라고 하면, 부정적인 느낌을 가진 것이 많을 것으로 생각됩니다만, 긍정적인 면도 있다는 것을 말하고 싶습니다.

인류는 인구 감소를 지금까지 몇 번인가 경험해 왔습니다. 14세기에는 유럽에서 페스트가 유행하여 심각한 노동력 부족이 있었습니다. 그 결과 여러 가지 개혁이 일어났습니다. 예를 들면, 그때까지 혈연에 따라서 직업이 제한되었던 길드(guild)에게 혈연을 갖지 않은 사람도 참가할 수 있도록 되었습니다. 인구 감소에 사회가 능동적으로 대응한 결과, 많은 개혁이 일어나고, 그 후 르네상스에 연결되었다고 하는 설을 역사학자 하리가 주장하고 있습니다.

인구 감소와 동시에 진행하는 고령화에 대하여도 긍정적인 측면이 있습니다. 사람이 장수하게 되면, 젊은이는 장래를 준비하기 위하여 저축을 하게 됩니다. 그 결과적으로 경제력이 올라가는 연구도 있을 것입니다.

그러나 지금과 같은 낮은 출생률이 계속되면, 인구의 반이 65세 이상 고령자로 되는 사회가 도래하는 것을 피할 수 없습니다. 발전은 하지 않아도 지속 가능한 사회를 유지하려면, 인구 중에는 일정한 노동자가 존재해야 하는 것처럼, 출생률을 지금보다는 높여야 할 필요가 있는 것은 확실합니다.

아이 적게 낳기에 관한 이야기를 하는 것은 이 책의 목적과는 크게 다르기 때문에 하지 않겠습니다만, 한 가지만 말 한다고 하면, 100년 가깝게 아이 적게 낳기 대책을 실시해 온 프랑스는 예외로 하고, 선진국 중 북서 유럽을 중심으로 최근 10년 정도는 출생률이 대폭 개선되었다는 점과 아이 적게 낳기 정책을 개선하고 있는 국가는 개인주의적인 지향이 높고, 개선하고 있지 않은 국가는, 권위주의적인 가족 구성을 하고 있다고 합니다. 경직된 가치관에 머물러서 시들어 갈 것인가, 아니면 다양한 정책을 받아들여서 직접적으로 발전해 갈 것이냐고 하는 선택의 세상에서 우리는 살고 있는 것입니다.

부드러운 곡선 같은 인구 감소와 고령화가 변혁을 촉진하고 이노베이션(혁명)이 일어나는 사회. 인구가 줄어드는 것으로 과밀화가 해소되고 많은 사람이 살기 좋은 사회. 인구 감소가 그런 사회를 실현해 준다면, 어쩌면 환영해야 할 것으로 생각합니다. 인구 숫자의 증감으로 일희일비(一喜一悲)하기보다도, 이렇게 해서 새로운 세상이 오게 한다는 생각이 훨씬 더 즐거운 생각일 것입니다.

# 05 파이썬과 기계학습

최근 몇 년 동안 기계학습(Machine Learning)이라는 말을 많이 합니다. 기계학습은 원래 인공지능의 한 연구 분야입니다. 인공지능 연구는 인간이 행하고 있는 인지라든가 판단 등의 비교적 고도 기능을 컴퓨터 같은 기계로 대신 하게 하는 것을 목적으로 하고 있습니다. 기계학습은 그러한 연구 중에서 컴퓨터를 사용하여 인간의 학습과 같은 기능을 실현하려고 하는 연구로 시작되었습니다.

"컴퓨터가 학습을 한다"는 말은 무슨 말입니까. 인간이 행하는 학습을 '입력(보다, 듣다, 만지다)을 사용하여 적당한 출력(반응)을 배우는 것'으로 정의해 봅시다. "인간은 학습하는 프로세스(과정)를 학습 할 수 있다"는 주장은 논외로 하고, 컴퓨터로 같은 것을 실현할 수 있다면, 컴퓨터에게도 학습을 시킬 수 있게 되는 것입니다.

컴퓨터에게 입력이라는 것은 데이터, 결국 수치라는 것입니다. 많은 데이터를 사용하여 인간이 행하는 것과 같은 판단을 배우게 하기 위한 수법. 이것이 기계학습을 단순하게 정의한 것이라고 할 수 있습니다.

**Fig** 종래의 프로그래밍과 기계학습의 비교

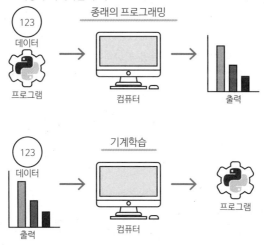

많은 데이터를 컴퓨터로 취급할 때는 배열을 사용합니다. 데이터를 처리하여 판단에 연결하기 위해서는 확률, 통계를 사용합니다. 이러한 확률과 통계의 요구가 있어서, 지금까지는 R과 같은 특별한 목적에 맞춘 프로그래밍 언어와 그 개발 환경에 기계학습이 사용되었습니다.

그러나 최근에는, 기계학습을 적용하는 분야가 다양화되고 있습니다. 영상 처리라든가 자연 언어를 전처리하기도 하고, 때에 따라서는 데이터베이스에 있는 대량의 데이터를 처리해야 하는 필요성이 많아 졌습니다. 이러한 변화에 힘입어서, 파이썬은 배열 연산, 수치 연산, 통계 처리까지도 흡수하여 여러 가지 목적으로 즐겨 사용되게 되

12

었습니다.

또한, NumPy와 SciPy, matplotlib와 같은 비교적 전통 있는 라이브러리에 덧붙여서, 기계학습을 쉽게 사용하기 위하여, scikit-learn과 같은 새로운 라이브러리 등장으로 이 분야에서 파이썬 사용자를 더 많이 양산해 나가고 있습니다.

여기에서는, 파이썬과 scikit-learn을 사용하여 기계학습 방법 중 간단한 몇 가지를 봅시다. 실제로 기계학습법을 다루면서 기계학습이 어떤 것인가, 파이썬으로 기계학습을 하기 위해서는 어떻게 하면 좋은가를 간단히 공부해 봅시다.

## 기계학습에 의한 수치 예측

기계학습에는, 임의의 값 X에 대응하여 변화하는 값 Y를 예측한다는 문제가 있습니다. 이런 문제를 풀 수 있다면, 과거의 판매액 데이터로부터 미래의 판매액을 예측하는 것에 이용할 수 있습니다. 어쩌면 과거의 주가(주식 값)로부터, 미래에 그 값이 올라가는지 내려가는지를 예측할 수 있을지도 모릅니다.

전 절에서 일본의 인구를 예측해 보았습니다. 서기 연도에 대하여 변화하는 인구를 예측하는 문제를 풀어 본 것입니다. 이때는 단계별 인구와 사망률, 여성의 인구와 출생률을 사용하여 계산하는 방법, 즉 로직(Logic)을 생각해야 할 필요가 있었습니다. 한편 기계학습에서는, 실제로 관측한 X와 Y 데이터를 여러 개 준비하여 법칙을 학습시킴으로, X에 대응하는 Y를 예측시키는 것입니다.

기계학습에서 수치를 예측하는 방법은 몇 가지 종류가 있습니다만, 여기에서는 비교적 소박한 최소자승법으로 불리는 방법을 사용해 봅시다. 다항식에 의한 근사를 행하여, 원래의 데이터에 잘 투사하는 곡선을 찾아내어 값을 예측해 봅시다. scikit-learn은 최소자승법을 사용하는 분석법이 준비되어 있어서 간단하게 사용할 수 있습니다.

먼저, 예측하는 데이터는 NumPy를 사용하여 만듭니다. sin에 대하여 표준 정규분포를 따르는 난수를 만족시키는 데이터를 만듭니다. scikit-learn에서는, 학습하는 데이터를 행(行)에 놓아야 할 필요가 있습니다. 그 이유는 아래의 코드에서 '[:, np.newaxis]'로 했기 때문입니다.

**데이터 작성**

```python
import numpy as np

# 난수 시드(초깃값)를 설정
np.random.seed(9)
# 0에서 1까지 100개의 수치를 생성, 난수를 혼합하기 전의 x
x_orig = np.linspace(0, 1, 100)

def f(x):
    # x에 대응하는 sin값을 돌려주는 함수
    return np.sin(2 * np.pi * x)

# 0에서 1까지 100개가 흩어져 있는 샘플 데이터 x를 생성
x = np.random.uniform(0, 1, size=100)[:, np.newaxis]
# x에 대응하는 sin값에 난수를 더하여 샘플 데이터(y)를 생성
y = f(x)+np.random.normal(scale=0.3, size=100)[:, np.newaxis]
```

데이터가 만들어 졌다면, 나중을 위하여 학습용 데이터와 테스트용 데이터로 분할하여 놓습니다. 그 후 원래의 sin 선을 점선으로 보충하면서 생성된 데이터를 그래프에 그려 봅니다. sin 선 주변에 흩어져 있는 점이 있는 것을 알 수 있습니다. 이 점들 사이를 잘 지나가는 곡선을 구하는 것이 목표입니다. 즉 목표는 훈련(training)용 데이터로부터 의미 있는 데이터를 잘 설명할 수 있는 모델을 구하는 것입니다.

**그래프 작성.**

```python
%matplotlib inline
import matplotlib.pyplot as plt
from sklearn.cross_validation import train_test_split

# 학습용 데이터와 테스트용 데이터를 분리
x_train, x_test, y_train, y_test =
        train_test_split(x, y, test_size=0.8)

# 원래 sin값과 샘플 데이터를 plot
plt.plot(x_orig, f(x_orig), ls=':')
plt.scatter(x_train, y_train)
plt.xlim((0, 1))
```

473

**Fig** 학습 데이터 그래프

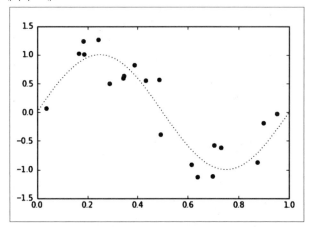

다음으로 데이터를 학습하여 모델을 작성해 봅시다. 최소 자승법의 다항식 근사라고 하는 방법을 사용하는 것입니다만, 세부 정의는 논외로 하고, 우선 코드를 실행하고, 기계학습의 분위기를 잡아 봅시다. 데이터를 학습할 때 주어지는 매개변수(deg=차수)를 몇 개 테스트해 보고, 학습의 모양이 변하는 것을 그래프로 표시해 봅니다.

~ 모델의 그래프 표시

```
from sklearn.linear_model import LinearRegression
from sklearn.preprocessing import PolynomialFeatures
from sklearn.pipeline import make_pipeline

# 2x2의 그래프를 그리는 준비
fig, axs = plt.subplots(2, 2, figsize=(8, 5))

# 차수 0, 1, 3, 9에 대하여 학습한 결과를 표시
for ax, deg in zip(axs.ravel(), [0, 1, 3, 9]):
    # 파이프라인을 만듦
    e = make_pipeline(PolynomialFeatures(deg),
            LinearRegression())
    # 학습 set으로 학습
    e.fit(x_train, y_train)
```

```
    # 원래의 x로 예측
    px = e.predict(x_orig[:, np.newaxis])
    # 예측결과 그래프와 테스트 데이터 점을 그림
    ax.scatter(x_train, y_train)
    ax.plot(x_orig, px)
    ax.set(xlim=(0, 1), ylim=(-2, 2),
           ylabel='y', xlabel='x',
           title='degree={}'.format(deg))

plt.tight_layout()
```

**Fig** 학습 모양

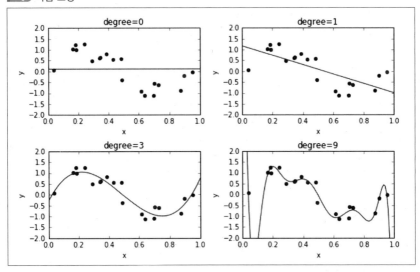

　'최소 자승법의 다항식 근사'라고 하는 것은, 간단하게 말하면 '주어진 데이터로부터 연립방정식을 풀어서 데이터들 중에 중앙값을 지나가는 곡선식을 구한다'라는 것입니다. 차수를 0으로 하면 기울기가 없는 직선, 1이면 기울기가 있는 직선입니다. 차수를 높이면 복잡한 곡선으로 주어진 데이터에 대하여 더욱 가깝게 지나가는 곡선식을 구할 수 있습니다. 곡선식에 X의 값이 주어지면 Y의 값이 나옵니다.

　이와 같이 하여 X에 대응하는 Y의 값을 예측하는 것입니다.

　4개의 그래프에서는 차수 9인 곡선이 주어진 데이터에 가까운 곳을 지나갑니다만,

475

원래의 데이터를 만들 때 사용한 sin 그래프와는 전혀 비슷하지 않습니다. 차수 3의 그래프가 원래의 그래프와 비슷한 모양을 하고 있습니다. 이것을 확인하기 위하여 다음에는 테스트 데이터를 사용하여 학습 결과를 확인해 봅시다. 테스트는 다음과 같이 합니다. 먼저 학습 데이터를 주고 모델을 만듭니다. 만든 모델에서 테스트 데이터를 예측시켜 실제 데이터와의 오차를 확인하여 어느 정도 정확하게 예측되었는가를 확인합니다. 이러한 처리를 조금전에 했던 방법과 마찬가지로 차수를 변경하면서 실행하여, 평균을 계산한 값(평균자승 오차, RMS)을 그래프로 표시해 봅시다.

예측치와의 오차를 그래프화 한다.

```python
from sklearn.metrics import mean_squared_error

# 실 데이터와의 오차를 보존하는 array
train_error = np.empty(10)
test_error = np.empty(10)
# 차수 0에서 9에 대하여 조사
for deg in range(10):
    # 모델을 작성
    e = make_pipeline(PolynomialFeatures(deg),
            LinearRegression())
    e.fit(x_train, y_train)
    # 테스트 데이터를 사용하여 예측값과 실제값의 오차를 조사
    train_error[deg] = mean_squared_error(y_train,
            e.predict(x_train))
    test_error[deg] = mean_squared_error(y_test,
            e.predict(x_test))

# 그래프를 그림
plt.plot(np.arange(10), train_error, ls=':', label='train')
plt.plot(np.arange(10), test_error, ls='-', label='test')
plt.ylim((0, 1))
plt.legend(loc='upper left')
```

**Fig** 차수와 오차 그래프

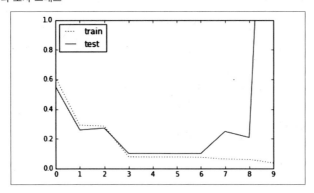

비교하기 위해 학습에 사용한 데이터를 모델을 사용해 예측시킨 경우의 오차를 점선으로 표시하고 있습니다. 차수가 올라가면 오차는 작아지고 있습니다만, 애당초 모델은 그렇게 되도록 학습해 가는 것으로 당연한 말입니다. 학습의 정도를 확인하기 위하여는 학습에 사용한 데이터와는 별도로 데이터를 만들어서 그 데이터를 가지고 예측해 볼 필요가 있습니다.

여기에서 확인하고 싶은 것은, 실선으로 그려진 테스트 데이터 그래프입니다. 7부터 그 이후에서는 오차가 커지고 있습니다. 즉 학습 데이터를 고차승(과승)으로 학습하여 예측하도록 하는 대신에, 다른 데이터(테스트 데이터)를 예측할 수 없게 되어 버렸다는 것입니다. 이러한 현상을 오버피팅(Overfitting)이라고 합니다. 그래프를 보고 알 수 있는 것은, 3에서 6까지는 오차가 작게 되어 있습니다. 여기의 이번 실험 데이터에서는 차수를 3으로 하는 게 좋을 듯합니다.

이와 같이 기계학습에서는, 데이터를 주고 모델을 학습시키면서 결과를 평가하는 작업을 하는 것입니다. 이러한 작업을 반복하면서 최적의 매개변수를 찾아서 좀 더 좋은 모델을 만들어 가는 것입니다.

## 기계학습 알고리즘

12

기계학습에서는 잘 사용되는 분석 방법으로 몇 가지의 종류가 있습니다. 위의 예에서 본 최소 자승법도 기계학습의 한 가지 알고리즘입니다. 어떤 데이터를 학습시킬 것 인가, 어떤 결과를 얻고 싶은가에 따라서 알고리즘을 분별하여 사용합니다. scikit-learn에서 제공하고 있는 알고리즘 중 대표적인 것을 소개하고자 합니다.

## ﹏⑾ 회귀

판매 총액과 가격, 흡연율과 폐암의 발병률 등 연속적인 데이터를 예측하는 것을 회귀(regression)라고 합니다. scikit-learn에는 오버피팅을 하지 않도록 하면서, 회귀를 행하는 알고리즘으로 Lasso(라소 회귀)와 Redge(리지 회귀)가 있습니다.

## ﹏⑾ 분류

학습 데이터에 값을 주고 목표를 정하여 학습을 행하는 것으로, 기계학습을 사용하여 분류를 행하는 것이 가능합니다. 스팸인가 아닌가를 결정한다든가, 뉴스 사이트 기사 분류, 영상 인식 등에 이용됩니다. scikit-learn에는, SVC(Support Vector Classifier), NearestNeighbors(최근접 이웃 알고리즘), RandomForestClassifier(랜덤 포레스트 분류법), naive_bayes(나이브 베이즈 분류 라이브러리) 등이 있습니다.

이상의 방법들은 주어진 데이터에 대하여 학습 결과의 답을 미리 준비하여 그 답으로 향하여 학습을 시키기 때문에 지도 학습(Supervised Learning)이라고 합니다. 기계학습 중에는 데이터만을 주고, 그 데이터들 간의 규칙성을 발견하는 알고리즘도 있습니다. 다음에 소개하는 방법은 학습 결과를 미리 알려주지 않고 학습하는 방법으로 비지도 학습(Unsupervised Learning)을 소개하고자 합니다.

## ﹏⑾ 클러스터링(clustering)

서로 비슷한 데이터들을 정리하여 묶어 놓은 것을 클러스터링이라고 합니다. 고객의 세그먼트(segment)를 분석하거나, 클러스터에 들어 있지 않은 데이터를 찾아서 비정상적인 데이터를 검색한다든가 하는 응용법이 있습니다. scikit-learn에는 KMean(K평균법), MeanShift(평균 변이법) 등이 있습니다.

딥러닝 등 일부 내장되어 있지 않은 알고리즘도 있습니다만, scikit-learn에는 많은 기계학습 알고리즘이 내장되어 있습니다. 또한, 학습을 하기 위하여 데이터를 가공하거나, 학습 결과를 평가하기 위한 support 함수 등이 준비되어 있습니다. 학습을 위한 인터페이스도 통일되어 있어서 사용하기 쉽게 되어 있는 것도 좋은 점입니다.

기계학습 알고리즘은 수학, 통계 지식을 기본으로 만들어져 있습니다만, scikit-learn과 같은 라이브러리의 좋은 점은, 알고리즘의 상세한 부분까지 다루지 않고도 기계학습을 우리 손으로 쉽게 실행해 볼 수 있다는 것입니다. '이러한 분석을 위해서는 이런 알고리즘을 사용하면 좋다'라는 말이 있는데, 이러한 지식도 많은 경험이 쌓여 있어서 나오는 말이기 때문에, 생각나는 방법을 바로바로 적용시켜서 해 보는 것입니다. 물론 알고리즘을 튜닝해 보거나 본격적으로 사용하기 위하여는 수학, 통계 등의 지식이 필요합니다. 그러나 그러한 블랙박스의 내용을 알고 싶으면, 그것은 나중에 배우면 됩니다. 수학을 배우는 것보다, 목적을 가지고 문제를 풀기 위한 시도가 최단거리로 가는 것이고, 당연히 동기(motivation)를 갖기 쉽습니다.

## 이름으로 성별을 판정한다[1]

scikit-learn을 사용한 예로서, 스팸 판정에도 사용되는 베이즈 이론을 사용한 기계학습을 시도해 봅시다. 남자 여자에 라벨을 붙이고, 이름을 학습시켜서 이름으로부터 남자 여자의 성별을 구분하는 분석기를 만들어 봅시다. 남성다운, 또는 여성다운 이름의 느낌을 학습에 사용하기 위하여 이름을 2개씩의 문자로 분할하여 데이터로 사용합니다. 미리 라벨을 붙인 데이터를 사용하여 학습을 하는 것이기 때문에 학습방법은 지도 학습 방법이 됩니다.

학습에 사용할 데이터는 본 책의 샘플 코드에 들어 있습니다. Jupyter Notebook에서 사용할 수 있도록 파일을 설치하고 읽어 들여서, NumPy의 array로서 사용할 수 있도록 합니다. 파일에는 이름의 남녀를 표현하는 boy/girl, 그리고 이름의 순서로 만들어진 형식의 행의 수가 5,000개 열거되어 있습니다.

array 작성

```
import numpy as np
from sklearn.cross_validation import train_test_split


np.random.seed(9)
```

12

---
[1] 역주: 이 절은 일본 이름으로 성별을 판정하는 내용으로 일본 원서 그대로 수록했습니다.

```
# 남녀의 태그가 붙어 있는 이름 데이터를 읽어 들임
txtbody = open('names.txt', encoding='utf-8')
# NumPy의 array로 변환
jnames = np.array([x.split() for x in txtbody], dtype='U12')
# 이름과 성별로 분할
names_train, gender_train, = jnames[:, 1], jnames[:, 0]
```

학습용 데이터를 벡터(vector)라고 합니다. 학습용 데이터를 작성하는 것을 벡터화라고 합니다. 수치를 예측하는 예에서는, 학습 데이터와 예측 대상이 되는 것도 수치로서 학습하기 쉬운 형식을 취하고 있습니다. 따라서 벡터화하는 시간이 거의 없었습니다.

그러나 지금하고 있는 경우는, 문자 데이터를 사용하여 학습을 하기 때문에 사전에 전처리를 해야 할 필요가 있습니다. 학습 데이터를 수치로 변환하여 목적 알고리즘으로 학습할 수 있도록 처리할 필요가 있습니다. 어떤 처리가 필요한가 하면, 이름을 2개 문자로 구분하여 문자열의 출현 빈도를 수치화하는 처리가 필요한 것입니다.

원래 데이터를 벡터화하기 전에 문자열을 2개 문자씩 분할하는 관계를 작성합니다. 이 관계를 잠깐 사용해 보고, 어떻게 분할되는 것이 좋은가를 확인합니다.

◝ split_in_2words( ) 함수의 정의

```
def split_in_2words(name): ●─────────────── 이름을 2문자씩 분할하는 함수

    return [name[i:i+2] for i in range(len(name)-1)]


split_in_2words("동방신기")
```
```
['동방', '방신', '신기']
```

다음으로, 학습 데이터를 만들어 벡터화의 전 단계인 데이터를 작성합니다. 이름을 2문자로 분할한 문자열의 출현 빈도 수를 세어봅니다. 이런 형식의 데이터를 BoW(Bag of Words)라고 부릅니다. scikit-learn에는 문자열의 출현 횟수를 세기 위한 클래스 (CountVectorizer)가 준비되어 있기 때문에 이것을 사용합니다. analyzer라고 하는 인수에 조금 전에 작성한 함수를 넘겨 주는 것으로, array의 이름을 2문자로 분할하고 있습니다. 우선 학습용 이름 리스트를 넘겨 주고, CountVectorizer 객체를 작성합니다.

CountVectorizer 객체 작성

```
from sklearn.feature_extraction.text import CountVectorizer
bow_t = CountVectorizer(analyzer=split_in_2words
                        ).fit(names_train)
```

이것으로 학습 데이터에 있는 이름을 2문자로 분할한 문자열 전체에 수치(ID)가 만들어 지고, 그 내용이 bow_t라고 하는 변수에 들어 있게 됩니다. 다음에 문자열의 출현 수를 세어봅니다. bow_t에 다음과 같이 하여 이름이 주어지면, 출현 수를 셀 수 있습니다.

'かんかん(캉캉)'이라는 이름의 출현 수를 조사한다.

```
name = 'かんかん'
b1 = bow_t.transform([name])
print(b1[0])
```
```
  (0, 283)   2
  (0, 1898)  1
```

출력 데이터로부터 문자열을 역으로 검색합니다. 동그라미 괄호 안의 두 번째에 있는 숫자가 문자열 ID이기 때문에, 이것으로 원래의 문자열을 표시해 봅시다. ID는 변하기 때문에 앞에 있는 코드를 실행시켜서 표시된 ID를 입력해 주세요. 'かんかん(캉캉)'은 'かん', 'んか', 'かん'의 3개 문자열로 분할되어, 'かん(캉)'이 2회 출현하는 그런 결과가 되었습니다.

문자열의 역 검색

```
print(bow_t.get_feature_names()[283])
print(bow_t.get_feature_names()[1898])
```
```
かん
んか
```

12

그럼 실제로 학습 데이터를 사용하여 문자열의 출현 수를 세어 봅니다

⌐ 문자열의 출현 수를 조사한다.

```
names_bow = bow_t.transform(names_train)
```

다음으로 TF-IDF라고 하는 방법으로 데이터 가중치(weight)와 정규화를 사용하기 위하여 객체를 만듭니다. 출현 수를 사용하여 문자열이 어느 정도 중요한가를 알아 보기 위하여 수치로 변환해야 할 필요가 있는데, 이를 위하여 아래와 같은 준비를 합니다. scikit-learn에 준비되어 있는 TfidfTransformer()를 사용하여 조금 전에 만든 names_bow라고 하는 객체를 넘겨 줌으로 fit()를 호출합니다.

⌐ TfidfTransformer 객체 생성

```
from sklearn.feature_extraction.text import TfidfTransformer

tfidf_t = TfidfTransformer().fit(names_bow)
```

tfidf_t에서 어떤 변환이 되는가를 보기 위하여 앞에서 설명한 'かんかん(칸칸)'이라고 하는 이름을 기본으로 하여 만든 b1이라고 하는 객체를 가중치로 표현해 봅시다.

⌐ 가중치 표현 실행

```
tfidf1 = tfidf_t.transform(b1)
print(tfidf1)

  (0, 1898)  0.530554460022
  (0, 283)   0.847650850852
```

드디어 학습을 위한 준비가 되었습니다. 문자열의 출현 수를 가중치 표현을 하여, 베이즈 이론을 응용한 알고리즘으로 학습시켜 봅시다. 여기에서는, MultinomialNB라고 하는 나이브 베이즈의 다항 모델이라고 불리는 알고리즘을 사용합니다.

~ 학습 실행

```
from sklearn.naive_bayes import MultinomialNB
# 문자열에 가중치를 붙이고 정규화를 실행
names_tfidf = tfidf_t.transform(names_bow)
# 학습실행
namegender_detector = MultinomialNB().fit(names_tfidf,
                              gender_train)
```

　조금 전의 'かんかん(캉캉)'이라고 하는 이름을 가중치로 표현한 tfidf1이라고 하는 객체를 써서, 성별 판정을 해 봅시다. 남성의 이름이라는 라벨이 나올 것입니다.

~ 성별 판정

```
print(namegender_detector.predict(tfidf1)[0])
```
boy

　다음으로 문자열을 주고 성별을 예측하는 함수를 사용하여 여러 가지 이름에 대한 시도를 해 봅시다.

~ predict_gender( ) 함수의 정의

```
def predict_gender(name):
    bow = bow_t.transform([name])
    n_tfidf = tfidf_t.transform(bow)
    return namegender_detector.predict(n_tfidf)[0]
```

　함수를 호출해 봅니다. 테스트 데이터에 없는 이름도 비교적 좋은 결과가 나옵니다.

~ 함수 실행

```
print(predict_gender("のんな"))
```
girl

12

여기에서 만든 분석기는 전형적인 이름은 잘 분류합니다. 그러나 "はるみ(하루미)", "はるこ(하루코)", "ともこ(토모코)", "ともよ(토모요)", "ともみ(토모미)" 처럼 남성의 이름에 흔히 볼 수있는 울림을 가진 여자 이름을 남자 이름으로 분류해 버립니다.

데이터를 분할하면서 학습과 실행을 해보면, 이 분석기는 대략 80% 정도의 분석률을 얻을 수 있습니다. 문자열 처리하여 80%의 분석률을 얻는 로직을 만드는 것은 쉬운 일이 아닙니다. 데이터를 건네주는 것만으로 이정도의 분석률을 얻을 수 있는 것은 매력적이라고 말할 수 있습니다. 단 일본어의 히라가나(일본어 철자)만을 가지고 성별을 판별하는 것은 애당초부터 정보가 적다고 할 수 있습니다. 따라서 한자를 포함한 이름을 조합하여 판별에 사용하면 좀 더 좋은 분석률을 얻을 수 있을 것입니다.

## 기계학습 데이터 사이언스와 파이썬

수치 예측 샘플 코드와 비교하면, 성별 판정 샘플 코드는 학습 데이터를 만드는 과정이 꽤 복잡했습니다. 이름과 같은 단순한 데이터를 취급하는 경우에는 그래도 좋은 경우로, 뉴스나 블로그(blog)와 같은 긴 문장을 카테고리로 분류하는 경우에는 처리가 더 복잡합니다.

영어 같은 문장이면 공백(space)을 사용하여 단어를 추출할 수 있습니다만, 한국어와 같은 문장은 문자열로 컴퓨터로 취급하기가 꽤 어렵습니다. 먼저 문자열을 형태소 분석이라고 하는 방법을 써서 단어로 분할하고, 이 단어에 품사를 정하여 명사와 동사등 필요한 데이터로 나누고, 또한 학습 결과가 흔들리지 않도록 정규화합니다.

학습하는 데이터가 영상이라면, 영상을 흐리게 하여 평활화하거나, 색의 수를 줄이는 처리를 하여 윤곽이나 특징점을 추출합니다. 음성 데이터라면, 푸리에 변환을 행하는 경우가 많겠지요. 이와 같이 대상이 되는 데이터의 종류에 따라서 여러 가지 전처리를 해야 할 필요가 있습니다.

기계학습이란 무엇인가라는 것에 대하여 알기 쉽게 그림으로 그려 놓은 것이 있어서 여기에 소개합니다. Drew Conway라는 사람이 쓴 《Data Science Venn Diagram(데이터 사이언스 벤다이어그램)》입니다.

**Fig** 데이터 사이언스 벤다이어그램

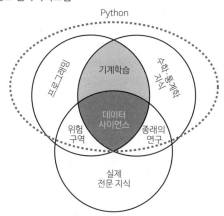

이 장에서 여기까지 읽었다면, 기계학습은 수학·통계학의 지식과 프로그래밍 지식을 합한 분야라는 의미가 어떤 것인가를 잘 알게 되었을 것으로 생각됩니다. 따라서 위의 그림을 보면 당연한 결과라고 생각되었을 것입니다.

scikit-learn에는 기계학습에서 사용할 유틸리티가 많이 준비되어 있습니다. 이름의 성별 판단에 사용한 CountVecorizer와 TfidfTransformer 등이 그 예입니다. 이러한 도구가 있음으로 기계학습을 보다 더 쉽게 실행할 수 있습니다. 전에 있는 그림에는, 파이썬의 활용 범위를 중복하여 설명되어 있습니다. 기계학습뿐만 아니라 그 주변 분야에 대하여도 파이썬은 망라하여 사용되고 있음을 알 수 있습니다. 예를 들면 프로그램 언어를 취급할 때 사용하는 자연 언어 처리와 영상 처리, 음성 처리 등에 대하여도 파이썬에는 풍부한 라이브러리가 준비되어 있습니다. 이러한 라이브러리를 사용하면, 여러 가지 종류의 데이터를 사용하여 기계학습을 쉽게 사용할 수 있습니다. 이러한 점이 기계학습의 분야에서 파이썬의 강력한 힘을 발휘하고 있는 이유입니다.

데이터 사이언스 벤다이어그램에서 보여주는 것처럼, 파이썬의 활용범위를 실례(비즈니스)의 방향으로 확장시키면, 데이터 사이언스 분야까지 파이썬이 커버하게 됩니다. 기계학습의 분야뿐만 아니라 데이터 사이언스 분야에서도 파이썬은 주목받고 있습니다.

12

# 딥러닝의 등장과 미래

기계학습이 발달한 역사를 보면, 기계학습 발생은 1970년부터 80년대의 제2차 인공지능 붐까지 올라가게 됩니다. 그러나 당시에는 컴퓨터의 성능과 메모리 등의 기억장치 용량이 충분하지 않고, 큰 성과를 올리지 못하고 있었습니다.

1990년대가 되어 컴퓨터의 성능이 향상되었습니다. 바로 그즈음에 세상은 다운사이징이 강조되고, 일부의 과학자가 파이썬에 주목하기 시작한 시기입니다. 기계학습의 '데이터를 통계적으로 처리하여 새로운 의미를 발견한다'라는 방법은 비즈니스 분야에서 주목받았습니다. 판매 데이터를 분석하여 '상품 A를 사는 사람은 상품 B도 산다'라는 법칙을 발견하여 기계학습이 사용되기 시작했다는 것입니다.

21세기에 들어와서 패턴 인식, 문서 분류 등에 베이즈 이론을 응용한 방법이 사용되기 시작했습니다. 인터넷이 보급되고, 대량의 데이터가 비교적 저가로 구매할 수 있게 되고, 이것을 배경으로 기계학습 적용 분야가 더 확장되어 갈 것입니다.

하지만 만능으로 보였던 기계학습에도 병목 현상이 없으리라는 법이 없습니다. 예를 들면 학습에 사용하는 교사 데이터 작성에 작업 시간이 많이 걸립니다. 이름 성별 판단을 행했던 작업을 생각해 보세요. 컴퓨터는 자연 언어와 영상과 같은 추상적인 정보를 그대로 취급하는 경우는 별로 없습니다. 따라서 데이터를 학습하기 위하여 수치로 변환하는 작업이 필요합니다. 이 작업이 사실 어렵습니다.

이와 같은 병목 현상에 브레이크스루(Breakthrough, 돌파하다, 극복하다)를 가져온 것이 딥러닝입니다. 2012년 ILSVRC라고 하는 영상 인식 대회에서 우승한 토론토대학의 팀이 사용한 기술은 딥러닝 기술이었습니다. 그때까지 상위 그룹의 연구자들이 영상에 대한 수치화 방법과 알고리즘을 연구하여 오차율을 수 퍼센트(%)를 줄이면서 경쟁하고 있었습니다만, 이 대회에 갑자기 나타나서, 그리고 그것도 큰 차이로 우승했기 때문에 큰 주목을 받게 되었습니다.

딥러닝의 한 가지 특징은 가공하지 않은 채 데이터를 직접 취급하여 학습을 할 수 있는 것입니다. 수치화한 학습 데이터를 특징량이라 하고, 데이터를 특징량으로 변환하는 것을 특징 추출이라고 합니다. 딥러닝에서는, RNN(Recurrent Neural Network)이라고 불리는 신경망을 사용하고, 학습에 따라서 스스로 특징 추출을 합니다. 데이터를 주면, 사람이 가지고 있는 추상적 개념에 가까운 학습을 하고 있다고 해도 과언이 아닐 것입니다. 그렇기 때문에 딥러닝은 유연한 학습이 가능해서, 지금까지 어려웠던 옆 방향 얼굴 영상으로부터의 사람 얼굴을 인식 가능하도록 했습니다.

영상 인식으로부터 시작한 딥러닝의 활용은, 그 후 여러 가지 분야에 응용되어서 제3차 인공지능 붐의 큰 역할을 하고 있습니다. 딥러닝은 비교적 새로운 방법입니다만, 파이썬에서 쉽게 사용할 수 있도록 라이브러리가 몇 종류가 있어서, 가볍게 시도해 볼 수 가 있습니다. 여기에  이름만이라도 유명한 라이브러리 2개를 소개하고자 합니다.

Chainer(http://chainer.org/)는 토쿠쿄(得居)씨가 개발한 딥러닝 라이브러리입니다. 구글이 공개하고 있는 TensorFlow(http://www.tensorflow.org/)도 인기 있는 라이브러리입니다.

노벨상을 받은 유카와(湯川)씨와 함께 일본의 소립자물리학을 리드 했던 사카타(坂田)씨는 '이노베이션은 반드시 학문의 경계 영역에서 일어난다.'라고 하는 말을 남겼습니다. 새로운 발견은 연구 과제와 과제의 영역 사이에 또는 연구 과제를 깊게 파고 들어간 곳에 잠재되어 있다는 것입니다.

최근에 기계학습과 딥러닝, 즉 인공지능의 주변 기술이 대량의 데이터를 배경으로 이노베이션에 큰 원동력으로 되어 있습니다. 이런 흐름은 앞으로도 분명히 계속될 것입니다. 그리고 연구과제의 경계를 파헤쳐 나가기 위하여 도구(tool)가 필요하겠습니다만, 이것은 우리들의 몫입니다.

이 책의 초판이 출판되기 10년 전에는 사람들이 스마트폰을 가지고 걸어 다닐 거라는 것과, 파이썬이 인공지능과 함께 소개될 것이라는 시대가 올 것이라고 아무도 상상하지 못했습니다. 10년 후에는 어떤 시대로 되어 있을까요. 그런 것을 상상하면서 이 장을 마치려고 합니다.

12

# 파이썬 2

이 장에서는 파이썬 2에 대하여 설명합니다. 파이썬 2는 파이썬 3보다 그 전에 개발된 버전입니다. 파이썬 2는 파이썬 3과 비교하면, 일부 호환성이 없습니다. 여기에서는 파이썬 2를 중심으로 설명합니다.

# 01 파이썬 3과 파이썬 2의 다른 점

현재 파이썬 개발 프로젝트에서는 파이썬 3의 개발이 적극적으로 이루어지고 있습니다. 버전 2는 앞으로 몇 년은 유지 보수됩니다만, '2.7'이 2세대 마지막 버전으로 되어 있습니다.

넓게 보면, 앞으로는 파이썬 3이 보다 더 많이 사용될 것은 확실합니다만, 이 책의 집필 시점(2016년 10월)에서는 아직 일부에서 파이썬 2가 사용되고 있음도 사실입니다. 예를 들면 구글의 클라우드 서비스 'Google App Engine'은, 이 책 집필 시점에서는 파이썬 2만 서비스하고 있습니다. 여기에서는 파이썬 2를 사용할 때 기억해 놓아야 할 정보를 정리해 놓으려고 합니다.

파이썬 2와 3의 관계를 대략적으로 설명하면, 다음과 같이 됩니다. 먼저 파이썬 2는 파이썬 3의 하위 버전입니다. 그리고 파이썬 2를 기반으로 프로그래밍 언어로서 일관성을 보다 더 높인 것이 파이썬 3입니다.

파이썬 2와 3의 호환성에는 크게 나누어 다음 3가지 종류가 있습니다.

■ **1) 파이썬 3에서 축소된 기능**

파이썬 2에서는 사용할 수 있고, 파이썬 3에서는 사용할 수 없는 기능이 있습니다.

■ **2) 파이썬 3에 추가된 기능**

파이썬 3에 추가된 기능은 파이썬 2에서는 기본적으로 사용할 수 없습니다.

■ **3) 파이썬 3에서 변경된 기능**

파이썬 2와 같은 기능이 있어도 파이썬 3에서는 사양이 변경된 기능이 있습니다.

파이썬 3을 공부한 사람이 파이썬 2를 사용할 때 주의해야 할 것은, '대체할 수 있는 기능과 문법은 가급적 파이썬 3의 스타일을 따라야 함'이라는 것입니다. 위의 1)에 대하여는 파이썬 3에서 사용할 수 없는 기능은 사용하지 않도록 해야 합니다. 2)에 대하여는, 당연하지만 파이썬 2에서는 사용 불가입니다. 3)에 대하여는, 변경된 것을 잘 이해해 놓을 필요가 있습니다.

다음으로 파이썬 2와 3의 다른 점을 구체적으로 설명합니다.

# 파이썬 3에서 축소된 기능

파이썬 3에서 축소된 기능에 대하여는, 가급적 파이썬 2에서도 사용하지 않도록 하는 것이 좋습니다. 그렇게 하면 파이썬 3을 본격적으로 사용하게 되었다고 해도 같은 스타일로 코딩하게 됩니다.

## 내장형 메쏘드 폐지

파이썬 3에서는 딕셔너리의 키를 검사하기 위한 has_key()라고 하는 메쏘드가 없습니다. 그 대신에 **'key' in d**와 같이 in 연산자를 사용합니다. 이 기능은 파이썬 2에서도 이용할 수 있기 때문에 스타일을 통일시키면 좋겠지요.

또한, 파이썬 3에서는 키의 일람(표)을 리턴하는 key(), 값을 리턴하는 values(), 키와 값인 짝을 리턴하는 items()라고 하는 메쏘드는, 이터레이터를 리턴하는 것처럼 객체를 리턴하도록 변경합니다. 따라서 요소를 리스트로 보고 복사(copy)를 한다든가, 인덱스로 요소를 접근하는 등의 프로그래밍 스타일을 피할 수 있습니다.

## xrange() 함수 폐지

루프(loop)에 사용할 시퀀스를 발생시키는 내장 함수로 range()가 있습니다. 파이썬 2에서는 반복 수가 많은 경우에는, range() 대신에 xrange()를 사용하도록 추천하고 있습니다. range()는 리스트 객체를 만들기 때문에 요소 수가 많으면 더 많은 메모리를 소비하고 퍼포먼스도 불리하기 때문입니다. xrange()는 이터레이터와 비슷한 객체를 리턴하기 때문에 for문이 반복 변수를 요구할 때마다 다음의 요소를 생성하여 리턴합니다. 쓸데없는 메모리 영역을 사용하지 않는다는 것입니다.

파이썬 3에서는, range()가 이터레이터를 리턴합니다. 이에 따라서 xrange()는 불필요하게 되어 폐지되었습니다. 파이썬 3에서 코딩을 할 때는, 생성될 시퀀스의 크기를 고려하여 필요하면 xrange()를 사용 하는 것이 좋습니다.

또한, 파이썬 3에서는 range() 이외에도 map()과 filter(), zip()과 같은 함수도 이터레이터를 리턴합니다.

파이썬 2에서는, 어떤 함수이든 간에 인수로 주어진 그 요소를 모두 처리하여 리스트로 리턴했습니다.

13

이터레이터를 리턴하도록 되었기 때문에 메모리 영역을 보다 더 효율적으로 이용할 수 있게 됩니다. 함수의 리턴 값이 리스트인 것을 생각하여, 리턴 값에 대하여 인덱스를 지정하는 프로그램은 오류를 발생시킵니다. 파이썬 2에서 사용한 프로그램을 파이썬 3으로 이식할 때는 주의하는 게 좋습니다.

## 파이썬 2.7에서 이용할 수 있는 파이썬 3의 기능

파이썬에서는, import문과 __future__문을 조합하여 **from __future__import 기능 이름**으로 하여 기능을 추가하는 것이 가능합니다. 파이썬 2.7에서는 이 기능을 사용하여 파이썬 3의 기능을 일부 가져와서 사용할 수 있습니다.

파이썬 2.6 및 2.7에서 이용할 수 있는 파이썬 3의 기능에 대하여 간단하게 정리합니다.

### print_function

from __future__ import print_function과 같이 하면, 파이썬 2의 print문을 print() 함수로 변경합니다.

### unicode_literals

문자열(str)형의 리터럴을 유니코드 문자열형으로 취급하여 파이썬 3과 같은 움직임을 합니다. from __future__ import unicode_literals 실행 후는 "가나다"와 'u"가나다"' 모두 유니코드 문자열로 취급합니다. 문자열(str)형을 정의하고 싶을 때는, 'b"~~"'리터럴을 사용합니다.

# 파이썬 3에서 변경된 기능

파이썬 2에서 같은 기능이 있었던 것이 파이썬 3에서 변경된 기능은 충분하게 주의해야 할 필요가 있습니다.

## ⎍⎍⎍ 유니코드 문자열

파이썬 2에서는 두 종류의 문자형이 있었습니다. 하나는 문자열형(str), 나머지 하나는 여기에서 설명할 유니코드 문자형입니다. 원래 파이썬에는, 사실 파이썬 3의 바이트형에 해당하는 문자열형만 있었습니다. 하위 호환성을 유지하는 목적으로 문자열형이 남아서 유니코드 문자열형이 추가되었습니다.

파이썬 2에서 ASCII 문자 바이너리 데이터를 취급할 때는 문자열형을 사용하면 편리합니다. 그 이외의 문자열, 특히 한자 등을 포함하는 문자를 파이썬에서 처리하고 싶을 때는 유니코드 문자열을 이용합니다.

파이썬에서 유니코드 문자열을 정의하기 위해서는, 문자열 정의의 따옴표("") 전에 'u'를 놓습니다.

◝ 유니코드 문자열의 정의

```
ustr = u"한글" ●━━━━━━━━━━━━━━━━━━━ 유니코드 문자열을 정의
print ustr ●━━━━━━━━━━━━━━━━━ print문을 사용하여 문자열을 표시
한글
```

유니코드 문자열은 메쏘드가 몇 개 정도 있습니다. 그중의 한 개가 encode()라고 하는 메쏘드를 사용하면 유니코드 문자열을 여러 가지 인코드로 변환할 수 있습니다. 변환한 후에 사용할 수 있는 것은, 유니코드형이 아니라 문자열형의 데이터입니다. EUC-KR 등 유니코드 이외의 문자열 데이터를 그대로 취급하고 싶을 때는 파이썬 2에서는 8비트 문자열로 취급합니다.

파이썬 2의 문자열형과 유니코드 문자열에는 다른 점이 몇 개 있습니다. 문자열 등 시퀀스형의 데이터 길이를 계산하는 내장 함수 len()을 사용하여 파이썬 2.7의 대화형 쉘(Shell)에서 조금 실험해 봅시다.

13

> 문자열의 길이를 조사한다

```
>>> ustr = u"abc가나다"
>>> len(ustr) ●────────────────────── 유니코드 문자열의 길이를 조사
6
>>> bytestr = ustr.encode("utf-8")
>>> len(bytestr) ●───────────────────── UTF-8의 비트 문자열의 길이를 조사
12
```

유니코드 문자열의 길이를 len()으로 세어 보면 '6'이 됩니다. 유니코드 문자열을 encode() 메쏘드로 변환하여, UTF-8에 해당하는 8비트 문자열로 하여 길이를 세어 보면 '12'로 되었습니다. 같은 문자열인데도 길이가 다릅니다.

한글과 한자 같은 문자열을 컴퓨터로 취급할 경우, 한 개 문자를 멀티 바이트로 표현합니다. 파이썬 2의 유니코드 문자열의 경우는, 한 개 문자의 바이트 수와 상관없이 문자열의 개수를 셀 수 있습니다. 또한, 8비트 문자열을 데이터로 하는 문자열형에서는 1바이트를 1문자로 계산합니다. 한글은 멀티 바이트로 표현되기 때문에 생각보다 더 큰 수치가 반환됩니다.

UTF-8에서 '가나다'라고 하는 문자를 표현하는 경우, 1문자열이 3바이트로 구성됩니다. 그렇기 때문에 문자열형에서는 12문자로 반환됩니다.

**Fig** 유니코드 문자열과 8비트 문자열의 다른 점

유니코드 문자열

8비트 문자열

여기에서 본 바와 같이, 문자열과 유니코드 문자열에서는 문자를 세는 방법이 다릅니다. 문자 수를 세는 방법이 다르므로 인덱스를 사용하여 문자의 일부를 추출하는 처리도 다르게 됩니다. 한글을 포함하는 문자열형으로부터 인덱스를 써서 문자의 일부를 추출하면, 경우에 따라서는 문자의 도중에 데이터를 추출하여 이른바

문자 깨짐 현상이 발생하기도 합니다.

8비트 문자열을 사용하여 문자 깨짐 같은 문제를 피해서 한글을 포함한 문자열을 취급하기 위해서는, 문자의 경계선을 판별하는 처리를 별도로 해야 할 필요가 있습니다. 파이썬 2에서 한글을 포함한 문자열을 취급할 때는 유니코드를 사용합시다.

또한, 파이썬 3.2까지는 [u"~~"]라고 하는 리터럴을 사용할 수 없었습니다. 파이썬 3.3부터는 [u"~~"]라고 하는 리터럴에서 문자열형을 정의할 수 있도록 되어 있습니다. 파이썬 2와 3에서 코딩하기 쉽도록 하기 위하여 이러한 기능을 추가했습니다.

## print문

파이썬 3에서는, 함수로 내장되어 있는 print()입니다만, 파이썬 2에서는 문법으로 내장되어 있습니다. 파이썬에서는 한 행에 복수의 문장을 쓸 수 없었습니다만, 함수는 식으로 문장 안에 넣을 수가 있습니다. 문법상 기본적인 취급이 다르게 되어 있는 것입니다.

print문이 print() 함수로 치환된 것은 파이썬2와 3의 변경에서 가장 눈에 띈 변경일지도 모릅니다. 그러나 객체를 1개만을 표시하는 다음과 같은 print()문이라면, 파이썬 2와 3에서도 괄호를 사용한 동일한 결과를 나타냅니다.

```
print("spam")
```

파이썬 3의 print() 함수에서는, 인수가 주어지는 것으로 그 결과를 제어할 수 있도록 되어 있습니다. 예를 들면 print()의 후에 줄 바꿈을 하지 않는 경우에는 다음과 같이 end라고 하는 인수를 사용합니다.

print( ) 후에 줄 바꿈하지 않음(파이썬 3)

```
print("Hello", end=" ")
print("World")
Hello World
```

파이썬 2에서는 다음과 같이 쉼표를 문장 끝에 붙입니다.

13

495

> print 후에 줄 바꿈하지 않음(파이썬 2)

```
>>> print 'foo',
foo
```

또한, 파이썬 3에서는 file 인수(argument)를 넘 겨주고, print() 함수의 출력을 변경할 수 있습니다.

```
print("Some error occured!", file=sys.stderr)
```

이 코드를 파이썬 2에서 사용하려면 파일을 리다이렉션과 같이 지정합니다.

```
print >> sys.stderr "Some error occured!"
```

## input( ) 함수

input() 함수에 대하여, 파이썬3과 2의 결과가 전혀 다르게 되기 때문에 주의해 주세요.

키보드로부터 입력을 받아 결과를 반환하는 input() 함수는 파이썬 3에서는 입력된 문자를 리턴합니다. 파이썬 2에서는 input() 함수는 입력된 문자를 파이썬식으로 평가하여 결과를 반환합니다.

예를 들면 파이썬 2의 input()에서 수치 '2'를 입력하면, 수치 '2'가 돌아옵니다. 'foo'라는 문자열을 입력하면, 네임스페이스의 'foo'라는 이름을 평가하려고 그 변수를 찾습니다. 만약 foo라고 하는 이름의 변수가 있다면, 그 변수의 내용을 돌려주고, 없다면 오류(error)입니다.

이와 같이 변경된 것은, 입력한 문자열을 그대로 식으로 평가하여 잘못해서 메쏘드와 함수가 호출되는 것을 막기 위함입니다.

파이썬 2에서 파이썬 3의 input()에 해당하는 처리를 하고 싶을 때는 raw_input() 함수를 사용하면 됩니다.

## int형과 long형의 통합

파이썬 2에서는 수치의 크기에 따라서 두 개의 정수형이 있었습니다. C 언어의 long 에 의존했던 int형과 메모리가 허락하는 한, 큰 수치를 취급할 수 있는 long형입니다. 파 이썬 3에서는 이 두 가지 형이 파이썬 2의 long형에 해당하는 형으로 통합되었습니다.

파이썬 2에서는 long형을 표기하기 위해 끝에 'L'을 붙이는 리터럴이 있었습니다만, 이 리터럴도 파이썬 3에서는 금지됩니다.

형의 변환은 자동으로 행해지기 때문에 이 변경에 대하여는 주의할 필요가 없습니다.

## 나눗셈에 관한 변경

파이썬 3에서는 int형끼리의 나눗셈은 반드시 float형의 수치로 반환합니다. 그러나 파이썬 2에서는 int형끼리의 나눗셈은 반드시 int형으로 반환했습니다. 결과가 소숫점 을 포함한 수치라면, 그 안에서 가장 가까운 정수를 결과로 했습니다. 예를 들면 '1/2' 의 결과는 '0'이 됩니다.

파이썬 3에서 종래와 같이 int형을 받고 싶을 때는 '//'와 같은 연산자를 사용합니 다. 이 연산자는 파이썬 2에서도 사용할 수 있습니다.

나눗셈 결과의 정밀도가 문제가 되는 경우에는, '1/2.0'과 같이 float형의 수치를 주 도록 하면 됩니다.

## 2진수, 8진수의 리터럴 표기

파이썬 3에서는 8진수 리터럴이 16진수 등의 리터럴과 같이 '0o666'과 같이 변경되 었습니다. 숫자 '영'과 알파벳 'o(오)'에 붙여서 수치를 표기합니다. 파이썬 2까지는 8진 수 리터럴 표기는 '0666'과 같이 영부터 숫자를 시작했습니다. 리터럴 표기는 호환성 이 없기 때문에 각각의 버전에 맞추어 리터럴을 사용해야 할 필요가 있습니다.

파이썬 3에서는 2진수를 표기하기 위해서는 '0b1010'라고 하는 리터럴이 추가되었 습니다. 동시에 정수를 2진수에 해당하는 문자열로 변환하는 내장 함수 bin()이 추가 되었습니다. bin() 함수의 반환값은 2진수의 리터럴 표기와 같이 '0b'부터 시작하는 문자열이 됩니다.

2진수의 리터럴은 파이썬 2에는 없기 때문에 사용할 수 없습니다. 0과 1로 표기된 2진수 상당의 문자열을 수치로의 변환은 int('1010', 2) 와 같이 합니다.

13

## 예외에 대한 변경

파이썬 2의 '예외'는 사용 문법 중에서도 애매함과 중복된 기능등 해결해야 할 문제점 중의 하나로 되어 있었습니다. 파이썬 3에서는 예외의 사용법도 일부 변경되었습니다.

예를 들면 접수되는 예외의 종류를 지정하여 예외 객체를 접수하는 경우에는, 파이썬 3에서는 다음과 같이 합니다.

```
try:
                                                          예외를 잡는 처리

except OSError as e:
                                                          예외 발생 시의 처리
```

파이썬 2.7에서도 같은 문법이 백 포트 되어 사용할 수 있도록 되어 있습니다. 'as' 라고 하는 키워드 대신에 쉼표가 사용되고 있습니다.

파이썬 2.6 이전 버전에서는 이 코드는 다음과 같이 사용했습니다. 'as'라고 하는 키워드 대신에 쉼표가 사용되고 있습니다.

```
try:
                                                          예외를 잡는 처리

except OSError, e:
                                                          예외 발생 시의 처리
```

예외 객체를 접수하지 않는 경우는, ~ **as e**에 해당하는 부분이 불필요하기 때문에, 파이썬 2.6 이전과 2.6 이상 및 파이썬 3에서 동일하게 코딩을 할 수 있습니다.

## 객체 비교에 관한 변경

파이썬 2에서는 **1 > '1'**과 같이 하여 서로 다른 형의 비교가 가능했습니다. 파이썬 3에서는 서로 다른 형을 비교하려고 하면 다음과 같은 예외가 발생합니다.

서로 다른 형의 비교(파이썬3)

```
>>> 1 > '1'
Traceback (most recent call last):
  File "<stdin>", line 1, in <module>
TypeError: unorderable types: int() > str()
```

파이썬 2까지는, 예를 들면 **1 < '2'** 와 같이, 서로 다른 형끼리의 비교를 하면, True로 됩니다. 생각한 결과가 나왔기 때문에 프로그램 내부에서 제대로 교환되었을 거라고 잘못 생각할 수 있습니다. 이것은 비교를 할 때 형이 다른 경우에는 파이썬이 형정보를 기본으로 편의상 대소를 반환하는 것뿐으로 결코 프로그램 내부에서 형 변환을 자동적으로 한 것이 아닙니다. 테스트를 위하여 **10 < '2'** 등의 결과를 표시해 보면 알 수 있습니다.

파이썬 2까지는 객체 형식(type)이 달라도 비교할 수 있기 때문에, 문자열과 수치가 혼재한 리스트로 정렬(sort)이 이루어졌습니다. 파이썬 3에서는 형이 서로 다르면 예외가 발생하기 때문에, 복수형의 객체를 요소로 가진 리스트로는 정렬이 이루어지지 않습니다.

형에 대하여 엄밀히 비교하는 파이썬 3의 스타일에 맞추면 문제없습니다.

## 모듈의 재배치, 명칭 변경

파이썬 3에서는 일부 표준 라이브러리 폐지와 모듈명 변경, 재배치가 이루어지고 있습니다.

파이썬에는 'PET 8'이라고 하는 변수명 등 명명(命名) 규칙을 결정한 문서가 있습니다. 이 문서에는 '모듈명은 영어 소문자로 구성할 것'으로 되어 있습니다. 그러나 파이썬 2의 표준 라이브러리의 내부에는 'Queue'와 'ConfigParser'등 대문자로 시작되는 것이 몇 개 있습니다. 그리고 'urllib'와 'urllib2'과 같이 비슷하여 혼동되는 모듈이 혼재해 있는 등 몇 개의 문제가 있었습니다. 이러한 문제들은 하위 호환성을 축소시킨다는 이유 때문에 수정되지 않고 남아 있습니다. 파이썬 3에서는 모듈 문제에도 수정을 했습니다.

13

치환되었다거나, 또는 이름이 변경된 모듈에 대하여는 모듈을 import 하는 코드를
변경할 필요가 있습니다.

## 폐지된 모듈

파이썬 3에서는 다음과 같은 모듈이 폐지되었습니다.

- md5 (hashlib에 치환되었습니다)
- sets (내장형의 set형 대신으로 사용합니다.)
- irix, BeOS, Mac OS 9 전용 모듈이 폐지되었습니다.

## 배치가 변경된 모듈

파이썬 3에서는 다음과 같은 모듈의 배치가 변경되어 있습니다.

- StringIO 모듈의 클래스로 되었습니다.
- HTMLParser 클래스는 html 모듈의 아래로 들어갔습니다.
- Tkinter 모듈은 모두 tkinter 모듈의 아래로 들어갔습니다. turtle는 그대로 남아 있습니다.
- urllib, urllib2, urlparse 등 정의되어 있었던 클래스, 함수가 urllib라고 하는 패키지에 정리되어 있습니다. 예를 들면 urlopen은 urllib.request라고 하는 모듈에 있습니다.
- httplib, BASEHTTPServer, CGIHTTPServer, Cookie 등의 모듈은 http 패키지의 아래로 배치되어 있습니다.

## 이름이 변경된 모듈

파이썬 3에서는 다음과 같은 모듈 이름이 변경되어 있습니다.

- 'ConfigParser'가 'configparser'로
- 'Queue'가 'queue'로
- 'copy_reg'가 'copyreg'로
- '_winreg'가 'winreg'로 각각 변경되었습니다.

# 02 파이썬 2로부터 3으로의 이동 방법

파이썬 2.7은 파이썬 3으로 이동시키는 역할을 하는 버전으로, 파이썬 3에 내장되어 있었던 변경된 내용이 많이 들어 있습니다. 파이썬 2를 사용하고 있는 사용자는 먼저 2.7을 사용하면 어느 정도는 파이썬 3을 사용할 수 있을 것입니다. 파이썬 2로 쓰여진 코드를 파이썬 3으로 바꾸려면, 먼저 파이썬 2.7 이상의 코드로 코딩이 되어 있어야 합니다.

## 코드 컨버터(code converter)

파이썬 3으로 변경된 것 중에 일부는 2.x의 단계에서 대응 가능하기는 하지만, 모든 기능에 대응하여 변경하는 것은 불가능합니다.

파이썬 3의 릴리스(release)에는 '2 to 3'라고 하는 코드 컨버터가 포함되어 있습니다. 이 컨버터를 사용하면 2.x의 코드를 어느 정도 3 대응 코드로 변환할 수 있습니다.

이 코드 컨버터는 정규표현 등을 사용한 문자열 치환과 같이 단순하게 작성하는 것으로는 되어 있지 않습니다. 파이썬의 코드를 파서(parser)가 읽어 들여 구문 분석을 하여 버전 3 대응 코드 변환을 행하고 있습니다.

현재 컨버터의 대응 범위를 한마디로 말하면, '바이트 코드 레벨에서 판단할 수 있는 범위'로 됩니다. 'u"~"'와 같은 리터럴은 '"~"'로, 'print "~"'은 'print("~")'와 같은 함수 호출로 변환됩니다. 삭제된 has_key() 메쏘드를 예외 문법으로 변경하거나 하는 비교적 고급 변환도 해 줍니다.

역으로 바이트 코드 레벨에서 판단할 수 없는 종류의 비호환성은 이 컨버터로 흡수할 수 없습니다. 예를 들면 파이썬에서는 짧게 코딩하기 위하여 다음과 같은 코드를 쓸 수 있습니다.

13

```
k = some_dic.has_key
if k('some_key'):
    ....
```

이와 같이, 한 번 변수에 대입한 메쏘드를 호출하는 코드는, 바이트 코드 레벨에서는 비호환성을 알 수 없어서, 실행이 되지 않으면 판단할 수 없습니다. 또한 setattr(), getattr() 등을 사용한 코드도 컨버터로 할 수 있는 사용가능범위를 벗어났습니다.

그리고 파이썬 3에서는 문자열 취급이 크게 변했습니다. 예를 들면 파일과 네트워크로부터 읽어 들인 문자열을 취급하는 경우를 생각해 봅시다. 파이썬 2에서는, 먼저 문자열(str)형의 문자열로 받아들여서 필요에 따라서 유니코드형으로 변환하는 스타일로 프로그램을 하는 경우가 분명히 많이 있습니다. 한편, 파이썬 3에서는 읽어 들인 바이트 문자열을 명시적으로 인코드로 지정하여 문자열형으로 변환할 필요가 있습니다.

이러한 종류의 변경도 코드 컨버터로는 대응하지 않습니다. 코드를 눈으로 보거나 테스트를 반복해서 필요한 부분에 수정해야 할 필요가 있습니다.

# 03 끝으로

수년 전에는 중요한 프레임워크와 라이브러리가 파이썬 3에 대응하지 않고, 파이썬 2로부터 3으로의 이동이 그다지 쉽지 않았습니다. 그러나 이 책을 집필 중의 시점에서는 많은 프레임워크와 라이브러리가 파이썬 3에 대응하고 있습니다. 그리고 향후에는 선진적인 라이브러리와 프레임워크가 파이썬 3에만 대응하는 상황이 오고 있습니다.

파이썬 2의 마지막 버전인 2.7은, 이미 적극적인 개발을 마치고, 새롭게 발견된 취약성에 대응하는 것을 제외하고 신규 개발이 동결된 상태에서 유지 보수 모드로 들어가 있습니다. 이 유지 보수 또한 2020년에 종료한다고 공식적으로 선언되어 있습니다. 유지 보수가 종료되면 새로운 취약성이 발견되어도 대응했던 버전이 공식적으로 릴리스 되지 않습니다. 그렇게 되면,모든 파이썬 사용자는 파이썬 3을 사용하지 않을 수 없습니다.

　웹 개발, 클라우드, 그리고 데이터 사이언스와 기계학습, 인공지능과 그 적용 범위를 확장하면서 시대가 변함에 따라 함께 이용자의 시야를 넓혀 가는 파이썬을 지금 시작한다면 파이썬 3부터 시작하는 것이 정답이라고 말할 수 있겠지요.

---

**Column** **print( ) 함수의 편리한 기능**

파이썬 2의 print문에서는, 마지막에 쉼표를 붙이는 것에 의하여 줄 바꿈을 하지 않고, 표시할 수 있습니다. 파이썬 3의 print( )함수에서는, end라고 하는 인수를 넘겨 주어 문장 마지막 문자열을 제어할 수 있습니다. **print('foo', end=' ')** 와 같이 해서 문장 마지막 문자열을 공백만으로 문자열로 지정하면 줄 바꿈을 하지 않고 표시합니다.

print( ) 함수는 그 밖에도 인수를 가져 올 수가 있습니다. file 인수를 주면, 출력을 변경할 수 있습니다. 다음의 예에서는 표준 오류 출력에 문자열을 출력하기 위하여 print( ) 함수를 사용하고 있습니다.

```
print("Some error occurred!", file=sys.stderror)
```

이 예와 같은 것을 파이썬 2에서 실행하려고 하면 **print >>>sys.stderr, "~"**와 같이 코딩할 필요가 있습니다. 보기에도 좋지 않고, 기억하기 어려운 방법이라고 말할 수 있습니다.

또한, print( ) 함수에 sep이라고 하는 인수를 주면, 복수 객체를 표시할 때 구분 문자열을 지정할 수 있습니다.

```
print("Spam", 1, {'a':1, 'b':2}, sep=' ¦ ')
Spam ¦ 1 ¦ {'a': 1, 'b': 2}
```

13

# INDEX

【제4판】

알기쉬운 **파이썬**

| 2018년 | 5월 25일 | 1판 | 1쇄 | 인 쇄 |
| 2018년 | 5월 30일 | 1판 | 1쇄 | 발 행 |

지 은 이 : 시바타 아츠시(柴田 淳)

옮 긴 이 : 이상구, 송정영, 이창훈, 류정탁

펴 낸 이 : 박　　　　정　　　　태

펴 낸 곳 : **광　　　　문　　　　각**

10881
파주시 파주출판문화도시 광인사길 161
광문각 B/D 4층
등　　록 : 1991. 5. 31 제12 - 484호
전 화(代) : 031-955-8787
팩　　스 : 031-955-3730
E - mail : kwangmk7@hanmail.net
홈페이지 : www.kwangmoonkag.co.kr

ISBN : 978-89-7093-898-1　93560

값 : 23,000원

한국과학기술출판협회
Korean Science & Technology Publisher Association

※ 한국어판 샘플 코드 및 관련 파일은 광문각 홈페이지 자료실(http : //www.kwangmoonkag.co.kr/)에서 다운로드할 수 있습니다.